非常规油气提高采收率原理

Fundamentals of Enhanced Oil and Gas Recovery
from Conventional and Unconventional Reservoirs

［澳大利亚］Alireza Bahadori 著

雷占祥 曾保全 汪 斌 等译

石油工业出版社

内 容 提 要

本书针对各种油气提高采收率技术的特点，逐一阐述气驱（含混相驱和非混相驱）、热力采油、化学驱、低矿化度水驱、微生物采油以及煤层气和页岩油提高采收率的基本概念、筛选标准；分析各种提高采收率技术的模型假设和关键参数的预测模型，揭示各种提高采收率技术的驱油机理，理清各种提高采收率技术的工艺设计要求，并通过解剖典型油气田提高采收率实例，明确各种提高采收率技术的应用效果及存在的主要问题。

本书可作为从事油气提高采收率理论与技术研究人员的参考书，也可作为石油天然气工程学科相关专业研究生教材。

图书在版编目（CIP）数据

非常规油气提高采收率原理／（澳）阿里雷萨·巴哈多里（Alireza Bahadori）著；雷占祥等译. —北京：石油工业出版社，2022.3
ISBN 978 – 7 – 5183 – 5256 – 2

Ⅰ. ①非… Ⅱ. ①阿… ②雷… Ⅲ. ①提高采收率 – 研究 Ⅳ. ①TE357

中国版本图书馆 CIP 数据核字（2022）第 159367 号

Fundamentals of Enhanced Oil and Gas Recovery from Conventional and Unconventional Reservoirs
Alireza Bahadori
ISBN:9780128130278
Copyright © 2018 Elsevier Inc. All rights reserved.
Authorized Chinese translation published by Petroleum Industry Press.
《非常规油气提高采收率原理》（雷占祥　曾保全　汪斌　等译）
ISBN：9787518352562
Copyright © Elsevier Inc. and Petroleum Industry Press. All rights reserved.
No part of this publication may be reproduced or transmitted in any form or by any means, electronic or mechanical, including photocopying, recording, or any information storage and retrieval system, without permission in writing from Elsevier (Singapore) Pte Ltd. Details on how to seek permission, further information about the Elsevier's permissions policies and arrangements with organizations such as the Copyright Clearance Center and the Copyright Licensing Agency, can be found at our website: www.elsevier.com/permissions.
This book and the individual contributions contained in it are protected under copyright by Elsevier Inc. and Petroleum Industry Press (other than as may be noted herein).
This edition of Fundamentals of Enhanced Oil and Gas Recovery from Conventional and Unconventional Reservoirs is published by Petroleum Industry Press under arrangement with ELSEVIER INC.
This edition is authorized for sale in China only, excluding Hong Kong, Macau and Taiwan. Unauthorized export of this edition is a violation of the Copyright Act. Violation of this Law is subject to Civil and Criminal Penalties.

本版由 ELSEVIER INC. 授权石油工业出版社有限公司在中国大陆地区（不包括香港、澳门以及台湾地区）出版发行。
本版仅限在中国大陆地区（不包括香港、澳门以及台湾地区）出版及标价销售。未经许可之出口，视为违反著作权法，将受民事及刑事法律之制裁。
本书封底贴有 Elsevier 防伪标签，无标签者不得销售。

注意

本书涉及领域的知识和实践标准在不断变化。新的研究和经验拓展我们的理解，因此须对研究方法、专业实践或医疗方法作出调整。从业者和研究人员必须始终依靠自身经验和知识来评估和使用本书中提到的所有信息、方法、化合物或本书中描述的实验。在使用这些信息或方法时，他们应注意自身和他人的安全，包括注意他们负有专业责任的当事人的安全。在法律允许的最大范围内，爱思唯尔、译文的原文作者、原文编辑及原文内容提供者均不对因产品责任、疏忽或其他人身或财产伤害及／或损失承担责任，亦不对由于使用或操作文中提到的方法、产品、说明或思想而导致的人身或财产伤害及／或损失承担责任。

北京市版权局著作权合同登记号：01 – 2021 – 4902

出版发行：石油工业出版社
　　　　　（北京安定门外安华里 2 区 1 号楼　100011）
　　网　址：www.petropub.com
　　编辑部：(010)64523537　图书营销中心：(010)64523633
经　销：全国新华书店
印　刷：北京中石油彩色印刷有限责任公司

2022 年 3 月第 1 版　2022 年 3 月第 1 次印刷
787×1092 毫米　开本：1/16　印张：23
字数：560 千字

定价：180.00 元
（如出现印装质量问题，我社图书营销中心负责调换）
版权所有，翻印必究

译者前言

油气是目前全球使用的主要能源之一,并且在未来数十年内,预计没有其他替代能源会影响石油需求的上升趋势。油田生产早期主要利用天然能量(如气顶、边底水、溶解气、岩石和流体的弹性和重力)开发,平均采收率仅为19%左右,而大部分原油仍然滞留在油藏中。为了从已开发油藏中采出更多的原油,各大石油公司和科研机构持续研发并现场试验了系列采油新方法和新技术,如二次采油和三次采油。

根据注入介质的不同,三次采油又细分为气驱(混相驱和非混相驱)、热力采油、化学驱、微生物采油以及低矿化度水驱等。这些提高采收率技术的驱油机理各不相同,包括降低表面张力、原油膨胀、改善相对渗透率和改变润湿性等,既可通过单一驱油机理提高采收率,也可通过多种驱油机理协同提高采收率。不同的提高采收率技术适用于具有不同特征的油气藏,在进行提高采收率技术的矿场设计和实施之前,要对适合油藏特征的提高采收率方法进行筛选,以获得最适宜的提高采收率方法,实现最大的产油量。

本书由雷占祥、曾保全、汪斌、屈泰来、黄飞、张慕真、徐晖、吴书成等共同翻译。由于本书涉及多种提高采收率技术,且技术内涵存在本质区别,每一位译者都花费了大量时间理解原文和推敲译文,故本书采用联合署名的方式。在此感谢每一位译者的辛苦付出。

期望本书的引进能够为高等学校、科研院所、石油公司等从事油气提高采收率理论与技术研究的相关人员提供参考。鉴于译者对书稿原文的理解深度有限,译文中不妥之处恳请读者提出宝贵意见。

作者简介

Alireza Bahadori,博士,注册工程师,注册化学工程师,注册专业工程师,澳大利亚工程师协会会员,昆士兰州注册工程师管理局的注册工程师,是澳大利亚南十字大学环境科学与工程学院的研究人员,也是澳大利亚石油和天然气服务有限公司的董事长兼首席执行官。他在澳大利亚珀斯市的科廷大学获得博士学位;在过去的20年里,Bahadori博士曾担任了各种工艺职位和石油工程师职位,并参与了许多大型石油天然气项目。他的著作已被多家大型出版社出版,包括爱思唯尔出版社。他是英国伦敦的注册工程师(CEng)和注册化学工程师(MIChemE)、澳大利亚工程学会的注册专业工程师(CPEng)和注册会员、澳大利亚昆士兰(RPEQ)的注册职业工程师、英国工程理事会的注册特许工程师、澳大利亚工程师协会(NER)的注册工程师。

目 录

第1章 提高石油采收率简介 (1)
- 1.1 概述 (1)
- 1.2 油藏岩石特征 (1)
- 1.3 流体特征 (4)
- 1.4 油藏驱动机理 (9)
- 1.5 原油滞留和流动机理 (10)
- 1.6 黏滞力、毛细管力和重力 (12)
- 1.7 孔隙尺度的剩余油滞留与流动 (13)
- 1.8 微观驱油效率 (15)
- 1.9 流度比控制 (20)
- 1.10 采油方法 (22)
- 参考文献 (26)

第2章 提高采收率方法的筛选标准 (27)
- 2.1 引言 (27)
- 2.2 气驱 (27)
- 2.3 化学驱 (31)
- 2.4 热力采油 (34)
- 参考文献 (36)

第3章 CO_2提高采收率技术 (41)
- 3.1 引言 (41)
- 3.2 CO_2驱油机理 (41)
- 3.3 CO_2注入方式 (58)
- 3.4 注CO_2室内实验 (59)
- 3.5 CO_2注入设施及工艺设计注意事项 (60)
- 3.6 致密油藏CO_2驱 (61)
- 3.7 注CO_2提高气藏采收率 (61)
- 3.8 CO_2驱对环境的影响 (62)
- 参考文献 (63)

第4章 混相气驱技术 (68)
- 4.1 提高采收率技术 (68)
- 4.2 非混相驱和混相驱 (69)
- 4.3 最小混相能力的确定 (69)
- 4.4 一次接触混相和多次接触混相 (79)

4.5　CO_2 提高稠油油藏采收率技术 ……………………………………………………… (79)
4.6　烃类气驱:LPG、富气和贫气 …………………………………………………………… (82)
4.7　适合 CO_2 提高采收率的油藏筛选 ……………………………………………………… (82)
4.8　CO_2 腐蚀 …………………………………………………………………………………… (83)
4.9　设计标准及推荐规范 ……………………………………………………………………… (84)
4.10　水气交替驱 ……………………………………………………………………………… (85)
4.11　采收率预测 ……………………………………………………………………………… (87)
4.12　CO_2 性质及用量 ………………………………………………………………………… (88)
参考文献 ……………………………………………………………………………………… (90)

第5章　热力采油技术 ………………………………………………………………………… (97)
5.1　引言 ……………………………………………………………………………………… (97)
5.2　各种热力采油方法 ……………………………………………………………………… (97)
问题 …………………………………………………………………………………………… (128)
参考文献 ……………………………………………………………………………………… (129)

第6章　化学驱 ………………………………………………………………………………… (134)
6.1　引言 ……………………………………………………………………………………… (134)
6.2　化学驱提高采收率方法 ………………………………………………………………… (134)
参考文献 ……………………………………………………………………………………… (143)

第7章　水驱技术 ……………………………………………………………………………… (149)
7.1　引言 ……………………………………………………………………………………… (149)
7.2　线性水驱的油水前缘连续性方程 ……………………………………………………… (149)
7.3　径向水驱的油水前缘连续性方程 ……………………………………………………… (152)
7.4　径向水驱分流方程的重要性及其作用 ………………………………………………… (156)
7.5　Buckley-Leverett 理论和分流方程的应用 …………………………………………… (159)
7.6　低矿化度水驱 …………………………………………………………………………… (160)
参考文献 ……………………………………………………………………………………… (164)

第8章　煤层气提高采收率方法 ……………………………………………………………… (168)
8.1　引言 ……………………………………………………………………………………… (168)
8.2　煤层特征 ………………………………………………………………………………… (169)
8.3　煤层气开采曲线 ………………………………………………………………………… (174)
8.4　煤层气流动机理 ………………………………………………………………………… (175)
8.5　煤层气产量与提高采收率 ……………………………………………………………… (181)
参考文献 ……………………………………………………………………………………… (187)

第9章　页岩油提高采收率技术 ……………………………………………………………… (194)
9.1　引言 ……………………………………………………………………………………… (194)
9.2　页岩油和油页岩 ………………………………………………………………………… (196)
9.3　页岩油气提高采收率方法 ……………………………………………………………… (197)
9.4　页岩油气开采对环境的影响 …………………………………………………………… (202)

参考文献 ……………………………………………………………………………… (203)

第10章 微生物采油:微生物学及机理 …………………………………………… (209)
- 10.1 引言 ……………………………………………………………………………… (209)
- 10.2 基本定义 ………………………………………………………………………… (209)
- 10.3 采收率影响因素 ………………………………………………………………… (211)
- 10.4 发展历史 ………………………………………………………………………… (212)
- 10.5 微生物生态学 …………………………………………………………………… (213)
- 10.6 MEOR 微生物筛选 ……………………………………………………………… (270)
- 10.7 营养物质 ………………………………………………………………………… (271)
- 10.8 微生物采油的现场应用 ………………………………………………………… (272)
- 10.9 微生物提高采收率方法 ………………………………………………………… (273)
- 10.10 生化物的生成及其在 MEOR 中的作用 ……………………………………… (274)
- 10.11 微生物采油机理 ………………………………………………………………… (285)
- 10.12 微生物采油的限制条件及筛选标准 …………………………………………… (289)
- 10.13 矿场试验 ………………………………………………………………………… (295)
- 10.14 生物酶采油 ……………………………………………………………………… (309)
- 10.15 基因工程菌采油 ………………………………………………………………… (310)

参考文献 ……………………………………………………………………………… (311)

第1章 提高石油采收率简介

Amirhossein Mohammadi Alamooti 和 Farzan Karimi Malekabadi

（伊朗德黑兰，谢里夫工业大学化学与石油工程系）

1.1 概述

油田开发早期主要依赖天然能量,该过程包含了各种驱替机理(气顶驱、天然水驱、溶解气驱、岩石和流体的弹性驱和重力驱),其采收率最高可达50%(平均为19%),而大部分原油滞留在油藏中。在天然能量开采之后,为了从油藏中采出更多的原油,又使用了一系列的采油方法和技术。因此,将一次采油后实施的第一次和第二次提高采收率技术分别命名为二次采油和三次采油。

二次采油的主要目的是维持油藏压力,例如注水和注气。在注气采油过程中,向气顶注入气体以满足气驱采油的能量要求,但注气采油的效率不如水驱,鉴于水驱在保持油藏能量方面的广泛使用,各种参考文献往往把水驱视同二次采油。

除了一次采油和二次采油,三次采油涵盖了所有能够开采剩余油的方法。当然,也应该注意到许多油藏,例如高黏油藏和致密油藏,只有应用三次采油技术才能生产。因此,很多情况下,特别是当油藏不能通过天然能量或补充能量方法开采时,提高采收率(EOR)方法的分类并不起作用。因此,将三次采油视为 EOR 方法是合适的,三次采油技术可以划分为热力采油、化学驱、微生物采油、混相驱和非混相驱。这些提高采收率方法的机理也各不相同,包括降低表面张力、原油膨胀、改善相对渗透率和改变润湿性等,既可通过单一驱油机理提高采收率,也可通过多种驱油机理协同提高采收率。

如今,在油田开发后期或天然能量无法生产石油的情况下,EOR 技术的使用越来越广泛。提高采收率技术的成功应用和繁荣前景取决于对岩石性质、流体性质和储层条件的综合研究,这些对油藏特征的准确描述是选择合适 EOR 方法的关键。

1.2 油藏岩石特征

油藏岩石是储集烃的多孔介质,包含孔隙和喉道,是烃的运移通道和聚集系统,同时也具有封闭作用,防止烃类渗透到地表。油藏岩石呈现各种类型,从疏松到致密,划分为常规油藏和非常规油藏。常规油藏中的岩石由黏结在一起的颗粒组成(例如二氧化硅、钙硅石和黏土),为烃的聚集和流动提供了存储空间和渗流通道。为了认识油藏特征、改善油藏开发效果,研究油藏岩石特征是非常重要的。

大多数的油藏岩石特征是通过室内实验确定的。为了进行实验室测试,需要对油藏岩石进行采样,所获得的油藏特殊岩石样本被称为岩心,其长度各不相同,短至几英寸的岩心柱,长到几米的全直径岩心。为了便于后续的实验室测试,将这些岩心保存在油藏条件(温度,压力)下,否则将岩心老化至油藏条件下。

岩石特性分析主要分为高级岩心分析或特殊岩心分析(SCAL)和常规岩心分析(RCAL)。SCAL用于确定所有与饱和有关的或多相流动的特性,包括相对渗透率、毛细管力、压缩性和润湿性,而其他参数(如孔隙度、渗透率、饱和度和岩性)则由RCAL确定。上述岩石特征主要影响油藏中的油气分布,因此油藏岩石性质的综合分析非常必要,尤其是在筛选EOR方法时,显得更加必要。

1.2.1 孔隙度

颗粒和颗粒状物形成了不规则形状的岩石内部结构,在岩石中形成的空间被称为孔隙空间。孔隙度是孔隙体积与岩石体积的比值,即孔隙度是岩石储存流体的能力,其定义如下:

$$\phi = \frac{孔隙体积}{岩石体积} \tag{1.1}$$

式中:ϕ为孔隙度。

在沉积过程中,部分孔隙从相互连通的孔隙网络中分离出来。在原油开采过程中,储集在死孔隙中的原油无法流动,并将一直残留在其中。因此,有效孔隙度被定义为相互连通的孔隙体积在岩石总体积中所占的比例。

孔隙度可以通过实验室测定和测井曲线确定,如声波测井、中子测井和密度测井。实验室则分别通过液相和气相测定孔隙度,孔隙度的计算方法采用基本物理定律,包括浮力定律和玻意耳定律。

1.2.2 饱和度

多孔介质的所有孔隙都充满了不同类型的流体,每种流体的体积与总孔隙体积的比例称为该流体的饱和度。因此,所有流体的饱和度总和为100%。

油藏中的流体处于平衡状态。油藏中的流体分布取决于重力、毛细管力和黏滞力。通常,气体在顶部,原油在中间,水在底部。推动原油运移后储存在孔隙中的水称为原生水,残留在岩石孔隙中且无法通过石油驱动的水被称为束缚水。

对于油相而言,也存在类似的定义。油在多孔介质中能够移动的饱和度称为临界含油饱和度,残余油饱和度则是湿相驱油后的含油饱和度;残余油饱和度往往高于临界含油饱和度,可以通过EOR方法降低残余油饱和度。

1.2.3 渗透率

渗透率表示单相流体在岩石中的流动能力,单位为达西(D)。渗透率范围从致密灰岩的0.1mD延伸至疏松砂岩的1000mD以上。较高的渗透率可以使流体快速流过多孔介质,与流体类型无关。渗透率由亨利·达西提出来,达西公式如式(1.2),其也是流体在多孔介质中的动量方程:

$$q = \frac{KA\Delta p}{\mu \Delta x} \tag{1.2}$$

式中:q 为体积流量;K 为渗透率;A 为横截面积;Δp 为沿介质的压力差;μ 为流体黏度;Δx 为介质的长度。

以 SI 单位表示的渗透率单位为 m^2,等于 1.013×10^{12} D。达西方程适用于线性、层状、均质多孔介质中的不可压缩流体的稳定流动。对于多相渗流,相对渗透率方程同样适用;对于湍流,需要引入参数来修正达西方程,适用于高产气井。

1.2.4 润湿性

当两种非混相流体在固体表面接触时,会形成接触角,展示了流体在固体表面扩散的趋势。流体在固体表面上的黏附趋势称为润湿性,而与固体趋于最大接触表面的流体称为润湿相。润湿性是流体在油藏多孔介质中分布的主要动力之一。两种非混相流体之间的接触角是表征润湿程度的参数。零接触角表示完全润湿,而 180°接触角表示完全不润湿。由于润湿相倾向于在固体表面扩散,因此多孔介质中的小孔隙容易被润湿相占据,而大孔隙则被非润湿相填充,例如在水湿多孔介质中,水会黏附在小孔隙中,而油在孔道中流动。这种流体分布是由于润湿相与固体表面之间的吸引力以及非润湿相与固体表面之间的排斥力共同作用而形成。

油水边界处的力可以分解为油—固界面能量、水—固界面能量和油水界面张力,如图 1.1 所示。

在静态平衡条件下,三者之间满足式(1.3):

$$\sigma_{ws} - \sigma_{os} = \sigma_{ow}\cos\alpha \qquad (1.3)$$

式中:σ_{os} 为油和固体之间的界面能;σ_{ws} 为水和固体之间的界面能;σ_{ow} 为油和水之间的界面张力。

在水湿情况下,公式(1.3)左边为正;油湿情况下公式左边为负;中性情况下公式左边为零。

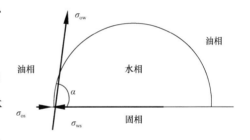

图 1.1 界面能量分布

不同的油藏条件具有不同的润湿性,可将润湿性改变作为提高采收率方法,提高原油在油藏中的流动性。利用化学方法如表面活性剂驱、碱驱、低矿化度水驱以及碱—表面活性剂—聚合物(ASP)驱都可以改善油藏的润湿性。

1.2.5 毛细管力

相互接触的两种非混相流体之间的压力差被称为毛细管力。非润湿相和润湿相之间的压力差表示如式(1.4):

$$p_c = p_{nw} - p_w \qquad (1.4)$$

式中:p_c 为毛细管力;p_{nw} 为非润湿相压力;p_w 为润湿相压力。

对于两相系统,当毛细管位于界面下方时,平衡方程可以表述为式(1.5)、式(1.6),如图 1.2 所示。

$$2\pi\sigma\cos\theta = \pi r^2 (p_2 - p_1) \qquad (1.5)$$

$$p_c = p_2 - p_1 = \frac{2\sigma\cos\theta}{r} \tag{1.6}$$

式中：σ 为两相界面张力；θ 为润湿接触角；r 为毛细管半径。

根据毛细管的润湿性，液体会上升或下降。如果界面下方的液体是润湿相，则液体会进入毛细管，凹面向上，并且两种液体之间的夹角小于90°；否则，液体会从界面下方掉落并向下凹陷。

当多孔介质中的润湿相饱和度增加时，润湿相的移动速度会加快，例如在水湿油藏中注水采油，该过程称为渗吸。反之，"非润湿相饱和度增加"称为排驱。

在排驱过程中，非润湿相首先侵入大孔隙，然后占据较小的孔隙。进入最大孔隙所需的压力称为门限压力；通过施加更大的压力，非润湿相的饱和度逐渐增加，直到润湿相的饱和度不再降低为止。排驱过程的示意曲线如图1.3所示。

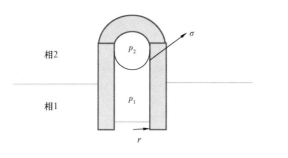
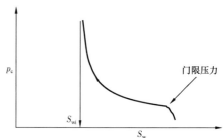

图1.2　毛细管力平衡　　　　　图1.3　排驱过程的毛细管力曲线

用于渗吸的毛细管力曲线与排驱的不同，它的曲线位于排驱曲线的下方，这种现象称为润湿滞后，应在油藏选择不同驱油机理时加以考虑。

1.2.6　相对渗透率

渗透率仅针对单相流体，是岩石特征的函数，通常被称为绝对渗透率。

一般情况下，油藏中含有两种或三种流体，因此，将渗透率修订为与饱和度相关的函数，即"有效渗透率"。有效渗透率是多孔介质被其他流体饱和后的流体流动能力。相对渗透率则被定义为有效渗透率与绝对渗透率之比。相对渗透率表示流体在系统存在其他流体时的流动能力，其值的范围介于0和1之间。相对渗透率大小和曲线形态取决于岩石的润湿性。强水湿系统的最大水相相对渗透率将不超过0.2，油水相对渗透率曲线的交点所对应的含水饱和度大于0.5。影响相对渗透率的另一个重要参数是流体饱和历程。相对渗透率函数对润湿滞后效应非常敏感，即与毛细管力函数一样，相对渗透率对于排驱过程和渗吸过程都是不同的。

1.3　流体特征

聚集在油藏中的碳氢化合物由复杂的混合物组成。油藏压力和油藏温度的变化范围很大，不同的组分、压力和温度形成了不同的油藏类型。通过各种不同的室内实验研究了油藏流体的相态，也建立了相应的状态方程来模拟实验结果和流体相态。深入认识到油藏中碳氢化合物的相态在一次采油和后续的提高采收率方案设计中至关重要。

1.3.1 烃相态图

单组分的相态图是压力与温度的关系,展示了纯物质的不同状态,如图 1.4 所示。

蒸气压线将气相和液相分开,当温度和压力条件位于蒸气压线的下方时为气相,而位于蒸气压线上方时为液相。多组分系统的相态图更加复杂,它是一个宽阔的区域而不是一条线,在"相态图包络线"的区域内,两相同时存在。图 1.5 为多组分系统的相图包络线,该曲线由泡点线和露点线连接而成,两条线的交点称为临界点。

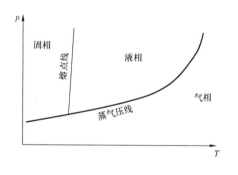

图 1.4　相态示意图　　　　图 1.5　相态图包络线

1.3.2 基于流体特征的油藏分类

通常,根据流体类型的不同,将油气藏划分为油藏和气藏。基于相态图和各点代表的油藏条件,又可将油藏和气藏细分如下。

油藏:
(1) 普通黑油油藏;
(2) 挥发性油藏;
(3) 近临界油藏。

气藏:
(1) 凝析气藏;
(2) 湿气气藏;
(3) 干气气藏。

1.3.3 天然气特征

天然气是具有强可压缩性的低黏度和低密度的轻质流体,由烃和非烃组成。气态烃很轻,主要包括甲烷、乙烷、丙烷、丁烷、戊烷和少量偏重组分,氮气、二氧化碳和硫化氢是天然气中最常见的非烃气体。为了模拟油藏条件并研究不同情景,建立流体相态模型至关重要,其目的是研究温度—压力—体积的相互关系和油藏流体的物理性质。研究气藏的必要物理特征参数包括:表观摩尔质量、密度、相对密度、压缩系数、体积系数和黏度。

1.3.3.1 天然气表观摩尔质量

气体的表观摩尔质量定义如式(1.7)：

$$MW_a = \sum_i \gamma_i MW_i \tag{1.7}$$

式中：MW_a 为表观摩尔质量；γ_i 为组分 i 的摩尔分数；MW_i 为组分 i 的摩尔质量。

1.3.3.2 天然气密度

为了分析流体相态，必须研究压力、体积和温度的关系。对于理想气体而言，其数学表达式为式(1.8)：

$$pV = nRT \tag{1.8}$$

式中：p 为压力；V 为体积；R 为气体常数；T 为温度；n 为气体物质的量。摩尔质量则定义为气体的质量除以物质的量，见式(1.9)：

$$MW = \frac{m}{n} \tag{1.9}$$

理想状态下，气体的压力—温度—体积关系式可改写为式(1.10)：

$$pV = \frac{m}{MW}RT \tag{1.10}$$

密度被定义为质量与相应体积的比值，见式(1.11)：

$$\rho = \frac{m}{V} \tag{1.11}$$

因此有：

$$\rho = \frac{p \cdot MW}{RT} \tag{1.12}$$

式中：ρ 为密度；m 为质量；V 为体积；R 为气体常数；T 为温度。

1.3.3.3 天然气相对密度

相对密度表示为天然气密度与相同条件（压力和温度）下的空气密度的比值，见式(1.13)：

$$\gamma = \frac{\rho_{gas}}{\rho_{air}} \tag{1.13}$$

式中：γ 为相对密度；ρ_{gas} 为天然气密度；ρ_{air} 为空气密度。

在标准条件下，天然气的相态与理想气体相近，因此，天然气的相对密度可以改写为式(1.14)：

$$\gamma = \frac{(p_{sc} \cdot MW_{gas})/(RT_{sc})}{(p_{sc} \cdot MW_{air})/(RT_{sc})} = \frac{MW_{gas}}{MW_{air}} = \frac{MW_{gas}}{28.96} \tag{1.14}$$

1.3.3.4 天然气压缩系数

在低压条件下,理想气体的状态方程可用于真实气体;据分析,气体状态方程在低压条件下的计算误差小于3%。在高压条件下,特别是高压气藏,理想气体的状态方程不再适用。由于理想气体状态方程忽略了分子的体积、分子之间的排斥力和吸引力。因此,在理想气体状态方程中引入气体压缩系数Z因子,可以提高高压流体的相态预测精度,其表达式为式(1.15):

$$pV = ZnRT \tag{1.15}$$

式中:气体压缩系数Z定义为物质的量为n的气体在T和p处的真实体积与同物质的量等温等压条件下的理想气体体积的比值。

1.3.3.5 天然气体积系数

油藏条件下的气体体积小于地面条件下的气体体积。气体体积系数用于转换油藏和地面两种条件下的体积,其基本定义为一定量的气体在油藏条件下的体积与标准条件下的体积之比,见式(1.16):

$$B_g = \frac{V_{g_{reservoir}}}{V_{g_{sc}}} \tag{1.16}$$

式中:B_g为气体体积系数;$V_{g_{reservoir}}$为油藏条件下的气体体积;$V_{g_{sc}}$为地面标准条件下的气体体积。

1.3.3.6 天然气黏度

流体黏度反映了流体流动阻力的大小。在低黏度的情况下,通过施加一定的剪切力,流体开始流动,并在层流之间产生较大的速度梯度。黏度定义为剪切应力与速度梯度之比。

天然气黏度的实验室测量方法并不常见,目前已建立了多个计算天然气黏度的经验公式,多是压力、温度和气体组分的函数。

1.3.4 原油特征

在油藏条件下,液态烃和非烃的混合物称为原油。原油的物理化学性质主要通过实验室方法获得,在很大程度上取决于油藏条件和原油组分。在缺少实验条件的情况下,也可以利用经验公式估算原油特性,主要的原油物性参数包括 API 度、相对密度、溶解气油比、气体溶解度、泡点压力、体积系数、黏度和表面张力等。

1.3.4.1 原油相对密度

原油相对密度定义为某一压力和温度条件下的原油密度与水密度之比。

$$\gamma_o = \frac{\rho_o}{\rho_w} \tag{1.17}$$

API 度是石油行业中最实用的参数之一。可以利用现场和实验室测量的原油相对密度计算 API 度:

$$\text{API} = \frac{141.5}{\gamma_\text{o}} - 131.5 \tag{1.18}$$

1.3.4.2 溶解气油比

在一定的压力和温度条件下,1bbl 原油中溶解的天然气的标准体积称为溶解气油比 R_s。该参数取决于气体相对密度、原油 API 度、温度和压力。对于欠饱和油藏,当油藏压力降低时,溶解气油比保持恒定;当油藏压力降低至饱和压力以下时,气体的溶解度会因压力下降而降低。图 1.6 展示了溶解气油比随压力变化的典型曲线。

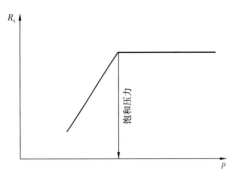

图 1.6 溶解气油比随压力变化示意图

1.3.4.3 泡点压力

泡点压力定义为在原油中出现第一个气泡时的压力。高于泡点压力时,原油是单相液体,而低于泡点压力时,油气则处于平衡状态。泡点压力主要通过实验室测得,也可以通过经验公式计算获得。

1.3.4.4 原油体积系数

原油体积系数等于油藏条件下的原油体积除以地面标准条件下的原油体积。

$$B_\text{o} = \frac{V_{\text{o}_\text{reservoir}}}{V_{\text{o}_\text{sc}}} \tag{1.19}$$

式中:B_o 为原油体积系数;$V_{\text{o}_\text{reservoir}}$ 为油藏条件下的原油体积;V_{o_sc} 为地面标准条件下的原油体积。

1.3.4.5 原油黏度

原油黏度是决定原油在多孔介质中流动的有效参数之一,其定义类似于天然气黏度,即流动阻力。原油黏度取决于原油组分、气体溶解度、温度和压力。图 1.7 展示了原油黏度随压力变化的典型曲线。

1.3.4.6 表面张力

分子力的差异使液相和气相的边界层失衡。施加在油气界面上的力称为表面张力。纯净物质的表面张力会随着温度的升高而降低。

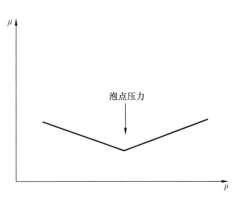

图 1.7 原油黏度随压力变化的示意图

处于平衡状态的烃类液体和气体的表面张力计算如式(1.20):

$$\sigma = \left[\sum_i P_i \left(x_i \frac{\rho_\text{l}}{M_\text{l}} - y_i \frac{\rho_\text{g}}{M_\text{g}} \right) \right]^4 \tag{1.20}$$

式中：σ 为表面张力；P 为等张比容，纯净物质的 P 为常数；x 为液烃组分的摩尔分数；ρ_l 为液体密度；M_l 为液体表观摩尔质量；y 为气体组分的摩尔分数；ρ_g 为气体密度；M_g 为气体表观摩尔质量。

当表面张力接近于 0 时，气体向原油中溶解，即降低表面张力增加了混相的机会。

1.4 油藏驱动机理

包括毛细管力、黏滞力和重力在内的许多力都会影响流体在多孔介质中的流动。在油藏形成过程中，这些力逐渐均衡分布，也决定了流体如何流向油井。这些力与上覆岩层压力和油藏温度形成了油藏的能量，只要天然能量没有消耗完，油藏就能自然生产石油，这种依靠油藏本身能量生产石油的阶段称为一次采油。在一次采油阶段，利用油藏天然能量生产石油，根据不同的驱油机理，可以划分为：岩石和流体的弹性驱、溶解气驱、气顶驱、天然水驱、重力驱和复合驱。

1.4.1 岩石及流体的弹性驱

岩石和流体的弹性驱在欠饱和油藏中占主导地位。当油藏压力降低到泡点压力以下时，岩石和流体逐渐膨胀。随着油藏液体的压力减小，油藏发生压实，孔隙体积减小，液体和岩石颗粒开始同步膨胀，此时，原油从孔隙中流出，逐渐渗流至油井中。由于原油和岩石的压缩系数很小，油藏压力下降相对较快，导致岩石和流体的弹性驱油效率很低。

1.4.2 溶解气驱

饱和油藏的压力低于泡点压力，溶解气驱在饱和油藏中的作用很显著。随着油藏压力的降低，气泡从原油中逸出，为原油流动提供动力。逸出的气泡逐渐膨胀，维持油藏压力，并降低原油黏度，推动原油流动。由于缺少气顶驱和天然水驱等外部驱动力，溶解气驱油藏的压降较大。当油藏压力继续下降时，游离态的溶解气向上运移，形成次生气顶，这主要取决于油藏纵向渗透率的大小。次生气顶的形成容易大幅度降低油藏压力。溶解气驱的采收率范围为 $5\%\sim30\%$。

1.4.3 气顶驱

在具有原生气顶的饱和油藏中，气顶驱是主要的驱动机理。随着油藏压力的降低，气体开始膨胀并填充孔隙体积。气体因膨胀而释放能量，并且油气界面开始下降；为了避免采出气顶气，大多数油井都钻在油区内。气体的强可压缩性使得油藏压力缓慢下降，油藏压力保持水平也高于弹性驱和溶解气驱。因此，气顶驱的采收率可达到 $20\%\sim40\%$。

1.4.4 天然水驱

天然水驱所需的能量来自有限的水体。在采油过程中，油水界面逐渐上升，水体推动原油流动；水体规模变化很大，从很小的"对油藏生产的影响可忽略不计"到巨大的"与油藏大小相比具有无限的能量"；根据水体的形态和分布，可分为边水和底水。典型天然水驱油藏的压力下降很缓慢,世界上许多天然水驱油藏采出百万桶石油后的压降仅为1psi,天然水驱的采收率为30%~70%。

1.4.5 重力驱

重力驱在气顶驱和天然水驱油藏中也发挥着一定作用,其能量来自流体之间的密度差异。逸出的溶解气向上运移至原生气顶和次生气顶,推动水体向下移动。重力驱主要发生在饱和油藏中,向上移动的气泡推动原油向下流至油井。为了获得较高的重力驱采收率,通常将油井部署在油层下部。影响重力驱的因素很多,包括垂向渗透率、油藏倾角、相对渗透率和采油速度。

在许多同时具有天然水驱和原生气顶驱的油藏中,上述各种驱油机理是同时存在的,是多种驱油机理的有机组合。

1.5 原油滞留和流动机理

1.5.1 提高采收率的目的和方法

整个油藏开采生命周期划分为三个阶段:一次采油、二次采油和三次采油(也称为EOR)。在一次采油阶段,通过天然能量或某些人工举升设备(包括气举或泵)将原油采到地面;在二次采油阶段,通过向水体注水或气顶注气保持油藏压力;许多油藏在经历短暂的一次采油阶段后,很快进入二次采油阶段。大量用于开采剩余油的方法和技术统称为三次采油。

不能通过天然能量开采的油藏往往等待着实施三次采油。油藏中的许多参数都将影响三次采油开发规划的制订。润湿反转、油藏埋深和原油黏度都是应用EOR技术不可缺少的参数。一次采油和二次采油难以动用的原油可以利用一些先进的EOR方法将其采出。

EOR方法能否实施取决于油藏特征。EOR方法被划分为热力采油(将热量传递给高黏度的原油)、气驱(利用氮气和二氧化碳实施非混相驱和混相驱)和化学驱(既可以提高水驱油效率,还可以降低原油表面张力)。

1.5.2 各种提高采收率技术

EOR方法主要分为四种:气驱、热力采油、化学驱和其他(如微生物EOR),其中气驱应用最广泛,其次是热力采油。

1.5.2.1 气驱

该技术包括不同气体的混相气驱,例如二氧化碳、氮气、烟道气和天然气。混相注气的目的是使原油和注入气体形成单相流体,从而提高驱油效率,保持油藏压力。在混相过程中,油藏条件如温度、压力和原油组分会显著影响混相气驱的驱油效率。根据油藏条件和原油相态,将混相过程分为两大类:一次接触混相和多次接触混相,其中一次接触混相是指在油藏条件下注入气体在原油中快速溶解形成单相流体。当气体注入油藏时,由于两种流体的混相能力较强,气体与原油的干扰作用显著下降,一次接触混相可以改善原油的流动性。

在多次接触混相过程中,注入气体无法通过一次接触混相而全部溶解在原油中,注入气体的组分会显著影响气驱的最终驱油效率。在多次接触混相过程中,优选后的气体组分有助于发挥注入气体与原油之间的传质作用,一旦注入气体与原油形成混相,驱油效率明显提高。

1.5.2.2 热力采油

热力采油是通过向油藏注入热量提高原油驱替效率,可分为蒸汽驱、循环注蒸汽、蒸汽辅助重力泄油(SAGD)和火烧油层。

蒸汽驱是在注入井中注入蒸汽,蒸汽不断推动原油流向采油井;由于蒸汽前缘附近的热损失较大,蒸汽容易凝结成热水;蒸汽驱的驱油机理也包括原油受热膨胀和黏度降低,也能提高驱油效率。

循环注蒸汽(又叫蒸汽吞吐)是在同一口油井实施注蒸汽、焖井和采油等三个步骤。在一定的时间内向油井注入蒸汽,然后关井一段时间,称为焖井时间;焖井期间,蒸汽将稠油和高黏原油加热;开井后,油井采出热油;然后多次重复上述过程。循环注蒸汽包含了不同的驱油机理,例如原油黏度降低、原油受热膨胀和蒸馏。

蒸汽辅助重力泄油(SAGD)是热力采油方法之一,其采收率高达70%。

火烧油层通过原油就地燃烧提供热量。将空气或轻烃和氧气的混合物连续注入油藏,维持井附近的燃烧;火驱前缘逐步向油井推移,原油和地层水逐步被加热;储层中的水受热变成蒸汽,轻质原油组分变成气态烃,并且原油黏度降低。火烧油层包含了各种驱油机理,例如蒸汽驱、热水和轻烃溶剂的降黏作用都有利于原油流动。

1.5.2.3 化学驱

各种各样的化学剂都可以注入油藏改善原油的流动性,但作用机理各不相同,主要有三种:降低表面张力、堵水、改变润湿性。尽管已经研发了许多化学剂用于提高原油采收率,但化学驱主要分为碱—表面活性剂—聚合物(ASP)驱和聚合物驱。注入ASP的目的是降低油水之间的界面张力,提高水驱后的原油流动性;注入的碱与原油发生化学反应并原位生成廉价的表面活性剂;人工合成的表面活性剂也可以和碱一起注入油藏。ASP中的聚合物用于增加注入流体段塞的黏度,利用化学方法调节ASP的流度,提高波及系数。聚合物驱往往适用于高含水期的高渗透油藏;将聚合物溶液注入水井,利用增稠作用调控水的流度;通常在水驱的第一阶段就可以注入聚合物溶液以延迟注入水的突破时间。

1.5.3 筛选标准

不同EOR方法的适用性取决于油藏条件、岩石和流体性质。已根据油藏性质提出了许多技术筛选标准,但是这些标准给定的数据范围并不是绝对的。现已开发了一些人工智能方法来描述不同EOR方法的适用性。泰伯(Taber)收集整理了全球各个EOR项目的数据,研究了不同EOR方法的适用性,见表1.1。

可以看出,EOR方法的可行性受到很多条件限制。例如,由于井筒的热损失,热力采油受油藏埋深的限制;大多数的气驱适用于轻质油藏;化学驱则受油藏温度的限制,很难研发一种化学性质稳定的化学试剂。

表 1.1 EOR 筛选标准

EOR 方法		原油性质			油藏特征					
		原油重度（°API）	黏度（mPa·s）	组分	含油饱和度（%）	储层类型	有效厚度（ft）	渗透率（mD）	埋深（ft）	温度（℉）
气驱	混相 氮气和烟道气	>35↗48↗	<0.4↘0.2↘	高含 $C_1 \sim C_7$	>40↗75↗	砂岩或碳酸盐岩	薄层但高倾角	NC	>6000	NC
	气态烃	>23↗41↗	<3↘0.5↘	高含 $C_2 \sim C_7$	>30↗80↗	砂岩或碳酸盐岩	薄层但高倾角	NC	>4000	NC
	CO_2	>22↗36↗	<10↘1.5↘	高含 $C_5 \sim C_{12}$	>20↗55↗	砂岩或碳酸盐岩	范围宽泛	NC	>2500	NC
	非混相气驱	>12	<600	NC	>35↗70↗	NC	NC[如果高倾角或(和)纵向渗透性很好]	NC	>1800	NC
化学驱	胶束/ASP,碱	>20↗35↗	<35↘13↘	轻质、中质和部分含有机酸的油藏适用于碱驱	>35↗53	最好是砂岩	NC	>10↗450↗	>9000↘3250	>200↘80
	聚合物驱	>15	<150,>10	NC	>50↗80	最好是砂岩	NC	>10↗800↗[a]	<9000	>200↘140
热采，机械开采	火驱	>10↗16↗	<5000↘1200	部分沥青质	>50↗72	高孔砂岩	>10	>50[b]3500	<11500↘3500	>100↗135
	蒸汽驱	>8～13.5↗	<200000↘4700	NC	>40↗66	高孔砂岩	>20	>200↗2540↗[c]	<4500↘1500	NC
	露天开采	7～11	冷采	NC	>8%（砂岩质量分数）	可开采油砂	>10	NC	>3:1上覆砂比	NC

注：NC—不重要；
a——>3mD（部分碳酸盐岩油藏）；
b——传导率>20mD·ft/(mPa·s)；
c——传导率>50mD·ft/(mPa·s)。

1.6 黏滞力、毛细管力和重力

任何 EOR 方法的成功实施都取决于提高微观驱油效率从多孔介质中获取更多原油,而且所有的 EOR 方法都是向多孔介质注入流体段塞。毛细管力和黏滞力都会影响注入段塞的驱油效率,换而言之,黏滞力、毛细管力和重力共同决定了流体在油藏中的分布,也会引起多相流系统的流体滞留和流动,因此,在 EOR 设计中,非常有必要了解和研究黏滞力、毛细管力和重力。

沿着多孔介质的压差反映了驱替流体的阻力或动力的大小。当非混相的两种流体同时存在于孔隙和毛细管中时,流体之间会形成弯曲的表面,两相界面处的压力不同,会产生压差,称为毛细管力。通常,非润湿相的压力大于润湿相的压力,也决定了两相界面的曲率。在不同条件下,毛细管力既可以是阻力,也可以是动力,与界面张力、流体的接触角和孔隙半径相关。描述毛细管力最著名的方程是 Young-Laplace 方程,见式(1.21):

$$p_c = \frac{2\gamma\cos\theta}{r} \tag{1.21}$$

式中:p_c 为毛细管力;γ 为界面张力;r 为孔隙半径;θ 为两相接触角。

黏滞力是流体在油藏多孔介质中流动所产生的,可以用多孔介质达西方程的压差来表示。如果将多孔介质视为毛细管束,则黏滞力可以表示为式(1.22):

$$p_D = \frac{\mu L v}{r^2} \tag{1.22}$$

式中:p_D 为沿毛细管的压差;μ 为流体黏度;L 为毛细管长度;v 为毛细管中的流体平均速度。

1.7 孔隙尺度的剩余油滞留与流动

在一次采油和二次采油阶段,部分原油仍然滞留在油藏中。从微观角度来看,原油滞留在孔隙中,并被注入流体所包围。原油滞留机理取决于孔隙的几何形状、岩石的润湿性和界面张力,这些参数决定了流体在多孔介质中的滞留和流动。多孔介质中的原油滞留机理可以用一些简化的数学模型来研究。

在某些情况下,需要很高的驱动力才能将滞留在毛细管中的油滴推动。图 1.8 是油滴在毛细管中被水包围的示意图。

图 1.8 油滴在毛细管中被水包围的示意图

假设油滴受到的压力是恒定的,可以写成式(1.23):

$$p_B - p_A = \left(\frac{2\sigma_{ow}\cos\theta}{r}\right)_A - \left(\frac{2\sigma_{ow}\cos\theta}{r}\right)_B \tag{1.23}$$

尽管油压大于水压,但沿毛细管的净压为零。

如果 A 点和 B 点的接触角不同,分别为后退角和前进角,则原油流动所需的压力可由式(1.24)来计算(图 1.9):

$$p_B - p_A = \frac{2\sigma_{ow}}{r}(\cos\theta_A - \cos\theta_B) \tag{1.24}$$

图 1.9 油滴在毛细管中被水包围且接触角不同的示意图

当前进角大于后退角时,A 点的压力大于 B 点的压力,流体从 A 流到 B。

如果油滴的前后接触角相同,但毛细管半径变窄,则原油流动所需的压力由式(1.25)确定(图 1.10):

$$p_B - p_A = 2\sigma_{ow}\cos\theta\left(\frac{1}{r_A} - \frac{1}{r_B}\right) \tag{1.25}$$

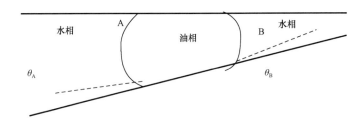

图 1.10 油滴在毛细管中被水包围且油滴半径不同的示意图

推动原油通过毛细管较窄部分的动力需逐渐增大,直到油滴完全通过为止。

另一典型的孔隙结构是双峰孔隙模型。该模型更为复杂,由两根并联的毛细管组成,如图 1.11 所示。模型假设如下:不同半径的水湿毛细管并联(其中一根毛细管的半径小于另一根),流体从 A 点流动到 B 点。如果流体在其中一根毛细管的流动较快,但因驱动力不足,无法将油滴从毛细管中低速推出,则油滴会滞留在毛细管中。

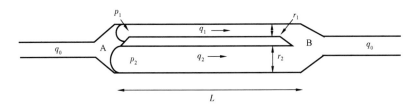

图 1.11 双峰孔隙模型

A 点和 B 点之间的压差可以写成式(1.26):

$$p_A - p_B = p_A - p_{wi} + p_{wi} - p_{oi} + p_{oi} - p_B \tag{1.26}$$

下游压力减去上游压力,则:

$$p_A - p_B = \frac{8\mu_w L_w v_1}{r_1^2} - \frac{2\sigma\cos\theta}{r_1} + \frac{8\mu_o L_o v_1}{r_1^2} \tag{1.27}$$

$$\mu_o + \mu_w = \mu, \quad L_o + L_w = L \tag{1.28}$$

$$\Delta p_{AB} = \frac{8\mu L v_1}{r_1^2} - \Delta p_{c1} \tag{1.29}$$

为了使两根毛细管中的油滴流动速度为正,Δp_{AB} 应大于 Δp_{c1} 和 Δp_{c2}。考虑孔隙结构尺寸的差异,Δp_{c1} 应大于 Δp_{c2}。

$$\Delta p_{AB} > \Delta p_{c1} \tag{1.30}$$

$$\frac{8\mu L v_1}{r_1^2} - \Delta p_{c1} > \Delta p_{c2} \tag{1.31}$$

结合毛细管压力方程,将大孔隙中的油滴推动所需的速度(在更大的孔隙中具有正速度)可以用式(1.32)计算:

$$v_1 > \frac{\sigma \cos\theta r_1^2}{\mu L}\left(\frac{1}{r_1} - \frac{1}{r_2}\right) \tag{1.32}$$

1.8 微观驱油效率

EOR 方法的本质是注入流体在微观孔隙结构中驱替原油的能力。微观驱油效率 E_D 是提高采收率项目成败的关键。对于原油而言,微观驱油效率取决于驱替过程结束后的残余油饱和度,但是 EOR 过程中往往注入了多个流体段塞,而且每种注入流体在油藏多孔介质中的驱油效率各不相同。低效的 EOR 会较早地产生指进现象,从而导致驱油效率不佳[1]。

毛细管力、黏滞力以及流体的黏度及其在多孔介质中的流度都是影响微观驱油效率的重要参数,值得开展研究。

1.8.1 宏观波及系数

驱油效率也取决于注入流体在油藏中波及的体积,可用体积波及系数来衡量。波及或驱替是宏观波及,包括注入流体占据或影响的孔隙空间的体积。总的驱油效率 E_C 是微观驱油效率 E_D 与宏观波及系数 E_V 的乘积。

通常,油藏流体在驱替过程中被波及程度受四个因素控制:
(1)注入流体的性质;
(2)被驱替流体的性质;
(3)油藏岩石的物理性质;
(4)注入井和采油井的相对位置。

1.8.2 宏观驱油机理

宏观驱油是指注入流体替换油藏孔隙中的流体,并推动油藏流体在孔隙中流动。

宏观波及系数是一种用于表征单位体积油藏驱替效率的参数。由于驱油过程总是随时间而变化,因此宏观波及系数也将相应变化。影响波及系数的因素有很多,主要包括以下四点。

(1) 驱替液和被驱替液的流度比。

流度比是用来描述多孔介质中驱替液与被驱替液的流度相对大小。如果驱替液比被驱替液的流动速度快,则被驱替液也将向前流动,但会发生黏性指进现象,平面波及系数主要取决于两种流体的流度比。

(2) 油藏的非均质性。

如果油藏的非均质性是由孔隙度、渗透率和胶结特征等造成的,那么油藏的非均质性将阻碍流体均匀流动,从而对宏观波及系数产生非常不利的影响。例如,均质灰岩和砂岩油藏的孔隙度和渗透率范围较宽,发育大小不一的裂缝也会形成非均质油藏;当油藏发育裂缝时,原油从高渗透裂缝中快速流过;许多油藏存在两个方向的渗透率(即垂向渗透率和水平渗透率),也会降低垂向波及系数和平面波及系数。所有油藏均存在横向连续的低渗透或高渗透区,水将在高渗透区快速流过。

(3) 注入井和采油井的相对位置。

注入流体在油藏中的流动形态(取决于注入井和生产井的相对位置)会影响平面波及系数。因此,注入流体和被驱替流体之间的接触程度越高,平面波及系数也就越高,当两种流体之间形成形状固定的接触面时,就会发生线性驱替,此时波及系数可以达到100%。

(4) 油藏岩石特性。

岩石的组分、水湿或油湿对波及系数起到决定性作用。油藏岩石的渗透率越高,流体越容易流动,反之,渗透率越低则越会抑制流体流动。例如,原油很难在钙长石和石灰石中流动[1]。

1.8.3 体积波及系数与物质平衡

通常使用物质平衡原理计算体积波及系数。例如,在驱替过程中,油藏流体与驱替液接触位置的初始含油饱和度就会降低至残余油饱和度。如果假设为活塞式驱替,则被驱替出来的油量可以使用式(1.33)表示:

$$N_P = V_P \left(\frac{S_{o1}}{B_{o1}} - \frac{S_{o2}}{B_{o2}} \right) E_V \tag{1.33}$$

式中:N_P 为被驱替出来的油量;S_{o1} 为驱替前的含油饱和度;S_{o2} 为驱替结束时驱替液波及区域的剩余油饱和度;B_{o1} 为驱替前的原油体积系数;B_{o2} 为驱替结束时的原油体积系数;V_P 为油藏孔隙体积。

在式(1.33)的两边同时除以原始含油量(驱替前的含油量 N_1),即可得到原油采收率和宏观波及系数(E_V)的关系式,见式(1.34):

$$\frac{N_P}{N_1} = E_V \cdot \frac{V_P}{N_1} \left(\frac{S_{o1}}{B_{o1}} - \frac{S_{o2}}{B_{o2}} \right) \tag{1.34}$$

如果可以获得驱替数据,则可利用式(1.34)计算体积波及系数。例如,如果获得了人工注水的水驱数据,则式(1.34)可以改写为式(1.35):

$$E_V = \frac{N_P}{V_P (S_{o1}/B_{o1} - S_{o2}/B_{o2})} \tag{1.35}$$

式中：N_P 为注水过程中的产油量。

1.8.4 平面波及系数和垂向波及系数

体积波及系数是平面波及系数（E_A）与垂向波及系数（E_I）的乘积。假设油藏有多个储层，每个储层都有相同的有效厚度和含油饱和度。那么，体积波及系数的定义见式(1.36)：

$$E_V = E_A \cdot E_I \tag{1.36}$$

式中：E_A 为理想油藏的平面波及系数；E_I 为垂向波及系数。

对于平面波及系数较高的区域，E_I 往往很小，影响有限。实际油藏的主要参数包括孔隙度、有效厚度、含油饱和度和含油量，因此，E_V 可表示井网条件下的体积波及系数：

$$E_V = E_P \cdot E_I \tag{1.37}$$

在式(1.37)中，E_P 为井网波及系数，其定义为注入流体波及后的孔隙含油量除以波及区域的孔隙体积。因此，井网波及系数 E_P 与有效厚度、孔隙度和含油饱和度有关。那么，总的驱油效率表示为：

$$E_C = E_P \cdot E_I \cdot E_D \tag{1.38}$$

在使用上述计算公式时，必须估算 E_P（或 E_A）和 E_I。由于 E_A 和 E_I 在三维驱替过程中并非相互独立，因此很难估算这两个参数。在没有垂向波及系数的情况下，可以通过物理模型或数学模型确定平面波及系数，但使用这两类模型也存在一定的前提条件。E_V 通常是基于合理的函数关系或不依赖 E_A 和 E_I 的三维数学模型来计算[1]。

1.8.4.1 平面波及系数

体积波及系数是平面波及系数和垂向波及系数的乘积。波及系数的定义很有用，可以用两种不同且相互独立的方法来表示体积波及系数。但是，实际油藏的 E_A 往往与 E_I 密切相关。

平面波及系数受四个因素控制：
(1)注采井网类型；
(2)渗透率的均质性；
(3)流度比；
(4)黏度和重力。

上述四个因素对平面波及系数具有重要影响，注采井网类型和渗透率的均质性可以使用物理模型研究。平板模型可以最大限度地减少重力分异的现象，忽略垂向波及系数，即全部表现为平面波及系数。油藏生产采用的各种注采井网类型如图1.12所示，其中五点井网最为普通；适用于五点井网的规律和影响因素也同样适用于其他井网类型，也可以获得该井网类型条件下的特殊计算方程。通常，渗透率的变化会对平面波及系数产生显著的影响，只是这种影响可能因油藏差异而不同。因此，建立一个研究和计算平面波及系数的数学模型是一项艰巨的任务[1]。

1.8.4.2 垂向波及系数

平面波及系数乘以垂向波及系数，即可得到体积波及系数。为此，可以使用简单的线性驱

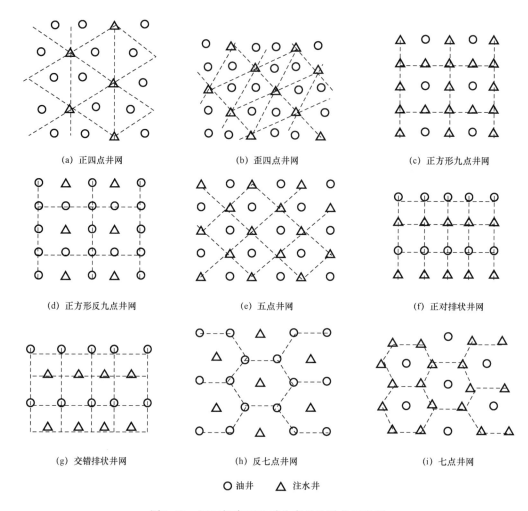

图 1.12 用于提高原油采收率的注采井网类型

替模型来研究垂向波及系数的影响因素。

垂向波及系数的影响因素有：
(1) 流度比；
(2) 水平渗透率和垂向渗透率的差异；
(3) 毛细管力；
(4) 重力分异。

许多文献分析了上述四个因素对垂向波及系数的影响，所涉及的物理模型和数学模型往往也应用于油藏数值模拟，影响垂向波及系数的因素如下。

1.8.4.2.1 流体密度差引起的重力分异

注入流体和被驱替流体的密度差异会引起重力分异。当注入流体的密度小于被驱替流体的密度时，就会发生重力分异，注入流体会向被驱替流体的上方流动，如图 1.13a 所示。蒸汽驱、火烧油层、二氧化碳驱和溶剂驱都会观察到重力分异现象。反之，当注入流体的密度大于被驱替液时,注入流体逐渐向被驱替流体的底部流动,如图 1.13b 所示。重力分异会引起过早的指进现象,并降低波及系数。

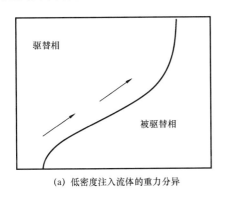
(a) 低密度注入流体的重力分异

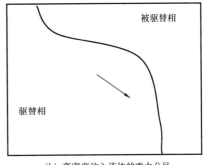
(b) 高密度注入流体的重力分异

图 1.13 重力分异现象

Craig 解释了重力分异的影响因素:
(1) 随着垂向渗透率和水平渗透率差异的增加而加剧;
(2) 随着注入流体与被驱替流体的密度差的增加而增大;
(3) 流度比越大,重力分异越严重;
(4) 由于注入流体的指进现象,注入速度越低,重力分异越严重;
(5) 黏度比的增加会降低重力分异。

1.8.4.2.2 倾斜油藏的重力分异

驱替液和被驱替液之间的密度差对倾斜油藏的驱替有着显著影响。对于倾斜油藏而言,重力驱可以改善驱替效果。例如,当驱替液的密度低于原油时,重力驱油过程更加稳定。因此,如果驱替速度足够低,则重力分异可防止驱替液与原油之间发生指进现象。同理,在倾斜油藏下方注水时,重力作用会保持驱替前缘稳定向上移动,并防止指进。

1.8.4.2.3 垂向非均质性和流度比

实际油藏的垂向渗透率往往各不相同,图 1.14 展示了不同层位的渗透率 K 和有效厚度 H。不存在垂向参数差异的地质模型通常是理论模型,而实际油藏含有多个油层,垂向渗透率各不相同,正是由于储层的分层特性,才会导致指进情况下的波及系数降低[1]。

1.8.5 影响微观驱油效率的因素

1.8.5.1 油藏的大小和形状

由于混相驱油过程中,采出的原油体积取决于驱替液与油藏接触的面积。因此,注入流体与油藏孔隙产生最大的接触面积至关重要。

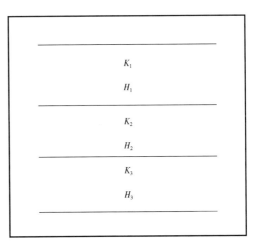

图 1.14 垂向渗透率和厚度

当注入流体从油藏的某一点注入时,混相驱油过程变得更加复杂,此时,注入流体的接触面积与油藏几何形态和注入位置有关。

1.8.5.2 构造倾角

在混相驱油过程中,气体是推动原油流动的主要能量,因此重力分异为混相流体提供了最大动力并推动原油流动。倾角大的油藏往往使原油与气体发生重力分异,并在气体前面流动,从而形成完整且独特的溶剂物质,但最终会在驱替过程中发生气相和油相的重力分异。

1.8.5.3 原油性质

在启动混相驱的矿场试验之前,需通过室内实验确定油藏的原油物性。原油的性质决定了所使用的提高采收率方法。通常,轻中质原油或中质组分占比较大的原油更适合混相驱。

1.8.5.4 油藏温度和压力

只要油藏压力合适,就能混相成功。油藏压力是混相的关键因素,它能使原油和溶剂以及溶剂与注入气体之间保持稳定。

1.8.5.5 油藏流体的类型

油藏流体的类型也会影响混相效果。在启动混相驱的矿场试验之前,必须先确定油藏流体类型。在大多数的混相驱矿场试验之前,已经从油藏中采出了流体,可以很容易地识别流体类型及其饱和度。但是,毛细管力导致狭窄的孔隙中仍然会残留很多原油。

1.8.5.6 弥散作用

弥散系数也会影响混相驱油的效果。在尚未实现混相时,就会发生指进现象。无论是纵向的还是横向的,弥散作用都会影响指进现象。纵向弥散从指进位置开始移动,对已经形成的指进的影响更严重,影响的区域更广阔,而横向弥散的影响并不严重,所影响的区域非常有限。

1.9 流度比控制

流度比控制被定义为旨在降低驱替液或注入流体流度的任何技术。流度可以改善驱替效果,通常以分析流度比为准,当流度比下降时,波及系数会增加。

流度控制技术包括在注入流体中添加化学药剂。这些化学药剂可以增加注入流体的表观黏度或降低注入流体的有效渗透率;当注入流体为水时,控制流度比的化学物质包括聚合物等,而当注入流体为气体时,控制流度比的是泡沫等。在某些情况下,还可以通过 WAG(水气交替注入)控制流度比[1]。

1.9.1 流度比控制技术

1.9.1.1 注入聚合物溶液

水和高分子聚合物所形成的溶液可以增加水的黏度(图 1.15)。水解聚丙烯酰胺和黄原胶聚合物都可以控制水驱流度比。

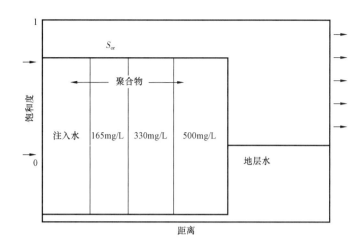

图 1.15 注聚合物

聚丙烯酰胺溶液可以增加注入流体的黏度,降低注入流体的有效渗透率,聚丙烯酰胺溶液可与油藏岩石发生化学反应,降低流度比;黄原胶聚合物通过增加溶液黏度而降低流度。在大多数情况下,注入聚合物可以提高体积波及系数。

在聚合物强化水驱油过程中,在某一特定时间段内持续注入原始密度的聚合物,随着聚合物驱油过程的持续进行,聚合物的密度会逐渐下降。注入的聚合物溶液和水一起在油藏中流动。

1.9.1.2 注入泡沫和气体

注入泡沫可以有效控制混相和注气过程中的流体流度。当气体推动原油流动时,泡沫会占据多孔介质。泡沫具有高黏性,它将气体压缩到水中并通过薄膜使它们保持分散状态,降低了泡沫的相对渗透率,最终降低了气体流度。可以将诸如氮气或甲烷与蒸汽一起注入,使泡沫进一步膨胀。

1.9.2 EOR 中的流度比控制

1.9.2.1 化学驱

化学驱是注入表面活性剂或者通过注入溶液与油藏中的原油发生化学反应而生成表面活性剂,推动原油流动。由于聚合物的价格昂贵,往往注入 4%~5% 孔隙体积的聚合物之后,再注入水段塞。

化学驱过程中的流度控制分为三个阶段:
(1)防止化学剂在油相中指进;
(2)基于化学溶液和最小化学段塞的流度控制;
(3)防止注水前缘在聚合物溶液处形成指进。

1.9.2.2 混相气驱

在一次接触混相或多次接触混相后,气体的黏度远小于水或油的黏度,导致流度比非常不合适。除了降低波及系数外,流度比还会影响指进,并导致气体在高渗透孔隙中流动。

WAG 是一种常用的流度控制技术(图 1.16)。通过选择适当的水—气段塞提高流度比,最大限度地减少气体无效循环。将水和气体以段塞形式注入,然后在油藏中混合,可以提高注入效率。

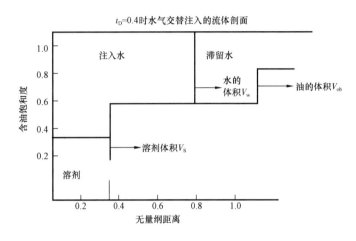

图 1.16　水—气的交替注入

1.9.2.3　蒸汽驱

注入蒸汽时,密度差导致蒸汽向油藏顶部移动,平面波及系数很大,加热后的原油也从油藏下部向上移动,导致油藏下部的残余油饱和度往往很低(5%~10%),蒸汽的流度很高,所以采油井中的蒸汽量会下降[1]。

实际的油藏往往先利用天然能量开采,生产一段时间后,油藏能量逐渐下降,油井不再具有自然产能,也缺乏经济开采价值,这种利用天然能量开发的过程被称为一次采油。然后,油藏开始进入提高采收率阶段(EOR),水驱和气驱是二次采油过程中最常见的开发方式,其目的在于保持油藏压力。二次采油以后所采用的其他任何采油技术均被称为三次采油。

1.10　采油方法

使用新 EOR 方法的主要目的是开采更多的石油。注气或注水可防止油藏压力快速下降。多年来,油藏工程师一直在寻找能够开采更多甚至全部原油的方法。采油方法可分为以下三类:

(1)一次采油;
(2)二次采油;
(3)三次采油。

EOR 方法包括二次采油和三次采油,往往用于弥补油藏天然驱动机理的不足,如压力维持、润湿性改变和流度控制。

如图 1.17 和图 1.18 所示,油气开采方法的分类如下:

(1) 天然能量采油:① 天然水驱;② 溶解气驱;③ 气顶驱;④ 重力驱;⑤ 岩石和流体膨胀。

(2) 二次采油:① 向水体注水;② 向气顶注气。

(3) 三次采油:① 热力采油(注蒸汽、火烧油层);② 混相驱油(注入气态烃和二氧化碳);③ 化学驱油(聚合物、表面活性剂和碱)。三次采油具有提高驱油效率和提高波及系数的优点。

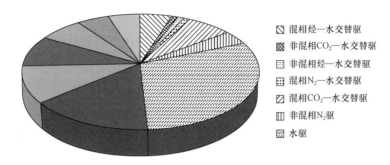

图1.17 不同提高采收率方法的应用项目比例(无图例部分,原书如此)

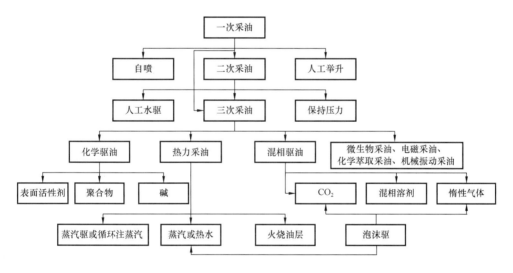

图1.18 采油方法的分类

1.10.1 一次采油

利用油藏的天然能量采油称为一次采油,其机理包括:(1)溶解气驱;(2)重力驱;(3)气顶驱;(4)天然水驱;(5)岩石和流体弹性膨胀。

一次采油过程中往往包含了两种或多种驱油机理,其中一种占主导地位。随着生产的不断进行,主要驱油机理也会逐渐发生变化,并对原油生产会有很大影响。

1.10.1.1 溶解气驱机理

对于大多数油藏,溶解气驱在原油生产过程中起着重要作用,尤其在裂缝性油藏中的生产效果特别好。随着油藏压力的下降,原油中的溶解气逐渐膨胀,当油藏压力达到泡点压力时,便形成饱和油藏。影响溶解气驱采收率的重要因素包括较高的 API 度或低原油黏度、高溶解气油比以及构造的均质性。除了不饱和的高压油藏和强天然水驱油藏,其他油藏投产的前几年主要依赖溶解气驱采油。

1.10.1.2 重力驱机理

重力驱油在油藏中表现为两种形式:自由重力驱和强制重力驱。自由重力驱发生在渗透率高且油层厚度合适的已开发低压油藏,强制重力驱则发生在双重介质油藏。对于双重介质油藏,天然气向高渗透区(如裂缝)流动,而原油滞留在低渗透区(如基质),基质与裂缝之间的压力差使气体从裂缝流向基质,并使基质出油。强制重力驱油如图 1.19 所示,如果基质的高度受渗透层或裂缝影响且高度较小,那么这类油藏会剩余大量难以采出的原油。自由重力驱在高渗透厚层油藏中残余的可采储量很少,但其仅适用于特定油藏,且这类油藏的可采储量远低于其他油藏。在重力驱过程中,需注意两点:(1)在重力驱作用下,流体在均质油藏中以均匀的压力沿垂向流动,即假设均匀多孔介质岩块与周围的驱替相处于平衡状态,并适用于重力驱,则驱替相的产量与岩块垂直边距的打开或关闭无关;(2)在强制重力驱过程中,如果裂缝中的油气接触面积超过了岩块或直接与岩块的水平面接触,则强制重力驱对动态产油量的影响很小。

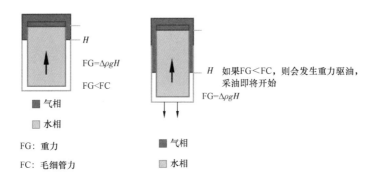

图 1.19　重力驱油机理

1.10.1.3 气顶驱机理

气顶既可以是原始油藏条件下形成的原生气顶,也可以是原油开采过程中形成的次生气顶。次生气顶是油藏压力降低至饱和压力以下时,溶解气从原油中分离出来所形成的。与溶解气驱油藏相比,利用气体膨胀机理形成次生气顶的油藏具有较小的压力降。

1.10.1.4 天然水驱机理

对于含有水体的油藏,驱油所需的能量要么是通过邻近(下部)含水层的大规模水体膨胀而产生,要么是含水层与地表水相通。利用天然水体膨胀采油仅适合低黏原油。

1.10.1.5 岩石和流体弹性驱机理

从油藏中开采原油会增大上覆岩层与孔隙压力的压力差,从而减小油藏孔隙的体积、增加原油产量。如果能够精确测量岩石的压缩系数,则可以计算出孔隙体积的减少量。如果油藏岩石的密度很大,则可以通过弹性驱机理生产出大量的原油。大多数具有高可压缩系数的油藏往往埋深较浅、胶结疏松。

1.10.2 气驱采油

1.10.2.1 混相气驱

注气是一种最早的采油方法,也是一种重要的提高采收率方法。尽管注蒸汽是一种提高原油产量最多的采油技术,在采油领域也占有特殊的地位,但出现时间依然晚于注气。使用二氧化碳提高采收率不仅可以降低采油成本和原油价格波动的影响,而且是近年来唯一一项稳定发展的技术。注蒸汽后,再注入气态烃可以获得很高的石油产量。由于人们一直在努力减少气体排放,无论是现在还是将来,注气都被认为是最重要的提高采收率技术之一。在各类油藏实施提高采收率技术多年以后,人们对注气提高采收率技术有了充分的了解,分析讨论的技术参数更加确定。目前已经对二氧化碳(CO_2)和氮气(N_2)提高采收率进行了全面而广泛的研究,但是两种方法适用的原油重度、油藏压力和油藏深度范围各不相同。这些注气提高采收率的技术更适合深层油藏,但通常最终取决于当地是否有气源、气量、价格和可获得性。

1.10.2.2 烃类气驱

烃类气驱也是最早的 EOR 技术。在烃类气驱实施多年以后,才发现并定义"最小混相压力"和"最小混相百分比"的概念。烃类气体如甲烷的混相压力介于氮气(高混相压力)和二氧化碳(一般混相压力)之间。但是,对于埋深较浅的低压油藏,可以增加 $C_2 \sim C_4$ 的含量来实现混相驱。烃类气驱包括:

(1)富气驱;
(2)贫气驱;
(3)高压注气;
(4)LPG 注入。

1.10.2.3 N_2 及工业废气驱

压缩空气、氮气和工业废气是目前可获取的最便宜的气源,具有很强的成本优势。这些气体的最小混相压力基本相近,在气驱过程中既可以同时注入,也可以相互替代。

N_2 及废气驱的机理包括[2]:

(1)在足够高的压力条件下,轻质原油蒸发并形成混相;
(2)增强气顶油藏的重力驱和气顶弹性驱;
(3)增强高倾角油藏的重力驱。

1.10.2.4 混相驱的必要条件

混相驱成功的最重要条件是达到重力平衡或稳定驱替,但这些条件仅存在于大倾角高渗透油藏。尽管裂缝增加了整个油藏的渗透率,但也降低了混相驱的波及系数,主要原因在于注入气体仅在裂缝内流动,并没有进入基质与原油完全接触;除非油藏厚度非常薄,否则垂向上很难形成稳定的混相驱。室内实验和现场试验表明,在大倾角高渗透油藏中,重力驱油占主导地位,注入流体的指进会降低采油效率,而且油藏各向异性也会加剧指进现象。混相驱油的最佳条件是：

(1) 均质油藏；

(2) 高渗透基质(裂缝性油藏)；

(3) 厚油层；

(4) 不含气顶；

(5) 原始油藏压力高(最好大于混相压力)；

(6) 合适的原油性质(轻质油、富气)。

1.10.3 二次采油

二次采油包括气顶注气和人工注水两种方式。

1.10.3.1 气顶注气

如果油藏具有原生气顶，或者因溶解气从原油中析出并向上运移形成次生气顶，可以在油田投产初期向气顶注入气体，以维持地层压力。气顶压力的增加会驱动原油流向井底，该过程类似于向水体注水推动油水界面上升。当油藏渗透率较高、有效厚度足够大且原油黏度较低时，可以向气顶注气开发，获得很高的原油采收率。

注气点位于油藏构造高部位。重力分异作用使气体向上移动并推动原油流向井底。如果垂向渗透率很低，则无法形成重力分异；如果采油强度大于重力分异的强度，则原油采收率会很低。

1.10.3.2 人工注水

水和油是两种不能混相的流体，当这两种流体同时存在岩石孔隙中时，它们会因润湿性差异而相互分离，即水通常附着在岩石表面，剥离并推动原油流动。在外力的作用下，大部分的原油都会流动直至部分原油滞留，此时的油相渗透率为零。但是，随着时间的流逝，水和油被完全分离，并且水和油的密度差导致水在油的下方流动。

水驱油的采收率取决于以下几个重要参数，包括水驱之前的含油饱和度、残余油饱和度、含水饱和度、水驱之前的游离气饱和度、水驱孔隙体积、原油黏度、水的黏度、残余油饱和度下的有效渗透率以及水和油的相对渗透率。

参 考 文 献

[1] D. W. Green, G. P. Willhite, Enhanced Oil Recovery, SPE Textbook Series, vol. 6, 1998.

[2] T. B. Jensen, K. J. Harpole, A. Osthus, EOR Screening for Ekofisk, SPE 65124, Presented at the 2000 SPE European Petroleum Conference Held in Paris, France, 2425 October, 2000.

第 2 章 提高采收率方法的筛选标准

Ehsan Mahdavi(伊朗德黑兰,谢里夫工业大学化学与石油工程系)
Fatemeh Sadat Zebarjad(美国加利福尼亚州洛杉矶,南加州大学莫克家族化学工程与材料科学系)

2.1 引言

石油已成为全球使用的主要能源,预计至少在未来十年内没有其他替代能源会影响石油需求的上升趋势;另一方面,大多数油田正处于成熟开发阶段,即将进入油田产量递减阶段;此外,新发现的油田不足以维持世界石油产量的稳定。因此,必须采用新的提高采收率方法提高成熟油田的原油产量。提高采收率(EOR)方法是应用外部力量和新材料来增加原油产量。EOR 方法可以分为三大类:气驱、化学驱和热力采油。EOR 方法适用于具有某些特定特征的油藏,在油田矿场设计和实施 EOR 之前,要对适合油藏特征的 EOR 方法进行筛选。根据世界不同流体特征和岩石特性油田的 EOR 成功实施经验,为每一种 EOR 方法制订了筛选标准。因此,对于任何待实施 EOR 的油田,必须进行 EOR 方法筛选以获得最合适的提高采收率方法,最终实现最大的产油量。本章将对 EOR 方法进行详细解释,并列出 EOR 方法的筛选标准。

2.2 气驱

气驱是一种广泛用于中轻质油藏的 EOR 方法。注入的气体可以是烃类气体或非烃类气体。对于前者,将诸如甲烷、乙烷和丙烷之类的烃类混合物注入油藏中,以便实现混相驱或非混相驱的气—油体系;对于后者,非烃气体(如二氧化碳、氮气)以及一些稀有气体均可用于气驱。需要注意的是,气驱也可用于二次采油阶段,例如将天然气注入气顶以弥补油藏的压力下降。根据某些参数如生产条件和原油组分,可以实现混相驱油或非混相驱油。在混相条件下,油气之间的传质作用增强,并在气驱前缘形成混相段塞。此外,在气驱过程中,气相的中间组分液化为油相,提高了油相的膨胀性能,降低了原油黏度。气驱最小混相压力(MMP)定义为气体在油藏条件下与原油形成混相的最小工作压力,可以通过 MMP 来分析气驱的驱油效率。非混相气驱的注气压力低于 MMP,注入气体增加了油藏压力,提高了波及系数,并引起原油轻微膨胀。需要注意的是,传质作用不仅发生在混相驱油过程,而且还可以发生在非混相驱油过程,气体在两个过程中都会抽提油相中的某些组分。准确地说,气体在非混相驱过程中的溶解度并不是零,只是很小而已,可以忽略不计。与非混相驱相比,混相驱的效率更高,原因在于混相驱的油气之间的传质作用更强,引起原油黏度降低和原油膨胀,混相流体的黏滞力增强,从而获得了更好的宏观波及系数和微观驱油效率。

只要气驱压力高于 MMP,就可以获得较高的采收率。不同气体的 MMP 并不相同,N_2 的 MMP 比 CO_2 大。因此 N_2—油体系很难实现混相。通常,注入 CO_2 比其他非烃气体更有效,并且适合 CO_2 驱的油藏数量远多于适合其他气驱类型的油藏。

根据油藏岩石和流体参数,可以实施不同的气驱方式,具体如下:
(1)连续注气;
(2)水气交替注入(WAG);
(3)水气同步注入(SWAG);
(4)渐变式 WAG。

最近几十年,先后提出并实施了改进的气驱方法,以克服不利的流度比和气驱效率低的问题。在 WAG 过程中,交替注入水段塞和气段塞;而在 SWAG 过程中,使用多级泵同时注入气体和水,并形成气泡,但需要精确控制两相(水、气)流体的注入速度;另外,有时会以渐变方式注入气体,一旦在油井采出注入气体(发生突破),则将注气改为注水。

2.2.1 CO_2 驱

自工业革命以来,人类活动已使大气中的二氧化碳浓度增加了 40%,加剧了全球变暖[1]。因此,学者们提出了利用二氧化碳捕集和封存的方法解决环境问题。另一方面,世界对石油的需求一直在增加,但一次采油的原油采收率却很低,必须使用 EOR 方法。基于这一事实,在最近的几十年中,二氧化碳驱油已被广泛用于提高原油采收率。CO_2 提高采收率可以减少温室气体排放、成本相对较低和驱油效率较高,使用 CO_2 提高原油采收率变得越来越流行。特别是在美国,由于拥有大量的二氧化碳管道,注二氧化碳驱油具有很强的成本优势。因此,美国的 CO_2 提高原油采收率项目的数量呈上升趋势。近期的 CO_2 提高原油采收率在砂岩油藏的应用包括:Cranfield 油田、密西西比州的 Lazy Creek 油田和怀俄明州的 Sussex 油田[2]。在油藏中注入 CO_2 既可实现混相驱油也可实现非混相驱油,通常,CO_2 混相驱的驱油效率高于非混相驱。气驱的主要机理是油气之间的组分传质。实际上,只要油气体系通过冷凝(气体的重组分冷凝成油相)和汽化(油的轻组分蒸发成气相)机理达到混相,气体就会与原油完全接触。尽管 CO_2 在大气压和常温条件下呈气态,但在某些油藏条件下可能会转化为超临界流体[3]。此外,CO_2 的密度会随温度的升高而降低,进而导致 CO_2 在原油中的溶解度降低,最终导致 MMP 增大。因此,油藏埋深越大,气—油相的 MMP 越高(因为油藏温度随深度增加而升高)。为了精确预测 CO_2 提高采收率的效果,必须通过室内实验或经验公式准确测定 MMP。对于沥青质原油,CO_2 驱油过程中可能发生的沥青质沉积会对 CO_2—原油系统的混相条件(MMP)产生不利影响[4,5]。

本章根据流体、岩石和油藏特征,制订了 CO_2 提高采收率的筛选标准。如何选择适合 CO_2 提高采收率的油藏取决于油藏地质条件、埋深、MMP、原油 API 度和原油黏度等因素。如前所述,CO_2 混相驱的驱油效率远高于非混相驱。因此,筛选适合 CO_2 混相驱的油藏非常关键,直接影响 CO_2 提高采收率的效果。MMP 是 CO_2 提高采收率实现混相的决定性因素,根据经验,适当的油藏压力和温度有利于 CO_2—原油体系实现混相,可以选择埋深为 3000ft 或更深的油藏进行 CO_2 提高采收率试验。通常,CO_2—原油体系的 MMP 随着原油黏度的增加而增大。经验表明,当油藏压力大于 1000psia(绝对压力)、泡点压力对应的黏度小于 $10\text{mPa}\cdot\text{s}$ 且 API 度大于或等于 25 时,原油可与 CO_2 发生混相[3]。但是上述筛选标准并不严格,而且 CO_2 提高采收率方法的适用性还取决于油藏的大小和提高采收率的潜力。因此,不具备上述条件的油藏也不会完全否定 CO_2 提高采收率方法的适用性。

温度对 CO_2 与原油的混相作用有着重要影响。低温油藏的 MMP 较低,例如二叠纪盆地的地温梯度低,达到混相所需要的压力也较低。通常,只要满足 MMP 和最小的剩余油饱和度等条件,则 CO_2 提高采收率方法就不会受油藏复杂地质条件的影响。因此,碳酸盐油藏和砂岩油藏都可以进行 CO_2 驱油。一般情况下,成功实施水驱的油藏都可以作为 CO_2 提高采收率的潜在目标。在流体性质方面,大多数 CO_2 提高采收率项目应用在中轻质油藏。截至 2012 年,美国有 123 个 CO_2 驱油项目,其中 114 个混相驱项目[6-7]为轻质至超轻质原油且黏度小于 $3mPa·s$,仅有 2 个油藏例外;其他 9 个非混相驱项目为稠油或轻质油油藏(11~35°API)。CO_2 提高采收率的筛选标准见表 2.1。

表 2.1 EOR 的筛选标准

EOR 方法			原油性质			油藏特征					
			重度 (°API)	黏度 (mPa·s)	组分	温度 (℉)	孔隙度 (%)	渗透率 (mD)	含油饱和度 (%)	有效厚度 (ft)	储层类型	埋深 (ft)
气驱	HC	范围	23~57	0.04~18000	高含 C_2~C_7	85~329	4~45	0.1~5000	30~98	薄但倾角大	砂岩,碳酸盐岩	4040~15900
		平均	38	286		202	14.5	726	71			8344
	CO_2	范围	22~45	0~235	高含 C_5~C_{12}	85~257	3~37	1.5~4500	15~89	厚度大	砂岩,碳酸盐岩	1500~13365
		平均	37	2		138	15	210	46			6230
	N_2	范围	38~54	0~0.2	NC	190~325	7.5~14	0.2~35	0.76~0.8	薄但倾角大	砂岩,碳酸盐岩	10000~18500
		平均	48	0.07		267	11	15	0.78			14633
化学驱	聚合物	范围	13~42.5	0.4~40000	NC	74~237.2	10.4~33	1.8~5500	34~82	NC	砂岩	700~9460
		平均	26.5	123		167	22.5	834	64			4222
	ASP	范围	23~34	11~6500	NC	118~158	26~32	596~1520	68~74.8	NC	砂岩	2723~3900
		平均	32.6	875.8		121.6	26.6	—	73.7			2985
	表面活性剂+聚合物/碱	范围	22~39	2.6~15.6	NC	122~155	14~16.8	50~60	43.5~53	NC	砂岩	625~5300
		平均	31.8	7		126.3	15.6	56.67	49			3406

续表

EOR方法			原油性质			油藏特征						
			重度(°API)	黏度(mPa·s)	组分	温度(°F)	孔隙度(%)	渗透率(mD)	含油饱和度(%)	有效厚度(ft)	储层类型	埋深(ft)
热采	SF	范围	8~33	3~5000000	NC	10~350	12~65	1~15001	35~90	>20	砂岩	200~9000
		平均	14.6	32595		106	32	2670	66	—		1647
	CSS	范围	8~35	50~350000	NC	—	>18	>50	>40	>20	—	<50000
		平均	14.4	5247			32	1736	79			1700
	ISC	范围	10~38	1.5~2770	部分沥青组分	64~230	14~35	10~15000	50~94	>10		400~11300
		平均	24	505		176	23	1982	67	—	砂岩,碳酸盐岩(最好是碳酸盐岩)	5570

注:ASP—碱—表面活性剂—聚合物;SF—蒸汽驱;CSS—循环注蒸汽;ISC—火烧油层;NC—不重要。

除了美国实施CO_2提高采收率以外,加拿大的Joffre油田和Pembina油田、巴西的Buracica油田和Rio Pojuca油田、匈牙利的Budafa油田和Lovvaszi油田都是已进行CO_2驱的砂岩油藏[16-17]。对于碳酸盐岩油藏,美国的二叠纪盆地和加拿大的Weyburn油田则是两个大型的CO_2驱油项目,它们在二氧化碳驱提高原油产量中占据了很大比例。此外,加拿大的Judy Creek油田和Swan Hills油田、土耳其的Bati Raman油田和沙特阿拉伯的Ghawar油田也都是CO_2提高碳酸盐岩油藏采收率的例子[17]。目前,全球还有一些正在进行的CO_2提高采收率项目,其原油产量约为$30×10^4$bbl/d,大多数项目位于美国和加拿大。

2.2.2 烃类气驱

烃类气驱是最早的一种提高采收率方法[8],通过注入富余的伴生气或游离气提高原油采收率。通常,只有在可以获得大量天然气资源的情况下才使用该方法,美国阿拉斯加北坡没有天然气管输系统[2],因此无法进行烃类气驱。可以通过一次接触混相(FCM)或多次接触混相(MCM)实现烃类气驱;在一次接触混相条件下,注入的烃类气体通过一次接触即可与原油形成混相。实际上,当注入液化的烃(液化石油气)时,原油会通过FCM进行驱油。但是,将轻质气态烃如甲烷注入油藏时,则不能实现一次接触混相,可以通过气相和油相之间多次接触和传质来实现混相。另外,气态烃达到混相所需的压力大于CO_2混相压力,而N_2的混相压力最高[18]。对于低压浅层油藏,在合理的经济参数条件下,可以添加分子量较大的气态烃(乙烷、丙烷和丁烷)形成富气,以便更容易实现混相[19]。已有一些砂岩油藏开展了气态烃驱油。除了在美国阿拉斯加北坡的Alpine油田[20]、Kuparuk油田[21]和Prudhoe Bay油田[22-23]实施了混相和非混相的气态烃驱油,还在加拿大的 Brassey 油田、South Swan Hills 碳酸盐岩油藏实施了气态烃混相驱[17]。此外,中东的一些碳酸盐岩油藏也已实施了气态烃驱油提高采收率技术[25-26]。

2.2.3 氮气驱及烟道气驱

注入流体的可获性和成本是实施 EOR 的主要限制因素。氮气和烟道气是最便宜、可广泛获取、可用于提高原油采收率的气体[8]。尽管氮气和烟道气可以像 CO_2 一样适用于 MCM 驱油,但需要更高的压力才能达到混相;另外,高混相压力的特性使 N_2 和烟道气更适合深层轻质油藏,既可以满足高压条件又无须担心油藏岩石的破裂。尽管注 N_2 是一种低成本、可在轻质油藏实现混相的 EOR 方法,但是最近几年有关砂岩和碳酸盐岩油藏实施 N_2 驱的项目少有报道。在过去的几十年里,美国已经开展了一系列 N_2 驱项目[2]。相反,在矿场已成功试验的注高压空气(在蒙大拿州、北达科他州和南达科他州)则是一种新的潜力很大的提高采收率方法,而且比 N_2 混相驱的成本更低[27-28]。

除了上述气驱的优点和气驱的筛选标准以外,还应考虑重力作用引起的气体超覆现象。在非混相气驱过程中,注入气体的密度小于原油,气体绕过原油向油藏上部流动,建议在油藏底部射孔注气。

气驱提高采收率的筛选标准见表 2.1,从混相角度来看,油藏埋深和原油组分是气驱 EOR 方法筛选过程中必须考虑的最重要因素。

2.3 化学驱

化学驱提高采收率方法包括注入聚合物、碱、表面活性剂及其混合物等化学物质,通过提高宏观波及系数和微观驱油效率来提高原油采收率。一般而言,化学驱提高采收率项目受油价影响较大,已实施的化学驱项目数量约占全部 EOR 项目的 1%。尽管在过去的十年里,已将高性能化学药剂用于石油行业,但 2014 年以来的石油价格危机,导致化学 EOR 项目的数量显著减少。本节介绍了化学驱类型、作用机理及其筛选标准。

2.3.1 聚合物驱

水在油藏中比油流动更快,为了避免黏性指进,在水中(驱替液)添加聚合物来增加水的黏度、降低水的流度、提高波及系数。

黄原胶和部分水解聚丙烯酰胺(PHPA)是聚合物驱最常用的聚合物。黄原胶的多糖结构是细菌利用的重要部分。由于黄原胶和生物杀菌剂的分子量存在差异,即使将生物杀菌剂和黄原胶的混合物添加到含有细菌的油井里,也不能成功地提高原油采收率。而且,与 PHPA 相比,黄原胶的分子量较低但价格较高,对于大型提高采收率项目而言,其经济性较差。因此,PHPA 是油田现场使用最多的聚合物。另外,尽管高分子 PHPA 可以增加水的黏度,但低渗透油藏会使大量的聚合物附着在岩石表面。

Bailey[29] 和 Taber[8] 制订了适合聚合物驱的油藏筛选标准,考虑的参数主要包括油藏类型、渗透率、原油黏度、油藏温度和地层水矿化度,表 2.1 列出了适合聚合物驱的筛选指标范围和平均值。为了成功实施聚合物驱,地层水矿化度必须小于 10000mg/L。

砂岩油藏是聚合物驱的首选油藏类型,大庆油田(1996—2010 年)已成功实施聚合物驱,平均提高采收率 10% ~ 12%[30]。最新研究也表明,非常规油藏也可以进行聚合物驱[31],油藏渗透率是聚合物溶液扩散的重要影响因素。40 个成功的聚合物驱项目的平均渗透率为 563mD,而 3 个失败的聚合物驱项目的平均渗透率为 112mD[32]。孔喉半径的近似值至少应比聚合物的均方根回转半径大 5 倍[33]。

聚合物浓度是成功实施聚合物驱应该考虑的另一个重要因素,低浓度的聚合物(213mg/L)[34]会降低黏度,不合适的混合机理也会降低聚合物黏度[35]。需注意,应通过特殊的设备混合聚合物和水,避免形成聚合物颗粒(未溶物)。同样,氧也会降低聚合物的稳定性并分解聚合物的结构,往往使用除氧剂除氧;高矿化度地层水也会对 PHPA 结构产生不利影响;二价和三价阳离子会与 PHPA 产生沉淀。解决矿化度不利影响的有效方法是先注入低矿化度水再注入聚合物。事实上,黄原胶生物聚合物比 PHPA 更耐受矿化度。

研究表明,已实施聚合物驱的最高油藏温度为 237.2℉(114℃),约 62% 的聚合物驱项目的油藏温度为 108 ~ 158℉(42.2 ~ 70.0℃)[14]。因此,不建议对高温油井实施化学驱。研究表明,水和油的流度比取决于原油黏度,当原油黏度低于 30mPa·s 时,随着原油黏度的增加,提高采收率的幅度也会增加,一旦原油黏度高于 30mPa·s,原油黏度的增加反而会降低提高采收率的幅度[36]。另外,70 个化学驱项目(主要是聚合物驱)中的大多数原油黏度介于 9 ~ 75mPa·s[14]。

除了中国的大庆油田和其他油田的聚合物驱项目以外,全世界还有一些聚合物驱先导试验和大规模的聚合物驱项目。实施聚合物驱的砂岩油藏包括:美国 North Burbank 油田、加拿大 Pelican Lake 油田、阿根廷 El Tordillo 油田、印度 Jhalora 油田、巴西 Buracica 和 Canto do Amaro 油田,以及阿曼 Marmul 油田[17,37-38]。

2.3.2 表面活性剂驱

表面活性剂是具有亲水和疏水功能的两性有机分子[39],具有烃链尾和离子或极性头基。表面活性剂分子在两种非混相的液体之间形成界面,并且表面活性剂的用量越大,两种液体之间的界面面积也越大,直至最终形成混相。而且,表面活性剂驱还能使原油和水发生乳化,有利于提高波及系数。表面活性剂提高驱油效率的主要机理是降低界面张力(IFT),改变润湿性,从而降低多孔介质中的毛细管力。

根据头基的离子类型,表面活性剂可分为四种类型:阴离子型、阳离子型、非离子型和两性离子型。化学驱最常用的是阴离子表面活性剂,它们不会吸附在砂岩储层(岩石表面)带负电荷的黏土上。阳离子表面活性剂比阴离子表面活性剂的价格昂贵,而且它们仅用于改变碳酸盐岩油藏岩石的润湿性;非离子表面活性剂降低 IFT 的能力低于阴离子表面活性剂。因此,非离子表面活性剂在化学驱过程中主要用作助表面活性剂。

有时候,砂岩油藏的表面活性剂驱还会与聚合物、碱或者两者的混合物一起使用。尽管表面活性剂驱油在砂岩油藏的应用更为普遍,但最近也有几个碳酸盐岩油藏在开展表面活性剂驱油的矿场试验[40-41]。已有的聚合物—表面活性剂—碱复合驱油的筛选标准将进一步详细讨论。

2.3.3 碱驱

碱驱是最廉价的化学驱油方法,主要使用氢氧化钠。碱(NaOH)与原油中的有机酸(HA)发生化学反应,在油水界面上生成有机酸的钠盐(NaA),即就地生成阴离子表面活性剂,降低油水 IFT(图 2.1),但这种作用机理在高 pH 值条件下才能发生。因此,水驱后的油藏很难获得较好的碱驱效果。此外,由于高黏油藏的有机酸含量较高,建议使用碱驱。

如今,由于碱驱在油田矿场实施过程中发生了复杂的化学反应,碱驱的应用项目数量逐渐减少[42-43]。黏土和水中的二价阳离子与碱相互作用生成沉淀(结垢),并伤害储层,而且该化学反应消耗了大量的碱。此外,乳化作用使碱和原油形成稳定的乳化液,从而提高原油采收率,同时也需要使用特定的地面设施对产出液进行深度处理,大大增加了生产运营成本和投资成本。因此,通常将碱与聚合物和表面活性剂同时使用,以获得更高的采收率。

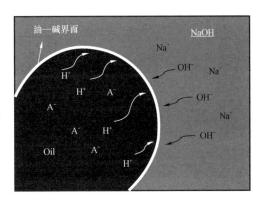

图 2.1 原位阴离子表面活性剂降低 IFT 的机理

2.3.4 化学复合驱

2.3.4.1 碱—聚合物复合驱和碱—表面活性剂复合驱

聚合物和碱可以控制注入流体的流度,原因在于注入溶液中含有聚合物,而且碱在碱—聚合物(AP)驱油过程中能够原位生成表面活性剂。此外,碱和聚合物之间的化学作用会降低聚合物溶液的黏度。但是,聚合物有利于减少碱的消耗量。开展低黏油藏碱—聚合物驱的先导试验和油田项目数量很少[44-46],部分项目缺乏经济效益,也出现结垢问题。据文献报道[47-48],加拿大的 David Pool 油田和中国的兴隆台油田已实施了碱—聚合物复合驱。

碱—表面活性剂复合驱难以有效控制流度,而流度控制又至关重要。因此,碱—表面活性剂复合驱(AS)的先导试验很少。此外,将碱添加到表面活性剂溶液中时,溶液的矿化度也会增大,改变了仅使用表面活性剂所要求的最佳矿化度。当溶液的矿化度超过最佳值时,IFT 将不会处于最低值,而当矿化度低于最佳值时,必须增大溶液的矿化度才能达到最佳效果。而且,碱—表面活性剂复合驱仅在砂岩油藏进行过矿场试验。

通常,碱—聚合物复合驱和碱—表面活性剂复合驱的应用范围小于其他复合驱,因此没有制订 AP 和 AS 的筛选标准,提高采收率方法的筛选应提前考虑 AP 和 AS 方法的局限性。

2.3.4.2 ASP 复合驱

表面活性剂和碱可以降低界面张力,而聚合物有利于提高波及系数。近年来,人们普遍认为碱—表面活性剂—聚合物(ASP)驱油是最复杂的化学驱油方法,由于碱会形成水垢和沉淀,其缺点要比优点多。直到 2005 年以后才在中国和加拿大大规模实施 ASP 驱[49]。即使油藏的采收率已经达到 25%,碱和油藏岩石之间复杂的化学作用以及产出液处理仍然是难以解决的问题。

在过去的十年里,ASP驱油的筛选标准一直在调整。原油黏度的上限值增大至1000mPa·s,而长期进行ASP驱油的黏度上限值约为200mPa·s[50-51]。聚合物控制着ASP驱的温度上限,而新型聚合物可耐受100℃高温[52]。最近,一些新型表面活性剂可用于200℃的高温井[53]。岩性也是ASP复合驱筛选指标之一,而且会随时间变化而变化。ASP驱主要用于砂岩油藏,但在沙特阿拉伯和美国西得克萨斯,也可用于碳酸盐岩油藏[40-41]。其他指标,如渗透率、酸含量和低矿化度水(低浓度的二价阳离子)仍与其他化学驱相同。最近20年里,相继在以下油田实施了ASP复合驱,如美国West Kiehl油田、Sho-Vel-Tum油田和Tanner油田[54-56],中国大庆油田、孤东油田和克拉玛依油田[13,57-58],印度Viraj油田[59]。

2.3.4.3 聚合物—表面活性剂复合驱

通常,在油田矿场实施表面活性剂驱时,表面活性剂会在界面处形成指进,并降低波及系数。前面章节已阐述了聚合物—表面活性剂复合驱的基本原理。该复合驱的优势在于破解了碱及采出液处理难题。因此,如果油价上涨到化学驱具有一定的经济性,建议优先采用聚合物—表面活性剂(SP)复合驱。

对于聚合物—表面活性剂复合驱,主要的筛选指标是油藏温度和地层水矿化度。与所有含聚合物的化学驱一样,地层水中的二价离子浓度应小于500mg/L,且温度上限应低于100℃。正如Taber[8]所建议的,原油黏度应小于35mPa·s。但是,其他标准如渗透率应大于50mD(Taber认为10mD)[60]。所有这些参数的取值并未得到广泛认可。表2.1列出了化学EOR方法的详细筛选标准,但表中涉及的聚合物—表面活性剂复合驱参数是根据4个规模性的矿场实施项目确定的,具有一定的局限性。

2.4 热力采油

热力采油包括蒸汽驱、循环注蒸汽、蒸汽辅助重力泄油(SAGD)和火烧油层,均是通过提高油藏动用区的温度,降低原油黏度,从而提高原油采收率。热力采油的机理是通过减小界面张力来提高微观驱油效率,并通过减小黏滞力来提高宏观波及系数。其他机理还包括气驱、油—水乳化和热膨胀。热力采油的关键指标是油汽比(OSR),其定义为注入一桶蒸汽所采出来的石油量。OSR的最小值为0.15,但通常认为成功的热采方法应具有更高的OSR[61]。

2.4.1 蒸汽驱

蒸汽驱是热力采油中最著名的方法,即把地面生成的蒸汽注入油井。19世纪60年代,蒸汽驱开始用于生产沥青(黏度为20000mPa·s)。对于原油黏度低于20mPa·s的油藏,水驱效果优于蒸汽驱。Green[62]和Taber[8]总结了热力采油的筛选标准,表2.1列出了蒸汽驱现场试验项目的油藏参数范围和平均值。

鉴于蒸汽在油藏中流动太快,为了尽可能避免热量损失,油藏渗透率必须大于200mD;还应考虑油藏厚度对热量损失的影响,至少需要20ft。油田矿场试验项目的油藏平均有效厚度为70ft;井筒压力也会影响热量损失,还应考虑油井和注蒸汽井之间的距离和油藏埋深;油藏越深,井距应适当增大[61]。研究表明,蒸汽驱的采收率约为50%,OSR为0.195[63]。在过去的 40 年里,已实施蒸汽驱的砂岩油藏包括美国 Yorba Linda 油田和 Kern River 油田[64]、委内瑞拉 Mene Grande 油田[65],此外,美国的 Garland 碳酸盐岩油藏也开展了蒸汽驱[66]。

蒸汽驱在砂岩油藏应用最多,只有少数应用在碳酸盐岩油藏[67-68]。在实施蒸汽驱之前,应先确定砂岩中的黏土类型,原因在于某些类型的黏土遇水会发生膨胀。蒸汽驱在不同项目的注采井网和井距各不相同,应用最普遍的是五点井网,而中国普遍采用反九点井网。由于低注入速度会加速热量损失,较低的注蒸汽压力的采油效果不理想,注蒸汽的压力上限是油藏破裂压力,Zhang[69]认为最佳的注蒸汽强度约为 $1.3bbl/(d·arce·ft)$。

对于稠油油藏,建议焖井加热 4d。蒸汽驱需要大量的水,为采油量的 4~5 倍,需通过水处理厂来保障蒸汽锅炉的水质。水处理厂可以降低含氧量($<0.05mg/L$),并将水的硬度降低到 $0.1mg/L$,还可以去除钠盐和悬浮颗粒。

2.4.2 循环注蒸汽

循环注蒸汽(CSS)是另一种热力采油方法,也称蒸汽吞吐,仅需一口井,包含了三个过程。首先,在目标区域注入高压蒸汽数周,降低原油黏度;然后,焖井一段时间,便于热量扩散;最后,从注蒸汽井中采出石油。对于多层油藏,循环注蒸汽采油先从底部油层开始,然后逐层上返至顶部油层。Taber[8]和 Green[62]制订了蒸汽采油的筛选标准,但没有考虑焖井时间,而且他们没有区分蒸汽驱和循环注蒸汽。Sheng[15]对筛选标准进行了修订,指标包含了焖井时间,并指出循环注蒸汽的筛选指标范围更加宽泛,在循环注蒸汽的每个周期内,建议焖井时间为 1~4d,循环注蒸汽的一般筛选标准见表 2.1。

当原油黏度为 $10000~50000mPa·s$ 时,循环注蒸汽和蒸汽驱联合使用,通常先进行循环注蒸汽再使用蒸汽驱。当原油黏度较低(平均黏度为 $100mPa·s$)时,水驱效果比注蒸汽采油的效果好;循环注蒸汽无法充分利用气顶,还会加剧蒸汽的超覆;底水也会加剧蒸汽热量的损失。因此,循环注蒸汽不适用于气顶底水油藏。

焖井时间是另一个关键的筛选指标。最优的焖井时间可以使蒸汽的热量充分扩散,生产更多的原油;必须优化焖井时间,避免长时间焖井导致热量损失或短期焖井引发的热量集中。当油藏的采油周期为半年时,平均焖井时间为 $6.25d$[70],而 Liu[61]认为焖井 2~3d 就足够。在第一个循环注蒸汽周期里,应向油井注入质量高数量少的蒸汽,原因在于储层伤害和堵塞沿井径方向逐渐减弱,通过返排消除堵塞将变得更加困难。通常,循环注蒸汽在第二周期和第三周期的产油量高于第一周期。

循环注蒸汽的各周期必须具有经济性(6~7 次)且周期数量不超过 10 次[61],最大产油量发生在第二周期和第三周期。建议产油量达到本周期初始产量三分之一时,启动下一个循环注蒸汽周期,其目的在于保持足够高的循环加热强度。

全球的循环注蒸汽项目包括加拿大 Cold Lake 油田、美国 Midway-Sunset 油田和中国的孤岛油田[15]。

2.4.3 蒸汽辅助重力泄油(SAGD)

蒸汽辅助重力泄油(SAGD)是热力采油方法之一,已用于开采加拿大艾伯塔省的超重油和沥青[71]。艾伯塔省拥有 $1.7×10^{12}bbl$ 沥青,是世界上第二大原油资源基地[72]。据报道,蒸汽辅助重力泄油的采收率高达70%,大多数项目位于加拿大,大多数具有商业价值的SAGD也都位于加拿大阿萨巴斯卡地区(McMurray油层),如Hanginstone油田、Foster Creek油田、Christina Lake油田和Firebag油田[73-74]。由于裂缝网络会导致蒸汽过早突破且采收率低,显然裂缝性碳酸盐岩油藏的蒸汽辅助重力泄油缺乏经济性。

在SAGD方法中,通常在目标区域中钻两口水平井,二者的垂向距离为4~6m。在上部水平井注入蒸汽,形成蒸汽腔,蒸汽热量在油藏中扩散并加热稠油降低黏度,推动原油流动,加热后的原油在重力作用下流入下部水平井中,并采出地面。

蒸汽热量大致分为三部分,约三分之一的热量损失在油藏岩石中,第二部分保存在蒸汽腔中,剩下的热量随原油一起采出地面[75]。因此,需要大量的天然气作为燃料来生产SAGD所需要的蒸汽,从而形成了大量的温室气体排放和高昂的开采成本。为了破解上述问题,在SAGD中添加了一种化学药剂以降低能耗[76,77],被称为溶剂SAGD。从经济角度考虑,建议SAGD的平均累计油汽比为$3t/m^3$。

SAGD效果的好坏取决于油藏品质,主要包括以下三点:

(1)足够大的有效厚度。较厚油层有利于钻两口垂直正对的水平井,还能够减少热量损失,合理的有效厚度为10~15m。

(2)高垂向渗透率(平均为2700mD)。低渗透油藏会阻碍蒸汽上升、抑制蒸汽腔扩展、减小泄油范围。强烈建议开展钻前地质研究,避免注气井和采油井间存在页岩隔层。

(3)高密度原油(高含沥青质)。沥青质与热效率息息相关,沥青质含量越高,在相同的热量和较低的汽油比的情况下,能从油藏中产出更多的原油。如果稠油中的沥青质含量为10%,则SAGD具有经济性。

2.4.4 火烧油层

火烧油层始于1923年,通过自燃点火或人工点火在油层中燃烧原油进而采出原油[78]。火烧油层在点火位置形成,不断注入空气可保持火烧前缘移动,推动未燃烧的重油流向采油井。火烧油层是一种放热过程,地下原油燃烧后产生的热量降低原油黏度,有利于提高原油采收率。

由于把压缩空气代替蒸汽注入油藏,因此火烧油层产生的温室气体排放较少。与其他热力采油相比,火烧油层消耗的能量更少。尽管火烧油层被称为第二大类热力采油方法[79],但仍然存在一些缺点,例如火烧可控性很低,导致波及系数低,而且点火会对完井产生不利影响;另外,火烧油层的燃烧过程非常复杂,需要更多的有经验且知识丰富的技术人员。

火烧油层适合超轻质和超重质的原油,因为浅层油藏的低压力和重质油藏的低腐蚀速度对火烧油层有利,而且氧气可以在深层超轻质油藏自燃消耗,省去了人工点火过程,这为火烧油层提供了极大便利。火烧油层在原油黏度为2~60mPa·s的油藏没有商业价值[80],但对浅层高渗透均质砂岩油藏有利。建议对原油黏度高于1500mPa·s的油藏进行预热处理(如循环注蒸汽)。作为水驱后的三次采油方法,火烧油层并未获得商业性认可,如果错用在其他油藏,则是一种危险的采油方法。详细的筛选标准见表2.1。

参 考 文 献

[1] T. F. Stocker, et al., 1535 pp Climate Change 2013: The Physical Science Basis. Contribution of Working

[1] Group I to the Fifth Assessment Report of the Intergovernmental Panel on Climate Change, Cambridge University Press, Cambridge, UK, and New York, 2013.
[2] V. Alvarado, E. Manrique, Enhanced oil recovery: an update review, Energies 3 (9) (2010) 1529–1575.
[3] R. T., Johns, B. Dindoruk, Gas flooding, Enhanced Oil Recovery Field Case Studies, GulfProfessional Publishing, Elsevier, 2013, pp. 1–22.
[4] E. Mahdavi, et al. Experimental investigation on the effect of asphaltene types on the interfacial tension of CO_2-hydrocarbon systems, Energy Fuels 29 (12) (2015) 7941–7947.
[5] E. Mahdavi, et al. Effects of paraffinic group on interfacial tension behavior of CO_2-asphaltenic crude oil systems, J. Chem. Eng. Data 59 (8) (2014) 2563–2569.
[6] L. Koottungal, Worldwide EOR survey, Oil Gas J. 110 (2012) 57–69.
[7] V. Kuuskraa, QC updates carbon dioxide projects in OGJ's enhanced oil recovery survey, Oil Gas J. 110 (7) (2012) 72.
[8] J. J. Taber, F. Martin, R. Seright, EOR screening criteria revisited – Part 1: introduction to screening criteria and enhanced recovery field projects, SPE Reservoir Eng. 12 (03) (1997) 189–198.
[9] G. Moritis, EOR continues to unlock oil resources, Oil Gas J. 102 (14) (2004) 49–52.
[10] Awan, A. R., Teigland, R., Kleppe, J. A Survey of North Sea Enhanced-Oil-Recovery Projects Initiated During the Years 1975 to 2005, SPE Reservoir Evaluation & Engineering 11 (03), 2008, 497–512.
[11] Demin, W., et al., 1999. Summary of ASP pilots in Daqing oil field. SPE Asia Pacific Improved Oil Recovery Conference. Society of Petroleum Engineers.
[12] C. Cadelle, et al. Heavy-oil recovery by in-situ combustion-two field cases in Rumania, J. Pet. Technol. 33 (11) (1981) 2057–2066.
[13] Li, H., et al., 2003. Alkaline/surfactant/polymer (ASP) commercial flooding test in central xing2 area of Daqing oil field. SPE International Improved Oil Recovery Conference in Asia Pacific. Society of Petroleum Engineers.
[14] A. Al Adasani, B. Bai, Analysis of EOR projects and updated screening criteria, J. Pet. Sci. Eng. 79 (1) (2011) 10–24.
[15] J. J. Sheng, Cyclic steam stimulation, Enhanced Oil Recovery Field Case Studies, Gulf Professional Publishing, Elsevier, 2013, pp. 389–412.
[16] Doleschall, S., Szittar, A., Udvardi, G., 1992. Review of the 30 years' experience of the CO_2 imported oil recovery projects in Hungary. International Meeting on Petroleum Engineering. Society of Petroleum Engineers.
[17] G. Moritis, Worldwide EOR survey, Oil Gas J. 106 (2008) 41–42. 44–59.
[18] J. Taber, F. Martin, R. Seright, EOR screening criteria revisited—part 2: applications and impact of oil prices, SPE Reservoir Eng. 12 (03) (1997) 199–206.
[19] L. Sibbald, Z. Novosad, T. Costain, Methodology for the specification of solvent blends for miscible enriched gas drives (includes associated papers 23836, 24319, 24471 and 24548), SPE Reservoir Eng. 6 (03) (1991) 373–378.
[20] Redman, R. S., 2002. Horizontal miscible water alternating gas development of the Alpine Field, Alaska. SPE Western Regional/AAPG Pacific Section Joint Meeting. Society of Petroleum Engineers.
[21] Shi, W., et al., 2008. Kuparuk MWAG project after 20 years. SPE Symposium on Improved Oil Recovery. Society of Petroleum Engineers.
[22] Rathmann, M. P., McGuire, P. L., Carlson, B. H., 2006. Unconventional EOR program increases recovery in mature WAG patterns at Prudhoe Bay. SPE/DOE Symposium on Improved Oil Recovery. Society of Petroleum Engineers.
[23] M. Panda, et al. Optimized EOR design for the Eileen west end area, Greater Prudhoe Bay, SPE Reservoir

Eval. Eng. 12 (01) (2009) 25 – 32.

[24] K. Edwards, B. Anderson, B. Reavie, Horizontal injectors rejuvenate mature miscible flood – south swan hills field, SPE Reservoir Eval. Eng. 5 (02) (2002) 174 – 182.

[25] Al – Bahar, M. A., et al., 2004. Evaluation of IOR potential within Kuwait. Abu Dhabi International Conference and Exhibition. Society of Petroleum Engineers.

[26] Schneider, C. E., Shi, W., 2005. A miscible WAG project using horizontal wells in a mature off shore carbonate middle east reservoir. SPE Middle East Oil and Gas Show and Conference. Society of Petroleum Engineers.

[27] Mungan, N., Enhanced Oil Recovery with High Pressure Nitrogen Injection. Journal of Petroleum Technology 53 (3), 2001, 81.

[28] Linderman, J. T., et al., 2008. Feasibility study of substituting nitrogen for hydrocarbon in a gas recycle condensate reservoir. Abu Dhabi International Petroleum Exhibition and Conference. Society of Petroleum Engineers.

[29] R. Bailey, Enhanced oil recovery, NPC, Industry Advisory Committee to the US Secretary of Energy, Washington, DC, USA, 1984.

[30] D. Wang, Polymer flooding practice in Daqing, Enhanced Oil Recovery Field Case Studies, Gulf Professional Publishing, Elsevier, 2013, pp. 83 – 116.

[31] R. Seright, Potential for polymer flooding reservoirs with viscous oils, SPE Reservoir Eval. Eng. 13 (04) (2010) 730 – 740.

[32] D. C. Standnes, I. Skjevrak, Literature review of implemented polymer field projects, J. Pet. Sci. ng. 122 (2014) 761 – 775.

[33] J. Chen, D. Wang, J. Wu, Optimum on molecular weight of polymer for oil displacement, Actaetrolei Sin. 21 (1) (2001) 103 – 106.

[34] H. Krebs, Wilmington field, California, polymer flood a case history, J. Pet. Technol. 28 (12) (1976) 1 – 73.

[35] H. Groeneveld, R. George, J. Melrose, Pembina field polymer pilot flood, J. Pet. Technol. 29 (05) 1977) 561 – 570.

[36] J. C. Zhang, Tertiary Recovery, Petroleum Industry Press, China, 1995, pp. 23 – 24.

[37] Moffitt, P., Mitchell, J., 1983. North Burbank Unit commercial scale polymer flood project – Osage County, Oklahoma. SPE Production Operations Symposium. Society of Petroleum Engineers.

[38] Shecaira, F. S., et al., 2002. IOR: the Brazilian perspective. SPE/DOE Improved Oil Recovery Symposium. Society of Petroleum Engineers.

[39] P. Renouf, et al. Dimeric surfactants: first synthesis of an asymmetrical gemini compound, Tetrahedron Lett. 39 (11) (1998) 1357 – 1360.

[40] Al – Hashim, H., et al., 1996. Alkaline surfactant polymer formulation for Saudi Arabian carbonate reservoirs. SPE/DOE Improved Oil Recovery Symposium. Society of Petroleum Engineers.

[41] Levitt, D., et al., 2011. Design of an ASP flood in a high – temperature, high – salinity, low permeability carbonate. International Petroleum Technology Conference. International Petroleum Technology Conference.

[42] E. Mayer, et al. Alkaline injection for enhanced oil recovery—a status report, J. Pet. Technol. 35 (01) (1983) 209 – 221.

[43] Weinbrandt, R., 1979. Improved oil recovery by alkaline flooding in the Huntington Beach field. In: Proceedings of the 5th Annual DOE Symposium on Improved Oil Recovery, August 1979.

[44] Bala, G., et al., 1992. A flexible low – cost approach to improving oil recovery from a (very) small Minnelusa Sand reservoir in Crook County, Wyoming. SPE/DOE Enhanced Oil Recovery Symposium. Society of Petro-

[45] Yang, D. H., et al., 2010. Case study of alkalipolymer flooding with treated produced water. SPE EOR Conference at Oil & Gas West Asia. Society of Petroleum Engineers.

[46] J. Sheng, Modern Chemical Enhance Oil Recovery: Theory and Practice, Gulf Professional, London, Oxford, 2011.

[47] Pitts, M., Wyatt, K., Surkalo, H., 2004. Alkaline – polymer flooding of the David Pool, Lloydminster Alberta. SPE/DOE Symposium on Improved Oil Recovery. Society of Petroleum Engineers.

[48] Zhang, J., et al., 1999. Ultimate evaluation of the alkali/polymer combination flooding pilot test in XingLong-Tai oil field. SPE Asia Pacific Improved Oil Recovery Conference. Society of Petroleum Engineers.

[49] J. J. Sheng, ASP fundamentals and field cases outside China, Enhanced Oil Recovery Field Case Studies, Gulf Professional Publishing, Elsevier, 2013, pp. 189 – 201.

[50] D. L. Walker, Experimental Investigation of the Effect of Increasing the Temperature on ASP Flooding, (Doctoral dissertation), The University of Texas at Austin, 2011.

[51] Kumar, R., Mohanty, K. K., 2010. ASP flooding of viscous oils. SPE Annual Technical Conference and Exhibition. Society of Petroleum Engineers.

[52] Levitt, D., Pope, G. A., 2008. Selection and screening of polymers for enhanced – oil recovery. SPE Symposium on Improved Oil Recovery. Society of Petroleum Engineers.

[53] Zebarjad, F. S., Nasr – El – Din, H. A., Badraoui, D., 2017. Effect of Fe III and chelating agents on performance of new VES – based acid solution in high – temperature wells. SPE International Conference on Oil field Chemistry. Society of Petroleum Engineers.

[54] Meyers, J., Pitts, M. J., Wyatt, K., 1992. Alkaline – surfactant – polymer flood of the West Kiehl, Minnelusa Unit. SPE/DOE Enhanced Oil Recovery Symposium. Society of Petroleum Engineers.

[55] T. French, Evaluation of the Sho – Vel – Tum Alkali – Surfactant – Polymer (ASP) Oil Recovery Project – Stephens County, OK, National Petroleum Technology Office (NPTO), Tulsa, OK, 1999.

[56] Pitts, M. J., et al., 2006. Alkaline – surfactant – polymer flood of the Tanner Field. SPE/DOE Symposium on Improved Oil Recovery. Society of Petroleum Engineers.

[57] Zhijian, Q., et al., 1998. A successful ASP flooding pilot in Gudong oil field. SPE/DOE Improved Oil Recovery Symposium. Society of Petroleum Engineers.

[58] Qi, Q., et al., 2000. The pilot test of ASP combination flooding in Karamay oil field. International Oil and Gas Conference and Exhibition in China. Society of Petroleum Engineers.

[59] Pratap, M., Gauma, M., 2004. Field implementation of alkaline – surfactant – polymer (ASP) flooding: a maiden effort in India. SPE Asia Pacific Oil and Gas Conference and Exhibition. Society of Petroleum Engineers.

[60] J. J. Sheng, Surfactant – polymer flooding. Enhanced Oil Recovery Field Case Studies, 2013, p. 117.

[61] W. – Z. Liu, Steam Injection Technology to Produce Heavy Oils, Petroleum Industry Press, China, 1997.

[62] D. W. Green, G. P. Willhite, Enhanced oil recovery, in: L. Henry (Ed.), Doherty Memorial Fund of AIME. Vol. 6, Society of Petroleum Engineers, Richardson, TX, 1998.

[63] J. J. Sheng, Steam flooding, Enhanced Oil Recovery Field Case Studies, Elsevier, Waltham, MA, USA, 2013.

[64] Hanzlik, E. J., Mims, D. S. Forty Years of Steam Injection in California – The Evolution of Heat Management. SPE International Improved Oil Recovery Conference in Asia, Society of Petroleum Engineers, 2003.

[65] J. Ernandez, EOR Projects in Venezuela: Past and Future, ACI Optimising EOR Strategy, 2009, pp. 11 – 12.

[66] Dehghani, K., Ehrlich, R., 1998. Evaluation of steam injection process in light oil reservoirs. SPE Annual Technical Conference and Exhibition. Society of Petroleum Engineers.

[67] Olsen, D., et al., 1993. Case history of steam injection operations at naval petroleum reserve no. 3, teapot

dome field, Wyoming: a shallow heterogeneous light - oil reservoir. SPE International Thermal Operations Symposium. Society of Petroleum Engineers.

[68] B. C. Sahuquet, J. J. Ferrier, Steam - drive pilot in a fractured carbonated reservoir: Lacq Superieur field, J. Pet. Technol. 34 (04) (1982) 873 - 880.

[69] Y. T. Zhang, Thermal recovery, Technological Developments in Enhanced Oil Recovery, Petroleum Industry Press, Beijing, 2006, pp. 189 - 234.

[70] S. Ali, Current status of steam injection as a heavy oil recovery method, J. Can. Pet. Technol. 13 (01) (1974).

[71] Butler, R. M., Method for continuously producing viscous hydrocarbons by gravity drainage while injecting heated fluids. 1982, Google Patents.

[72] C. Shen, SAGD for heavy oil recovery, Enhanced Oil Recovery Field Case Studies, Gulf Professional/Elsevier, Oxford, 2013, pp. 413 - 445.

[73] Rottenfusser, B., Ranger, M., 2004. Geological comparison of six projects in the Athabasca oilsands. In: Proceedings of CSPG - Canadian Heavy Oil Association - CWLS Joint Conf. (ICE2004), Calgary, AB, Canada.

[74] Jimenez, J., 2008. The field performance of SAGD projects in Canada. International Petroleum Technology Conference. International Petroleum Technology Conference.

[75] C. - T. Yee, A. Stroich, Flue gas injection into a mature SAGD steam chamber at the Dover Project (Formerly UTF), J. Can. Pet. Technol. 43 (01) (2004).

[76] T. Nasr, et al., Novel expanding solvent - SAGD process "ES - SAGD", J. Can. Pet. Technol. 42 (01) (2003).

[77] Govind, P. A., et al., 2008. Expanding solvent SAGD in heavy oil reservoirs. International Thermal Operations and Heavy Oil Symposium. Society of Petroleum Engineers.

[78] C. Cheih, State - of - the - art review of fireflood field projects (includes associated papers 10901 and 10918), J. Pet. Technol. 34 (01) (1982) 19 - 36.

[79] A. Turta, et al., Current status of commercial in situ combustion projects worldwide, J. Can. Pet. Technol. 46 (11) (2007).

[80] A. Turta, In Situ Combustion. Enhanced Oil Recovery Field Case Studies, Gulf Professional Publishing, Boston, MA, 2013, pp. 447 - 541.

第3章 CO_2提高采收率技术

Ramin Moghadasi(伊朗阿瓦兹,石油工业大学(PUT)石油工程系)
Alireza Rostami(伊朗阿瓦兹,石油工业大学(PUT)石油工程系)
Abdolhossein Hemmati – Sarapardeh(伊朗克尔曼,克尔曼沙希德·巴霍纳大学石油工程系)

3.1 引言

一般情况下,一次采油阶段生产出的原油约为油藏原始地质储量的20%,即原油采收率为20%。只有实施提高采收率技术(EOR)才能进一步获得更多原油,二次采油可以采出剩余原油储量的20%,三次采油可以采出剩余原油储量的30%[1-4]。在不同的三次采油技术中,气驱,特别是CO_2驱的应用更为普遍。研究表明,CO_2驱平均提高原油采收率7%,约为剩余原油储量的23%。尽管CO_2驱可以提高采收率,但通过这种方法获得的原油产量取决于油藏岩石特性、流体特性、CO_2特性以及生产条件(如注入速度、井网类型)[1-2]。

CO_2广泛存在于地球上,主要来自发电厂和石化公司等。CO_2被认为是一种温室气体,其对环境的有害影响已众所周知但得到了很好的解决。毫不奇怪,在石油开发早期就已将CO_2用于提高石油产量,但直到第二次世界大战之后,CO_2提高采收率技术才取得了很大进展。20世纪50年代,Whorton[3]、Saxon Jr.[4]、Beeson和Ortloff[5]、Holm[6]和Martin[7]的研究为CO_2提高采收率技术的发展奠定了基础[8]。1972年,这些进展推动CO_2提高采收率技术在二叠纪盆地的SACROC(急流区峡谷礁作业者委员会)区块进行了首次矿场应用。目前,全球有70多个CO_2提高采收率重点项目,大多数位于美国。

从历史上看,人们对CO_2封存的应用非常感兴趣,它同时具有提高原油采收率和减少二氧化碳排放的优势,这项工作有助于积极应对全球变暖,也有助于满足全球的能源需求,希望有更多的CO_2封存和CO_2提高采收率矿场试验。相关研究已对CO_2提高采收率机理、有效筛选标准以及生产条件优化有了很好的认识。但是,如何有效实施CO_2提高采收率仍然存在诸多不确定性[9-12]。

本章诠释了CO_2混相驱和CO_2非混相驱的基本原理及如何在油田生产过程中提升CO_2驱油技术,阐述了室内实验结果和CO_2驱数值模拟实例,详细介绍了CO_2驱油在非常规资源中的适应性及CO_2驱油的相关环境保护问题。

3.2 CO_2驱油机理

将CO_2注入油藏后,它与油藏岩石和烃类流体发生物理化学作用,这种作用解释了CO_2提高采收率的作用机理[13],具体如下[8,14-16]:

(1)原油体积膨胀；

(2)降低原油(水)密度；

(3)降低原油黏度；

(4)降低岩石和原油之间的界面张力(界面张力会阻止原油流过孔隙)；

(5)汽化并抽提残余油的轻质组分。

CO_2 在原油中的溶解度很高，能使原油发生膨胀，降低原油的黏度和密度。此外，水驱过程导致油藏始终含水，CO_2 在水中溶解可以降低水的密度，最终使水和油的密度大体相当，弱化了重力分异作用，降低了气体超覆和指进现象发生的概率[17]。

CO_2 提高采收率的每一种作用机理都取决于油藏压力和油藏温度。CO_2 混相过程发生在高温高压条件下，而 CO_2 非混相过程发生在低温低压条件下，从而对 CO_2 混相和 CO_2 非混相有了明显的区分，进而对两种驱油方法的提高采收率效果有了更明显的区分[18]。

但是混相是指什么？或更准确地说，在什么条件下才能形成 CO_2 混相驱？理论上讲，当 CO_2 的注入压力低于最小混相压力时，CO_2 与原油不能形成混相。随着注入压力的增加，CO_2 密度也会增加，从而降低了原油和 CO_2 之间的密度差，原油和 CO_2 之间的界面张力消失，二者达到混相，此时对应的压力称为最小混相压力(MMP)[19-21]。不同学者已经对 MMP 进行了大量的研究，并形成了几种预测 MMP 的经验公式和实验方法。影响 CO_2 MMP 的主要因素是油藏温度、原油组分和 CO_2 的纯度。一般来说，低温轻质油藏的 CO_2 MMP 较小。杂质对 MMP 的不利影响并不普遍，主要取决于原油组分的类型[22]，H_2S 可以降低 MMP，而 N_2 则会增大 MMP[23-24]。

通常，当 CO_2 与原油混相时，原油采收率会很高。即在 CO_2 驱时，人们更关注 CO_2 混相驱。为了说明该问题，假设岩石表面附着原油，水仅能洗掉少量的原油，但是溶剂能洗掉所有的原油，原因在于溶剂与原油容易混合，形成均匀的溶液。即水与原油是非混相，而溶剂与原油形成混相[25-26]。

3.2.1 CO_2 混相驱

如前所述，气驱发生混相时的压力叫作混相压力。注 CO_2 过程中达到混相压力即可形成 CO_2 混相提高采收率，其理论采收率可达到 90%。随着注气压力的增大，注气采收率迅速增加，当注入压力达到 MMP 时，注气采收率趋于平稳[10,15,27-28]。

注 CO_2 驱油存在两种混相方式[15]。

(1)一次接触混相(FCM)：CO_2 和原油可以按任意比例混合，并形成单一均匀的溶液。

(2)多次接触混相(MCM)：通常，CO_2 和原油在第一次接触时不能发生混相。在油藏内可以动态地发生多次接触混相，被称为 MCM。在该过程中，溶液的组成(注入流体和油藏流体)因 CO_2 和原油之间的传质作用而发生变化。这种因传质现象发生的混相也存在两种方式[12]。

① 汽化气驱(VGD)：油藏中的中等分子量碳氢化合物原位蒸发后混入 CO_2，实现了混相。

② 冷凝气驱(CGD)：CO_2 原位扩散至油藏原油中，形成混相。

当 CO_2 与原油相互作用时，将形成动态混相区。此时，采油井中会生产出富含 CO_2 的原油。

3.2.1.1 一次接触混相

通常，在 FCM 过程中，首先注入较小体积的段塞，然后注入较大体积但较便宜的段塞，分别称为第一段塞和第二段塞,这些段塞都可以混相并具有经济性。否则,第一混相段塞的残余油饱和度将滞留在油藏中。

为了确定混相条件,或者说,确定 FCM 的可能性,必须准确预测一次接触时的流体相态,可用三元或拟三元相图(图 3.1)描述。相图的每个顶点代表纯组分物质,并且等边三角形的各条边等分后代表两种组分在所构成的混合物中所占的比例。三元相图中的点代表了包含三种组分构成的混合物,反映了典型原油的相态特征。

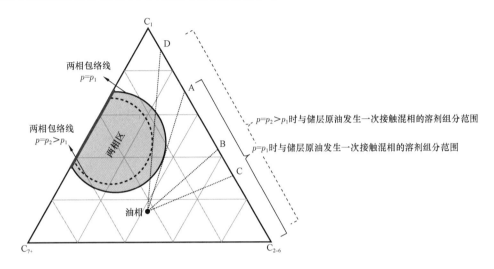

图 3.1 甲烷和拟组分的三元相图[29]

如图 3.1 所示,C_1 和 C_{2-6} 可以按任意比例混相,C_{2-6} 和 C_{7+} 也可以按任意比例混相。但是,C_1 和 C_{7+} 只能在一定混合比例范围内发生混相。C_1 与 C_{7+} 连线的红色部分表示混合流体的组分,在压力 p_1 下,无论如何也不会形成混相。当压力等于或大于 p_1 时,原油的组成比例位于两相区域内。

典型原油一般包含中质和重质组分。作为一种情景,计划使用 $C_1 + C_{2-6}$ 的混合物驱油。问题是:"这种混合物中的哪种组分会产生混相?"假定油藏压力为 p_1,且注入纯 C_1 不会形成混相,中质组分可与原油按任意比例混相,在原油与纯 C_1 和 C_{2-6} 之间各画一条线。对于纯 C_1 而言,原油—C_1 连线穿过了两相区,表示非混相过程,没有解决混相问题。为了找到与原油可混相的注入流体中纯 C_1 的最大混合浓度,绘制了从原油到两相曲线的切线,它与 C_1—C_{2-6} 连线的交点表示注入段塞中 C_1 的最大浓度,该浓度不会改变原油与注入流体之间的混相性能;但是进一步增大注入流体中的 C_1 浓度则会形成非混相。因此,$C_1 + C_{2-6}$ 的混合物只能在一定的组分比例范围内形成 FCM。

三元相图表明压力会影响两相区域范围的大小,增大压力会减小两相区域的范围。因此,在特定实例中,如果设置更高的压力,则可以使用更高浓度的 C_1。尽管压力可能会改变 FCM 过程的相态,但并不能一味地增加注入压力,否则可能会导致地层破裂。在一定的压力条件下,与其他气体相比,富含 CO_2 的混合物的两相区域比其他气体的小。因此,CO_2 广泛用于混相驱。

随着压力的下降,油藏逐渐形成两相区,CO_2 不能再与原油形成完全混相。但是,在 1700psi

的压力下,富含 CO_2 的 C_4 段塞可能会与原油形成混相。油藏衰竭开发过程中会不可避免地形成两相区域,考虑操作成本和安全问题,也不能一味地增加注入压力,尽管 CO_2 与原油不能发生一次接触混相,但可以通过多次接触形成混相。

3.2.1.2 多次接触混相

多次接触混相包括两种机理。图 3.2 的三元相图描述了 VGD 过程。显然,注入流体与原油不能形成混相,原因在于二者连线穿过两相区域。但是,随着更多流体注入多孔介质并与原油接触,原油的某些组分蒸发并转移到气相中(溶剂),此时,气相和原油的组分都发生了变化。通常,M_1 代表混合物组分,新混合物由气相(V_1)和液相(L_1)组成。如图 3.3 所示,蒸发形成的气相 V_1 朝着液相 L_1 向前移动并接触组分未发生变化的原油(O),所形成的混合物将沿着 V_1O 移动,如点 M_2。混合物 M_2 又分离成气相 V_2 和液相 L_2。由于混相曲线全部位于单相区域,因此混合物 M_2 的分离过程一直持续到蒸发的气体与原油混相为止。

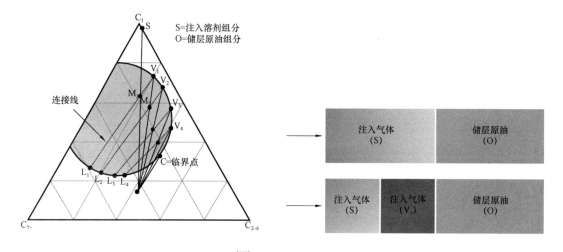

图 3.2 VGD 过程中形成混相的典型图例[29]　　图 3.3 VGD 过程的流体前缘示意图

尽管混相是在油藏内通过连续接触而形成的,但并不是所有注入流体与油藏原油都能形成混相。图 3.4 代表汽化过程,所选的溶剂并不会发生混相,浓缩过程一直持续到混合线与连接线平行为止,富集过程也随之停止,形成非混相。

通过汽化形成多次接触混相的极限条件由临界连接线确定,这条线与相包络线在临界点处相切。理论上,要使气驱过程通过与 VGD 多次接触而混相,则原油组分应位于临界线上方或右侧,注入流体的组分应位于临界线的左侧,这意味着原油应富含中质组分,而注入流体可以是干气。

图 3.5 展示了凝析气驱过程的三元相图。在凝析气驱过程中,溶剂与原油接触,部分气体组分发生凝结并转移到油相中,导致油相组分发生变化,直至与气相完全混相。与汽化气驱类似,并不是所有的溶剂和原油混合物都会发生混相,其极限条件为临界包络线。根据该标准,原油组分应位于临界包络线的左侧,注入流体组分应位于临界包络线的右侧,即,原油应含有重质组分,而注入的气体应包含大量的中间组分。不发生混相的典型参数条件如图 3.6 所示。

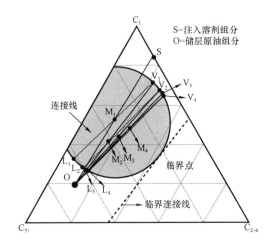
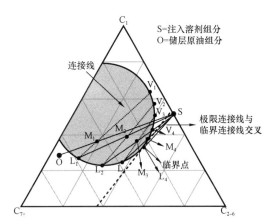

图 3.4　VGD 过程中尚未形成混相的实例[29]　　　　图 3.5　凝析气驱过程中混相形成的实例

3.2.1.2.1　液体(蒸气)析出

在汽化过程中，气体前缘的后面可能会析出液体。如图 3.3 所示，新气相(V_1)和注入气体(S)的界面处可能会析出液体。为了使该过程更直观，将两种气相混合，并讨论如下。

新气相的任意两点混合仅在两相区域内，二者混合会析出少量的液体。大量的液体则通过多次接触再次蒸发，但是，仍然可能有少量的这种液体残留在储罐中。同理，在凝析气驱过程中，也会产生少量的蒸气，由于析出量相对较小，而且可能随后再次进行汽化或冷凝过程，因此在气驱设计过程中无需特别关注液体析出。

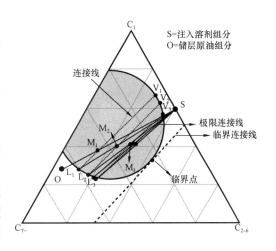

图 3.6　凝析气驱过程中尚未形成混相的实例

3.2.1.2.2　蒸发或凝析气驱

对 MCM 的最新研究提出了一种新的作用机理，可以有效解释 MCM 过程，该机理既包含汽化也包括冷凝。Zick[30] 通过一系列的 MCM 实验证实了这一认识。实验如下：将原油装入 PVT 装置，然后注入一定量的气体，达到平衡后，分别对少量的液相和气相进行采样和分析，然后再进行第二次至第七次油气接触。Zick 认为 MCM 过程不仅仅是凝析气驱(CGD)。假如仅有 CGD，则液相的密度将降低，而气相的密度将增大。Zick 推断，这种最大—最小—类似行为代表了汽化和冷凝过程的结合，被称为汽化—冷凝气驱。

根据观察到的实验结果，Zick 提出了一种汽化/冷凝机理，如下所示。

假设石油—气混合物由四大主要组分构成：

(1) 贫气组分(C_1、N_2 和 CO_2)；

(2) 轻质的中间组分，即富气组分(C_{1-4})；

(3) 中质的中间组分[从低分子量的 C_{4-10} 到较重的 C_{30}，这些相对较重的组分往往出现在

原油中(注入气体中不含),并且可能从原油中蒸发成气相];

(4)不能从原油中大量蒸发的高分子组分。

当富气与原油接触时,轻质的中间组分凝结并从气相转移到油相中,原油变得更轻。气体向前流动更快,再次与原油接触,进一步降低原油密度。假如该过程一直持续到原油与注入气体形成混相,则可称为 CGD 过程。

中质的中间组分是从原油中蒸发而来,并不是气相中原来存在的。当原油中的轻质组分气化后,则原油富含重质组分,此时的原油与注入气体的相似性降低,阻碍了原油与注入气体通过 CGD 发生混相。但是,如果所有这些作用都发生了,则该蒸发或凝析气驱的效率会很低。

注入一段时间的气体后,部分原油富含轻质的中间组分,当它接触到新注入的气体时,凝结现象就会减少。但是,气相会从原油中抽提一些中质的中间组分,导致气相富含轻质的和中质的中间组分。注入的气体将继续与原油接触,原油会较少地减少中质的中间组分,但仍然会损失轻的中质组分。这种汽化/冷凝过程持续进行,直到以一种有效的方式形成混相。

3.2.1.2.3 最小混相浓度

如前所述,压力会改变相态,并且以前不可混相的混合物现在也可以混相。但是,除了通过改变压力实现混相外,还有另外一种方法有利于实现混相。该替代方案是改变注入流体的组分。例如,在冷凝气驱的恒压过程中,改变注入流体组分直至临界包络线对应最小浓度,称为最小混相富集浓度(MME)。如图 3.7 所示,恒压条件下的混相只能通过组分富集才能达到 MME。在该典型实例中,注入流体富含轻质的中间组分,有利于降低原油和注入流体之间的密度差,使得原油与注入流体具有更好的相似性。

一般说来,只有那些含有中间组分比轻质组分更多的溶剂才有利于重油流动[12]。

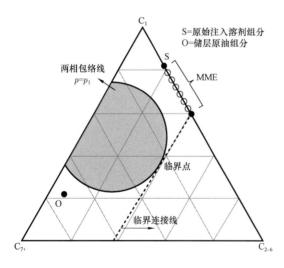

图 3.7 三角相图 MME[29]

3.2.1.3 混相驱的筛选标准

理论上,与其他提高采收率方法相比,混相气驱的采收率更高。但是,并非所有油藏都适合混相气驱。通常,混相驱要求油藏埋深很大。当油藏埋深较浅时,地层容易发生破裂,注气无法达到混相压力。已有几种评价混相驱效果的筛选标准,当油藏条件满足这些标准时,就可以快速地评价混相驱油的适应性。例如,作为关键的筛选标准,油藏原油的重度在 30°API 或更高时,更适合混相驱。原油重度较高时,其黏度较低,并且富含中间组分的原油才能通过汽化气驱(VGD)或凝析气驱(CGD)发生混相,而且较低的黏度也有利于形成较高的流度比。此外,研究表明,当原油黏度低于 12mPa·s 时,残余油饱和度会高于 300bbl/(acre·ft),并且只有非常弱的油藏非均质性才有利于延迟 CO_2 突进[31-34]。

3.2.1.4 混相驱现场试验

全球已开展了大量的 CO_2 混相驱现场应用,大部分项目取得了可喜的成果。1989 年,Brock 和 Bryan[35]对 CO_2 提高采收率矿场试验进行了总结,并分为三种项目类型:(1)油田矿场生产,(2)先导试验,(3)非先导试验。这里重点关注油田矿场生产效果。

在一些 CO_2 提高采收率项目中,都实施了连续 CO_2 驱和水—CO_2 交替驱(WAG)。例如,在 Dollarhide 油田实施水—CO_2 交替注入 17 个月后才发生 CO_2 突破。因此,水—CO_2 交替注入有利于更好地控制流度。

3.2.2 CO_2 非混相驱

通常,CO_2 非混相驱用于维持油藏压力,相当多的非混相驱项目直接用于提高油田采收率。尽管在非混相驱过程中,CO_2 不会与原油发生混相,但仍然会有部分 CO_2 溶解在油相中,导致原油发生膨胀并降低黏度。原油膨胀和黏度降低的程度取决于 CO_2 的溶解度。因此,有必要研究 CO_2 在原油中的溶解度。研究表明,CO_2 非混相驱还有其他三种驱油机理:(1)降低IFT,(2)提高驱替效率,(3)提高注入能力。这些机理的综合效应可以改善原油的流动性,进而提高原油采收率。在相同的生产条件下,CO_2 非混相驱的采收率低于 CO_2 混相驱[25,36]。

3.2.2.1 CO_2 在原油中的溶解度

CO_2 在原油中的溶解度主要受饱和压力、油藏温度和原油重度影响。通常,CO_2 的溶解度随着压力和 API 度的增加而增大,随温度升高而降低。当温度低于 CO_2 临界温度时,原油组分和液化压力是影响 CO_2 溶解度的主要因素。在这种条件下(如亚临界 CO_2 条件),CO_2 以气体形式溶解在原油中,影响原油黏度、密度和 IFT,并导致原油发生膨胀。预测原油中 CO_2 溶解度的几种模型如下。

3.2.2.1.1 Simon & Graue 图版

1965 年,Simon 和 Graue 编制了黑油中 CO_2 溶解度的图版,适用条件为:温度 43.33~121.1℃、压力上限 15.86MPa、原油重度 12~33°API。在通用石油产品公司(UOP)表征因子(UOPK)等于 11.7 的条件下,他们提出了 CO_2 溶解度(CO_2 与原油混合物中的 CO_2 摩尔分数,x_{CO_2})是逸度、饱和压力和温度的函数。当原油具有不同的 UOP 表征因子时,Simon 和 Graue 提出了修正因子。Simon 和 Graue[37]研究表明,他们的预测结果和实验数据之间的平均偏差为 2.3%。

3.2.2.1.2 Mulliken & Sandler 模型

1980 年,Mulliken 和 Sandler 认为 Simon & Graue[37]图版在油藏数值模拟应用中非常不方便,而且认为 Simon 方法不适用于含杂质的 CO_2 或混合气体。鉴于此,Mulliken 和 Sandler 建立了预测 CO_2 在原油中溶解度的理论基础,具有较宽的适用范围。他们以彭—鲁滨逊(PR)状态方程(EOS)为基础建立了预测模型,见式(3.1):

$$p = \frac{RT}{V-b} - \frac{a}{V(V+b)+b(V-b)} \qquad (3.1)$$

对于混合物：

$$a = \sum_i \sum_j x_i x_j (1 - \delta_{ij})(a_i a_j)^{1/2} \tag{3.2}$$

$$b = \sum_i x_i b_i \tag{3.3}$$

式中：a,b 为 PR 状态方程的常数；x 为混合物中每种组分的摩尔分数；δ 为二元相互作用参数；a_i、a_j、b_i 也是常数，是临界压力、温度和偏差因子的函数。

利用 PR 状态方程，Mulliken 和 Sandler[38]认为可以把原油当作单相的拟组分。在已知混合物的相对密度、平均沸点或 UOP 因子的情况下，PR 方程可以用来表征 CO_2—原油混合物。Mulliken 和 Sandler 也对 Simon 和 Graue[37]的实验数据进行预测精度评估，Mulliken & Sandler 模型预测原油中 CO_2 摩尔分数的平均误差仅为 1.9%，低于 Simon 和 Graue[37]图版的预测误差。

3.2.2.1.3 Mehrotra & Svrcek 模型

Mehrotra 和 Svrcek 提出了一种新的主要用于预测沥青中 CO_2 溶解度的关系式，也将该预测模型应用于常规原油样品。当压力低于 6MPa 时，压力与 CO_2 溶解度之间呈线性关系，当压力高于 6MPa 时，预测值与实验数据的差异很大。因此，该预测模型具有一定的局限性，适用温度范围为 23.89 ~ 97.22℃，模型的平均预测误差为 6.3%，见式(3.4)：

$$溶解度(cm^3\ CO_2/\ cm^3\ 混合物) = b_1 + b_2 p + b_3 \frac{p}{T} + b_4 \left(\frac{p}{T}\right)^2 \tag{3.4}$$

$$b_1 = -0.0073508, b_2 = -14.794, b_3 = 6428.5, b_4 = 4971.39$$

式中：T 为温度，K；p 为压力，MPa。

3.2.2.1.4 Chung 模型

Chung 等[40]定义了 CO_2 在原油中的溶解度 R_s，是指某一温度下每桶黑油中饱和 CO_2 时所溶解的 CO_2 体积(单位 ft^3)，CO_2 的溶解度主要取决于温度和压力，而受原油相对密度的影响较小。根据 Chung 等提出的溶解度—压力函数图版[40]，他们对 CO_2 的溶解度进行了讨论。

如 Chung 等编制的 CO_2 溶解度图版[40]所示，当压力低于 3000psia 时，CO_2 在重油中的溶解度随压力增加而增大，但随温度升高而降低。75℉(24℃)等温线表明，液态 CO_2 在大于 1000psia(6.9 MPa)的压力下，在原油中的溶解度对压力不敏感。在低压下，气体在液体中的溶解度通常会随温度升高而降低，因为轻组分(气体分子)往往会在高温下蒸发；随着压力增加，较低温度下的液体密度会增大，即液相中的分子堆积得更紧密，气体分子进入的空间较小。因此，在高压下，由于液体密度的降低，气体在液体中的溶解度可能随温度增加而增大，CO_2 溶解度图版展示了这种变化趋势。当压力高于 3000psia(20.7MPa)时，200℉(94℃)的等温线会与 140℉(60℃)的等温线相交。

基于上述讨论和室内实验结果，Chung 提出了预测模型，见式(3.5)：

$$R_s = 1/\left[a_1 \gamma^{a_2} T^{a_7} + a_3 T^{a_4} \exp\left(-a_5 p + \frac{a_6}{p}\right)\right] \tag{3.5}$$

式中:R_s 为溶解度,ft³/bbl;T 为温度,℉;p 为压力,psia;γ 为相对密度。

经验常数 $a_1 \sim a_7$ 分别为 0.4934×10^{-2}、0.928、0.571×10^{-6}、1.6428、0.6763×10^{-3}、781.334 和 -0.2499。利用上述模型分别预测了 CO_2 在三种不同原油样品中的溶解度,Cat Canyon 原油的平均预测偏差为 5.9%,Wilmington 原油的平均预测偏差为 7.6%,Densmore 原油的平均预测偏差为 2%。

例3.1 根据 Chung 等[40]提出的预测模型,回答以下问题:
(1)如果压力增加到很高,气体的溶解度会怎样变化?
(2)如果温度增加到很高,气体的溶解度又会怎样变化?
解:
(1)当压力增加到非常高时,a_6/p 将无穷小,$\exp(-a_5 p + a_6/p)$ 可简化为 $\exp(-a_5 p)$。在高压下,$a_3 T^{a_4} \exp(-a_5 p)$ 也将无穷小,此时,$R_s = 1/[a_1 \gamma^{a_2} T^{a_7}]$。这表明高压条件下的 CO_2 溶解度仅取决于温度和原油相对密度。
(2)在非常高的温度下,$a_1 \gamma^{a_2} T^{a_7}$ 趋近于零。式(3.5)右侧仅剩下 $a_3 T^{a_4} \exp(-a_5 p + a_6/p)$,显然,$R_s = 0$。

3.2.2.1.5 Emera & Sarma 模型

2007年,Emera 和 Sarma[41]采用遗传算法(GA)提出了一组新的预测模型,具体如下:
(1)黑油。
① 当温度高于 CO_2 临界温度(对应任何压力条件)时:

$$CO_2 \text{ 溶解度}\left(\frac{\text{mol}}{\text{mol}}\right) = 2.238 - 0.33 \gamma^{0.6474} - 4.8 \gamma^{0.25656} \tag{3.6}$$

$$\gamma = \gamma \left(\frac{T^{0.8}}{p_s}\right) \exp\left(\frac{1}{MW}\right)$$

假定 p_b(黑油,泡点压力等于 1atm)条件下的 CO_2 溶解度等于零。
② 当温度低于 CO_2 临界温度(压力低于 CO_2 液化压力)时:

$$CO_2 \text{ 溶解度}\left(\frac{\text{mol}}{\text{mol}}\right) = 0.033 - 1.14\gamma - 0.7716\gamma^2 + 0.217\gamma^3 - 0.2183\gamma^4 \tag{3.7}$$

$$\gamma = \gamma \left(\frac{p_s}{p_{\text{liq}}}\right) \exp\left(\frac{1}{MW}\right)$$

式中:γ 为原油相对密度(15.6℃时的原油密度);T 为温度,℉;p_s 为饱和压力,psi;p_{liq} 为特定温度下的 CO_2 液化压力,psi;MW 为原油的摩尔质量,g/mol。

为了评估预测模型的精度,Emera 和 Sarma 利用 Simon 和 Graue[37]、Mehrotra 和 Svrcek[39]以及 Chung 等的实验数据验证预测模型的准确性[40]。

Emera 和 Sarma 还对 CO_2 在黑油中的溶解度进行了敏感性分析。研究表明,基于 GA 的黑油中 CO_2 溶解度主要受饱和压力和温度的影响,而受原油相对密度和原油分子量的影响较小。

(2)挥发油。

① 对于气态 CO_2,当温度高于 CO_2 临界温度(T_{c,CO_2},任何压力条件下)和温度低于 T_{c,CO_2}(压力小于 CO_2 液化压力的条件下),CO_2 溶解度可通过式(3.8)计算:

$$CO_2 \text{溶解度} \left(\frac{\text{mol}}{\text{mol}}\right) = 1.748 - 0.5632\gamma + 3.273\gamma^{0.704} - 0.43\gamma^{0.4425} \tag{3.8}$$

$$\gamma = \gamma \left[0.006897 \times \frac{(1.8T + 32)^{1.125}}{p_s - p_b} \right]^{\exp\left(\frac{1}{MW}\right)}$$

假设 p_b 条件下的 CO_2 溶解度等于零。

② 对于液态 CO_2,当温度低于 T_{c,CO_2} 且压力大于 CO_2 液化压力时,建议使用黑油中 CO_2 溶解度的预测模型[如式(3.7)所示]。

Emera 和 Sarma 也利用 Simon 和 Graue[37]的实验数据检验了模型的准确性。

此外,他们还对挥发油中 CO_2 溶解度进行了敏感性分析,也对比分析了挥发油和黑油中 CO_2 溶解度差异,结果表明,饱和压力对挥发油中 CO_2 溶解度的影响大于黑油,而温度对前者的影响要小于后者。

3.2.2.1.6 Rostami 模型

Rostami[42]提出了两个新的高精度的 CO_2 溶解度预测模型,并用大量的实验数据检查了模型的准确性,然后使用神经网络和基因表达编程(GEP)建立了两个预测模型。通过对比分析,无论是挥发油还是黑油,GEP 的预测精度比其他方法都高,并推荐 GEP 作为 CO_2 驱油模拟的可行方法,预测模型如下。

(1)黑油。

根据最新研究,他们认为影响黑油中 CO_2 溶解度的关键参数是原油摩尔质量(MW)、原油相对密度(γ)、油藏温度(T)和饱和压力(p_s)。黑油中的 CO_2 溶解度通过式(3.9)计算:

$$R_s = \frac{p_s T(5.6444 + 0.008756 MW)}{8.9318 p_s^2 + 0.010819 MW p_s T + T^2 + 41.105 \gamma T} \tag{3.9}$$

(2)挥发油。

对于挥发油,他们认为 CO_2 溶解度的主要影响因素是原油摩尔质量(MW)、原油相对密度(γ)、油藏温度(T)、饱和压力(p_s)和泡点压力(p_b)。Rostami 等[42]建立了挥发油中 CO_2 的溶解度关系式(3.10):

$$R_s = \frac{7.3695 p_b - 7.3713 p_s + 0.48618}{0.021262 MW + 4.6233 p_b - 5.0337 p_s - \gamma T - A} \tag{3.10}$$

式中:参数 A 为条件函数。

满足以下关系:

$$A = \begin{cases} 0, & \gamma \leqslant 0.849 \\ 0.042756, & \gamma > 0.849 \end{cases} \quad (3.11)$$

这两种预测模型中 MW、T、p_s、p_b 和 R_s 的单位分别为 g/mol、℃、MPa、MPa 和摩尔分数。

3.2.2.2 膨胀效应

膨胀效应在 CO_2 非混相驱提高采收率中的影响最明显。当原油未饱和或因注气提高了油藏压力，原油中溶解的气体体积将增加，直至达到饱和，此时，原油体积系数(FVF)也将增大，该现象称为原油膨胀，可以显著提高原油采收率。对于含气顶的油藏，原油膨胀效应不太明显；但是对于没有气顶或低泡点压力的油藏，原油膨胀效应非常有效。实际上，原油膨胀效应非常重要，原因有两个：首先，残余油饱和度与原油体积系数成反比，导致残余油饱和度降低，而残余油饱和度是相渗曲线的重要端点，并决定了最终采收率；其次，膨胀作用将原油从孔隙中驱替出来，增加了原油饱和度，也增加了油相渗透率。这两种作用都能提高原油采收率。与普通非烃气的非混相驱相比，CO_2 可以将油相渗透率提高到更高的水平[14]。

最常用于计算饱和 CO_2 的原油混合物膨胀因子的关系式如下所述。

3.2.2.2.1 Welker 模型

在 Welker 模型中，膨胀因子是 CO_2 溶解度的线性函数，二者的关系式很简单，主要适用于 20~40°API 的原油，也适用于温度为 80°F 的黑油。Welker[43] 建立的膨胀因子关系式如式 (3.12) 所示：

$$SF = 1.0 + \frac{1.96525 \times Sol(m^3/m^3)}{1000} \quad (3.12)$$

式中：Sol 为 CO_2 在原油中的溶解度。

Welker[43] 验证了上述模型在 13 种原油中的适用性，平均预测偏差为 1%。Chung 等[40] 的研究数据也与 Welker 模型[43] 拟合效果良好(图 3.8)。

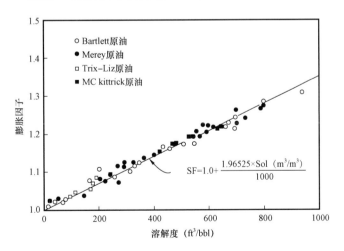

图 3.8 膨胀因子与溶解度的相关性[43]

3.2.2.2.2 Simon & Graue 模型

1965 年,Simon 和 Graue[37]假设膨胀因子是 CO_2 溶解度和原油摩尔质量(M/ρ)的函数。根据膨胀因子与溶解 CO_2 的摩尔分数和摩尔质量之间的关系,Simon 和 Graue 绘制了一种用于预测膨胀因子的图版,显然,重油的膨胀效应不如轻油。

Simon 和 Graue[37]研究表明,模型的预测结果与实验数据的平均偏差为 0.5%。

3.2.2.2.3 Mulliken & Sandler 模型

Mulliken 和 Sandler 建立了一个预测膨胀因子的理论模型。在相同温度条件下,他们将 PR 状态方程[44]同时应用于饱和 CO_2 的原油和 1atm 条件下的原油,将膨胀因子定义为饱和压力下的 CO_2—原油混合物的体积与大气压条件下的原油体积之比。

3.2.2.2.4 Emera & Sarma 模型

根据 Emera 和 Sarma[41]模型,原油膨胀因子可用式(3.13)和式(3.14)计算。

(1) 当原油的 MW≥300 时:

$$SF = 1 + 0.3302\gamma - 0.8417\gamma^2 + 1.5804\gamma^3 + 1.074\gamma^4 + 0.0318\gamma^5 - 0.21755\gamma^6 \quad (3.13)$$

(2) 当原油的 MW<300 时:

$$SF = 1 + 0.48411\gamma - 0.9928\gamma^2 + 1.6019\gamma^3 - 1.2773\gamma^4 + 0.48267\gamma^5 - 0.06671\gamma^6 \quad (3.14)$$

$$\gamma = 1000 \left[\left(\frac{\gamma}{MW} \right) \times Sol^2 \right]^{\exp\left(\frac{\gamma}{MW}\right)}$$

式中:γ 为原油的相对密度(15.6℃时);SF 为原油的膨胀因子;Sol 为 CO_2 在原油中的溶解度,摩尔分数;MW 为原油的摩尔质量,g/mol。

Emera 和 Sarma 的研究公开了用于建立和验证黑油和挥发油膨胀因子模型的实验数据[41],他们还用 Simon 和 Graue[37]的实验数据验证了预测模型的可靠性。

3.2.2.3 降低黏度

根据定义,黏度是流体在固体表面流动的阻力,因此任何流量方程都要考虑流体黏度的影响。非混相气驱油藏存在两相流,准确预测和模拟每种流体的流动非常重要。黏度是流度的一个参数,后者用于建立流动模型和预测流体流动。而流度将流体的流动阻力与多孔介质的岩石特性关联起来[12]。流度比被定义为驱替液(气)的流度除以被驱替液(原油)的流度,如式(3.15)所示:

$$M = \frac{K_{rg}}{\mu_g} / \frac{K_{ro}}{\mu_o} \quad (3.15)$$

式中:K_{rg},K_{ro},μ_g 和 μ_o 分别为气相渗透率,油相渗透率,气相黏度和油相黏度。

从微观驱油效率和宏观波及系数的角度来看,要想使气驱非常有效,必须保持足够低的流度比。典型气驱的 M 为 20~100,如此高的流度比会造成很强的不稳定性,并增加了指进的风险,因此,高流度比会加快注入气体突破,降低增油量[45-46]。图 3.9 展示了流度比对流动稳定性的影响。

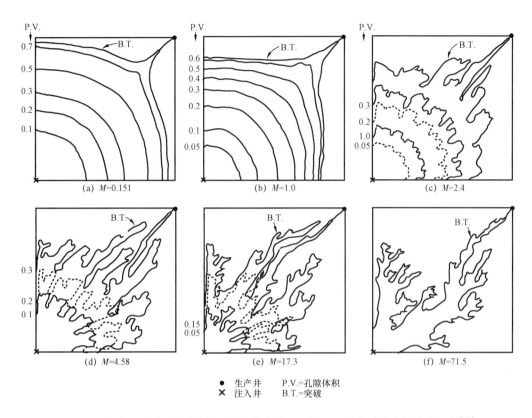

图 3.9 流度比对流动稳定性的影响,高流度比(大于1)对流动稳定性非常不利[47]

从图 3.9 可以看出,流度比从图 a 到图 f 逐渐增大,流动不稳定性也逐渐加剧。在高流度比情况下,即使注入孔隙体积倍数非常低,气体也会在狭窄的指进处突破,最终的波及系数和采收率都很低。当 $M<1$ 时,会形成稳定驱替,当 $M>1$ 时,则会出现不稳定的指进驱替,图 3.10 展示了不稳定驱替过程。

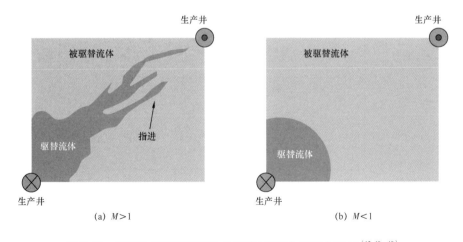

图 3.10 流度比对流动稳定性的影响(流度大于和小于1)[12,48-49]

基于上述分析,将流度比 M 调至较小值时,有利于形成稳定的驱替。当 CO_2 注入油藏时,它会溶解在原油中并降低原油黏度,流度比也会变小,但是 CO_2 的流度仍然远高于原油,特别是当油藏渗透率变化很大时,指进风险非常高。

降低黏度是 CO_2 非混相驱提高采收率的一种有效机理,其有效性主要取决于原油性质和岩石特性,CO_2 降低重油黏度的效果比轻油更显著。低黏原油的水驱效果优于 CO_2 非混相驱,原因在于注水能够更好地控制流度;而低黏原油的 CO_2 非混相驱的采收率比惰性气驱的要高很多,可归因于黏度降低和原油膨胀能形成更有利的流度比,降低了残余油饱和度。对于高黏原油(例如 $70\sim1000\text{mPa}\cdot\text{s}$),由于 CO_2 能够大幅度降低原油黏度,增强原油膨胀效应,CO_2 驱的效果要优于其他方法。通常,饱和原油的黏度为 $0.7\sim700\text{mPa}\cdot\text{s}$,其中碳酸盐岩油藏的原油黏度为 $0.3\sim30\text{mPa}\cdot\text{s}$,在 CO_2 驱过程中提供了较低的流度比,有利于提高波及系数。另外,当温度高于 150℃ 时,CO_2 溶解度会大大降低,CO_2 对黏度的影响非常小。

通过查阅文献,寻找到了用于计算溶解气对原油黏度影响的多个关系式。

3.2.2.3.1 Welker & Dunlop 图版

Welker 和 Dunlop 提出了一种预测溶解 CO_2 的原油黏度的图版方法。他们首先设计了实验装置,然后根据达西方程建立了黏度预测模型。该实验装置主要由小直径钢管、压力表、流量控制器和入口(出口)水槽组成,利用稳定的层流测量不同溶解度条件下的原油—CO_2 体系的黏度。图 3.11 展示了 Welker 和 Dunlop[43] 的实验结果,横轴表示黑油黏度,纵轴表示溶解 CO_2 的原油黏度与黑油黏度的比值,该图版很好地解释了 CO_2 在原油中的溶解可以降低原油黏度,同时,还发现高黏度黑油的黏度降低效果更加显著。例如,在压力 200psia 的条件下,高黏度原油($\mu=1000\text{mPa}\cdot\text{s}$)的黏度已降低至黑油黏度的 25%,而低黏度原油($\mu=40\text{mPa}\cdot\text{s}$)的黏度仅降低至黑油黏度的 45% 左右。

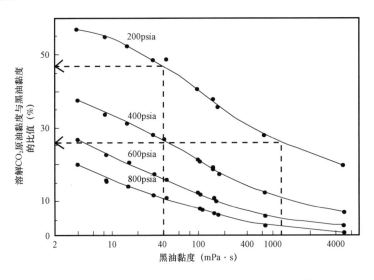

图 3.11 80℉ 时 CO_2—原油体系黏度的变化规律[43]

Welker[43] 还指出,CO_2 溶解对原油的降黏效果优于天然气或纯甲烷(图 3.12)。这意味着,与天然气或纯甲烷驱相比,常规 CO_2 驱能大幅度降低原油黏度,能采出更多的原油。

最后,Welker[43]绘制了一种快速预测 CO_2—原油体系的黏度与黑油黏度、饱和压力的关系图版,适用条件为:温度 80℉、饱和压力小于 800psia、原油黏度 4~5000mPa·s。

3.2.2.3.2 Simon & Graue 模型

Simon 和 Graue 分两步测量并在温度 110~250℉ 获得了一系列实验数据。首先,在某一温度和大气压条件下,测量原油黏度;然后,制备 CO_2—原油混合物,并在同一温度条件下测量混合物的黏度和泡点压力;最后,建立 CO_2—原油混合物的黏度(μ_m)与混合物饱和压力、原油原始黏度(μ_o)的关系(实验温度为 120℉)。

Simon 和 Graue[37]的研究表明,该模型在温度 120℉ 的平均预测偏差为 9%,在其他温度条件下的平均预测偏差和最大预测偏差分别为 7% 和 14%。

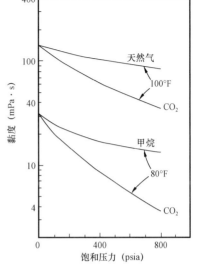

图 3.12 天然气、甲烷和二氧化碳对原油黏度的影响[43]

3.2.2.3.3 Beggs & Robinson 模型

Beggs & Robinson 模型是在直角坐标系中绘制 $\lg T$ 和 $\lg\lg(\mu_{oD}+1)$ 关系曲线,然后拟合得到的。这些图展示了一系列斜率恒定的直线,每条直线代表特定 API 度的原油。但是 Beggs 和 Robinson[50]忽略了原油组分对黏度的影响,因为不同组分的原油可能具有相同的密度,还忽略了压力对原油黏度的影响。Beggs & Robinson 模型如下[50]。

(1)黑油:

$$\mu_{oD} = 10^X - 1 \tag{3.16}$$

$$X = \gamma T^{-1.163}; \gamma = 10^z; z = 3.0324 - 0.02023\gamma_0$$

式中:μ_{oD} 为黑油的黏度,mPa·s;T 为温度,℉;γ_0 为原油的相对密度。

(2)挥发油:

$$\mu = A\mu_{oD}^B \tag{3.17}$$

其中,$A = 10.715(R_s + 100)^{-0.515}$;$B = 5.44(R_s + 150)^{-0.338}$。

式中:μ 为挥发油的黏度,mPa·s;R_s 为溶解气油比,ft³/bbl。

3.2.2.3.4 Mehrotra & Svrcek 模型

Mehrotra 和 Svrcek 提出了双对数预测模型,见式(3.18):

$$\lg\lg\mu = a_1 + a_2 T + a_3 p + a_4 \frac{p}{T + 273.16} \tag{3.18}$$

式中:μ 为原油黏度,mPa·s;T 为温度,℃;p 为压力,MPa;$a_1 \sim a_4$ 为常数,如下所示:

$$a_1 = 0.815991, a_2 = -0.0044495, a_3 = 0.076639, a_4 = -34.5133$$

式(3.18)仅适用于饱和 CO_2 的沥青,不适合其他原油,其适用条件为:温度 23.89 ~ 97.22℃,压力小于 6.38MPa。

3.2.2.3.5 Chung 模型

Chung[40] 建立了用于预测 CO_2—重油混合物黏度的关系式,并认为 CO_2—重油混合物的黏度是组分的函数,非常复杂。鉴于此,他们建议将 CO_2—重油混合物简化为含有两个组分的二元体系:纯 CO_2 和重油。根据实验结果可知,重油黏度与 CO_2 的溶解量有关。最后,他们建立了用于预测饱和 CO_2 的重油混合物黏度的模型,要求重油中的 CO_2 浓度、CO_2 黏度和原油黏度都已知。以 Lederer[51] 方程作为预测模型的基础,Chung[40] 预测模型见式(3.19)[40]:

$$\ln\mu_m = X_o \ln\mu_o + X_s \ln\mu_s \tag{3.19}$$

$$X_s = \frac{V_s}{aV_o + V_s} \tag{3.20}$$

$$X_o = 1 - X_s \tag{3.21}$$

式中:V 为体积分数;μ 为黏度,mPa·s;下标 m,o 和 s 分别为混合物,重油和 CO_2。

在式(3.20)中,a 是经验系数,可由式(3.22)计算:

$$a = 0.255\gamma^{-4.16}T_r^{1.85}\left[\frac{e^{7.36} - e^{7.36(1-p_r)}}{e^{7.36} - 1}\right] \tag{3.22}$$

式中:$T_r = T/547.57$,$p_r = p/1071$ 分别为相对温度,相对压力;T 为兰氏温度,°R;p 为压力,psi。

混合物中 CO_2 的体积分数可以通过 CO_2 溶解度或原油膨胀系数获得。X_s 由式(3.23)计算:

$$X_s = \frac{1}{aF_{CO_2}/(F_o R_s) + 1} \tag{3.23}$$

式中:F_{CO_2} 为标准条件下的 CO_2 体积与系统温度和压力下的体积之比;F_o 为系统温度和大气压(0.101MPa)条件下的原油体积与系统温度和压力下的原油体积之比。

为了计算混合物的黏度,需要确定特定温度和压力条件下的 CO_2 黏度(μ_s)。Chung[40] 的研究表明,429 个数据点的测量黏度值与计算黏度值之间的平均偏差为 3.5%。

3.2.2.3.6 Emera & Sarma 模型

基于 CO_2 溶解度、初始原油黏度、饱和压力、温度和原油相对密度,Emera 和 Sarma[41] 建立了预测混合物黏度的经验模型,见式(3.24):

$$\mu = \gamma \times \mu_i + A\frac{Sol}{\mu_i} \tag{3.24}$$

$$\gamma = x^B; x = [C \times \mu_i(p_s/1.8T + 32) \times D]^{\gamma \times Sol}$$

$$A = -9.5, B = -0.732, C = 3.14129, D = 0.23$$

式中:p_s 为饱和压力,psi;T 为温度,℉;Sol 为 CO_2 在原油中的溶解度,摩尔分数;γ 为原油相对密度。

3.2.2.4 降低界面张力

界面张力决定了两种流体之间的混合能力。对于非混相驱,CO_2和原油之间的界面张力不会非常接近零,但是当CO_2溶解在原油中时,会降低CO_2和原油之间的界面张力,而且也会降低油和水之间的界面张力。当水和CO_2交替(同时)注入时,降低界面张力可以增加采油量。

为了清楚地阐述界面张力的重要性及其对原油采收率的影响,定义了毛细管数N_{ca},它是黏滞力与毛细管力之比,如式(3.25)所示[12]:

$$N_{ca} = \frac{黏滞力}{毛细管力} = \frac{v \times \mu}{\sigma} \tag{3.25}$$

式中:v为速度;μ为黏度;σ为界面张力。

实际的流动状态以黏性占主导地位,即较大的毛细管数意味着较小的残余油饱和度。根据式(3.25),只要能够提高流速和黏度的乘积即增大毛细管数,任何方法都可以提高原油采收率。由于流速和黏度的乘积与压降成正比,而注入压力必须小于破裂压力。因此,为了增大毛细管数必须调整其他参数(如σ)。注入CO_2能够降低界面张力,增大N_{ca},最终驱动多孔介质中的油滴,提高了驱油效率。

3.2.2.5 分离效应

停止注入CO_2后,油藏压力会逐渐降低,原油中溶解的CO_2逐渐释放,类似于一次采油过程中的溶解气驱采油,被称为分离效应。该效应主要受油藏条件下原油压缩性、CO_2压缩性以及原油中溶解的CO_2体积[18]等影响。

3.2.2.6 增加注入能力

水和CO_2的混合物可生成酸性溶液,并与岩石中的碳酸盐岩成分发生化学反应,溶解部分组分,提高多孔介质的渗透性。这种酸性溶液与原油接触时,可能形成沥青质沉淀[52],这在很大程度上取决于原油的性质。

3.2.2.7 CO_2非混相驱实例

大多数气驱项目为混相驱。但是随着重油资源的增加,非混相驱也引起了更多关注。1949年实施了第一个CO_2非混相驱矿场试验,尽管提高采收率效果低于实验室预期,但证实了CO_2非混相驱提高原油采收率是可行的。四个非混相驱项目的详细信息如下。

3.2.2.7.1 美国 Lick Creek 油田

Lick Creek 油田位于美国阿肯色州南部,发现于1957年,1960年达到高峰产量1900bbl/d,1976年降低至230bbl/d。1976年实施非混相驱之前的累计产油量为448.6×10^4bbl,地质储量采出程度为28.3%。

CO_2气源距离油田65mile,通过管道输送超临界CO_2。生产数据显示,CO_2非混相驱的效果非常不错,原油产量从8000bbl/月增加到28000bbl/月,截至1990年,注入CO_2后的累计产油量约为地质储量的11%。CO_2非混相驱采收率相对较低的主要原因是CO_2在高渗透带发生了气窜[53]。

3.2.2.7.2 土耳其 Bati Raman 油田

Bati Raman 油田是土耳其最大的油田,发现于1961年,原始地质储量约为 18.50×10^8 bbl;岩性为灰岩,纵向和水平方向具有强非均质性;由于原油黏度较高,一次采油的采收率仅为1.5%;1971—1978年注水开发,累计注水 320×10^4 bbl,采收率增加5%。

油田实施 CO_2(纯度91%)非混相驱,注入的 CO_2 与碳酸盐岩发生化学反应,生成水溶性的碳酸氢钙,增大了灰岩的孔隙体积和渗透率。分两个阶段注入 CO_2,在第一阶段(1986—1988年)实施 CO_2 吞吐,第二阶段实施水— CO_2 交替注入。

3.2.2.7.3 美国 Wilmington 油田

Wilmington 油田位于美国洛杉矶,发现于1936年,为层状油藏,埋深 2300~4800ft,纵向上包含7套储层;原油重度 13~28°API,油藏温度 123~226°F。这种层状断块低黏油藏对 Wilmington 油田开发提出了巨大的技术经济挑战。因此,需要研究不同的 EOR 策略。1961年至1980年5月实施注水开发,一次采油和水驱采油的采收率为30%。然后,在该油田实施五种 EOR 先导试验:聚合物驱、碱驱、胶束/聚合物驱、CO_2 驱和蒸汽驱,其中 CO_2 驱的效果最显著。

选择埋深最浅的沥青油藏实施 CO_2 驱先导试验。注入气体由85%的 CO_2 和15%的 N_2 组成。在项目实施的早期阶段注入液态 CO_2,然后注入气态 CO_2,还采用 WAG 延缓 CO_2 突破时间。每口井的 CO_2 注入量保持在 $(100~150) \times 10^4 ft^3/d$,单井注水量为1000bbl/d,防止地层破裂。

3.2.2.7.4 特立尼达 Forest-Oropouche 油田

1973—1990年,特立尼达在 Forest-Oropouche 保护区实施了四个 CO_2 非混相驱提高采收率项目(即 EOR 4、EOR 26、EOR 33 和 EOR 44),油藏参数详见文献[56]。

在 EOR 4 项目中,一次采油的采收率为21.3%,气驱采收率为20%。1986年开始注入 CO_2,1992—1994年的平均产量约为60bbl/d,1995—1998年的石油产量提高到200bbl/d。总体而言,CO_2 非混相驱的产油量占地质储量的2.2%。

3.3 CO_2 注入方式

3.3.1 注入位置

根据不同的注气井位置,CO_2 注入分为顶部注气和面积注气[57]。

3.3.1.1 顶部注气

顶部注气有时被称为外部注气或气顶注气,即向油藏构造高部位的原生气顶或次生气顶注气。这种注入方式适合垂向渗透性较好的厚油层,同时重力驱也有助于提高采收率,顶部注气的体积波及系数高于面积注气[58]。

3.3.1.2 面积注气

面积注气通常被称为内部注气或分散注气,通过优化部署注气井的位置,使注入的气体在整个油层中均匀分布,适用于垂向渗透率低、相对均质的油藏。注采井距可以是规则的(例如五点井网),也可以是不规则的。由于注气井和采油井都位于某个区域,因此不存在重力驱油机理;由于气体超覆和指进的概率很大,面积注气会降低体积波及系数;由于面积注气的经济性较差,近年来很少实施这类项目[58]。

3.3.2 注入模式

可以采用不同的模式注入 CO_2,既可以连续注入,也可以与水交替注入。当连续注入时,CO_2 与原油接触形成不同的提高采收率机理(取决于混相程度)。尽管 CO_2 与原油混合可以降低原油黏度,但由于 CO_2 的黏度非常低,导致连续注入 CO_2 的流度比并不理想,容易发生指进现象,造成 CO_2 很快突破,残余油饱和度很高,体积波及系数很低[59]。

为了解决 CO_2 指进问题,建议通过降低 CO_2 饱和度来降低 CO_2 的流度,通过交替注入 CO_2 和水即可实现,该注入过程被称为水气交替注入(WAG)。注入 CO_2 段塞后再注入水,水会充填部分孔隙,降低 CO_2 的流度。

虽然 WAG 的实施效果较好,但仍然存在一些问题。例如,注入水可能无法在油藏中均匀分布,从而导致驱油效率降低;当垂向渗透率足够大时,注入水也会出现不均匀分布,注入水向油藏下部流动,而 CO_2 向油藏上部流动。

"水屏障"是 WAG 面临的另一个重要问题。注入水会阻碍 CO_2 与孔隙中原油的接触,造成残余油饱和度较高。"水屏障"对水湿岩石的影响更显著,对混合润湿岩石的影响可以忽略不计。

最佳的 WAG 技术主要考虑 WAG 比例、CO_2 段塞大小、岩石和流体特性、油藏特征、非均质性、注入速度和注入方式[63-64]。最近,研究人员正在研究注入水的矿化度来优化 WAG,目前已经提出了一种新的低矿化度水(LSW)+CO_2 交替注入模式。研究表明,这种提高采收率方法发挥了 LSW 和 CO_2 的协同效应。尽管 CO_2+LSW 实验结果令人鼓舞,但仍需进一步评价提高采收率效果[65]。

3.4 注 CO_2 室内实验

如前所述,将 CO_2 注入油藏时,会发生一系列的复杂作用机理,可以有效提高原油采收率,因此,明确每种作用机理非常重要。CO_2 驱油效果只能通过模拟油藏条件的室内实验来进行。由于油藏条件和室内实验条件存在很大差异,因此不可能列出适合所有情况的室内实验。最常用的室内实验包括以下三大类[66]。

(1)标准 PVT 实验。

PVT 实验通常用于确定压力—体积—温度之间的关系,通过 PVT 实验能够获得石油—CO_2 混合物的相态和流体特性。例如,三元相图有助于理解混相发生的过程。在典型 PVT 实验中,将 CO_2 和原油注入高压容器,然后改变混合物的体积,进而改变混合物的压力,该过程被称为标准的等组分膨胀实验。在每一个压力条件下,测量各相的体积。在单相情况下,混合物的密度即为膨胀原油的密度。还可以通过绘制容器压力与容器体积的关系图,准确测量

CO_2—原油体系的泡点压力[17]。

(2)岩心驱替实验。

岩心驱替实验可用于评价驱油效率,但是难以从长岩心中获得实验所需的小岩心。即使认为岩心驱替实验结果有用,也很难说明油田提高采收率的效果,原因在于岩心的驱油效率也会受以下因素的影响,包括岩心的非均匀性、黏性指进、重力分异、高渗透通道或原油绕流、高含水饱和度引起的原油滞留或屏蔽、CO_2与原油接触的复杂相态。岩心驱替实验也可用于研究 CO_2 与原油、盐水、黏土和固井水泥浆的相互作用是否会引发其他问题,上述任何作用都会增加或降低渗透率。例如,CO_2 与原油相互作用,引起沥青质沉积,降低油藏渗透率;在碳酸盐岩油藏中,CO_2 与碳酸盐岩作用,溶解部分岩石组分,增大油藏渗透率。因此,岩心驱替实验的结果不能简单地外推到油田开发效果[9,67-68]。

(3)细管实验。

细管实验主要用于测定 MMP(最小混相压力),主要装置是一根很长的非常细的盘绕管,管内填满砂子或玻璃珠,可以实现动态混相。管壁能抑制黏性指进,细管内的驱替接近理想驱替;由于管径很小,管内接近均质多孔介质,因此流体混合效果很好。在测量 MMP 时,先在管中注满原油,保持油藏温度,然后向管中注入气体,产出的油量除以初始注入的油量即可得到采收率。在限定时间内,绘制原油流出体积和压力的关系曲线,而限定的时间通常是注入1.2倍孔隙体积的气体所需要的时间。然后在更高的压力条件下重复上述实验。通常将注入1.2倍孔隙体积时发生的破裂压力或急剧变化的压力,或采收率达到90%~95%时对应的最小压力定义为最小混相压力[69]。

从细管中驱替出来的原油体积不仅取决于 CO_2—原油的相态,还取决于驱替速度和弥散程度,而弥散程度又取决于驱替速度和砂子或玻璃珠的粒径[20,70]。

3.5 CO_2 注入设施及工艺设计注意事项

3.5.1 地面设施

当油藏准备实施 CO_2 混相驱或 CO_2 非混相驱时,需设计专门的 CO_2 地面集输设施。如果 CO_2 气源压力不够,则需利用高压压缩机对 CO_2 管道加压,然后通过采油井附近的注气井注入油藏,最后,CO_2 驱替原油流向采油井。实际上,注气井和采油井之间有一定的距离,距离大小取决于井网类型。部分 CO_2 被存储在油藏中,其余部分则溶解在原油中或发生突进,最终从油井采出。从油井采出的流体还包括水,主要来自之前的水驱和水气交替注入的水,也包括地层水。当采油井井口流体进入高压分离器时,把 CO_2 分离出来,然后输送至循环压缩机。出于经济和环境方面的考虑,把回收的 CO_2 再次注入油藏,把油水分离后的采出水继续回注,原油则进入市场销售[13,71]。

3.5.2 工艺设计注意事项

在油藏准备实施 CO_2 驱并完成地面设施规划后,应考虑影响项目经济有效运行的其他几个要素。首先,是CO_2的可获性,CO_2主要来自大气层(人为产生的CO_2)或天然气燃烧产物(烟道气),CO_2可获性还受运输成本的显著影响,然后根据可获性,确定最佳的CO_2注入段塞大小。其次,还应仔细评价CO_2的腐蚀性。CO_2溶解于水所形成的混合物具有很强的腐蚀性,会严重损坏集输管线和处理设施。为了防止腐蚀造成的成本损失,通常在CO_2输送管道中安装脱水装置,还对管线涂一些抗CO_2腐蚀的特殊材料。再次,需要预测沥青质沉积的可能性。当CO_2与原油相互作用时,会加剧沥青质的不稳定性,形成不可逆的储层伤害[73];当输送管线发生沥青质沉积时,也可能损坏输送管线。最后,应控制CO_2驱油过程中的CO_2流度,控制流度的有效方法为CO_2水交替注入或注入CO_2泡沫。以上各方面均需仔细评价,以免造成成本和时间损失。

3.6 致密油藏 CO_2 驱

致密油藏因储层物性差而被划分为非常规资源。刚开始发现这类油藏时,由于单井产量低而被认为不具有经济开采价值。近年来,随着世界能源需求的增加,开发致密油藏的兴趣也逐渐增加。为了提高这类油藏的采收率,已在致密油藏实施多分支钻井新技术,而且采用适当的EOR方法还能进一步提高致密油藏的原油采收率[74-75]。

一般情况下,水驱是所有类型油藏的首选提高采收率方法。但是,致密油藏采用注水开发会非常困难,甚至无法注水,原因在于致密油藏的渗透率非常低,无法通过注水大幅度提高油藏压力,即致密油藏的注水能力非常低。但是,使用黏度比水低的注入流体是可以提高致密油藏的注入能力的。在所有的流体中,气体的黏度最小,与常规的注水相比,致密油藏可以注入大量的气体[76]。

在所有适合注入的气体中,CO_2具有较低的混相压力,这意味着较好的混相驱油效果,因此CO_2驱得到了更多的关注。在致密油藏中,黏滞力和重力的驱替作用并不重要,分子扩散是主要作用机理。研究表明,与WAG或连续CO_2驱相比,致密油藏CO_2吞吐的效果更好。以下将介绍致密油藏注CO_2驱油的两个油田实例[77-81]。

(1)大庆榆树林油田[81]。

扶杨油层的气测渗透率为0.96mD,原油黏度为3.6mPa·s;首先注水开发然后注CO_2,采用五点井网,共有7口注入井、17口采油井。2007年12月,2口井注CO_2,2008年7月,7口井注CO_2。总体上,CO_2注入量是注水量的4倍,预计原油采收率为21%,而同一油层的水驱采收率仅为12%。

(2)大庆宋芳屯油田[81]。

储层平均气测渗透率为0.79mD,原油黏度为6.6mPa·s;2003年3月开始注CO_2,当时只有1口注气井和5口采油井;2004年8月观察到注气增油效果,预计CO_2的注入量是注水量的6.3倍,2014年开始实施WAG。总体而言,由于储层的强非均质性,CO_2驱的采油效果不佳。

3.7 注 CO_2 提高气藏采收率

向气藏注入CO_2提高天然气采收率(EGR)是一个令人关注的新话题,截至目前,尚未有矿场试验。最新研究表明,注入 CO_2 将使那些拥有大量气藏但油藏数量有限的国家受益,天然气藏还具有良好的 CO_2 封存能力。注 CO_2 提高气藏采收率的主要机理是:(1)类似于油藏注水的驱替作用;(2)维持气藏压力。注 CO_2 既可以防止气藏压力衰减及后续的气藏沉降,又可以抑制水侵[13,82]。

尽管 CO_2 提高气藏采收率取得了可喜的理论研究成果,但从未在矿场试验,主要有两个方面的原因:首先,CO_2 的获取成本很高,此前业界尚未接受 CO_2 地质封存的理念;其次,CO_2 与天然气混合后降低了天然气的品质。

CO_2 和 CH_4 可以在任何压力条件下混合,而且 CO_2—CH_4 混合物还能增强 CO_2 提高气藏采收率的效果,主要特征如下[13]:

(1)CO_2 的密度比 CH_4 的高(通常高2~4倍),可以实现重力稳定驱替,这也可归因于较高黏度 CO_2 的流度低于 CH_4。

(2)CO_2 在地层水中的溶解度高于甲烷,有利于延迟 CO_2 的突破时间。

(3)CO_2 的黏度与天然气接近,其注入能力较高。

为了优化 CO_2 提高气藏采收率,应该对 CO_2 气源、CO_2 与 CH_4 的混合能力以及项目运行时间进行敏感性分析,还应考虑 CO_2 注入速度等其他因素。总之,还需要开展更多的研究工作来评估 CO_2 提高气藏采收率的技术可行性和经济有效性[11,83-84]。

3.8 CO_2 驱对环境的影响

众所周知,CO_2 是工业生产和家庭生活的副产品,会对世界气候产生不利影响。因此,CO_2 并不受人们欢迎。自工业革命以来,大气中的 CO_2 含量上升了约30%[85]。目前已经开展了许多研究以期得到减少 CO_2 的合理方法,CO_2 地质封存是一项非常有前景的创新方法,可能会大量减少 CO_2;此外,向油藏注入 CO_2 还能提高原油采收率。如今正在研究 CO_2 驱油与封存的可行性,就是因为油藏具有封存 CO_2 的特点。通常,油藏封存 CO_2 主要有三种机理:第一种是水动力捕集,即将 CO_2 捕集在盖层下面;第二种是 CO_2 溶解在地层水和原油中,称为溶解捕集;最后是 CO_2 可以与油藏岩石和原油发生物理和(或)化学反应,直接或间接转化为固相。但是,上述每一种作用机理都会改变注入能力和采油速度,即降低注入能力和采油速度。例如当 CO_2 转化为固相时,可能会降低油藏渗透率,进而降低注入能力[11,86]。

可以用岩石的单位封存量测算油藏封存 CO_2 的能力,便于区分各油藏的 CO_2 封存潜力。单位封存量如式(3.26)所示[87]:

$$C = \rho(1 - S_{or} - S_{wir})\phi + S_{wir}\phi C_s \quad (3.26)$$

式中:ρ 为 CO_2 的密度,是压力和温度的函数;S_{or} 为残余油饱和度;S_{wir} 为束缚水饱和度;ϕ 为岩石孔隙度;C_s 为单位体积内溶解的 CO_2 质量。

对于埋深较大、孔隙度较大、可动流体比例较大的油藏,利用式(3.26)可以计算最大 CO_2 封存潜力。

式(3.26)描述了油藏可以封存 CO_2 的总量。在实际油藏条件下,封存能力取决于多个因素,包括油藏非均质性、含水层可用性、油藏边界条件和地球物理特性等。由于渗透率变化大(即强非均质性)的油藏容易过早发生CO_2突破,强非均质油藏的有效封存和提高采收率方面的潜力较小。根据水体的厚度和位置,把水体分为底水和边水;向油藏注入CO_2时,需将入侵的水体驱出,与封闭边界油藏相比,存在水体油藏的注入能力较低。因此,无论是哪一种水体类型,那些封闭的或与巨型水体不连通的油藏最适合CO_2提高采收率和封存。CO_2封存效果最好的可能是上部具有盖层、断层和裂缝不发育的油藏[88]。文献[32]给出了有效CO_2提高采收率和封存的筛选标准。

通常,采用协同优化函数表示最大增油量和最大CO_2封存量的综合效应。根据Kamali和Cinar[89]的研究,协同优化函数可以表示为式(3.27):

$$f = w_1 \frac{N_p}{\text{OIP}} + w_2 \left(1 - \frac{M_{CO_2}^P}{M_{CO_2}^I}\right) \tag{3.27}$$

式中:N_p为净石油产量;OIP为注CO_2之前的石油地质储量;$M_{CO_2}^P$为采出的CO_2量;$M_{CO_2}^I$为注入的CO_2量;常数w_1和w_2分别为采出程度和CO_2封存的权重因子($0 \leq w_1 \leq 1, 0 \leq w_2 \leq 1$且$w_1 + w_2 = 1$)。

显然,从$M_{CO_2}^I$中减去$M_{CO_2}^P$可以得到CO_2封存量。如果项目的目标是获得最大的采出程度,则$w_1 = 1$,同理,如果是为了获得最大的CO_2封存能力,则$w_2 = 1$。当两个目标同等重要时,则$w_1 = w_2 = 0.5$。

参 考 文 献

[1] S. Kokal, A. Al‐Kaabi. Enhanced oil recovery: challenges & opportunities, World Petroleum Council: Offic. Publicat. 64 (2010) 64–69.

[2] E. J. Manrique, C. P. Thomas, R. Ravikiran, M. Izadi Kamouei, M. Lantz, J. L. Romero, et al. EOR: current status and opportunities, SPE Improved Oil Recovery Symposium, Society of Petroleum Engineers, Tulsa, OK, 2010.

[3] Whorton, L. P., E. R. Brownscombe, and A. B. Dyes: inventors; Atlantic Refining Co, assignee, Method for producing oil by means of carbon dioxide. 1952, Google Patents, U. S. Patent No. 2,623,596.

[4] J. Saxon Jr, J. Breston, R. Macfarlane. Laboratory tests with carbon dioxide and carbonated water as flooding mediums, Prod. Monthly 16 (1951).

[5] D. Beeson, G. Ortloff. Laboratory investigation of the water-driven carbon dioxide process for oil recovery, J. Petrol. Technol. 11 (1959) 63–66.

[6] L. Holm. Carbon dioxide solvent flooding for increased oil recovery, Trans. AIME 216 (1959) 225–231.

[7] J. W. Martin. Additional oil production through flooding with carbonated water, Producers monthly 15 (1951) 18–22.

[8] L. W. Holm. Miscibility and Miscible Displacement, Society of Petroleum Engineers, New York, 1986.

[9] M. Bayat, M. Lashkarbolooki, A. Z. Hezave, S. Ayatollahi. Investigation of gas injection flooding performance as enhanced oil recovery method, J. Nat. Gas Sci. Eng. 29 (2016) 37–45.

[10] S. Asgarpour. An overview of miscible flooding, J. Can. Pet. Technol. 33 (1994).

[11] Z. Dai, H. Viswanathan, R. Middleton, F. Pan, W. Ampomah, C. Yang, et al. CO_2 accounting and risk analysis for CO_2 sequestration at enhanced oil recovery sites, Environ. Sci. Technol. 50 (2016) 7546–7554.

[12] D. W. Green, G. P. Willhite. Enhanced Oil Recovery, Henry L. Doherty Memorial Fund of AIME, Society of

Petroleum Engineers, Richardson, TX, 1998.

[13] S. Kalra, X. Wu, CO_2 injection for enhanced gas recovery, in: SPE Western North American, and Rocky Mountain Joint Meeting, Society of Petroleum Engineers, 2013.

[14] H. Li, S. Zheng, D. T. Yang, Enhanced swelling effect and viscosity reduction of solvent (s)/CO_2/heavy-oil systems, SPE J. 18 (2013) 695-707.

[15] N. J. Clark, H. M. Shearin, W. P. Schultz, K. Garms, J. L. Moore, Miscible drive—its theory and application, J. Petrol. Technol. 10 (1958).

[16] R. T. Johns, F. M. Orr Jr. Miscible gas displacement of multicomponent oils, SPE J. 1 (1996) 39-50.

[17] N. Mungan. Carbon dioxide flooding—fundamentals, J. Petrol. Technol. (April) (1981) 396-400.

[18] M. A. Klins. Carbon Dioxide Flooding: Basic Mechanisms and Project Design, Springer, The Netherlands, 1984.

[19] K. Ahmadi, R. T. Johns. Multiple-Mixing-Cell Method for MMP Calculations, SPE J. 16 (2011) 733-742.

[20] J. M. Ekundayo, S. G. Ghedan, Minimum miscibility pressure measurement with slim tube apparatus—how unique is the value? SPE Reservoir Characterization and Simulation Conference and Exhibition, Society of Petroleum Engineers, Abu Dhabi, UAE, 2013.

[21] A. Hemmati-Sarapardeh, M. H. Ghazanfari, S. Ayatollahi, M. Masihi. Accurate determination of the CO_2-crude oil minimum miscibility pressure of pure and impure CO_2 streams: a robust modelling approach, Can. J. Chem. Eng. 94 (2016) 253-261.

[22] A. Kamari, M. Arabloo, A. Shokrollahi, F. Gharagheizi, A. H. Mohammadi. Rapid method to estimate the minimum miscibility pressure (MMP) in live reservoir oil systems during CO_2 flooding, Fuel 153 (2015) 310-319.

[23] S. Ayatollahi, A. Hemmati-Sarapardeh, M. Roham, S. Hajirezaie. A rigorous approach for determining interfacial tension and minimum miscibility pressure in paraffin-CO_2 systems: application to gas injection processes, J. Taiwan Inst. Chem. Eng. 63 (2016) 107-115.

[24] P. Y. Zhang, S. Huang, S. Sayegh, X. L. Zhou. Effect of CO_2 impurities on gas-injection EOR processes, Journal of Canadian Petroleum Technology 48 (2004) 30-36.

[25] A. S. Bagci. Immiscible CO_2 flooding through horizontal wells, Energy Sources A Recov. Util. Environ. Effects 29 (2007) 85-95.

[26] R. M. Brush, H. J. Davitt, O. B. Aimar, J. Arguello, J. M. Whiteside. Immiscible CO_2 flooding for increased oil recovery and reduced emissions, SPE/DOE Improved Oil Recovery Symposium, Society of Petroleum Engineers, Tulsa, OK, 2000.

[27] F. F. Craig Jr., W. W. Owens. Miscible slug flooding—a review, J. Pet. Technol. 12 (1960) 11-16.

[28] B. Dindoruk, F. M. Orr Jr., R. T. Johns. Theory of multicontact miscible displacement with nitrogen, SPE J. 2 (1997) 268-279.

[29] J. B. Apostolos Kantzas, S. Taheri, PERM, Inc., published materials, Online e-book Available from: http://perminc.com/resources/fundamentals-of-fluid-flow-in-porous-media.

[30] A. A. Zick. A combined condensing/vaporizing mechanism in the displacement of oil by enriched gases, SPE Snnual Technical Conference and Exhibition, Society of Petroleum Engineers, NewOrleans, LA, 1986.

[31] A. Al Adasani, B. Bai. Analysis of EOR projects and updated screening criteria, J. Petrol. Sci. Eng. 79 (2011) 10-24.

[32] A. R. Kovscek. Screening criteria for CO_2 storage in oil reservoirs, Petrol. Sci. Technol. 20 (2002) 841-866.

[33] J. Shaw, S. Bachu. Screening, evaluation, and ranking of oil reservoirs suitable for CO_2-flood EOR and carbon dioxide sequestration, J. Can. Petrol. Technol. 41 (2002).

[34] G. F. Teletzke, P. D. Patel, A. Chen. Methodology for Miscible Gas Injection EOR Screening, Society of Petroleum Engineers, Kuala Lumpur, Malaysia, 2005.

- [35] W. R. Brock, L. A. Bryan. Summary Results of CO_2 EOR Field Tests, 1972–1987, Society of Petroleum Engineers, Denver, CO, 1989.
- [36] C. Gao, X. Li, L. Guo, F. Zhao, Heavy oil production by carbon dioxide injection, Greenhouse Gases Sci. Technol. 3 (2013) 185–195.
- [37] R. Simon, D. Graue. Generalized correlations for predicting solubility, swelling and viscosity behavior of CO_2–crude oil systems, J. Petrol. Technol. 17 (1965) 102–106.
- [38] C. A. Mulliken, S. I. Sandler. The prediction of CO_2 solubility and swelling factors for enhanced oil recovery, Indus. Eng. Chem. Process Design Develop. 19 (1980) 709–711.
- [39] A. K. Mehrotra, W. Y. Svrcek. Correlations for properties of bitumen saturated with CO_2, CH_4 and N_2, and experiments with combustion gas mixtures, J. Can. Petrol. Technol. 21 (1982).
- [40] F. T. Chung, R. A. Jones, H. T. Nguyen. Measurements and correlations of the physical properties of CO_2–heavy crude oil mixtures, SPE Reservoir Eng. 3 (1988) 822–828.
- [41] M. Emera, H. Sarma. Prediction of CO_2 solubility in oil and the effects on the oil physical properties, Energy Sources A 29 (2007) 1233–1242.
- [42] A. Rostami, M. Arabloo, A. Kamari, A. H. Mohammadi. Modeling of CO_2 solubility in crude oil during carbon dioxide enhanced oil recovery using gene expression programming, Fuel 210 (2017) 768–782.
- [43] J. R. Welker. Physical properties of carbonated oils, J. Petrol. Tech. 15 (1963) 873–875.
- [44] D.-Y. Peng, D. B. Robinson. A new two-constant equation of state, Indus. Eng. Chem. Fund. 15 (1976) 59–64.
- [45] B. Habermann. The efficiency of miscible displacement as a function of mobility ratio, Trans. AIME 219 (1960) 264–272.
- [46] B. L. O'Steen, E. T. S. Huang. Effect of solvent viscosity on miscible flooding, SPE J. 7 (1992) 213–218.
- [47] B. Habermann. The efficiency of miscible displacement as a function of mobility ratio, Petrol, Trans. AIME 219 (1960) 264–272.
- [48] A. Emadi, M. Jamiolahmady, M. Sohrabi, S. Irland. Visualization of Oil Recovery by CO_2–Foam Injection: Effect of Oil Viscosity and Gas Type, Society of Petroleum Engineers, Tulsa, OK, 2012.
- [49] G. Glatz. A primer on enhanced oil recovery, Physics 240 (2013).
- [50] H. D. Beggs, J. Robinson. Estimating the viscosity of crude oil systems, J. Petrol. Technol. 27 (1975) 1, 140–141.
- [51] E. Lederer. Viscosity of mixtures with and without diluents, Proc. World Pet. Cong. Lond. 2 (1933) 526–528.
- [52] I. M. Mohamed, J. He, H. A. Nasr-El-Din. Permeability Change during CO_2 Injection in Carbonate Aquifers: Experimental Study, Society of Petroleum Engineers, Houston, TX, 2011.
- [53] T. B. Reid, H. J. Robinson. Lick creek meakin sand unit immiscible CO_2 waterflood project, J. Pet. Technol. 33 (1981) 1723–1729.
- [54] S. Sahin, U. Kalfa, D. Celebioglu. Bati Raman field immiscible CO_2 application—status quo and future plans, SPE Reserv. Eval. Eng. 11 (4) (2008) 778–791.
- [55] W. Saner, J. Patton. CO_2 recovery of heavy oil: Wilmington field test, J. Petrol. Technol. 38 (1986) 769–776.
- [56] L. J. Mohammed-Singh, K. Ashok. Lessons from Trinidad's CO_2 immiscible pilot projects 1973–2003, in: IOR 2005-13th European Symposium on Improved Oil Recovery, 2005.
- [57] E. Leissner, Five-spot vs. crestal waterflood patterns, comparison of results in thin reservoirs, J. Petrol. Technol. 12 (1960) 41–44.
- [58] H. Warner Jr, E. Holstein. Immiscible gas injection in oil reservoirs, in: E. D. Holstein (Ed.), Reservoir

Engineering and Petrophysics: Petroleum Engineering Handbook, Society of Petroleum Engineering, Richardson, TX, 2007, pp. 1103 – 1147.

[59] J. Casteel, N. Djabbarah. Sweep improvement in CO_2 flooding by use of foaming agents, SPE Reservoir Eng. 3 (1988). 1,186 – 181,192.

[60] R. Ehrlich, J. H. Tracht, S. E. Kaye. Laboratory and field study of the effect of mobile water on CO_2 – flood residual oil saturation, J. Petrol. Technol. (October, 1984) 1797 – 1809.

[61] D. L. Tiffin, W. F. Yellig. Effects of mobile water on multiple – contact miscible gas displacements, SPEJ. 23 (1983) 447 – 455.

[62] R. Hadlow. Update of industry experience with CO_2 injection, SPE Annual Technical Conference and Exhibition, Society of Petroleum Engineers, Washington, DC, 1992.

[63] M. Sohrabi, M. Jamiolahmady, A. Al Quraini. Heavy oil recovery by liquid CO_2/water injection, in: EUROPEC/EAGE Conference and Exhibition, London, 2007.

[64] M. Sohrabi, M. Riazi, M. Jamiolahmady, S. Ireland, C. Brown. Enhanced oil recovery and CO_2 storage by carbonated water injection, in: International Petroleum Technology Conference, 2009.

[65] C. Dang, L. Nghiem, N. Nguyen, Z. Chen, Q. Nguyen. Evaluation of CO_2 low salinity water alternating – gas for enhanced oil recovery, J. Nat. Gas Sci. Eng. 35 (2016) 237 – 258.

[66] S. G. Ghedan. Global Laboratory Experience of CO_2 – EOR Flooding, Society of Petroleum Engineers, Abu Dhabi, UAE, 2009.

[67] S. M. Fatemi, M. Sohrabi. Experimental investigation of near – miscible water – alternating – gas injection performance in water – wet and mixed – wet systems, SPE J. 18 (2013) 114 – 123.

[68] R. K. Srivastava, S. S. Huang, M. Dong. Laboratory investigation of Weyburn CO miscible flooding, J. Can. Petrol. Technol. 39 (2000) 41 – 51.

[69] O. Glass. Generalized minimum miscibility pressure correlation (includes associated papers 15845 and 16287), Soc. Petrol. Eng. J. 25 (1985) 927 – 934.

[70] A. M. Elsharkawy, F. H. Poettmann, R. L. Christiansen. Measuring CO_2 minimum miscibility pressures: slim – tube or rising – bubble method?, Energy Fuels 10 (1996) 443 – 449.

[71] H. N. H. Saadawi. Surface facilities for a CO_2 – EOR project in Abu Dhabi, in: SPE – 127765. SPE EOR Conference at Oil and Gas West Asia, Muscat, 2010.

[72] A. Amarnath, E. P. R. Institute. Enhanced Oil Recovery Scoping Study, EPRI, Palo Alto, CA, 1999.

[73] R. K. Srivastava, S. S. Huang. Asphaltene deposition during CO_2 flooding: a laboratory assessment, in: Paper SPE 37468, Proceedings of the 1997 SPE Productions Operations Symposium, OK, 1997.

[74] A. Arshad, A. A. Al – Majed, H. Menouar, A. M. Muhammadain, B. Mtwaaa. Carbon dioxide (CO_2) miscible flooding in tight oil reservoirs: a case study, in: Proceedings of the Kuwait International Petroleum Conference and Exhibition, Kuwait City, Kuwait.

[75] A. Y. Zekri, R. A. Almehaideb, S. A. Shedid. Displacement efficiency of supercritical CO_2 flooding in tight carbonate rocks under immiscible conditions, in: SPE Europec/EAGE Annual Conference and Exhibition, Society of Petroleum Engineers, 2006.

[76] C. Song, D. T. Yang. Optimization of CO_2 flooding schemes for unlocking resources from tight oil formations, in: SPE Canadian Unconventional Resources Conference, Society of Petroleum Engineers, 2012.

[77] A. Habibi, M. R. Yassin, H. Dehghanpour, D. Bryan. CO_2 – oil interactions in tight rocks: an experimental study, SPE Unconventional Resources Conference, Society of Petroleum Engineers, Calgary, 2017, February.

[78] K. Joslin, S. G. Ghedan, A. M. Abraham, V. Pathak. EOR in tight reservoirs, technical and economical feasibility, SPE Unconventional Resources Conference, Society of Petroleum Engineers, Calgary, 2017, February.

[79] P. Luo, W. Luo, S. Li. Effectiveness of miscible and immiscible gas flooding in recovering tight oil from

Bakken reservoirs in Saskatchewan, Canada, Fuel 208 (2017) 626 – 636.

[80] J. Ma, X. Wang, R. Gao, F. Zeng, C. Huang, P. Tontiwachwuthikul, et al. Enhanced light oil recovery from tight formations through CO_2 huff "n" puff processes, Fuel 154 (2015) 35 – 44.

[81] J. J. Sheng, B. L. Herd. Critical review of field EOR projects in shale and tight reservoirs, J. Pet. Sci. Eng. 7 (2017) 147 – 153.

[82] W. Yu, E. W. Al‐Shalabi, K. Sepehrnoori. A sensitivity study of potential CO_2 injection for enhanced gas recovery in Barnett shale reservoirs, in: SPE Unconventional Resources Conference, Society of Petroleum Engineers, 2014.

[83] J. Narinesingh, D. Alexander. CO_2 enhanced gas recovery and geologic sequestration in condensate reservoir: a simulation study of the effects of injection pressure on condensate recovery from reservoir and CO_2 storage efficiency, Energy Procedia 63 (2014) 3107 – 3115.

[84] C. M. Oldenburg, K. Pruess, S. M. Benson. Process modeling of CO_2 injection into natural gas reservoirs for carbon sequestration and enhanced gas recovery, Energy Fuels 15 (2001) 293 – 298.

[85] A. E. Peksa, K. H. A. A. Wolf, M. Daskaroli, P. L. J. Zitha. The Effect of CO_2 Gas Flooding on Three Phase Trapping Mechanisms for Enhanced Oil Recovery and CO_2 Storage, Society of Petroleum Engineers, Madrid, 2015.

[86] F. M. Orr Jr. Storage of carbon dioxide in geologic formations, J. Petrol. Technol. 56 (2004) 90 – 97.

[87] IPCC. Carbon Dioxide Capture and Storage: Special Report of the Intergovernmental Panel on Climate Change, Cambridge University Press, Cambridge, 2005.

[88] M. H. Holtz, E. K. Nance, R. J. Finley. Reduction of greenhouse gas emissions through CO_2 EOR in Texas, Environ. Geosci. 8 (2001) 187 – 199.

[89] F. Kamali, F. Hussain. Field scale co‐optimisation of CO_2 enhanced oil recovery and storage through swag injection using laboratory estimated relative permeabilities, in: SPE Asia Pacific Oil & Gas Conference and Exhibition, Society of Petroleum Engineers, 2016.

[90] W. Dodds, L. Stutzman, B. Sollami. Carbon dioxide solubility in water, Indus. Eng. Chem. Chem. Eng. Data Series 1 (1956) 92 – 95.

第4章 混相气驱技术

Pouria Behnoudfar(伊朗德黑兰,阿米尔卡比尔工业大学石油工程系)
Alireza Rostami(伊朗阿瓦士,伊朗石油工业大学(PUT)石油工程系)
Abdolhossein Hemmati-Sarapardeh(伊朗克尔曼,沙希德·巴哈纳尔大学(克尔曼)石油工程系)

4.1 提高采收率技术

在一次采油和二次采油以后,约67%的原始地质储量剩余在油藏中,例如,在美国的已开发油田中,这类剩余地质储量约有$3770×10^8$bbl。随着世界石油价格和石油消费量的迅速增长,提高采收率(EOR)方法正在油田广泛应用[1]。在一次采油和二次采油以后,由于毛细管力和黏滞力的作用,大部分原油滞留在油藏孔隙中[2]。因此,EOR方法有助于提高衰竭开发油藏的采收率。

通常,EOR方法分为水驱、化学驱、气驱和热力采油(如注热水或注蒸汽)。研发EOR的初衷是为了提高重油油藏采收率,但是EOR目前普遍用于提高轻质油藏的采收率[3]。除了热力采油以外,水驱、化学驱和气驱提高采收率的三种主要驱油机理[4]如下:

(1)改变驱替相和(或)被驱替相的黏度;
(2)降低驱替相和被驱替相的界面张力;
(3)通过稀释剂抽提实现或接近混相。

其他一些非热力采油技术(如碱驱、碱—表面活性剂—聚合物驱和聚合物驱)存在一些限制条件,如油藏渗透率和油藏温度,而且矿场实施的成本很高[5]。

气驱是最有效的EOR方法,通过降低界面张力来实现提高原油采收率[6-7],主要作用机理是驱替相与被驱替相之间发生传质作用,形成汽化(凝结)气驱、原油膨胀和原油黏度降低,进而提高油藏压力,降低毛细管力。

热力采油和化学驱油常用于砂岩油藏,而不是其他岩性的油藏(如碳酸盐油藏和浊积储层)[8]。

19世纪70年代以来,CO_2驱被认为是非常有效的EOR方法[9]。选择CO_2作为注入气体,是因为既可以封存CO_2、减少温室气体,又可以用作EOR注入介质。CO_2提高采收率适用于深层的轻中质油藏[10]。CO_2驱油还面临各种难题,包括:每产1bbl原油需要大量CO_2、地面集输设施腐蚀、沥青质沉积及其造成的储层伤害和润湿性改变、从烃中分离CO_2[10-13]。

含有N_2的贫气或氮气也适用于提高高压深层轻质或挥发(C_2—C_5)油藏的采收率。氮气的优点是可获性强、成本低、资源丰富,在低温条件下即可从空气中长期获得[14]。根据原油组分和油藏温度对应的注入压力,可以实现氮气混相驱和氮气非混相驱,这在后续章节进行讨论[5]。

4.2 非混相驱和混相驱

对于非混相驱,多孔介质中的原油与注入流体之间存在界面,并产生毛细管力;非混相驱主要用于保持油藏压力,两种流体不能发生混相[15]。因此,非混相驱的剩余油饱和度高于混相驱,造成非混相驱的采收率低于混相驱。从理论上讲,混相是指两种流体相之间不存在相界面(IFT=0),即混相是两种流体相可以按任意比例混合[16]。

CO_2 混相驱提高采收率的机理包括[17-19]:

(1)降低原油黏度;
(2)降低原油密度;
(3)提高体积波及系数。

MMP 表示在油藏温度条件下经过动态多次接触后,注入气体和原油发生混相的最小压力[20],即 MMP 是局部驱油效率接近100%时的压力。MMP 的大小和注气压力决定了能否实现混相驱或非混相驱。当注入压力低于 MMP 时,可通过冷凝、汽化或二者的组合实现混相[21]。

在混相气驱过程中,孔隙中的原油和注入流体之间的界面张力等于零,相应的毛细管力降至最小值,从而实现了混相。随着注气过程中混相的形成,孔隙中的原油被驱替出来,从而提高了原油采油率;通过优选合适的生产条件,原油采收率可以达到最大化[22-23]。

4.3 最小混相能力的确定

4.3.1 最小混相压力及界面张力的测定

可以通过经验公式和室内实验的方法来近似预测和测定 MMP[24]。确定油藏条件下气—油混相压力的常用实验方法如下[23]:

(1)细管实验;
(2)升泡仪(RBA);
(3)压力—组分图版(P-X);
(4)界面张力消失技术(VIT)和轴对称液滴形状分析(ADSA)。

细管实验是确定最小混相压力的最常用方法,已在石油工业中广泛应用。但这种方法既没有标准装置,也没有标准实验流程和实验指标[25]。而且,该实验耗费时间、成本昂贵,需要耗费一个多月才能完成一个混相压力测定实验。

RBA 是另外一种估算 MMP 的方法。常用来快速预测气—油混相压力的范围,能在可视化窗口识别是否混相,本质上是一种定性表征技术,优势在于能在可视化窗口观察混相,缺点是不能获取定量表征数据[23]。

P-X 图版法也很费时且成本昂贵,需要进行大量的流体实验,还存在一定的实验误差[23]。

VIT 是最新研发并投入使用的技术,可用于测量各种原油与不同气体(如 CO_2)的混相条件[26-28]。VIT 的原理是,逐渐增加实验压力,测量原油与 CO_2 之间的界面张力,直至界面张力等于0,此时的压力即为最小混相压力。该方法测定 MMP 需要 4~6h,而细管实验需要 4~6 周[25]。在 VIT 实验中,对悬滴法使用 ADSA 技术,可以在不同平衡压力和不同油藏温度下精确测量油相和气相之间的平衡界面张力[29]。相关文献已报道了 ADSA 技术的实验装置示意图[30],该装置可以在悬滴法中测量黑油(挥发油)和纯(不纯)CO_2 之间的动态(平衡)界面张力。

上述实验装置的主要部分是高压界面张力测量模块,轻质原油和 CO_2 存储在两个缓冲罐中,利用 VIT 技术可以确定温度对 MMP 和最大注入压力的影响。同一温度不同流体体系的最小混相压力由式(4.1)~式(4.4)测定[29]:

$$MMP = 0.116T - 27.1 \quad 适用于黑油和纯 CO_2 体系 \tag{4.1}$$

$$MMP = 0.222T - 51.0 \quad 适用于黑油和含杂质 CO_2 体系 \tag{4.2}$$

$$MMP = 0.168T - 42.7 \quad 适用于挥发油和纯 CO_2 体系 \tag{4.3}$$

$$MMP = 0.194T - 42.2 \quad 适用于挥发油和含杂质 CO_2 体系 \tag{4.4}$$

式中:MMP 为最小混相压力,MPa;T 为油藏温度,K。

最大注入压力由式(4.5)~式(4.8)计算[29]:

$$p_{max} = 0.384T - 102.8 \quad 适用于黑油和纯 CO_2 体系 \tag{4.5}$$

$$p_{max} = 0.281T - 61.9 \quad 适用于黑油和含杂质 CO_2 体系 \tag{4.6}$$

$$p_{max} = 0.417T - 113.5 \quad 适用于挥发油和纯 CO_2 体系 \tag{4.7}$$

$$p_{max} = 0.247T - 50.8 \quad 适用于挥发油和含杂质 CO_2 体系 \tag{4.8}$$

式中:p_{max} 为最大注入压力,MPa;T 为油藏温度,K。

IFT 定义为在两个非混相边界处形成单位表面积所需的能量,它是表面分子与液体内部分子吸引的结果,对温度非常敏感[31]。

例4.1 先确定以下两种体系的 MMP 和最大注入压力,然后讨论 CO_2 纯度的影响(假设油藏温度为80℃):

(1)黑油和纯 CO_2 体系;

(2)黑油和含杂质 CO_2 体系。

单位换算:$T(K) = T(℃) + 273.15$

$$T = 80 + 273.15 = 353.15 K$$

(1)利用式(4.1)计算 MMP:

$$MMP = 0.116 \times 353.15 - 27.1 = 13.87 MPa$$

可用式(4.5)计算 p_{max}:

$$p_{max} = 0.384 \times 353.15 - 102.8 = 32.8 MPa$$

(2) 利用式(4.2)计算 MMP：

$$MMP = 0.222 \times 353.15 - 51.0 = 27.40 MPa$$

p_{max} 可由式(4.5)计算：

$$p_{max} = 0.281 \times 353.15 - 61.9 = 37.34 MPa$$

气体在液体界面的溶解会改变表面能。低压条件下的溶解度较低，溶解气的影响可以忽略不计，随着温度的升高，CO_2 在原油中的溶解度逐渐增大，界面张力逐渐减小；在高压条件下，CO_2 在原油中的溶解度随着温度的增加而减小。利用图4.1[29]的实验装置可以研究原油中气体溶解度的变化规律。

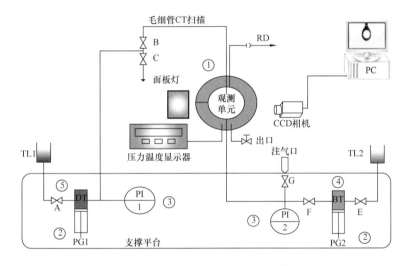

图 4.1 测定 IFT 的装置示意图[29]

Hemmati – Sarapardeh[29] 研究结果如图 4.2 所示，计算不同条件下原油—CO_2 体系界面张力的关系式见表 4.1。

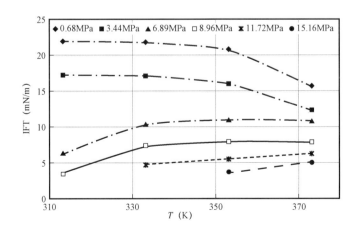

图 4.2 不同压力条件下原油—CO_2 体系平衡 IFT 与温度的关系

表 4.1　各种热力学条件下确定 IFT 的计算公式[29]

温度(K)	压力(MPa)	IFT(mN/m)
313.15	$0.69 \leq p \leq 6.20$	IFT = -2.3512p + 24.01
313.15	$6.89 \leq p \leq 8.96$	IFT = -1.3624p + 15.84
333.15	$0.69 \leq p \leq 8.96$	IFT = -1.7652p + 23.02
333.15	$8.69 \leq p \leq 11.72$	IFT = -0.8343p + 14.59
353.15	$0.69 \leq p \leq 8.96$	IFT = -1.5603p + 21.89
353.15	$8.96 \leq p \leq 15.85$	IFT = -0.6899p + 13.94
373.15	$0.69 \leq p \leq 8.96$	IFT = -0.9375p + 16.06
373.15	$8.96 \leq p \leq 18.27$	IFT = -0.4382p + 11.86

例 4.2　在以下热力学条件下，分别计算 IFT：

(1) $T = 60℃, p = 6MPa$；

(2) $T = 80℃, p = 7.5MPa$；

(3) $T = 100℃, p = 10MPa$。

计算结果：

(1) IFT = $-1.7652p + 23.02 = 12.43 mN/m$；

(2) IFT = $-1.5603p + 21.89 = 10.19 mN/m$；

(3) IFT = $-0.4382p + 11.86 = 7.48 mN/m$。

4.3.2　最小混相压力模型

4.3.2.1　Cronquist 模型

1978 年，Cronquist[33]首次在石油行业提出了与油藏温度(T_R)、C_{5+}摩尔质量($MW_{C_{5+}}$)和挥发性组分体积分数(Vol)有关的最小混相压力计算公式，具体见式(4.9)：

$$\text{MMP} = 0.11027 \times (1.8 \times T_R + 32)^Y \tag{4.9}$$

其中

$$Y = 0.744206 + 0.0011038 \times MW_{C_{5+}} + 0.0015279 \times \text{Vol} \tag{4.10}$$

式中：MMP 为最小混相压力，MPa；$MW_{C_{5+}}$为 C_{5+}摩尔质量，g/mol；Vol 为挥发性组分体积分数，无量纲量；T_R为油藏温度，℃。

适用条件：原油重度 23.7~44°API，油藏温度为 21.67~120℃，MMP 为 7.4~34.5MPa。

例 4.3　使用 Cronquist[33]模型计算典型 CO_2驱的 MMP，所需基础数据如下：

$$T_R = 80℃, MW_{C_{5+}} = 240.7 g/mol, \text{Vol} = 53.36\%, \text{MMP} = 27.52 MPa$$

求解过程：首先，使用式(4.10)计算 Y：

$$Y = 0.744206 + 0.0011038 \times MW_{C_{5+}} + 0.0015279 \times Vol = 1.01$$

然后代入式(4.9),可得:

$$MMP = 0.11027 \times (1.8 \times T_R + 32)^Y = 20.437 MPa$$

4.3.2.2 Lee 模型

Lee[34] 提出了最小混相压力与油藏温度(T_R)相关的函数关系式,见式(4.11):

$$MMP = 7.3924 \times 10^b \tag{4.11}$$

其中

$$b = 2.772 - \left(\frac{1519}{492 + 1.8 \times T_R}\right) \tag{4.12}$$

式中:T_R 为油藏温度,℃;MMP 为最小混相压力,MPa。

如果 MMP 小于泡点压力,则将泡点压力视为 MMP。

例 4.4 使用式(4.11)计算 MMP,所需基础数据见例 4.3。

求解过程:首先,用式(4.12)计算指数 b:

$$b = 2.772 - \left(\frac{1519}{492 + 1.8 \times T_R}\right) = 0.38$$

然后将 b 代入式(4.11):

$$MMP = 7.3924 \times 10^b = 17.733 MPa$$

4.3.2.3 Yellig & Metcalfe 模型

Yellig 和 Metcalfe[35] 也建立了最小混相压力与油藏温度(T_R)相关的函数关系式(4.13):

$$MMP = 12.6472 + 0.015531 \times (1.8 \times T_R + 32) + 1.24192 \times 10^{-4} \\ \times (1.8 \times T_R + 32)^2 - \frac{716.9427}{1.8 \times T_R + 32} \tag{4.13}$$

式中:T_R 为油藏温度,℃;MMP 为最小混相压力,MPa。

式(4.13)适用于油藏温度 35~88.9℃。如果 MMP 小于泡点压力,则将泡点压力视为 MMP。

例 4.5 使用式(4.13)计算 MMP,所需基础数据见例 4.3。

求解过程:使用式(4.13)计算 MMP:

$$\text{MMP} = 12.6472 + 0.015531 \times (1.8 \times T_R + 32) + 1.24192 \times 10^{-4}$$

$$\times (1.8 \times T_R + 32)^2 - \frac{716.9427}{1.8 \times T_R + 32} = 15.154 \text{MPa}$$

4.3.2.4　Orr & Jensen 模型

除了 Yellig 和 Metcalfe 以外，Orr 和 Jensen[36]也建立了新的与油藏温度(T_R)相关的 MMP 计算公式(4.14)：

$$\text{MMP} = 0.101386 \times \exp\left[10.91 - \frac{2015}{255.372 + 0.5556 \times (1.8 \times T_R + 32)}\right] \quad (4.14)$$

式中：T_R 为油藏温度，℃；MMP 为最小混相压力，MPa。

式(4.14)适用于油藏温度 35～88.9℃。如果 MMP 小于泡点压力，则将泡点压力视为 MMP。

例 4.6　使用式(4.14)计算 MMP，所需基础数据见例 4.3。

求解过程：利用式(4.14)计算 MMP：

$$\text{MMP} = 0.101386 \times \exp\left[10.91 - \frac{2015}{255.372 + 0.5556 \times (1.8 \times T_R + 32)}\right]$$

$$= 18.458 \text{MPa}$$

4.3.2.5　Alston 模型

Alston[37]建立了一个新的 MMP 计算公式，是与油藏温度(T_R)、C_{5+}摩尔质量($MW_{C_{5+}}$)、挥发性组分与中间组分体积比(Vol/Int)有关的函数。

如果 $p_b \geq 0.345 \text{MPa}$，则：

$$\text{MMP} = 6.056 \times 10^{-6} \times (1.8 \times T_R + 32)^{1.06} \times (MW_{C_{5+}})^{1.78} \times \left(\frac{\text{Vol}}{\text{Int}}\right)^{0.136} \quad (4.15)$$

如果 $p_b < 0.345 \text{MPa}$，则：

$$\text{MMP} = 6.056 \times 10^{-6} \times (1.8 \times T_R + 32)^{1.06} \times (MW_{C_{5+}})^{1.78} \quad (4.16)$$

式中：MMP 为最小混相压力，MPa；$MW_{C_{5+}}$ 为 C_{5+}摩尔质量，g/mol；Vol 为挥发性组分与中间组分的体积比，无量纲；T_R 为油藏温度，℃。

如果 MMP 小于泡点压力，则将泡点压力视为 MMP。

例 4.7　使用 Alston[37]模型计算典型 CO_2 驱的 MMP，所需基础数据如下：

$$T_R = 34.4℃, MW_{C_{5+}} = 212.56 g/mol, \frac{Vol}{Int} = 1.56, MMP = 10 MPa, p_b = 6.5 MPa$$

求解过程：由于泡点压力大于 0.345 MPa，因此，利用式(4.15)计算 MMP，具体如下：

$$MMP = 6.056 \times 10^{-6} \times (1.8 \times T_R + 32)^{1.06} \times (MW_{C_{5+}})^{1.78} \times \left(\frac{Vol}{Int}\right)^{0.136}$$

$$= 11.028 MPa$$

4.3.2.6 Alston 杂质校正因子

Alston[37]还对之前提出的 MMP 计算公式给出修正因子（F_{impure}），用于修正含杂质情况下的临界温度（T_{cm}）及其质量分数（w_i）的函数关系，见式(4.17)：

$$F_{impure} = \left(\frac{87.8}{1.8 \times T_{cm} + 32}\right)^{\left(\frac{1.935 \times 87.8}{1.8 \times T_{cm} + 32}\right)} \quad (4.17)$$

其中

$$T_{cm} = \sum w_i + T_{ci} \quad (4.18)$$

式中：T_{ci} 为每种组分的临界温度，℃；T_{cm} 为含杂质的修正临界温度，℃；F_{impure} 为杂质校正因子；w_i 为每种组分的权重系数。

H_2S 和 CO_2 混合物的修正临界温度为 51.678℃。

例 4.8 在前面计算 MMP 的例子中，Alston[37]假设杂质 H_2S 的质量分数为 0.1。

求解过程：首先由式(4.18)计算修正临界温度：

$$T_{cm} = \sum w_i + T_{ci} = 51.77℃$$

然后由式(4.17)计算杂质 H_2S 对 MMP 的影响：

$$F_{impure} = \left(\frac{87.8}{1.8 \times T_{cm} + 32}\right)^{\left(\frac{1.935 \times 87.8}{1.8 \times T_{cm} + 32}\right)} = 0.618$$

对上述计算结果乘以式(4.15)计算的结果，即可得：

$$MMP = 0.618 \times 11.562 = 7.145 MPa$$

4.3.2.7 Sebastian 杂质校正因子

除了 Alston[37]以外，Sebastian[38]也对 Alston 公式提出了校正因子（F_{impure}）。MMP 计算公式是含杂质的修正临界温度（T_{cm}）及其摩尔分数（x_i）的函数，见式(4.19)：

$$F_{\text{impure}} = 1.0 - 2.13 \times 10^{-2}(T_{\text{cm}} - 304.2) + 2.51 \times 10^{-4}(T_{\text{cm}} - 304.2)^2$$
$$- 2.35 \times 10^{-7}(T_{\text{cm}} - 304.2)^3 \cdots \quad (4.19)$$

其中

$$T_{\text{cm}} = \sum x_i + T_{ci} \quad (4.20)$$

式中：T_{ci} 为每种组分的临界温度，K；T_{cm} 为含杂质的修正临界温度，K；F_{impure} 为杂质校正因子；x_i 为每种组分的摩尔分数。

含 H_2S 的修正临界温度为 51.67℃。

例 4.9 在例 4.7 计算 MMP 中，Sebastian[38] 假设 H_2S 的摩尔分数为 0.1。
求解过程：首先由式(4.20)计算修正临界温度：

$$T_{\text{cm}} = \sum x_i + T_{ci} = 278.317\text{K}$$

然后通过式(4.19)计算杂质 H_2S 对 MMP 的影响：

$$F_{\text{impure}} = 1.0 - 2.13 \times 10^{-2}(T_{\text{cm}} - 304.2) + 2.51 \times 10^{-4}(T_{\text{cm}} - 304.2)^2$$
$$- 2.35 \times 10^{-7}(T_{\text{cm}} - 304.2)^3 = 1.719$$

对上述计算结果乘以式(4.15)计算的结果，可以得到：

$$\text{MMP} = 1.723 \times 11.562 = 19.875\text{MPa}$$

4.3.3 CO_2 驱特征与工艺设计

到目前为止，CO_2 驱常用于提高原油采收率，循环注 CO_2 也有相关研究[39-41]。

CO_2 可以以非混相方式注入油藏并溶解在水中，通过膨胀和降黏机理生产原油[12]。如果 CO_2 能与原油完全混相（一次接触），则该过程将达到非常高的最终驱油效率。如果 CO_2 仅与部分原油混相，则 CO_2 与原油混合区域的总组分会发生变化，从而发生原位混相。无论是 CO_2 驱还是一次接触混相（FCM），CO_2 都采用非混相将所有滞留的可动水驱替出来。项目的经济性要求不能无限量地注入 CO_2。因此，通常在注入一定量或一个段塞的 CO_2 以后再注入其他流体，目的是将 CO_2 驱替至油井。这种替代流体（最常见的是 N_2、空气、水和干气）本身可能并不是很好的混相流体，但是它能与 CO_2 互溶，而且可获性强[4]。

McCain[4,42] 研究了不同纯组分与空气的相态或压力—温度图版（p-t 图）。每条蒸汽压力曲线都会连接三个点和临界点。三个点以下的延伸部分是升华曲线。空气的相态图类似于包络线，摩尔质量（MW）分布范围较窄，导致包络线看起来像一条线。尽管临界温度变化范围较大，但大多数组分的临界压力为 3.4~6.8MPa（500~1000psia），分布范围相对较窄。大多数组分的临界温度随着摩尔质量的增加而增大，但 CO_2（MW=44g/mol）例外，其临界温度为

304K(87.8℉),CO_2 与丙烷(MW = 44g/mol)具有相同的摩尔质量,它的临界温度却更接近乙烷(MW = 30)。大多数油藏的温度范围为 294 ~ 394K(70 ~ 250℉),油藏压力大于 6.8 MPa(约合 1000 psia),因此,在油藏条件下,空气、氮气和干气都是超临界流体,与丁烷摩尔质量相当或更重的 LPG 等则是液体。由于大多数的油藏温度高于临界温度,因此,CO_2 通常被认为是超临界流体。临界温度使 CO_2 比轻质原油具有更多的液体性质[4,42]。

Lake[4]分别研究了空气和 CO_2 的压缩系数图版,流体密度 ρ_g 为式(4.21):

$$\rho_g = \frac{p\text{MW}}{ZRT} \tag{4.21}$$

式中:p 为压力;MW 为摩尔质量;Z 为压缩系数;T 为温度;R 为气体常数。

在任何油藏温度和油藏压力条件下的气体体积系数(B_g)为式(4.22):

$$B_g = Z\frac{p_s}{p}\frac{T}{T_s} \tag{4.22}$$

式中:T_s 为标准条件下的温度;p_s 为标准条件下的压力。

当温度和压力固定时,随着摩尔质量的增大,所有气体都会变得更像液体。通过对比 CO_2 与空气的密度和体积系数,可以再次验证 CO_2 的异常相态。

4.3.4 CO_2 驱实例分析

这里分析了一些 CO_2 驱矿场试验,展示了 CO_2 提高采收率的经验教训。如前所述,原油采收率取决于体积波及系数和驱油效率。Manrique[43]和 Christensen[44]总结了气驱 EOR 的效果,以下介绍混相气驱实例。

4.3.4.1 Slaughter Estate 油藏 CO_2 驱

Slaughter Estate 油层是位于美国西得克萨斯州圣安德列斯的白云岩油藏,通过实施混相气驱获得了很高的采收率。油藏埋深约 5000ft,平均渗透率约 4mD。19 世纪 70 年代初实施的注水开发取得了较高的采收率;然后将摩尔分数为 72% 的 CO_2 和摩尔分数为 28% 的 H_2S 混合物注入油藏,混合气体在中质原油(重度为 32°API)中的 MMP 约为 1000psia,远低于平均油藏压力 2000psia,属于多次接触混相。

将水与酸性混合气体交替注入,水气交替注入比约为 1.0。先注入 25% 孔隙体积的酸性混合气体段塞,然后注入水,最终的气水比降至 0.7,以提高纵向波及系数。

三次采油增加采收率 19.6%,主要归因于良好的 WAG 管理和注入气体中含有 H_2S[45]。H_2S 有毒,却是很好的混相溶剂;在一次采油和二次采油过程中注入 50% H_2S 时,油藏采收率有望达到 70% 左右,远高于大多数油田的平均采收率。

4.3.4.2 Weeks Island 油田 CO_2 非混相重力稳定驱

受盐丘影响,Weeks Island 油田的倾角很大(30°),并且纵向和平面的渗透率很高。原始油藏温度 225℉、原始油藏压力 5100psi,注水先导试验时的油藏压力较低。注水先导试验历时 6.7 年,油藏顶部 1 口井注水,底部 2 口井采油,注水井和采油井之间的高度差约 260ft。注水试验以后,从油藏顶部注气,利用重力作用形成稳定的油气界面,这种重力稳定驱油的主要思路是,气体推动原油稳定向下移动,从下部的采油井采出原油。只要垂向渗透率高、油气界面垂向稳定下移,重力稳定驱油体积波及系数会很高。

在 Weeks Island 油田注入的气体是 95% CO_2 和 5% 工厂废气的混合物。工厂废气用于减轻 CO_2 的密度,使气油界面更加稳定。矿场试验发现,没有必要为了产生重力稳定驱而在 CO_2 中混入工厂废气,因为从原油中分离出来的溶解气(甲烷)能够有效降低 CO_2 的密度[46]。

在油藏温度 225°F 和注气时的油藏压力条件下,只能形成 CO_2 非混相驱,并不能形成混相驱。高压气体波及过的核心区域的岩心几乎是"白色"的,平均含油饱和度约为 1.9%,低于混相驱的残余油饱和度 S_{orm}。超出预期的较高采收率表明,如果 CO_2 气驱参数设计合理,CO_2 非混相驱也可通过重力稳定驱实现较高的驱油效率。重力稳定驱之后的商业试油未获得成功,原因在于测试油井大量产水。注入 CO_2 能够极大地增大气顶压力,但不会导致气油界面垂直向下移动,只要水侵体积相对较小,重力稳定驱非常有效。还有一种解决方案,就是利用水井从水体产水,或挤入水泥塞阻止水侵,但依然会面临气窜和水锥,造成油井仅能采出很少的原油。第二口生产井还没有详细计划,其钻井目的是确定油藏中的含油饱和度并提高采油速度。一般而言,作为二次采油方法,如果重力超覆控制较好,非混相气驱会比水驱获得更高的采收率,原因是非混相气驱可以降低原油黏度,使原油膨胀,降低界面张力,抽提原油组分以及形成重力稳定驱,而且非混相气驱还可以解决油藏注水能力降低的问题。与水驱相比,非混相气驱存在两个缺点:流度比太大,导致体积波及系数很小;油气密度差异太大,容易发生重力超覆[46]。

4.3.4.3　Jay Little Escambia Creek 油田 N_2 驱

Jay 油田位于美国亚拉巴马州和佛罗里达州的州界附近,是为数不多的氮气驱项目之一。矿场试验目标是 Smackover 层的碳酸盐岩油藏,平均渗透率约 20mD,埋深 15000ft,油藏压力约 7850psi,极轻质含硫原油(50°API)。因此,氮气是一种非常适合该油藏条件的混相气体。氮气的优势是可以容易地从空气中分离出来,获取成本相对廉价,并且不会像 CO_2 那样产生腐蚀。该油藏采用 N_2-水交替注入提高采收率,WAG 比接近 4.0,高于一般油藏。Jay 油田的总体采收率有望达到 60%,其中水驱之后的 N_2 混相驱增油量约为原始地质储量的 10%(即提高采收率约 10%);由水平渗透率高而垂向渗透率低有利于提高波及系数和驱油效率,一次采油和二次采油的原油采收率高达 50%。

在水驱基础上,N_2 混相驱有望提高采收率 10%[47]。存在页岩夹层或含有薄层缝合线的胶结隔层的油藏,是适合注水注气的理想油藏。这类油藏的流体在垂向上的重力分异作用较小,降低了重力超覆发生的概率。与残余流体相比,氮气的密度非常低,很容易发生重力超覆,流动到油藏的顶部。

4.3.4.4　矿场气驱经验总结

气驱采油技术发展很成熟,而且获得了较好的提高采收率效果[43]。非混相气驱和混相气驱的采收率为 5%~20%,其中混相气驱的采收率平均值约 10%[44],非混相气驱的采收率平均值较低,约为 6%。假设气驱采油之前的油藏剩余了 65% 的地质储量(即采出程度为 35%),尽管气驱采油具有很好的经济性,但混相气驱后油藏仍然残留了 55% 的地质储量。油藏中残留了大量的原油地质储量在很大程度上是由于天然气的高流度、储层非均质性、弥散作用(混合)和重力分异等因素导致气驱采油过程发生了气窜,气体比原油更早地流入油井。该现象与表面活性剂—聚合物驱油过程正好相反,在表面活性剂(聚合物)突破之前油井一直产油。气驱的流度比很高,其体积波及系数低于表面活性剂—聚合物驱或水驱。但是,与化学驱油相比,混相驱具有非常好的经济性而且作用机理并不复杂,特别是深层油藏采用表面活性剂(聚合物)驱面临更大的技术挑战。

4.4 一次接触混相和多次接触混相

在某些情况下,注入的气体不能与原油发生一次接触混相(FCM)。但是,在实际油藏条件下,可以通过多次接触混相(MCM)逐渐与剩余油发生动态混相[48-49]。

非混相气驱的采收率受以下三个因素的影响[50]:
(1)平面波及系数;
(2)体积波及系数;
(3)微观驱油效率。

受黏性指进、重力分异、渗透率纵向非均质性、界面张力、润湿性和孔隙结构等因素的影响,原油采收率始终远小于100%。因此,混相气驱作为一种更有效的提高采收率方法[18,21,51-52]而备受关注。实际上,一次接触混相往往缺乏经济性,而且在某些情况下也面临技术可行性问题。因此,注入的气体旨在通过组分从油相到气相(汽化气驱)或从气相到油相(冷凝气驱)的净转移来形成混相[7]。

研究表明,很多因素都会影响混相气驱的采收率。例如,渗透率非均质性对原油采收率的影响最显著,因为它会形成气窜通道,波及系数很小。小规模的非均质性对所有二次采油和三次采油的影响尤其突出,会对原油采收率产生非常不利的影响,而且在矿场试验中无法建立精确的地质模型[53]。

通常,首先根据室内实验数据回归得出状态方程,然后利用基于状态方程的组分模型来评价气驱提高采收率方案的效果,模拟预测的精度主要依赖组分模型中所使用的参数假设的有效性[54-55]。

4.5 CO_2提高稠油油藏采收率技术

近年来,利用CO_2提高稠油油藏采收率已在世界范围内广泛普及,尤其是在那些不适合蒸汽驱的油藏中的应用受到重点关注。美国阿肯色州Lick Creek油田和加利福尼亚州Wilmington油田已开展大规模的CO_2非混相驱矿场试验,证明了CO_2非混相驱在提高重油油藏采收率方面的适用性[56-57]。油藏中剩余的大量石油储量及其经济效益使得CO_2提高原油产量持续了40多年[58]。

稠油的黏度范围很宽泛,从几百毫帕·秒到十几万毫帕·秒。油藏条件下的原油流度及其变化特征是影响采收率的重要因素。CO_2可以降低稠油黏度,进而降低稠油的流度[59]。

在CO_2驱油过程中观察到了各种作用机理,例如近井区域的原油黏度降低、原油膨胀、含水饱和度降低引起的相对渗透率滞后、润湿性改变、降压、扩散和界面张力降低[12,42,60-63]。

在设计和模拟稠油油藏提高采收率时,需要使用的原油物性参数包括稠油黏度、稠油密度、CO_2在稠油中的溶解度。确定CO_2对稠油物理性质的影响是设计有效气驱工艺的第一步。因此,不同学者的研究集中在稠油—CO_2混合物特性的预测方法上。例如,Simon 和 Graue[64]研究了CO_2和9种原油(11.9~33.3°API)的混合物的实验数据,实验温度38~121℃,实验压力最高达到15.9MPa。此外,他们提出了用于预测CO_2—稠油体系的溶解度、膨胀系数和黏度的关系式,也是目前油藏工程研究中常用的关系式。Miller 和 Jones[65]研究了4种稠油的性质,得出了上述4种稠油的CO_2溶解度、稠油膨胀以及稠油黏度变化的数据,稠油油样分别来自从加利福尼亚州 Cat Canyon 油田(10°API)和 Wilmington 油田(15~17°API)以及堪萨斯州 Densmore 油田(19.8°API)。Sankur[66]也公布了一些关于CO_2—稠油体系混合物物性的实验数据。

用于表征CO_2—稠油混合物的上述方法常常使用摩尔分数来表示组分构成。因此,确定稠油的分子量至关重要。为了应用方便,Chung[67]建立的CO_2—稠油体系参数预测关系式使用CO_2在原油中的溶解体积分数来减少实验工作量。

在低孔隙度、低热传导、断裂和裂缝发育的稠油油藏实施热力采油面临着很多问题。此外,稠油油藏热力采油的经济性也不令人满意。因此,部分学者提出了一种新的热力采油技术——蒸汽萃取(VAPEX)[68]。

VAPEX 是由 Mokrys 和 Butler[69]以及 Utler 和 Mokrys[70]发明,纯烃蒸气或气化的烃类混合物在稠油中扩散溶解,降低稠油黏度,提高稠油流动性。该方法主要用于那些不适合蒸汽辅助重力泄油(SAGD)的油藏。即只有在 SAGD 引起过多的热损失和额外成本的情况下才使用VAPEX。适合蒸汽萃取的油藏包括[68]:

(1)薄层稠油油藏;
(2)低渗透碳酸盐岩稠油油藏,且单位体积所含原油的热容量高;
(3)底水稠油油藏和(或)带气顶的稠油油藏[71]。

常用的有机溶剂包括:
(1)乙烷;
(2)丙烷;
(3)丁烷。

但是,纯溶剂驱油仅适用于有限的稠油油藏。大多数稠油油藏的压力和温度不允许在饱和蒸汽(露点)条件下注入纯溶剂[72]。

4.5.1 蒸汽萃取对溶剂的要求

溶剂用量是影响蒸汽萃取运行成本的关键参数。注入的溶剂会经历不同的循环过程,包括先在稠油中溶解,再从稠油中气化抽提。

研究表明,在没有汽提塔和循环利用的情况下,每生产1bbl原油需要消耗1bbl丙烷,而采用再循环气化技术时,丙烷回收率最高可达到74%[73]。

已经建立了各种模型来模拟油藏条件下 VAPEX 过程中的溶剂物质平衡。基于单位体积溶剂和稠油而建立的模型无法准确估算两种溶剂的情况,所以 Butler[74]方法以失败而告终。随后,Mokrys[72]提出了一个基于 Gibbs 理论[75]的方程,用于计算回收所需的溶剂混合物体积。

该数学模型见式(4.23)[75]：

$$\overline{M_i^{ig}}(T \cdot p) = M_i^{ig}(T \cdot p_i) \tag{4.23}$$

其中

$$M = \sum x_i \overline{M_i} \tag{4.24}$$

因此

$$M_i^{ig}(T \cdot p) = \sum_i x_i M_i^{ig}(T \cdot p_i) \tag{4.25}$$

式中：T,p,p_i,M 和 $\overline{M}$ 分别为温度，压力，分压，摩尔质量和偏摩尔质量；上标 ig 为理想气体。

M 为热力学参数，吉布斯定理指出，除了体积参数外，参数 M 可以表示任何热力学性质。应用式(4.25)估算的体积可能会导致结果不准确。在估算特定油藏条件下的溶剂用量时，应使用热力学计算模型来表征溶剂—稠油体系的特性[59]。

4.5.2 溶剂—稠油体系的扩散系数

向稠油油藏注入溶剂是一个受扩散系数控制的传质过程。建议精确预测扩散系数，以便计算以下参数[76]：

(1)注入气体的速度；
(2)稠油黏度降低的程度；
(3)达到预期流度所需的时间；
(4)采油速度。

只有在以下条件成立时[76]，才能假设扩散系数为常数：

(1)具有相似的分子直径和分子形状；
(2)扩散混合物的分子间作用力可忽略不计；
(3)无物理化学反应的环境。

在大多数稠油油藏条件下，溶剂—稠油体系满足第三个条件。如果油藏容易发生沥青质沉积，则以上条件均不满足[77]。

Chang[78]研究了一种有限体积方法来反演一维空间下的热传导率，还可以用来将控制质量扩散的微分方程转换为矩阵形式的线性方程组，求解该方程组即可得到扩散系数，因此，既不需要有关扩散系数的函数形式的初始信息，也不需要迭代计算。基于 Fick 第二定律式(4.26)[77]：

$$\frac{\partial c}{\partial t} = \frac{\partial}{\partial x}\left(D \frac{\partial c}{\partial x}\right) \tag{4.26}$$

考虑密度的 Fick 方程见式(4.27)：

$$\frac{\partial \rho}{\partial t} \frac{\partial \rho}{\partial c} = \frac{\partial}{\partial x}\left(D \frac{\partial \rho}{\partial x} \frac{\partial \rho}{\partial c}\right) \tag{4.27}$$

此时假设密度与组分无关，则建立了一种基于气体在稠油和沥青中扩散过程期望的小组分梯度的线性方法。因此，式(4.27)可以简化为式(4.28)[77]：

$$\frac{\partial \rho}{\partial t} = \frac{\partial}{\partial x}\left(D \frac{\partial \rho}{\partial x}\right) \tag{4.28}$$

下一步,将式(4.28)离散化为网格尺寸 Δx 和时间步长 Δt,如图4.3所示。假设边界 A 处的浓度是常数,边界 B 处没有密度侵入。则式(4.28)可离散如下。

内部点:

$$-(\rho_i^n - \rho_{i-1}^n)D_{i-0.5}^n + (\rho_{i+1}^n - \rho_i^n)D_{i+0.5}^n = \frac{\Delta x^2}{\Delta t}(\rho_i^{n+1} - \rho_i^n) \tag{4.29}$$

边界 A:

$$-2(\rho_i^n - \rho_A^n)D_A^n + (\rho_{i+1}^n - \rho_i^n)D_{i+0.5}^n = \frac{\Delta x^2}{\Delta t}(\rho_i^{n+1} - \rho_i^n) \tag{4.30}$$

边界 B:

$$-(\rho_i^n - \rho_{i-1}^n)D_{i-0.5}^n + (\rho_B^n - \rho_i^n)D_{i+0.5}^n = \frac{\Delta x^2}{\Delta t}(\rho_i^{n+1} - \rho_i^n) \tag{4.31}$$

式(4.29)至式(4.31)可以用矩阵表示为 $\boldsymbol{Ax} = \boldsymbol{b}$。矩阵 $\boldsymbol{A}$ 可以利用控制方程的离散来建立。向量 $\boldsymbol{b}$ 由沿介质和边界条件的特定网格位置的密度测量组成。$\boldsymbol{x}$ 也是未知的扩散系数。

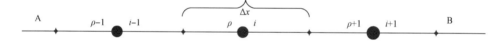

图4.3 中间域的网格尺寸 Δx 和时间步长 Δt

4.6 烃类气驱:LPG、富气和贫气

烃类气驱是将高压的甲烷、乙烷、氮气或烟道气等连续注入油藏。与富气气驱相似,贫气气驱是原油与贫气发生多次接触才形成混相。但是,富气气驱的过程有所不同,其轻组分从注入气体中凝结并进入原油,然后将原油的中间烃馏分($C_2 \sim C_6$)抽提至贫气中。

对于原始压力为 6425 psi 的油藏,先将各种特性的注入气体与原油混合,然后模拟研究膨胀实验,计算泡点压力为 2302psi。相关文献已经对比分析了 CO_2 和贫气对饱和压力的影响[79]。结果表明,增加 CO_2 比例可以降低饱和压力,反之,增大贫气比例会增大饱和压力。这种变化规律也同样适用于膨胀系数。

相关文献也研究了注入气体摩尔分数对相对体积的影响[79],相对体积随着气体摩尔分数的增加而增加,原因在于,当压力低于泡点压力时[80],从原油中分离出的气体会更多。

4.7 适合 CO_2 提高采收率的油藏筛选

由于不同的技术原因和经济原因,CO_2 提高采收率和封存技术并非适合所有油藏,因此,

适合 CO_2 提高采收率的油藏筛选至关重要。Shaw 和 Bachu[81]建议,在考虑其他经济指标之前,先对一些筛选出来的油藏进行 CO_2 提高采收率与 CO_2 封存的初步评估,这些标准如下[81]:

(1)提高采收率和封存的适用性;
(2)适合油藏的 EOR 方法排序;
(3)提高原油采收率和 CO_2 封存能力的预测。

众多研究者提出了一系列的 CO_2 混相驱提高采收率[8,83-85]的筛选标准,这些标准来源于提高采收率的油藏生产优化。根据常规的油藏特征和原油物性,可以快速筛选和评估油藏是否适合 CO_2 提高采收率。Rivas[82]通过系统模拟研究了不同油藏参数对 CO_2 提高采收率的影响,由此获得了一组适合 CO_2 提高采收率的最佳油藏参数和原油物性参数。

4.8 CO_2 腐蚀

4.8.1 设施与腐蚀

CO_2 对设施的腐蚀问题是石油工业面临的主要挑战,而且对项目的经济性有着显著的影响,例如,CO_2 可能对集输管线、油管和泵造成严重的腐蚀[86]。还应考虑 CO_2 注入对储层和流体的影响,例如,CO_2 与油藏流体混合后产生固体沉积(结垢和沥青质沉积)。对于海上油田,注入 CO_2 可能会对平台、完井和管道产生不利影响,例如额外增加注入系统和平台的重量、容易形成水合物[87]。

通过增加 CO_2 驱油矿场试验项目数量,及研究其在不同地域的发展阶段,CO_2 驱油在过去 35 年里取得了众多的技术进展和工程进展,包括[88-89]:

(1)用于管道和金属部件内衬的耐腐蚀材料,例如不锈钢和合金钢[316 SS,镍,蒙乃尔合金,耐腐蚀合金(CRA)等];
(2)耐膨胀弹性材料,例如用于井下封隔器的 Buna-N 和丁腈橡胶,以及用于密封的特氟龙、聚四氟乙烯(PTFE)和尼龙;
(3)玻璃纤维衬里(GRE)和内部涂塑(IPC)管(酚醛树脂,环氧树脂,尿烷和酚醛清漆),以减缓腐蚀;
(4)含乳胶、火山灰、氧化铝和其他添加剂的耐酸水泥;
(5)自动控制系统,不仅可以调节流量,还可以提供实时监测,能够在危险的情况下关闭油井。

还在工具和硬件方面也产生了各种创新,并在生产运营和安全实践的发展过程中发挥了重要作用,包括[88]:

(1)通过外加电流和无源电流以及化学抑制剂(氧、杀菌剂、腐蚀抑制剂)对套管进行腐蚀防护;
(2)使用特殊流程处理和安装油管,在相邻油管接头之间进行气密密封,避免涂层损坏或衬管损坏;
(3)使用油管和套管泄漏检测方法和修复技术,同时使用树脂和水泥挤压技术,以及玻璃纤维和钢衬里插入技术；

(4)在人口密集地区或附近地区,制订和实施特殊的井场选址标准,包括安装围栏、视频监控和大气扩散监测设备,以保护公共安全。

4.8.2 腐蚀控制

CO_2注入井采用的碳钢套管很容易被腐蚀。为了减缓腐蚀,通常使用以下几种技术[88]。

(1)正确固井。为了使碳酸与套管之间的接触面积最小,须将固井水泥浆挤入套管与储层之间的环空,使套管与储层充分固结。挤入固井水泥浆过程中,应清除残留的钻井液,并使用扶正器将套管居中,便于固井水泥浆能完全循环至地面。做好固井水泥环护套后,腐蚀性物质的穿透性将大大降低。

(2)将耐酸水泥挤入易发生水泥碳化的区域。作业者将在CO_2注入区附近和上方挤入特种水泥或特种水泥浆设计。这些水泥能抵抗CO_2侵蚀,大大降低CO_2的降解速度。

(3)套管阴极保护。作业者在套管上同时采用外加电流和无源电流技术,以抵消自然产生的电流,这两种保护方法在许多工业领域都广泛使用。

(4)挤入缓蚀剂。完井后,将含有杀菌剂或腐蚀抑制剂的流体挤入套管和油管之间的环空中,以进一步抑制腐蚀。

4.9 设计标准及推荐规范

自1859年在宾夕法尼亚州首次钻井以来,油气井已经存在了近150年,钻完井技术得到了极大的发展,专业组织机构如美国石油学会、美国机械工程师学会、国家腐蚀工程师协会及其他组织,持续评估腐蚀分类和防腐技术要求,并根据常规工程标准和推荐规范来设计操作规范。对于钻完井和油田管道,相关文献提供了通用标准[88]。

设计一口井,应考虑以下两个基本要素：
(1)井筒,包含套管、水泥环和井口；
(2)机械完井设备,包括阀门、油管和封隔器。

4.9.1 井筒设计

不同CO_2注入情况下的井筒设计几乎相同,包括表层套管和生产套管。使用多级套管是为了将地下水资源与潜在的污染源隔离开来,并保持井筒的稳定性。典型的CO_2注入井口详见文献[90]。

从力学角度来看,套管的厚度和重量是根据最大的潜在断裂和井壁坍塌压力乘以安全系数来选择的。安全系数取决于注入压力和生产压力、井眼轨迹和油藏条件。碳钢套管是一种常见的套管类型,适用于深度不超过10000ft的井,常用的等级为J-55和K-55。在深层高温高压油藏中,应使用更高强度等级的套管,在易受H_2S和CO_2泄漏影响的井中则使用CRA[90]。

几乎所有的新钻井都采用套管完井,只在个别情况下,根据油藏条件采用裸眼完井,这种情况很少见[92-93]。由于套管完井比裸眼完井更适合各种井筒管理(机械封堵、化学封堵、水泥封堵等),因此套管完井是最常见的完井方式[91]。

井筒设计还应考虑注入(或生产)所引起的油藏孔隙压力变化对地应力的影响,甚至可能会对井筒设计产生巨大的影响,例如,断层活动可能将套管剪断,而且井筒的不稳定性非常普遍[94-95]。此外,在热力采油过程中还需预测热应力[96]对井眼轨迹设计以及完井设计的影响。

4.9.2 固井技术

无论是固井方法还是固井水泥浆配方,固井工艺对井筒的力学性能和完整性至关重要。据文献披露[97],碳酸(H_2CO_3)对硅酸盐水泥的降解作用非常普遍,基本化学机理描述如下[98]:

$$CO_2 + H_2O \longrightarrow H_2CO_3$$

$$H_2CO_3 + C-S-H \longrightarrow 非晶硅凝胶 + CaCO_3$$

$$H_2CO_3 + Ca(OH)_2 \longrightarrow CaCO_3 + 2H_2O$$

$$H_2CO_3 + CaCO_3 \longrightarrow Ca(HCO_3)_2$$

在上述化学反应中,水合硅酸钙 C-S-H 是硅酸盐水泥的主要成分,游离石灰 $Ca(OH)_2$ 约占20%。由于温度可以抑制 CO_2 腐蚀水泥,但不能完全防止腐蚀。因此,已提出各种方法来抑制 CO_2 对水泥环的侵蚀。大多数方法采用粉煤灰、硅粉或其他不受影响的添加剂或其他水泥材料代替硅酸盐水泥。通过设计低水比的固井水泥浆来降低固井水泥环的渗透性,还可以将诸如胶乳(苯乙烯丁二烯)之类的材料添加到水泥化合物中,进一步降低固井水泥浆的渗透性[99]。

4.10 水气交替驱

水气交替驱(WAG)是一种三次采油技术,发明于19世纪50年代,并持续广泛应用。WAG 是将注水和注气两个二次采油技术充分结合,其提高采收率的最初目的是同时提高宏观波及系数和微观驱油效率[100]。

根据注入流体类型和注入方式,WAG 可以分为 WAG 混相驱和 WAG 非混相驱[7,16,102]。在 WAG 混相驱过程中,注入气体可与原油发生混相;在 WAG 非混相过程中,注入气体与原油不能发生混相,继续以气体状态驱替原油,并形成两相接触前缘。根据注入技术的差异[103-104],下面对 WAG 进一步细分。

可以将 WAG 设计为混合 WAG 注入,先注入大量的气体,然后注入少量水和气体,保持 WAG 的水气比为 1:1。此外,同时注水和注气也是一种常用的方法[103,105]。

气体的流度可以通过注水来控制。WAG 导致注水周期内的含水饱和度增加,而注气周期内的含水饱和度降低。WAG 引发的渗吸和驱替作用使得残余油饱和度低于纯水驱,与气驱基本接近[106]。采收率可以用宏观波及系数和微观驱油效率来描述,此外,宏观波及系数等于水平波及系数和垂向波及系数的乘积,表述如下[106]:

$$R_f = E_v E_h E_m \tag{4.32}$$

$$M = \frac{K_{rg}/\mu_g}{K_{ro}/\mu_o} \tag{4.33}$$

$$R_{\frac{v}{g}} = \left(\frac{\nu\mu_o}{Kg\Delta\rho}\right)\left(\frac{L}{h}\right) \tag{4.34}$$

式中：E_v,E_h,E_m,K_r,μ,$\Delta\rho$,g,L 和 h 分别为垂向波及系数，平面波及系数，微观驱油效率，相对渗透率，流体黏度，密度差，重力常数，多孔介质的长度和有效厚度，下标 o,g 分别为油，气。

相关文献研究分析了影响 WAG 项目经济性的两个主要参数：半周期的段塞大小和水气比。WAG 面临的两个主要问题是气体过早突破和注入能力降低，建议未来研究智能井采油。WAG 常常细分为 WAG 混相驱和 WAG 非混相驱。当油藏压力高于 MMP 时，发生 WAG 混相驱，而当注入压力低于 MMP 时，则发生 WAG 非混相驱。当原始油藏压力略高于 MMP 时，往往会在部分油藏或全部油藏中发生混相[101]。

4.10.1 水气交替驱的影响因素

WAG 设计的重要参数如下[7,16,107-109]。

流体性质和岩石—流体相互作用。油藏流体性质是关键参数，仍然需要更好地理解和认识。随着油气生产的不断进行，油藏条件不断发生变化，流体性质也变得更加复杂。油藏条件变化也会影响岩石与流体的相互作用，导致润湿性发生变化，进而影响流动参数，如毛细管力和相对渗透率[110-111]。

注入气体的可获性及其组成。就气体需求量及其组成而言，注入气体的气源非常重要。WAG 往往将采出的气体回注至油藏中。

水气比。水气比在 WAG 设计中也非常重要[112]，矿场试验的水气比为 1:1。

渗透率的非均质性。绝大多数油藏的孔隙半径呈不均匀分布，且有部分孔隙不连通，从而形成渗透率的非均质性。有时候表现为层内均质性，但层与层之间也表现为非均质性[113]。

注采井网。井距也对 WAG 设计非常重要[7,104]，由于五点井网能够更好地控制驱替前缘，其应用非常广泛。

其他影响参数还有毛细管力、相对渗透率和润湿性。

4.10.2 水气交替驱的参数优化

水气比决定了原油产量剖面形态和 CO_2 利用率曲线。随着水气比的增加，原油高峰产量对应的采油速度降低，达到高峰产量的时间也会延迟，CO_2 利用率也会降低[114]。Ettehadtavakkol[115] 运用油藏数值模拟方法研究了不同工作制度下的 WAG 开发效果，可以观察到原油产量和 CO_2 利用率与时间的关系，采油速度先逐渐达到高峰然后呈指数递减[115]。

Christensen[44] 研究了不同油藏注入不同气体的 WAG 作用机理。实际上，有几个 WAG 项目面临高渗透通道气窜或注入能力降低的问题，而最佳的气水比则可能解决上述两个问题，并提高原油采收率。

4.11 采收率预测

可以使用油藏参数,例如油藏岩石体积、孔隙度和含油饱和度,来计算理论上的 CO_2 封存量[116-117]。对于天然水驱油藏,二氧化碳封存量会因天然水体侵入而减少。因此,可通过式(4.35)[58]计算油藏封存 CO_2 的质量 M_{CO_2}。

$$M_{CO_2} = \rho_{CO_2}[R_f \cdot A \cdot h \cdot \phi \cdot (1 - S_{wi}) - V_{iw} + V_{pw}] \quad (4.35)$$

式中:R_f, A, h, ρ_{CO_2}, V_{iw}, V_{pw} 和 S_{wi} 分别为采收率,面积,有效厚度,油藏条件下的 CO_2 密度,侵入水的体积,产出水的体积和初始含水饱和度。注入水量或产出水量可以从生产月报数据中获取。

该方法也适用于溶剂驱或气驱油藏。如果在气态烃驱油后,再开展 CO_2 提高采收率,则 CO_2 会驱替尚未混相的气态烃和石油,剩余的 CO_2 体积用于封存[118]。

在水驱过程中,通常在半对数坐标上绘制采收率与 WOR 关系曲线,然后延长关系曲线并回归得到最终采收率。该方法也同样适用于气驱过程[116]。

完全注水开发油藏的总采收率计算见式(4.36):

$$E = mX + n \quad (4.36)$$

其中

$$X = \ln\left(\frac{1}{f_w} - 1\right) - \frac{1}{f_w} \quad (4.37)$$

$$m = \frac{1}{b}(1 - S_{wi}) \quad (4.38)$$

$$n = -\frac{1}{1 - S_{wi}}\left(S_{wi} + \frac{1}{b}\ln A\right) \quad (4.39)$$

$$A = a\left(\frac{\mu_w}{\mu_o}\right) \quad (4.40)$$

其中,a 和 b 由公式 $K_o/K_w = e^{bS_w}$ 计算得到。

根据计算流程,可以将气体参数代入式(4.36)计算气驱的采收率。因此,气驱采收率方程可简化为式(4.41):

$$\frac{5.615}{R} = \frac{1}{f_g} - 1 \quad (4.41)$$

此时,$X = -\ln R - 1 - (5.615/R) + \ln 5.615$。当 R 为无限大时,式(4.41)可改写为式(4.42):

$$X = -\ln R + 0.725 \quad (4.42)$$

因此,$E_R = m'(\ln R) + n'$。

如果将采收率与 GOR 绘制在半对数坐标上,二者呈线性关系。

4.12 CO_2 性质及用量

4.12.1 CO_2—稠油混合物性质的表征

为了表征 CO_2 溶解度、膨胀系数与 CO_2—稠油混合物黏度的关系,需要将任意温度和压力条件下的温度、压力、原油相对密度和原油黏度进行无量纲化处理,稠油的黏—温关系见式(4.43)[67]:

$$\lg\left(\frac{\mu_2}{\mu_1}\right)_{1atm} = 5707\left(\frac{1}{T_2} - \frac{1}{T_1}\right) \tag{4.43}$$

式中:μ_2,μ_1 分别为稠油在温度 T_2(°R),T_1(°R)下的黏度。

式(4.43)是对 Reid[119]模型的修订,压力与稠油黏度的关系式见式(4.44)[67]:

$$\lg\left(\frac{\mu_2}{\mu_1}\right) = A_T\left(\frac{p}{14.7} - 1\right) \tag{4.44}$$

式中:p 为压力,psi;A_T 为温度的函数。

式(4.44)适用于压力低于 3000psi 的情况,不适合高黏原油。μ_2,μ_1 分别为温度 T 条件下的压力 p 为 14.7psi 时对应的原油黏度。常数 A_T 与温度和原油相对密度有关,如式(4.45)所示[67]:

$$A_T = \frac{13.877\exp(4.633\gamma)}{T^{2.17}} \tag{4.45}$$

式中:T,γ 分别为温度(°R),原油相对密度。

CO_2 在原油中的溶解度定义为某一温度条件下每桶黑油饱和 CO_2 所需的 CO_2 体积,主要取决于温度、压力和原油相对密度。CO_2 在稠油中的溶解度由式(4.46)计算[67]:

$$R_s = \frac{1}{a_1\gamma^{a_2}T^{a_7} + a_3 T^{a_4}\exp\left(-a_5 p + \frac{a_6}{p}\right)} \tag{4.46}$$

式中:γ 为稠油的相对密度;T 为温度,°F;p 为压力,psi;R_s 为稠油中 CO_2 的溶解度,ft³/bbl。

经验常数 $a_1 \sim a_7$ 分别为 0.4934×10^{-2}、4.0928、0.571×10^{-6}、1.6428、0.6763×10^{-3}、781.334 和 20.2499。式(4.46)可用于预测压力小于 3000psi 条件下的 CO_2 在稠油中的溶解度。

膨胀系数(F_s)定义为在油藏温度和压力条件下的饱和 CO_2 的原油体积与在油藏温度、大气压条件下的黑油体积之比[120]。稠油的膨胀幅度小于轻油,后者的膨胀幅度约为原体积的两倍以上。稠油膨胀系数与 CO_2 溶解度的关系式见式(4.47)[120]:

$$F_s = 1 + \frac{0.35 R_s}{1000} \tag{4.47}$$

式中：R_s 为 CO_2 在原油中的溶解度，ft^3/bbl；F_s 为膨胀系数。

通常，CO_2—稠油混合物的黏度是组分的函数，由于无法获得稠油的详细组分，并且无法准确确定每种组分对混合物黏度的影响，因此，CO_2—稠油混合物的黏度与组分之间的关系极为复杂。可以将 CO_2—稠油混合物简化为具有两个组分的二元体系[5]：

（1）纯 CO_2；
（2）稠油。

Chung[67]指出，稠油黏度与溶解的 CO_2 量有关。如果能够确定稠油中的 CO_2 浓度以及 CO_2 和稠油的黏度，则可估算 CO_2—稠油混合物的黏度。

该系统中两种组分（即稠油和 CO_2）之间的黏度比为 103～106。在高黏度比的情况下，混合物的黏度可以由式(4.48)[121]计算。

$$\ln\mu_m = X_o \ln(\mu_o) + X_s \ln(\mu_s) \tag{4.48}$$

其中

$$X_s = \frac{V_s}{\alpha V_o + V_s} \tag{4.49}$$

$$X_o = 1 - X_s \tag{4.50}$$

式中：V 为体积分数；μ 为黏度，$mPa·s$；下标 o，s 和 m 分别为稠油，CO_2 和 CO_2—稠油混合物。

经验常数 α 由式(4.51)确定[121]：

$$\alpha = 0.255\gamma^{-4.16} T_r^{1.85} \left[\frac{e^{7.36} - e^{7.36(1-p_r)}}{e^{7.36} - 1} \right] \tag{4.51}$$

其中

$$T_r = \frac{T}{547.57} \tag{4.52}$$

$$p_r = \frac{p}{1071} \tag{4.53}$$

式中：γ 为稠油的相对密度；T 为温度，$℃$；p 为压力，psi。

混合物中的 CO_2 的体积分数（X_s）可以通过 CO_2 的溶解度或膨胀系数来计算，如式(4.54)所示[67]：

$$X_s = \frac{1}{(\alpha F_{CO_2}/F_0 R_s) + 1} = \frac{F_0 F_s - 1}{\alpha + F_0 F_s - 1} \tag{4.54}$$

式中：F_{CO_2} 为地面标准条件下的 CO_2 气体体积与系统温度和压力下的体积之比；F_0 为系统温度条件下和压力为 14.7 psi 与不同压力下的原油体积之比。

4.12.2 CO_2 封存量

油藏封存 CO_2 的能力可以定义为 EOR 结束时油藏中封存的 CO_2 量与可以额外注入 CO_2 量

之和。研究表明,约40%的CO_2注入量被采出,并且可以循环注入油藏[12,81]。Shaw和Bachu[81]提出了一种确定EOR过程中油藏封存CO_2能力的方法,CO_2突破时的封存量可以计算见式(4.55):

$$M_{CO_2} = \rho_{CO_2res} RF_{BT} \frac{OOIP}{S_h} \quad (4.55)$$

式中:M_{CO_2}为CO_2封存量,10^6t;ρ_{CO_2res}为油藏条件下CO_2密度,kg/m³;RF_{BT}为CO_2突破时采收率,%;OOIP为原始地质储量,10^6t;S_h为原油收缩因子,1/原油体积系数。

在任意HCPV注入条件下,式(4.55)的广义形式表示见式(4.56)[122]:

$$M_{CO_2} = \rho_{CO_2res} [RF_{BT} + 0.6(RF_{\%HCPV} - RF_{BT})] \frac{OOIP}{S_h} \quad (4.56)$$

式中:M_{CO_2}为CO_2封存量,10^6t;ρ_{CO_2res}为油藏条件下CO_2密度,kg/m³;RF_{BT}为CO_2突破时采收率,%;$RF_{\%HCPV}$为CO_2任意HCPV条件下的采收率,%;OOIP为原始地质储量,10^6t;S_h原油收缩因子,1/原油体积系数。

ECL技术公司(英国)采用类似的方法预测不同EOR方法在油藏中封存的CO_2量。对于WAG,油藏中CO_2的封存量计算方法见式(4.57)[123]:

$$\text{Net } CO_{2retained} = WAG_{IOR\ efficiency} \times WAG_{score\ efficiency} \times OOIP \\ \times WAG_{CO_2factor\ alpha} \times \frac{B_o}{B_g} \quad (4.57)$$

式中:$WAG_{IOR\ efficiency}$,$WAG_{score\ efficiency}$和$WAG_{CO_2factor\ alpha}$是三种提高采收率目标因子,介于0~1(对于有效且全面实施的WAG项目,该因子为1)。

WAG_{CO_2alpha}因子介于1~2,WAG_{CO_2alpha}因子与CO_2净利用率与油藏孔隙体积表示有关,表明油藏中封存的气体量超过WAG运行所需的气体量。对于重力稳定气驱(GSGI),油藏中的CO_2封存量计算方法见式(4.58)[122]:

$$\text{Net } CO_{2retained} = GSGI_{CO_2factor} \times GSGI_{score\ CO_2factor} \times OOIP \times 0.7 \frac{B_o}{B_g} \quad (4.58)$$

式中:$GSGI_{CO_2factor}$,B_o和B_g分别为GSGI增加的采收率(因子介于0~1之间,对于全面实施的WAG项目,$GSGI_{score\ CO_2factor}$因子等于1),原油体积系数,气体体积系数。$GSGI_{score\ CO_2factor}$是允许用户减少注入的CO_2体积与目标体积潜力之比,系数"0.7"为气驱结束时剩余的地质储量与注气波及区域剩余的可动水的比例[124]。

GSGI与WAG不同,GSGI封存的CO_2量与孔隙体积成正比,与采收率的增量无关,GSGI需要更多的CO_2,更有利于CO_2封存。也可以用油藏数值模拟方法研究水侵、重力分异、油藏非均质性和地层水中CO_2溶解度对CO_2封存效果的影响[124]。

参 考 文 献

[1] J. J. Sheng, Enhanced oil recovery in shale reservoirs by gas injection, J. Nat. Gas Sci. Eng. 22(2015) 252 –

259.
- [2] D. Rao, Gas injection EOR—a new meaning in the new millennium, J. Can. Pet. Technol. 40(2001).
- [3] D. O. Shah, Improved Oil Recovery by Surfactant and Polymer Flooding, Elsevier, Amsterdam, 2012.
- [4] Lake, L. W., 1989. Enhanced Oil Recovery, Prentice Hall, Englewood Cliffs, NJ. ISBN:0132816016.
- [5] V. Alvarado, E. Manrique, Enhanced oil recovery: an update review, Energies 3 (2010) 1529.
- [6] A. Firoozabadi, A. Khalid, Analysis and correlation of nitrogen and lean-gas miscibility pressure (includes associated paper 16463), SPE Reservoir Eng. 1 (1986) 575–582.
- [7] Christensen, J. R., Stenby, E. H., Skauge, A. Review of WAG Field Experience. Society of Petroleum Engineers, International Petroleum Conference and Exhibition of Mexico, Villahermosa, Mexico, 1998.
- [8] J. J. Taber, F. Martin, R. Seright, EOR screening criteria revisited-Part 1: introduction to screening criteria and enhanced recovery field projects, SPE Reservoir Eng. 12 (1997) 189–198.
- [9] P. H. Lowry, H. H. Ferrell, D. L. Dauben, A Review and Statistical Analysis of Micellar-Polymer Field Test Data. Report No. DOE/BC/10830-4, National Petroleum Technology Office, USD epartment of Energy, Tulsa, OK, 1986.
- [10] Bachu, S., Shaw, J. C., 2004. CO_2 Storage in Oil and Gas Reservoirs in Western Canada: Effect of Aquifers, Potential for CO_2-Flood Enhanced Oil Recovery and Practical Capacity, Alberta Geological Survey, Alberta Energy and Utilities Board, Edmonton, Alberta, Canada, 177.
- [11] T. Gamadi, J. Sheng, M. Soliman, H. Menouar, M. Watson, H. Emadibaladehi, An experimental study of cyclic CO_2 injection to improve shale oil recovery., SPE Improved Oil Recovery Symposium., Society of Petroleum Engineers, 2014.
- [12] R. Hadlow, Update of industry experience with CO injection., SPE Annual Technical Conference and Exhibition., Society of Petroleum Engineers., 1992.
- [13] Heinrich, J. J., Herzog, H. J., Reiner, D. M., 2003. Environmental assessment of geologic storage of CO_2. In: Second National Conference on Carbon Sequestration. pp. 5–8.
- [14] J. Clancy, R. Gilchrist, L. Cheng, D. Bywater, Analysis of nitrogen-injection projects to develop screening guides and offshore design criteria, J. Pet. Technol. 37 (1985) 1097–1104.
- [15] R. D. Tewari, S. Riyadi, C. Kittrell, F. A. Kadir, M. Abu Bakar, T. Othman, et al. Maximizingthe oil recovery through immiscible water alternating gas (IWAG) in mature offshore field, SPE Asia Pacific Oil and Gas Conference and Exhibition, Society of Petroleum Engineers, 2010.
- [16] D. W. Green, G. P. Willhite, Enhanced Oil Recovery, Henry L. Doherty Memorial Fund of AIME, Society of Petroleum Engineers, Richardson, TX, 1998.
- [17] M. Leach, W. Yellig, Compositional model studies-CO_2 oil-displacement mechanisms, Soc. Pet. Eng. J. 21 (1981) 89–97.
- [18] P. Zanganeh, S. Ayatollahi, A. Alamdari, A. Zolghadr, H. Dashti, S. Kord, Asphaltene deposition during CO_2 injection and pressure depletion: a visual study, Energy Fuels 26 (2012) 1412–1419.
- [19] P. Wylie, K. K. Mohanty, Effect of wettability on oil recovery by near-miscible gas injection., SPE/DOE Improved Oil Recovery Symposium., Society of Petroleum Engineers, 1998.
- [20] F. I. Stalkup, Displacement behavior of the condensing/vaporizing gas drive process, SPE Annual Technical Conference and Exhibition, Society of Petroleum Engineers, 1987.
- [21] R. Johns, B. Dindoruk, F. Orr Jr, Analytical theory of combined condensing/vaporizing gas drives, SPE Adv. Technol. Ser. 1 (1993) 7–16.
- [22] P. Oren, J. Billiotte, W. Pinczewski, Mobilization of waterflood residual oil by gas injection forwater-wet conditions, SPE Form. Eval. 7 (1992) 70–78.
- [23] S. C. Ayirala, D. N. Rao, Comparative evaluation of a new MMP determination technique, SPE/DOE Sympo-

sium on Improved Oil Recovery, Society of Petroleum Engineers, 2006.

[24] J. -N. Jaubert, L. Avaullee, C. Pierre, Is it still necessary to measure the minimum miscibility pressure? Ind. Eng. Chem. Res. 41 (2002) 303-310.

[25] A. M. Elsharkawy, F. H. Poettmann, R. L. Christiansen, Measuring CO_2 minimum miscibility pressures: slim-tube or rising-bubble method?, Energy Fuels 10 (1996) 443-449.

[26] D. N. Rao, A new technique of vanishing interfacial tension for miscibility determination, Fluid Phase Equilib. 139 (1997) 311-324.

[27] D. N. Rao, J. Lee, Application of the new vanishing interfacial tension technique to evaluate miscibility conditions for the Terra Nova Offshore Project, J. Pet. Sci. Eng. 35 (2002) 247-262.

[28] D. N. Rao, J. I. Lee, Determination of gas-oil miscibility conditions by interfacial tension measurements, J. Colloid Interface Sci. 262 (2003) 474-482.

[29] A. Hemmati-Sarapardeh, S. Ayatollahi, M. -H. Ghazanfari, M. Masihi, Experimental determination of interfacial tension and miscibility of the CO_2-crude oil system: temperature, pressure, and composition effects, J. Chem. Eng. Data 59 (2013) 61-69.

[30] A. Firoozabadi, Thermodynamics of Hydrocarbon Reservoirs, McGraw-Hill, New York, 1999.

[31] X. Liao, Y. G. Li, C. B. Park, P. Chen, Interfacial tension of linear and branched PP in supercritical carbon dioxide, J. Supercrit. Fluids 55 (2010) 386-394.

[32] A. Zolghadr, M. Escrochi, S. Ayatollahi, Temperature and composition effect on CO_2 miscibility by interfacial tension measurement, J. Chem. Eng. Data 58 (2013) 1168-1175.

[33] Cronquist, C., 1978. Carbon dioxide dynamic miscibility with light reservoir oils. In: Proc. Fourth Annual US DOE Symposium, Tulsa. pp. 28-30.

[34] J. Lee, Effectiveness of Carbon Dioxide Displacement Under Miscible and Immiscible Conditions, Report RR-40, Petroleum Recovery Inst., Calgary, 1979.

[35] W. Yellig, R. Metcalfe, Determination and prediction of CO_2 minimum miscibility pressures (includes associated paper 8876), J. Pet. Technol. 32 (1980) 160-168.

[36] F. Orr Jr, C. Jensen, Interpretation of pressure-composition phase diagrams for CO_2/crude-oil systems, Soc. Pet. Eng. J. 24 (1984) 485-497.

[37] R. Alston, G. Kokolis, C. James, CO_2 minimum miscibility pressure: a correlation for impure CO_2 streams and live oil systems, Soc. Pet. Eng. J. 25 (1985) 268-274.

[38] H. Sebastian, R. Wenger, T. Renner, Correlation of minimum miscibility pressure for impure CO_2 streams, J. Pet. Technol. 37 (1985) 2076-2082.

[39] D. West, S. Shatynski, Ternary Equilibrium Diagrams, American Society of Mechanical Engineers, New York, 1982.

[40] D. West, Ternary Equilibrium Diagrams, Springer Science & Business Media, Berlin, Germany, 2012.

[41] T. Monger, J. Coma, A laboratory and field evaluation of the CO_2 Huff 'n' Puff process for light oil recovery, SPE Reservoir Eng. 3 (1988) 1168-1176.

[42] W. D. McCain, The Properties of Petroleum Fluids, PennWell Books, Houston, Texas, United States, 1990.

[43] E. J. Manrique, V. E. Muci, M. E. Gurfinkel, EOR field experiences in carbonate reservoirs in the United States, SPE Reservoir Eval. Eng. 10 (2007) 667-686.

[44] Christensen, J. R., Stenby, E. H., Skauge, A., 1998. Review of WAG field experience. International Petroleum Conference and Exhibition of Mexico, Society of Petroleum Engineers.

[45] M. Stein, D. Frey, R. Walker, G. Pariani, Slaughter estate unit CO_2 flood: comparison between pilot and field-scale performance, J. Pet. Technol. 44 (1992) 1026-1032.

[46] Johns, R. T., Dindoruk, B., 2013. Gas flooding. In: Enhanced Oil Recovery Field Case Studies. pp. 1-

22, Gulf Professional Publishing, Houston, TX.
[47] J. Lawrence, N. Maer, D. Stern, L. Corwin, W. Idol, Jay nitrogen tertiary recovery study: managinga mature field, Abu Dhabi International Petroleum Exhibition and Conference, Society of Petroleum Engineers, 2002.
[48] J. Burger, K. Mohanty, Mass transfer from bypassed zones during gas injection, SPE Reservoir Eng. 12 (1997) 124–130.
[49] A. Caruana, R. Dawe, Experimental studies of the effects of heterogeneities on miscible and immiscible flow processes in porous media, Trends Chem. Eng. 3 (1996) 185–203.
[50] Y. M. Al–Wahaibi, First–contact–miscible and multicontact–miscible gas injection within a channeling heterogeneity system, Energy Fuels 24 (2010) 1813–1821.
[51] R. Giordano, S. Salter, K. Mohanty, The effects of permeability variations on flow in porous media, SPE Annual Technical Conference and Exhibition, Society of Petroleum Engineers, 1985.
[52] Pande, K., Sheffield, J., Emanuel, A., Ulrich, R., De Zabala, E., 1995. Scale–up of near miscible gas injection processes: integration of laboratory measurements and compositional simulation. In: IOR1995–8th European Symposium on Improved Oil Recovery.
[53] D. Kjonsvik, J. Doyle, T. Jacobsen, A. Jones, The effects of sedimentary heterogeneities on production from a shallow marine reservoir—what really matters? SPE Annual Technical Conference and Exhibition, Society of Petroleum Engineers, 1994.
[54] P. Ballin, P. Clifford, M. Christie, Cupiagua: modeling of a complex fractured reservoir using composition alupscaling, SPE Reservoir Eval. Eng. 5 (2002) 488–498.
[55] D. Ajose, K. Mohanty, Compositional upscaling in heterogeneous reservoirs: effect of gravity, capillary pressure, and dispersion, SPE Annual Technical Conference and Exhibition, Society of Petroleum Engineers, 2003.
[56] Saner, W. B., Patton, J. T., CO_2 Recovery of Heavy Oil: Wilmington Field Test, Journal of Petroleum Technology, 38 (07), 1986, 769–776.
[57] Sayegh, S. G., Maini, B. B., Laboratory Evaluation of The CO Huff–N–Puff Process For Heavy Oil Reservoirs, Journal of Canadian Petroleum Technology, 23 (03), 1984, 29–36.
[58] Z. Dai, R. Middleton, H. Viswanathan, J. Fessenden–Rahn, J. Bauman, R. Pawar, et al., An integrated framework for optimizing CO_2 sequestration and enhanced oil recovery, Environ. Sci. Technol. Lett. 1 (2013) 49–54.
[59] L. James, N. Rezaei, I. Chatzis, VAPEX, Warm VAPEX, and hybrid VAPEX–the state of enhanced oil recovery for in situ heavy oils in Canada, Canadian International Petroleum Conference, Petroleum Society of Canada, 2007.
[60] K. K. Mohanty, C. Chen, M. T. Balhoff, Effect of reservoir heterogeneity on improved shale oil recovery by CO Huff–n–Puff, SPE Unconventional Resources Conference–USA, Society of Petroleum Engineers, 2013.
[61] Wan, T., 2013. Evaluation of the EOR Potential in Shale Oil Reservoirs by Cyclic Gas Injection, Doctoral dissertation, Texas Tech University, Broadway, Lubbock.
[62] F. Torabi, A. Q. Firouz, A. Kavousi, K. Asghari, Comparative evaluation of immiscible, near miscible and miscible CO_2 Huff–n–Puff to enhance oil recovery from a single matrix fracture system (experimental and simulation studies), Fuel 93 (2012) 443–453.
[63] F. Torabi, K. Asghari, Effect of operating pressure, matrix permeability and connate water saturation on performance of CO_2 huff–and–puff process in matrix–fracture experimental model, Fuel 89 (2010) 2985–2990.
[64] R. Simon, D. Graue, Generalized correlations for predicting solubility, swelling and viscosity behavior of CO_2 crude oil systems, J. Pet. Technol. 17 (1965) 102–106.
[65] J. S. Miller, R. A. Jones, A laboratory study to determine physical characteristics of heavy oil after CO_2 satura-

tion, SPE/DOE Enhanced Oil Recovery Symposium, Society of Petroleum Engineers, 1981.

[66] V. Sankur, J. Creek, S. Di Julio, A. Emanuel, A laboratory study of Wilmington Tar Zone CO_2 injection project, SPE Reservoir Eng. 1 (1986) 95 – 104.

[67] F. T. Chung, R. A. Jones, H. T. Nguyen, Measurements and correlations of the physical properties of CO_2 heavy crude oil mixtures, SPE Reservoir Eng. 3 (1988) 822 – 828.

[68] R. Azin, R. Kharrat, C. Ghotbi, S. Vossoughi, Applicability of the VAPEX process to Iranian heavy oil reservoirs., SPE Middle East Oil and Gas Show and Conference, Society of Petroleum Engineers, 2005.

[69] I. J. Mokrys, R. M. Butler, The rise of interfering solvent chambers: solvent analog model of steam assisted gravity drainage, J. Can. Pet. Technol. 32 (1993) 26 – 36.

[70] R. M. Butler, I. J. Mokrys, A new process (VAPEX) for recovering heavy oils using hot water and hydrocarbon vapour, J. Can. Pet. Technol. 30 (1991) 97 – 106.

[71] V. Pathak, T. Babadagli, N. Edmunds, Mechanics of heavy – oil and bitumen recovery by hot solven tinjection, SPE Reservoir Eval. Eng. 15 (2012) 182 – 194.

[72] I. J. Mokrys, Vapor extraction of hydrocarbon deposits, in, Google Patents, 2001.

[73] R. Butler, I. Mokrys, Closed – loop extraction method for the recovery of heavy oils and bitumens underlain by aquifers: the VAPEX process, J. Can. Pet. Technol. 37 (1998) 4150.

[74] Butler, R., Mokrys, I., Das, S., 1995. The solvent requirements for VAPEX recovery. SPE International Heavy Oil Symposium. Society of Petroleum Engineers.

[75] CH, E., 2016. Introduction to Chemical Engineering Thermodynamics, Pennsylvania State University, State College, PA.

[76] S. Upreti, A. Lohi, R. Kapadia, R. El – Haj, Vapor extraction of heavy oil and bitumen: a review, Energy Fuels 21 (2007) 1562 – 1574.

[77] U. E. Guerrero Aconcha, A. Kantzas, Diffusion of hydrocarbon gases in heavy oil and bitumen, Latin American and Caribbean Petroleum Engineering Conference, Society of Petroleum Engineers, 2009.

[78] C. – L. Chang, M. Chang, Non – iteration estimation of thermal conductivity using finite volume method, Int. Commun. Heat Mass Transfer 33 (2006) 1013 – 1020.

[79] T. Wan, X. Meng, J. J. Sheng, M. Watson, Compositional modeling of EOR process in stimulated shale oil reservoirs by cyclic gas injection, SPE Improved Oil Recovery Symposium, Society of Petroleum Engineers, 2014.

[80] J. Sheng, Enhanced Oil Recovery Field Case Studies, Gulf Professional Publishing, Houston, TX, 2013.

[81] J. Shaw, S. Bachu, Screening, evaluation, and ranking of oil reservoirs suitable for CO_2 – flood EOR and carbon dioxide sequestration, J. Can. Pet. Technol. 41 (2002) 51 – 61.

[82] O. Rivas, S. Embid, F. Bolivar, Ranking reservoirs for carbon dioxide flooding processes, SPE Adv. Technol. Ser. 2 (1994) 95 – 103.

[83] A. N. Carcoana, Enhanced oil recovery in Rumania, SPE Enhanced Oil Recovery Symposium, Society of Petroleum Engineers, 1982.

[84] J. J. Taber, Technical screening guides for the enhanced recovery of oil, SPE Annual Technical Conference and Exhibition, Society of Petroleum Engineers, 1983.

[85] Klins, M. A., 1984. Carbon Dioxide Flooding: Basic Mechanisms and Project Design, U. S. Department of Energy Office of Scientific and Technical Information, Oak Ridge, TN.

[86] D. Lopez, T. Perez, S. Simison, The influence of microstructure and chemical composition of carbon and low alloy steels in CO_2 corrosion. A state – of – the – art appraisal, Mater. Des. 24 (2003) 561 – 575.

[87] H. K. Sarma, Can we ignore asphaltene in a gas injection project for light – oils? SPE international improved oil recovery conference in Asia Pacific, Society of Petroleum Engineers, 2003.

[88] J. P. Meyer, Summary of carbon dioxide enhanced oil recovery (CO$_2$ EOR) injection well technology, Am. Pet. Inst. 54 (2007) 1-54.

[89] L. Koottungal, 2008 Worldwide EOR survey, Oil Gas J. 106 (2008) 47.

[90] G. Benge, E. Dew, Meeting the challenges in design and execution of two high rate acid gas injection wells, SPE/IADC Drilling Conference, Society of Petroleum Engineers, 2005.

[91] M. E. Parker, J. P. Meyer, S. R. Meadows, Carbon dioxide enhanced oil recovery injection operations technologies (poster presentation), Energy Procedia 1 (2009) 3141-3148.

[92] R. J. Larkin, P. G. Creel, Methodologies and solutions to remediate inner-well communication problems on the SACROC CO$_2$ EOR project: a case study, SPE Symposium on Improved Oil Recovery, Society of Petroleum Engineers, 2008.

[93] J. J. Brnak, B. Petrich, M. R. Konopczynski, Application of SmartWell technology to the SACROC CO$_2$ EOR project: a case study, SPE/DOE Symposium on Improved Oil Recovery, Society of Petroleum Engineers, 2006.

[94] P. Behnoud far, M. J. Ameri, M. Oroji, A novel approach to estimate the variations in stresses and fault state due to depletion of reservoirs, Arabian J. Geosci. 10 (2017) 397.

[95] P. Behnoud far, A. H. Hassani, A. M. Al-Ajmi, H. Heydari, A novel model for wellbore stability analysis during reservoir depletion, J. Nat. Gas Sci. Eng. 35 (Part A) (2016) 935-943.

[96] A. Gholilou, P. Behnoud far, S. Vialle, M. Madadi, Determination of safe mud window considering time-dependent variations of temperature and pore pressure: Analytical and numerical approaches, J. Rock Mech. Geotech. Eng. 9 (5) (2017) 900911.

[97] Strazisar, B., Kutchko, B., 2006. Degradation of wellbore cement due to CO$_2$ injection-effects of pressure and temperature. In: 2006 International Symposium on Site Characterization for CO$_2$ Geological Storage. March 2006, Berkeley, CA.

[98] J. Zhang, Y. Wang, M. Xu, Q. Zhao, Effect of carbon dioxide corrosion on compressive strength of oil well cement, J. Chin. Ceram. Soc. 37 (2009) 642-647.

[99] Z. Krilov, B. Loncaric, Z. Miksa, Investigation of a long-term cement deterioration under a high-temperature, sour gas downhole environment, SPE International Symposium on Formation Damage Control, Society of Petroleum Engineers, 2000.

[100] J. Wang, J. Abiazie, D. McVay, W. B. Ayers, Evaluation of reservoir connectivity and development recovery strategies in Monument Butte Field, Utah, SPE Annual Technical Conference and Exhibition, Society of Petroleum Engineers, 2008.

[101] M. Zahoor, M. Derahman, M. Yunan, WAG process design—an updated review, Braz. J. Pet. Gas5 (2011) 109-121.

[102] C. K. Ho, S. W. Webb, Gas Transport in Porous Media, Springer, New York, 2006.

[103] Skauge, A., Dale, E. I., 2007. Progress in immiscible WAG modelling. SPE/EAGE Reservoir Characterization and Simulation Conference. Society of Petroleum Engineers.

[104] J. R. Fanchi, Principles of Applied Reservoir Simulation, Gulf Professional Publishing, Houston, TX, 2005.

[105] Faisal, A., Bisdom, K., Zhumabek, B., Zadeh, A. M., Rossen, W. R., 2009. Injectivity and gravity segregation in WAG and SWAG enhanced oil recovery. SPE Annual Technical Conference and Exhibition. Society of Petroleum Engineers.

[106] Esmaiel, T., Fallah, S., van Kruijsdijk, C., 2004. Gradient based optimization of the WAG process with smart wells. In: ECMOR IX-9th European Conference on the Mathematics of Oil Recovery.

[107] J. C. Heeremans, T. E. Esmaiel, C. P. Van Kruijsdijk, Feasibility study of WAG injection in naturally fractured reservoirs, SPE/DOE Symposium on Improved Oil Recovery, Society of Petroleum Engineers, 2006.

[108] Moghanloo, R. G., Lake, L. W., 2010. Simultaneous water-gas-injection performance under loss of mis-

cibility. SPE Improved Oil Recovery Symposium. Society of Petroleum Engineers.

[109] L. Lo, D. McGregor, P. Wang, S. Boucedra, C. Bakhoukhe, WAG pilot design and observation well data analysis for Hassi Berkine South field, SPE Annual Technical Conference and Exhibition, Society of Petroleum Engineers, 2003.

[110] M. D. Jackson, P. H. Valvatne, M. J. Blunt, Prediction of wettability variation within an oil/water transition zone and its impact on production, SPE J. 10 (2005) 185 – 195.

[111] J. M. Schembre, G. - Q. Tang, A. R. Kovscek, Interrelationship of temperature and wettability on the relative permeability of heavy oil in diatomaceous rocks (includes associated discussion and reply), SPE Reservoir Eval. Eng. 9 (2006) 239 – 250.

[112] S. Chen, H. Li, D. Yang, P. Tontiwachwuthikul, Optimal parametric design for water – alternating gas (WAG) process in a CO_2 – miscible flooding reservoir, J. Can. Pet. Technol. 49 (2010) 75 – 82.

[113] P. L. Bondor, J. R. Hite, S. M. Avasthi, Planning EOR projects in offshore oil fields, SPE Latin American and Caribbean Petroleum Engineering Conference, Society of Petroleum Engineers, 2005.

[114] M. Garcia Quijada, Optimization of a CO_2 Flood Design Wesson Field – west Texas, Texas A&M University, College Station, TX, 2006.

[115] A. Ettehadtavakkol, L. W. Lake, S. L. Bryant, CO_2 – EOR and storage design optimization, Int. J. Greenhouse Gas Control 25 (2014) 79 – 92.

[116] Z. Dai, H. Viswanathan, R. Middleton, F. Pan, W. Ampomah, C. Yang, et al., CO_2 Accounting and risk analysis for CO_2 sequestration at enhanced oil recovery sites, Environ. Sci. Technol. 50(2016) 7546 – 7554.

[117] M. O. Eshkalak, E. W. Al – shalabi, A. Sanaei, U. Aybar, K. Sepehrnoori, Enhanced gas recovery by CO_2 sequestration versus re – fracturing treatment in unconventional shale gas reservoirs, Abu Dhabi International Petroleum Exhibition and Conference, Society of Petroleum Engineers, 2014.

[118] M. Celia, S. Bachu, J. Nordbotten, K. Bandilla, Status of CO_2 storage in deep saline aquifers with emphasis on modeling approaches and practical simulations, Water Resour. Res. 51 (2015)6846 – 6892.

[119] R. C. Reid, J. M. Prausnitz, T. K. Sherwood, The Properties of Gases and Liquids, McGraw – Hill, New York, 1977.

[120] J. Welker, Physical properties of carbonated oils, J. Pet. Technol. 15 (1963) 873 – 876.

[121] W. Shu, A viscosity correlation for mixtures of heavy oil, bitumen, and petroleum fractions, Soc. Pet. Eng. J. 24 (1984) 277282.

[122] F. Gozalpour, S. Ren, B. Tohidi, CO_2 EOR and storage in oil reservoir, Oil Gas Sci. Technol. 60(2005) 537 – 546.

[123] M. Goodfield, C. Woods, Potential UKCS CO_2 Retention Capacity from IOR Projects, DTISHARP Programme, UK, 2001.

[124] S. Bachu, J. C. Shaw, R. M. Pearson, Estimation of oil recovery and CO_2 storage capacity in CO_2 EOR incorporating the effect of underlying aquifers, SPE/DOE Symposium on Improved Oil Recovery, Society of Petroleum Engineers, 2004.

第5章 热力采油技术

Forough Ameli(伊朗德黑兰,伊朗科学技术大学化学工程学院)
Ali Alashkar(伊朗德黑兰,伊朗科学技术大学化学工程学院)
Abdolhossein Hemmati-Sarapardeh(伊朗克尔曼,沙希德·巴哈纳尔大学(克尔曼)石油工程系)

5.1 引言

由于各行各业对石油的依赖以及对石油化工产品的需求,石油开采活动有所增加,逐渐从非常规油藏和 API 度低的稠油油藏开采石油,以弥补供需缺口。稠油和沥青的资源量约为 9×10^{12} bbl,其 API 度低、黏度高和沥青质含量高[1]。降低稠油黏度[2]是一种提升驱替效果、提高稠油采收率的有效方法。流体的流动阻力称为黏度,随着温度的升高,黏度逐渐降低,提高了流体流动性[3],这也说明了将地面或油藏产生的蒸汽或热水的热量注入油藏[4]提高采收率的重要性。

5.2 各种热力采油方法

不同的热力采油方法适用于不同黏度的原油,蒸汽驱适用于普通稠油,循环注蒸汽(CSS)适用于超稠油,而蒸汽辅助重力泄油(SAGD)适用于沥青质的开采[5]。热力采油方法由于燃烧燃料而产生温室气体,造成环境污染。随后研发了一种生产较少蒸汽、减少温室气体排放的溶剂蒸汽采油方法[6-7]。如果将溶剂(如正构烷烃、CO_2 和 CH_4)添加到蒸汽中,由于溶剂与原油互溶,原油黏度会进一步降低。但是,原油中的某些重质组分(如沥青质)不能与溶剂互溶[8]。另一种代替蒸汽热力采油的方法是火烧油藏(ISC),适用于高黏度稠油油藏,采收率可达到95%,但是热力前缘非常难控制,很少有矿场试验取得成功[9]。火烧油层的燃烧反应包括了裂解作用和氧化作用,油藏的非均质性增加了火烧油藏的复杂性[10]。对于致密稠油油藏,非均质多孔介质引起的窜流或薄油藏的下伏或上覆岩层[11]的热损失导致各种热力采油方法难以适用,而电磁法是提高致密稠油油藏采收率的重要手段;另一种先进技术是将电磁法应用在致密稠油油藏的特定部位,研究扭曲波的穿透力和波的吸收非常重要。

为了深入理解热力采油的机理,先回顾各种传热机理,包括热传导、热对流和热辐射。动量方程揭示了流量与黏度的关系,热力采油过程中的界面张力变化和相变要求必须使用传质方程,而且两者也引发了复杂的化学反应。稠油油藏开发效果预测的复杂性和难度也要求全面分析热力采油方法,本章将介绍各种热力采油方法并进行比较。

5.2.1 蒸汽驱和蒸汽辅助重力泄油

为了提高稠油和沥青质油藏的采收率,发明了蒸汽辅助重力泄油技术(SAGD),该技术在油藏上部和下部各钻一口水平井,然后在上部水平井连续注入高压蒸汽,蒸汽热量降低了原油黏度,蒸汽推动加热后的原油从上部水平井流入下部水平井并采出地面。由于 SAGD 过程发生了热传递,注入的蒸汽会形成"蒸汽腔",由于蒸汽和其他气体的密度小于稠油,因此蒸汽和气体会聚集在上部水平井的上方,并充满因稠油开采而剩余的空间,伴生气在蒸汽上方形成隔热层,下部水平井并不生产蒸汽[12],在重力作用下,加热后的原油和热水流入下部水平井,由螺杆泵采出,这种泵适用于含有悬浮固体颗粒的黏性流体。

较低井筒压力下水的沸点与采油井温度之差称为过冷。增加上部水平井的液量可以降低采油井的温度,从而形成更高的过冷。由于油藏具有强非均质性,沿水平井筒方向不存在均匀过冷的现象。事实上,部分蒸汽继续留存在采油井中持续加热沥青并降低其黏度,加热后的沥青也会流向温度较低的区域。由于关井时间或开井时间较长,蒸汽在下部采油井中循环加热,该过程称为局部 SAGD。从热力学角度来看,低过冷度是无效的,如降低蒸汽注入速度,低温还会增加稠油黏度,降低沥青流动性[13]。另一种情况是,当过冷度很高时,蒸汽压力会很低,无法维持稳定的蒸汽腔,导致蒸汽腔失效,冷凝蒸汽还将阻止蒸汽腔发育。如果在油藏压力下持续注蒸汽,则会消除蒸汽腔发育过程中的不稳定因素。对于合适的稠油油藏,SAGD 的采收率可以达到 70%~80%,垂向遮挡不会影响流体和蒸汽流动。通过加热岩石,考虑热传导作用,加热后的稠油和蒸汽流入采油井。即使存在页岩隔夹层,SAGD 的采收率也会达到 60%~70%[13]。

20 世纪 70 年代,帝国石油公司的油藏工程师 Roger Butler 首先发明了 SAGD 方法,他后来担任阿尔伯塔省油砂技术和研究局(AOSTRA)技术方案主任,该研究局先后发明了稠油和油砂提高采收率新技术,非常认可 SAGD 方法[14]。SAGD 是一种改进的蒸汽热力采油方法,已应用于加利福尼亚州 Kern River 油田[15]。该油田最初使用循环注汽采油,仅适用于某些特定的油藏(例如 Cold Lake 油砂),但对埋深较大的油砂(即 Athabasca 油砂和 Peace River 油砂)开采效果并不好,而且大多数油砂储量位于 Athabasca 油砂和 Peace River 油砂,这就导致研发了 SAGD 技术,以便在 AOSTRA 和行业合作伙伴与 Bulter 的合作下提高油砂采收率[16]。

SAGD 技术已在很多油藏得到了应用,例如 Clearwater 油藏、Mannville 组 Lloydminster 油砂、General Petroleum 油砂、McMurray 油藏、Grand Rapids 油藏、西加拿大盆地的油藏,其中西加拿大盆地的油藏是美国最大的原油供应基地,约占向美国供应能力的 35% 以上,超过了委内瑞拉、沙特阿拉伯或欧佩克国家的贡献份额[17],因此 SAGD 在阿尔伯塔油砂提高采收率方面发挥了重要作用。对于浅层沥青质油藏,主要采用露天带状开采技术;对于由浅层油砂覆盖的大型深层沥青质油藏,更适合使用 SAGD 技术,预计该技术将成为加拿大油砂提高采收率的首选方法[18],且露天开采油砂技术的用水量约是其他常用热力采油技术的 20 倍以上。

SAGD 过程中原油(单位厚度)流动的达西定律如图 5.1 所示,达西公式见式(5.1):

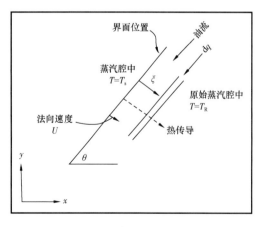

图 5.1 SAGD 过程中的达西定律

$$dq = \frac{K(d\xi \times 1)(\rho_o - \rho_g)g\sin\theta}{\mu_o} \tag{5.1}$$

式中：dq 为原油产量的增加量；K 为渗透率；$d\xi$ 为油层厚度的增加量；θ 为界面倾角。

可流动原油的达西公式见式(5.2)、式(5.3)：

$$dq = \frac{Kg\sin\theta d\xi}{\nu_o}(\text{热油藏}) \tag{5.2}$$

$$dq = \frac{Kg\sin\theta d\xi}{\nu_r}(\text{冷油藏}) \tag{5.3}$$

如果超出界面(ξ 方向)后仅发生热传导作用，则：

$$\frac{T(\xi) - T_R}{T_s - T_R} = e^{(-U\xi/a)} \tag{5.4}$$

$$dq = dq - dq_r = Kg\sin\theta \int_0^\infty \left(\frac{1}{\nu} - \frac{1}{\nu_R}\right)d\xi \tag{5.5}$$

另一种可能是具有最大 ξ_{max} 的积分极限，超过该极限，则不会发生流动。

$$\frac{\nu_s}{\nu} = \left(\frac{T - T_R}{T_s - T_R}\right)^m, m = 3 \sim 4(\text{一般情况}) \tag{5.6}$$

$$\int_0^\infty \left(\frac{1}{\nu} - \frac{1}{\nu_R}\right)d\xi = \frac{\alpha}{U}\frac{1}{m\nu_s} \tag{5.7}$$

$$q = \frac{Kg\alpha\sin\theta}{m\nu_s U} \tag{5.8}$$

SAGD 物质平衡方程如下。

当单元的流入量小于流出量，二者之差决定了界面提升的速度。

$$dq_t = \phi\Delta S_o \left(\frac{d\gamma}{dt}\right)_x dx \tag{5.9}$$

$$\left(\frac{dq}{dx}\right)_t = \phi\Delta S_o \left(\frac{d\gamma}{dt}\right)_x \tag{5.10}$$

令界面处的速度 $U = (d\gamma/dt)_x$，倾角为 θ，则 SAGD 界面处的速度为：

$$U = -\cos\theta \left(\frac{d\gamma}{dt}\right)_x \tag{5.11}$$

$$\left(\frac{d\gamma}{dt}\right)_x < 0 \tag{5.12}$$

$$\tan\theta = \frac{d\gamma}{dx} \tag{5.13}$$

SAGD 界面的移动速度为：

$$q = \frac{Kg\alpha\sin\theta}{mv_s U} \tag{5.14}$$

$$q = -\frac{Kg\alpha\sin\theta}{mv_s\cos\theta\left(\dfrac{d\gamma}{dt}\right)} \tag{5.15}$$

$$q = -\frac{Kg\alpha\left(\dfrac{d\gamma}{dx}\right)}{mv_s\left(\dfrac{d\gamma}{dt}\right)} \tag{5.16}$$

$$U = -\cos\theta\left(\dfrac{d\gamma}{dt}\right)_x \tag{5.17}$$

$$\tan\theta = \frac{d\gamma}{dx} \tag{5.18}$$

$$\left(\frac{\partial q}{\partial x}\right)_t = \phi\Delta S_o\left(\frac{\partial \gamma}{\partial t}\right)_x \tag{5.19}$$

$$q = -\frac{Kg\alpha\phi\Delta S_o\,(\partial\gamma/\partial q)_t}{mv_s} \tag{5.20}$$

SAGD 蒸汽腔 1/2 处的原油产量：

$$\int_0^q q\,dq = \int_0^{h-\gamma} \frac{Kg\alpha\phi\Delta S_o}{mv_s}\,d\gamma \tag{5.21}$$

$$q = \sqrt{\frac{2Kg\alpha\phi\Delta S_o(h-\gamma)}{mv_s}} \tag{5.22}$$

$$q^\dagger = \sqrt{\frac{2Kg\alpha\phi\Delta S_o h}{mv_s}} \tag{5.23}$$

$$f(x,\gamma,t) = 0\,(在 SAGD 界面处) \tag{5.24}$$

$$\left(\frac{\partial x}{\partial t}\right)_\gamma \left(\frac{\partial t}{\partial \gamma}\right)_x \left(\frac{\partial \gamma}{\partial x}\right)_t = -1\,(界面形状随时间的变化) \tag{5.25}$$

$$\left(\frac{\partial x}{\partial t}\right)_\gamma = \frac{-1}{(\partial\gamma/\partial x)_t\,(\partial t/\partial\gamma)_x} = \frac{-(\partial\gamma/\partial t)_x}{(\partial\gamma/\partial x)_t} \tag{5.26}$$

$$q = \frac{-Kg\alpha\,(\partial\gamma/\partial x)_t}{mv_s\,(\partial\gamma/\partial t)_x} \tag{5.27}$$

$$\frac{Kg\alpha}{qmv_s} = \frac{-(\partial\gamma/\partial t)_x}{(\partial\gamma/\partial x)_t} \tag{5.28}$$

$$\left(\frac{\partial x}{\partial t}\right)_\gamma = \sqrt{\frac{Kg\alpha}{2\phi\Delta S_o mv_s(h-\gamma)}} \tag{5.29}$$

由式(5.30)可以看出,水平速度是γ的函数,而不是t的函数。

$$x = \left(\frac{\partial x}{\partial t}\right)_\gamma t + x_0 \tag{5.30}$$

如果 SAGD 界面在水平井上方垂向发育($x_0 = 0$),则:

$$x = t\sqrt{\frac{Kg\alpha}{2\phi\Delta S_o m v_s(h-\gamma)}} \tag{5.31}$$

$$\gamma = h - \frac{Kg\alpha}{2\phi\Delta S_o m v_s}\left(\frac{t}{x}\right)^2 \tag{5.32}$$

SAGD 无量纲界面形状定义见式(5.33)、式(5.34):

$$X = \frac{x}{h} \quad Y = \frac{\gamma}{h} \quad t' = \frac{t}{h}\sqrt{\frac{Kg\alpha}{\phi\Delta S_o m v_s h}} \tag{5.33}$$

$$Y = 1 - \frac{1}{2}\left(\frac{t'}{X}\right)^2 \tag{5.34}$$

5.2.2 循环注蒸汽

循环注蒸汽(CSS,又称蒸汽吞吐)提高采收率往往应用在稠油油藏一次采油阶段。蒸汽加热稠油后,使稠油更容易从油藏流入注入井或采油井。将一定量的蒸汽注入井内,然后关井,使蒸汽充分加热注入井周围的油藏,最后开井采油,直到采出大量的水为止,该过程称为"蒸汽吞吐"。随后继续注蒸汽加热油藏,补充油藏压力,开井采油。在蒸汽吞吐过程中,部分注入井可能会调整为采油井,并且采油井的总数会持续增加。

由于循环注蒸汽吞吐具有很高的技术成功率和投资回报率,通常推荐循环注蒸汽用于提高稠油油藏的采收率。但是,从热力学角度来看,SAGD 的热利用率是 CSS 的两倍。与 CSS 相比,由于 SAGD 的压力较低,所造成的井筒损坏更少,而且 SAGD 在厚油藏的经济性更好[13]。近期的有关研究集中在裂缝优化设计、添加剂和多孔介质力学效应的地质力学解决方案等方面。

5.2.2.1 基础技术

循环注蒸汽包括注汽、焖井和采油等三个阶段。不断重复上述步骤,直到无需汽化即可经济采油[2,19]。这项技术采用降低黏度、改变润湿性和溶解气膨胀[20]等方法来降低残余油饱和度,循环注蒸汽采油过程如图 5.2 所示。

此外,循环注蒸汽过程中的化学反应还生成了许多其他产品,包括 H_2S、CO_2、H_2[22],这些是油脱羧、S 转化为 H_2S 的结果,而 H_2、CO、CH_4 和 CO_2 是稠油、水和 CO_2 发生化学反应的产物,CO_2 是碳酸盐分解和进一步反应的产物[2]。这些化学反应生成的气体产生了额外的驱动力,称为气体驱动。此外,原油黏度降低也提高了稠油的流动性[2,23]。Hongfu[22]的研究表明,循环注蒸汽能够使原油黏度降低 28%~42%。

循环注蒸汽要求油藏有效厚度大于 30ft,油藏埋深不超过 3000ft,孔隙度和含油饱和度分

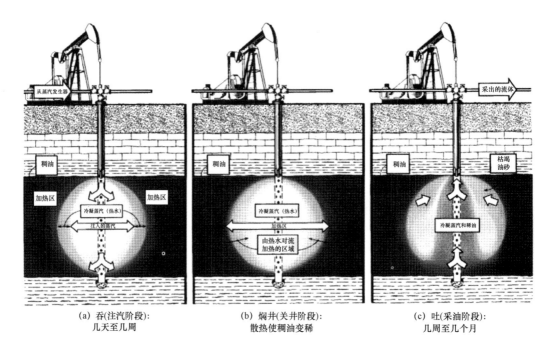

图 5.2 循环注蒸汽示意图[21]

别大于30%和40%。近井地带的地质结构对循环注蒸汽非常重要,它会影响稠油的流动性和蒸汽分布,油藏岩石应具有中等强度且黏土含量低。稠油 API 度应大于10、黏度介于1000~4000mPa·s、渗透率大于100mD[13,19],这些参数对循环注蒸汽有利。

5.2.2.2 循环注蒸汽对油藏物性的影响

分析 EOR 技术对油藏物性的影响非常重要。例如,循环注蒸汽的热效应会改变油藏的应力和储层结构,进而影响油藏渗透率和水的流动性[24]。孔隙体积和渗透率的变化是以下三个参数的函数:(1)平均有效应力的变化;(2)温度的变化;(3)剪应力的变化。随着油藏温度的升高,砂岩结构发生膨胀。有关加拿大冷湖油田砂岩结构的研究表明,注入蒸汽会增加孔隙压力,减小有效应力[24]。

在另一项研究中,加拿大 Clearwater 组的循环注蒸汽的膨胀效应已转移到了地表和油藏的不同区域[25],已在浅层油藏中观察到油井水平位置发生了变化。Walters[26] 还研究了封闭水层的压力变化规律,Clearwater 组水体仅存在孔隙弹性效应。此外,储层变形和地质力学变化还会影响储层的原始注入能力[27]。循环注蒸汽[28]过程中的热流体注入可能会增大剪切应力。Wong[28]研究了渗透率变化与剪切膨胀的关系;Yale[29]证实了循环注蒸汽对水相渗透率的影响最大。另一方面,热蒸汽前缘产生的冷凝水会增大油藏压力,这种机理可以节省油藏的驱动能量并引发流体膨胀。Gronseth[30]研究了向 Clearwater 储层注入蒸汽时的流线分布,结果表明,当蒸汽注入速度大于其在基质中的扩散速度时,可以通过蒸汽的注入量来确定加热储层的体积,增大注入体积还会提高油藏压力。随着采油过程的开始,岩石有效应力增大,油藏压力逐渐降低,导致储层孔隙减小,弥补了油藏加热过程中的孔隙膨胀[30]。已经采用各种技术研究储层变形,研究结果可用于优化生产参数,包括注入速度、水平段长度和井距。使用倾斜仪和倾角仪[31]可以记录蒸汽的运移和储层的变形,倾斜仪的精度比倾角仪[32]高一个数量级。

5.2.2.3 Aziz & Gontijo 模型

Aziz 和 Gontijo 建立了直井径向流的循环注蒸汽模型,假设重力和势为驱动力,蒸汽加热区为圆锥体。为了建立该模型,进行了以下假设:

(1)考虑水和油的初始饱和度;
(2)蒸汽加热区为锥形体;
(3)忽略蒸汽注入阶段的热传递,油藏平均温度等于蒸汽温度;
(4)稠油在油—蒸汽界面向油藏下方流动;
(5)蒸汽与油区的传热机理是热传导;
(6)拟稳态流动;
(7)随着生产的进行,蒸汽加热范围越来越大;
(8)压降和重力共同驱动原油流动;
(9)加热区的平均温度取决于蒸汽压力和相应的压力降。

根据以上假设,传热方程如式(5.35)所示:

$$q_o = 1.87 R_x \sqrt{\frac{K_o \phi \Delta S_o \alpha \Delta \Phi}{m_o v_{avg}[(\ln R_x/R_w) - 0.5]}} \qquad (5.35)$$

$$R_x = \sqrt{h_t^2 + R_h^2} \qquad (5.36)$$

$$\Delta S_o = S_{oi} - S_{ors} \qquad (5.37)$$

$$\Delta \Phi = \Delta H g \sin\theta + \frac{p_s - p_{wf}}{\rho_o} \qquad (5.38)$$

$$\sin\theta = \frac{h_t}{R_x} \qquad (5.39)$$

$$\Delta h = h_t - h_{st} \qquad (5.40)$$

θ 为加热界面与油藏基准的夹角。压力由公式(5.41)计算:

$$p_s = \left(\frac{T_s}{115.95}\right)^{4.4543} \qquad (5.41)$$

利用 Van Lookeren 方程[33]计算蒸汽加热的厚度,见式(5.42):

$$h_{st} = 0.5 h_t A_{RD} \qquad (5.42)$$

式(5.42)中,A_{RD} 为衡量蒸汽加热区的无量纲参数:

$$A_{RD} = \sqrt{\frac{350 \times 144 \times Q_s \mu_{st}}{6.328\pi(\rho_o - \rho_{st}) h_t^2 K_{st} \rho_{st}}} \qquad (5.43)$$

蒸汽的黏度和密度由式(5.44)和式(5.45)计算:

$$\rho_{st}(1b/ft^3) = \frac{p_s^{0.9588}}{363.9} \quad (p_s \text{ 的单位为 psi}) \tag{5.44}$$

$$\mu_{st}(mPa \cdot s) = 10^{-4}(0.2T_s + 82) \quad (T_s \text{ 的单位为 °F}) \tag{5.45}$$

蒸汽加热的半径和体积由式(5.46)和式(5.47)计算:

$$R_h = \sqrt{\frac{V_s}{\pi h_{st}}} \tag{5.46}$$

$$V_s = \frac{Q_s t_{inj} \rho_w Q_i + H_{last}}{v(T_s - T_R)} \tag{5.47}$$

前面用于估算加热体积的方法考虑了前一轮循环注蒸汽过程中滞留在油藏中的热量。单位质量蒸汽携带的热量由式(5.48)计算:

$$Q_i = C_w(T_s - T_R) + L_{vdh} f_{sdh} \tag{5.48}$$

为了计算水的焓值、蒸汽的潜热和蒸汽的等体积热容量,可以用式(5.49)~式(5.51)表示[2,34]:

$$h_w = 68\left(\frac{T_s}{100}\right)^{1.24} \quad (T_s \text{ 的单位是 °F}) \tag{5.49}$$

$$L_{vdh} = 94(705 - T_s)^{0.38} \quad (T_s \text{ 的单位为 °F}) \tag{5.50}$$

$$(\rho c)_t = (1 - \phi)M_o + \phi[(1 - S_{wi})M_o + S_{wi}M_w] \tag{5.51}$$

作为初始条件,假设油藏中的初始热量为零。每个循环注蒸汽周期内的蒸汽体积和平均温度是计算重点。

$$H_{last} = V_s(\rho c)_t(T_{avg} - T_R) \tag{5.52}$$

使用 Boberg 和 Lantz 提出的式(5.53)[35]计算平均温度,该式适用于圆柱体,这里只能计算近似值。

$$T_{avg} = T_R + (T_s - T_R)[f_{HD}f_{VD}(1 - f_{PD}) - f_{PD}] \tag{5.53}$$

f_{HD}, f_{VD} 和 f_{PD} 均为无量纲参数,分别为径向热损失、垂向热损失和流体内部消耗的能量,均为时间的函数,由 Boberg 和 Lantz[35]以无量纲时间或误差函数和伽马函数的形式引入。为了简化计算,分别用式(5.54)~式(5.57)表示:

$$f_{HD} = \frac{1}{1 + 5t_{DH}} \tag{5.54}$$

$$t_{DH} = \frac{\alpha(t - t_{inj})}{R_h^2} \tag{5.55}$$

$$f_{VD} = \frac{1}{\sqrt{1 + 5t_{DV}}} \tag{5.56}$$

$$t_{DV} = \frac{4\alpha(t - t_{inj})}{h_t^2} \tag{5.57}$$

计算流体内部的热量损失公式见式(5.58)：

$$f_{PD} = \frac{1}{2Q_{max}} \int_0^t Q_P dt \tag{5.58}$$

Q_{max} 为传递到油藏的最大热量。计算过程如下：在盖层的热损失减去剩余在油藏中的热量，再减去当前时间步长内注入油藏中的热量。

$$Q_{max} = H_{inj} + H_{last} - \pi R_h^2 K_R (T_s - T_R) \sqrt{\frac{T_{soak}}{\pi a}} \tag{5.59}$$

从上一个时间步开始迭代 H_{last}。每个周期注入的热量计算见式(5.60)：

$$H_{inj} = 350 Q_i Q_s t_{inj} \tag{5.60}$$

采用式(5.61)计算传热速度：

$$Q_P = 5.615(q_o M_o + q_w M_w)(T_{avg} - T_R) \tag{5.61}$$

将最后一个时间步的平均温度作为目前的温度，则积分转换为式(5.62)：

$$f_{PD}^n = f_{PD}^{n-1} + \Delta f_{PD} \tag{5.62}$$

式中：n 为时间步。

Δf_{PD} 由式(5.63)计算：

$$\Delta f_{PD} = \frac{5.615(q_o M_o + q_w M_w)(T_{avg}^{n-1} - T_R) \Delta t}{2Q_{max}} \tag{5.63}$$

求解上述模型的主要步骤总结如下：
(1)给定流体、油藏和生产数据，对数学模型初始化。
(2)计算加热区域的半径、厚度、流体特性和饱和度的初始值。
(3)使用较小的时间步长，计算累计的或每个时间步长中的水和油的产量，然后确定每个循环周期的平均温度，并最终通过检查每个循环周期的累计产油量确定原始含油量。
(4)通过时间步数检查循环周期结束时是否满足要求，然后继续迭代计算。
(5)确定油藏中剩余的热量和水量。
(6)如果需要进行下一个循环计算，则转到步骤(2)；否则，计算结束。

5.2.2.4 Boberg-Lantz 模型

Boberg-Lantz 模型[36]最重要的假设包括：
(1)使用 Marx-Langenheim 模型计算加热区的半径；
(2)假设油藏瞬间被加热到 T_s；
(3)整个加热区的初始温度为 T_s，而未加热 o/u(上覆盖层/下伏岩层)和油藏的温度为 T_R；
(4)考虑热量损失和热流体的采出；

（5）尽管有冷流体流入高温区域，但在能量平衡方程中不考虑。

$$\frac{K_h}{r}\frac{\partial}{\partial r}\left(r\frac{\partial T}{\partial r}\right) + K_h\frac{\partial^2 T}{\partial z^2} = \rho C_p\frac{\partial T}{\partial t} \quad (5.64)$$

初始条件如下，示意图如图5.3所示。

当 $t = t_i, T = T_s (r_w \leqslant r \leqslant r_s, 0 \leqslant z \leqslant h)$

当 $t = t_i, T = T_R (r > r_s, z < 0\ \text{或}\ z > h)$

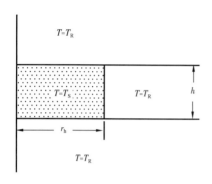

图 5.3 Boberg – Lantz 模型

r 和 z 方向的边界条件包括：

$$\text{当}\ r = 0, \frac{\partial T}{\partial r} = 0 \quad (5.65)$$

$$\text{当}\ r \to \infty, \frac{\partial T}{\partial r} = 0 \quad (5.66)$$

$$\text{当}\ z = \frac{h}{2}, \frac{\partial T}{\partial r} = 0 \quad (5.67)$$

$$\text{当}\ z \to \infty, \frac{\partial T}{\partial r} = 0 \quad (5.68)$$

对模型使用叠加原理：

$$T(r,z) = T(r)T(z) \quad (5.69)$$

$$\overline{T}(r)\ \text{适用于}\ 0 \leqslant r \leqslant r_h \quad (5.70)$$

$$\overline{T}(z)\ \text{适用于}\ 0 \leqslant z \leqslant h \quad (5.71)$$

$$\overline{T}_D = \overline{T}_{Dr}\overline{T}_{Dz} \quad (5.72)$$

在 Boberg – Lantz 模型中引入无量纲参数。

无量纲温度：

$$\overline{T}_{Dr} = \frac{\overline{T}(r) - T_R}{T_s - T_R} \quad (5.73)$$

$$\overline{T}_{Dz} = \frac{\overline{T}(z) - T_R}{T_s - T_R} \quad (5.74)$$

无量纲时间：

$$t_{Dr} = \frac{\alpha(t - t_i)}{r_h^2} \quad (5.75)$$

$$t_{Dz} = \frac{\alpha(t - t_i)}{(h/2)^2} \quad (5.76)$$

方程在 r 和 z 方向上的解如式(5.77)至式(5.79)所示，如图5.4中的无量纲关系。

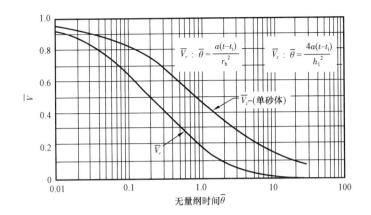

图 5.4 温度与时间的关系图

在 r 方向：

当 $t_D \leqslant 10$ 时

$$\overline{T}_{Dr} = \sqrt{\frac{t_{Dr}}{\pi}}\left(2 - \frac{t_{Dr}}{2} - \frac{3}{16}t_{Dr}^2 - \frac{15}{64}t_{Dr}^3 - \frac{525}{1024}t_{Dr}^4 - \cdots\right) \tag{5.77}$$

当 $t_D > 10$ 时

$$\overline{T}_{Dr} = \left(\frac{1}{4t_{Dr}} - \frac{1}{16t_{Dr}^2} + \frac{5}{384t_{Dr}^3} - \frac{1}{439t_{Dr}^4} + \frac{7}{20480t_{Dr}^5} - \cdots\right) \tag{5.78}$$

在 z 方向：

$$\overline{T}_{Dz} = \text{erf}\left(\frac{1}{\sqrt{t_{Dz}}}\right) - \frac{\sqrt{t_{Dz}}}{\pi}(1 - e^{-1/t_{Dz}}) \tag{5.79}$$

对 Boberg – Lantz 方程中的两项内容调整如下：

（1）o/u 页岩中温度 T 分布。

将假设长度(z)添加到油层(T_s时为 $h + z$)，用于计算 o/u 页岩的热量损失。

（2）平均温度不考虑已加热流体的采出。

定义了无量纲参数 δ，修正因流体采出地面携带的热量。加热半径为 r_h 且厚度为 $z + h$ 的圆柱体中的能量计算如下：

$$m_s H_s = \pi r_h^2 M(T_s - T_R)(z + h) \tag{5.80}$$

$$z = \left[\frac{m_s H_s}{\pi r_h^2 M(T_s - T_R)}\right] - h \tag{5.81}$$

$$t_{Dz} = \frac{\alpha(t - t_i)}{[(z + h)/2]^2} \tag{5.82}$$

热流体产量采用 Boberg – Lantz 方程表示为：

$$\dot{Q}_{\mathrm{p}} = 5.615 q_{\mathrm{oh}} (\rho_{\mathrm{o}} C_{\mathrm{o}} + F_{\mathrm{WOR}} \rho_{\mathrm{w}} C_{\mathrm{w}}) (\overline{T}_{\mathrm{p}} - T_{\mathrm{R}}) \tag{5.83}$$

式中:$\dot{Q}_{\mathrm{p}}$ 为热量损失速度,Btu/d❶;T_{p} 为加热区域的平均温度,用于修正采出热流体(℉)的情况;F_{WOR} 为水油比。

时间段$(t-t_{\mathrm{i}})$内采出的热流体所携带的热量为:

$$\delta = \frac{1}{2} \int_{t_{\mathrm{i}}}^{t} \frac{\dot{Q}_{\mathrm{p}} \mathrm{d}\lambda}{m_{\mathrm{s}} H_{\mathrm{s}}} \tag{5.84}$$

$$T_{\mathrm{Dp}} = \frac{\overline{T}_{\mathrm{p}} - T_{\mathrm{R}}}{T_{\mathrm{s}} - T_{\mathrm{R}}} = \overline{T}_{\mathrm{Dr}} \overline{T}_{\mathrm{Dz}} (1 - \delta) - \delta \tag{5.85}$$

$$\overline{T}_{\mathrm{p}} = T_{\mathrm{R}} + (T_{\mathrm{s}} - T_{\mathrm{R}}) [\overline{T}_{\mathrm{Dr}} \overline{T}_{\mathrm{Dz}} (1 - \delta) - \delta] \tag{5.86}$$

气—水产量用 Boberg – Lantz 方程表示为:

$$\dot{Q}_{\mathrm{p}} = q_{\mathrm{oh}} (H_{\mathrm{ogv}} + H_{\mathrm{wrv}}) \tag{5.87}$$

$$H_{\mathrm{ogv}} = (5.615 \rho_{\mathrm{o}} C_{\mathrm{o}} + F_{\mathrm{GOR}} C_{\mathrm{g}}) (\overline{T}_{\mathrm{p}} - T_{\mathrm{R}}) \tag{5.88}$$

$$H_{\mathrm{wrv}} = 5.615 [F_{\mathrm{WOR}} (H_{\mathrm{wT}} - H_{\mathrm{wr}}) + F_{\mathrm{wv}} \lambda_{\mathrm{s}}] \tag{5.89}$$

式中:H_{wrv} 为采出水的焓,Btu/bbl;H_{ogv} 为采出油和天然气的焓,Btu/bbl;H_{wT} 为温度 T 条件下的饱和水的焓,Btu/lbm;F_{GOR} 为气油比 GOR,ft³/bbl;F_{WOR} 为水油比 WOR,bbl/bbl;F_{wv} 为单位采出蒸汽冷凝后的水量,bbl/bbl。

单位采出蒸汽冷凝后的水量取决于:

$$F_{\mathrm{wv}} = 0.0001356 \left(\frac{p_{\mathrm{wv}}}{p_{\mathrm{w}} - p_{\mathrm{wr}}} F_{\mathrm{GOR}} \right) \tag{5.90}$$

式中:F_{wv} 为单位采出蒸汽冷凝后的水量;p_{wv} 为温度 T 条件下的水的蒸气压;p_{w} 为井底流压;p_{wr} 为温度 T_{R} 条件下的水的蒸气压;F_{GOR} 为气油比 GOR,ft³/bbl。

(1)如果油井采出气体,则其中始终含有水蒸气。
(2)如果 $p_{\mathrm{wv}} > p_{\mathrm{w}}$,则油井中的水会闪蒸成蒸汽。此时,式(5.90)将无效。
(3)对于任何油藏,都需要调整 Boberg – Lantz 模型的参数,考虑 WOR 随时间的变化。

例 5.1 注蒸汽焖井后的加热区平均温度的计算。

将温度为 400℉的蒸汽注入油藏,形成加热半径为 25ft 的加热区。油藏的初始温度、厚度和热传导率分别为 120℉、40ft 和 1.6Btu/(h·ft²·℉)/ft。盖层和油藏的平均热容为 33Btu/(ft³·℉)。在油藏温度达到 400℉之前,分别计算加热 100d、200d、300d 的加热区平均温度,假设焖井过程没有采油。

---

❶ Btu 为英热单位;1Btu≈1.06kJ。

首先计算 α, 然后计算 $\overline{T}_{Dr}$ 和 $\overline{T}_{Dz}$。

$\alpha = k_h / M = [1.6 \text{Btu}/(h \cdot \text{ft}^2 \cdot \text{°F})/\text{ft}]/[33 \text{Btu}/(\text{ft}^3 \cdot \text{°F})] = 0.0484 \text{ft}^2/h = 1.163 \text{ft}^2/d$

径向无量纲温度：

$$\overline{T}_{Dr} = \overline{T}_{Dr}(t_{Dr}) \tag{5.91}$$

$$t_{Dr} = [\alpha(t - t_i)]r_h^2 = [(1.163 \text{ft}^2/d)(t - t_i)]/(25 \text{ft})^2 = 0.00186(t - t_i)$$

当 $(t - t_i) = 100 d$, 则 $t_{Dr} = 0.186$、$\overline{T}_{Dr} = 0.66$；当 $(t - t_i) = 200 d$, 则 $t_{Dr} = 0.372$、$\overline{T}_{Dr} = 0.53$；当 $(t - t_i) = 300 d$, 则 $t_{Dr} = 0.558$、$\overline{T}_{Dr} = 0.45$。则厚度加权平均温度 $\overline{T}_{Dz}$：

$$\overline{T}_{Dz} = \alpha(t - t_i)/(h/2)^2 = (1.163 \text{ft}^2/d)(t - t_i)/(20 \text{ft})^2 = 0.0029(t - t_i)$$

当 $t - t_i = 100 d$, 则 $t_{Dz} = 0.29$、$\overline{T}_{Dz} = 0.78$；当 $t - t_i = 200 d$, 则 $t_{Dz} = 0.58$、$\overline{T}_{Dz} = 0.64$；当 $t - t_i = 300 d$, 则 $t_{Dz} = 0.87$、$\overline{T}_{Dz} = 0.56$。结果见表 5.1。

表 5.1 焖井后加热区的平均温度

$t - t_i(d)$	$\overline{T}_{Dr}$	$\overline{T}_{Dz}$	$\overline{T}_D$	$\overline{T}(\text{°F})$
100	0.66	0.78	0.48	251.1
200	0.53	0.64	0.31	206.3
300	0.45	0.56	0.23	184.2

5.2.3 火烧油层

火烧油层(ISC)包含了放热反应，可以将油藏温度提高至 300~400℃，使油藏流体发生相变。尽管该过程的化学反应非常复杂，但由于该技术的优势明显，油藏工程师们仍然对其作用机理进行了研究。

火烧油层最初采用正向干式燃烧，首先利用空气流引发燃烧，然后在井下点燃稠油，火烧前缘传播过程中损失大量热量。为了减少热量损失，采用反向干式燃烧，即在一口井中点燃原油，在另一口井注入空气。简而言之，气流和火焰向相反的方向移动，如果没有氧供应，火焰可能会熄灭。当油价为 30~35 美元/bbl 时，火烧油层是一种经济的热力采油方法。

将空气注入油藏，点火后产生的热量使燃烧前缘向油井移动，并烧尽所有燃料；通常 5%~10% 的稠油用于燃烧，其余的从油井采出。燃烧释放的热量使油藏中的水以及燃烧前缘中的轻质组分气化，蒸汽在远离加热区的同时被冷凝。燃烧使沥青质和其他重质组分分解为较轻的烃、烟道气和热量，水的凝结会形成稳定的蒸汽前缘，而且可以提高原油的流动性；燃烧产生的气体可以与原油混相，因此也会发生混相气驱。火烧油层也适用于轻质油藏，可以进一步降低原油的黏度，提高采收率。

5.2.4 水平井趾跟注空气(THAI)

火烧油层技术中最新形成的热力采油技术被称为"水平井趾跟注空气(THAI)"。常规火烧油层的采油井和注入井均为直井,气体超覆和窜流导致火烧油层的波及系数有限。使用水平井采油或趾跟井组合可以控制油藏中的流动范围,有效解决波及系数太低的问题。水平井趾跟注空气技术适用于两种井网类型,即交错排状井网和正对排状井网,第一种井网的直井注入井位于水平井趾端的侧前方,第二种井网的直井注入井正对着水平井的趾端。这项技术包括至少一口垂直注气或注气(注水)井,注入井位于油藏的上部,水平井的趾端正对垂直注入井,如图 5.5 所示。近距离原油驱替(SDOD)技术是重力稳定驱的趾跟空气注入技术(THAITM),其优越性在于它发生在火烧油层实施之前。数值模拟和室内实验表明,水平井井筒附近堵塞时容易形成"近距离原油驱替",有利于避免氧气气窜。

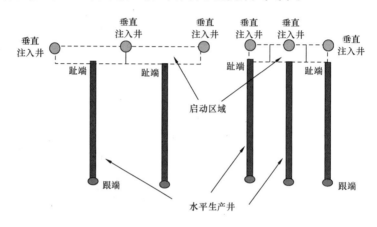

图 5.5　交错排状和正对排状 THAITM 原理图[37]

5.2.4.1　THAI 技术优势

(1)火烧油层容易在趾端发生突破,前缘容易在跟端推进,而 THAI 的前缘传播更容易控制。

(2)与火烧油层一样,THAI 也需要进行室内实验。

(3)可以有更多的优化空间。

(4)如果稠油在油藏条件下可以流动,则 THAI 更简单;否则,要先对油藏预热。

(5)适用于在油藏底部部署水平井。

(6)受油藏非均质性的影响较小。

5.2.4.2　THAI 应用条件

适合 THAI 的油藏应具备以下条件:

(1)如果存在底水,则底水厚度不应超过油层厚度的 30%;

(2)不存在天然裂缝或水力压裂裂缝;

(3)砂岩油藏;

(4)有效厚度必须大于 6m;

(5)原油黏度和密度应分别大于 200mPa·s 和 900kg/m³;

(6)油藏的水平渗透率和垂向渗透率应分别大于 200mD 和 50mD,且 K_V/K_H 应大于 0.25;

(7)含水率应小于 70%。

如果油藏渗透率沿直井向下逐渐增大,则最后两个条件并不重要。通过分析油藏数值模拟结果,即可最终决定是否启动 THAI 技术。

5.2.5 催化辅助 THAI 技术(THAI – CAPRI)

THAI 进一步发展为综合利用催化剂提高原油采收率,1998 年首次用于矿场试验,被称为趾跟注空气(THAI)—催化采油(CAPRI)。实际上,该方法是火烧油层和催化裂化的组合,在油藏条件下生成轻烃,无须地面改质。但是,其他热采方法(包括 SAGD、蒸汽驱、CSS 和 ISC)都需要在地面进行改质。

这项技术的主要缺点是焦炭、重金属和沥青质在催化剂多孔介质上沉积造成催化剂失去活性,可以采用固定床微反应器研究油井中催化剂结垢机理。这项技术的主要问题包括:
(1)生产符合炼厂要求的商业原油;
(2)增加了全球的能源需求;
(3)随着温度的升高,油藏中的轻质原油减少;
(4)增加了稠油和沥青质的采收率,预计未来将有 80×10^8 bbl 的稠油和沥青质储量可用作能源接替。

催化辅助 THAI 是注入的氧与油藏中的稠油发生反应,使部分稠油燃烧发生高温氧化(HTO)[39]。如图 5.6 所示,该技术从水平井趾端开始,并且连续的可流动稠油前缘逐渐向水平井的跟端流动[41]。在重力作用下,移动前缘的稠油流入水平井,同时水平井筒周围的催化剂将稠油催化裂解为轻质油,避免了稠油地面改质。这项技术最初是由卡尔加里石油采收研究所和巴斯大学提高采收率小组合作完成,他们在水平井筒的射孔套管上设计安装了催化剂活性层[42-43]。

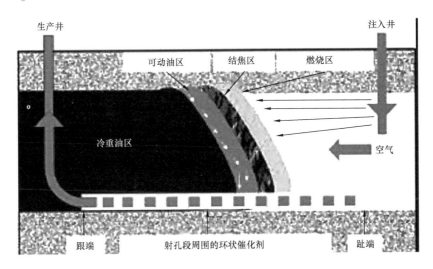

图 5.6　THAI – CAPRI 流程示意图[40]

催化辅助 THAI 可以应用在高压浅层稠油油藏,正常运行温度为 400~600℃[42-43]。如前所述,在燃烧前缘从水平井的趾端逐渐向跟端移动的过程中,容易发生焦炭沉积,沉积的焦炭燃烧后产生 THAI 所需的热量,进而降低稠油黏度,推动稠油流入水平井。火烧油层[42-43]发生的各种燃烧反应如下。

（1）热裂解或热解：

$$\text{重油} \longrightarrow \text{轻质油} + \text{焦炭}$$

（2）焦炭氧化（高温氧化，HTO）：

$$\text{焦炭} + O_2 \longrightarrow CO + CO_2 + H_2O$$

（3）稠油氧化：

$$\text{重油} + O_2 \longrightarrow CO + CO_2 + H_2O$$

原油改质过程包含两个化学反应，即加氢和脱碳[44]。后者在THAI中引发热裂化反应，该反应是油藏压力和油藏温度的函数。

（4）脱碳：

$$CH_x \longrightarrow CH_{x_1} + C \quad (x_1 > x)$$

下一步为稠油裂解，同时使用CAPRI技术中的加氢处理催化剂进行催化加氢作为后续化学反应，如下所示。

（5）加氢：

$$CH_x + H_2 \longrightarrow CH_{x_1} \quad (x_1 > x)$$

在水煤气转化反应和（或）烃气化过程中产生含氢产物[45]。

（6）烃气化：

$$CH_x \longrightarrow C + \frac{x}{2}H_2$$

$$C + H_2O(\text{蒸汽}) \longrightarrow CO + H_2$$

$$C + CO_2 \longrightarrow CO$$

（7）水煤气转化反应：

$$CO + H_2O \longrightarrow CO_2 + H_2$$

众所周知，稠油是环烷烃、石蜡和芳香族化合物的混合物。催化反应包括B-断裂反应和形成中间产物的链式反应[46]。后者包括三个阶段，即启动、反应和终止。首先在催化剂酸性部位的质子化过程中形成碳正离子，可能还有其他途径，包括：(1)石蜡氢化物提取，(2)烯烃质子化，(3)质子裂解[46]。三价碳正离子则通过碳正离子转化得到的氢化物离子和油分子发生链反应而生成，通过烷基或氢化物转移还可以生成稳定的仲碳正离子或叔碳正离子[47]。所生成的三价碳正离子不稳定，再通过裂化、异构化、开环、烷基化等作用转化为较小的碳氢化合物。在最后的终止阶段，质子从三价碳正离子分离出来，转化为较轻的碳氢化合物、氢和三配位三价碳正离子[46]。

5.2.6 VAPEX

溶剂萃取（VAPEX）是将有机溶剂注入稠油油藏，降低稠油黏度。具体过程是在上部油井注入有机溶剂,稠油在重力泄油的作用下从下部油井采出。Mokrys 和 Butler[49]首次在 SAGD 中使用类似的有机溶剂对溶剂萃取技术进行了研究,用甲苯分别提取 Suncor Coker 和 Athabasca 稠油。不过,最早提出这种方法的却是 Allen[50],他使用丁烷和丙烷来改善循环注蒸汽的采油效果,而且将非凝析气体和有机溶剂一起注入油藏[51]。在注入压力小于蒸气压时,分别将纯气体和气体混合物注入油藏以提高稠油的采收率。由于价格便宜且容易获得,Dunn[52]选择 CH_4 和 CO_2 提高稠油的采收率,但是溶剂萃取的缺点是原油产量低,无法扩大矿场应用规模。水平井技术将中断了 10 年的溶剂萃取重新复活。在此期间,一些实验室的研究集中在多孔介质模型和非孔介质模型方面[53]。此外,还对 VAPEX 进行了升级改进,通过混合 VAPEX 和热 VAPEX 加热有机溶剂,使热量传递到 VAPEX 界面,并且在稠油中发生原位凝结。在混合或湿式 VAPEX 中,向有机溶剂中注入蒸汽,加快稠油黏度的降低速度,综合利用传热和传质作用优化生产。Farouq Ali 和 Snyder[54]以及 Awang 和 Farouq Ali[55]研究了另一种技术,即溶剂辅助热混相驱;Butler 和 Jiang[56]以及 Karmaker 和 Maini[57]研究了高温对溶剂辅助热混相驱的影响。Butler 和 Jiang[56]的实验用玻璃珠填充模型饱和 870mPa·s 的原油;实验结果表明,选择丙烷作为溶剂时,当温度从 21℃升高到 27℃,采收率提高了 21.5%;当温度从 10℃升高到 19℃时,原油采收率提高了 18%[58]。Frauenfeld 将混合 VAPEX 和热 VAPEX 与常规 VAPEX 进行了比较[48],研究表明,蒸汽热量进一步降低了注入井周围的稠油黏度,加快了注入井和采油井的井间连通速度。

Farouq Ali[6]在 1976 年提出了混合 VAPEX,交替或同步注入蒸汽和溶剂。Butler[59]比较了 SAGD 与添加溶剂的 SAGD,后者使蒸汽量降低了 30%,而丙烷的回收率高达 99%。由于水的露点比轻烃的露点高,Mokrys 和 Butler[59]认为轻烃对蒸汽腔的保护作用,降低了汽油比和能量损耗。得克萨斯 A&M 大学的学者研究了丙烷对蒸汽加热油藏(160~170℃)的影响,研究表明,溶剂能增加蒸汽的注入速度,降低启动时间,减少能量消耗,提高流体采收率。Deng[60]和 Mamora[61]使用 CMG 软件 STARS 模块模拟热 VAPEX 采油的效果,数值模拟结果与实验结果吻合较好,并确认它是一项混合提高采收率方法。此外,Zhao[62]研发了一种融合 SAGD 和 VAPEX 的热采方法,交替注入溶剂和蒸汽,但仍然属于 SAGD 范畴,与 Allen[50]在循环注蒸汽中使用溶剂的方法类似。Zhao[62]还研究了蒸汽溶剂交替(SAS)注入,并与 SAGD 进行了比较,结果表明,在相同的采油速度条件下,SAS 所需的热量减少了 18%;他还使用数值模拟研究了 SAS 在冷湖油田的应用,并与 SAGD 进行了比较,结果表明,SAS 技术可以提高采油速度。

与 SAGD 相比,VAPEX 具有许多优势,即能量利用效率高、运营和投资成本低、产油量更多。将 VAPEX 与 SAGD 进行比较时,应注意碳氢化合物的潜热值比水低,因此 VAPEX 所需的热量更少、温度也较低。Singhal[63]认为 VAPEX 的能耗约为 SAGD 的 3%。热力采油方法除了将热量传递给稠油之外,还会传递给油藏岩石、上覆盖层、下伏岩层以及地层水。注入蒸汽使油藏温度明显升高,而 VAPEX 仅将油藏温度升高了 5~10℃[63]。根据 Das[64]的研究,每生产 1kg 稠油需要 0.5kg 溶剂和 3kg 蒸汽,与其他学者的研究结论基本一致[65]。同步注入溶剂和蒸汽的热采的运行成本比 VAPEX 高,但所需的热量比 SAGD 少;运行成本包括溶剂和水的购置费及处理费,水或溶剂与原油的分离成本。同步注溶剂和蒸汽相比,高汽油比的 SAGD 减少了蒸汽量,但增大了油水分离难度[60,63];在低温条件下即可用闪蒸器分离轻烃,溶剂回收率约 90%。

VAPEX 和热 VAPEX 有利于提高沥青质消失的可能性。随着沥青溶液平衡状态的消失，沥青质也会被溶解，进而降低稠油黏度；如果稠油中的沥青质含量从 16% 减少到零，则稠油黏度降低 20 个数量级[66]；从热力学和催化反应的角度来看，如果溶液中含有沥青质，则会增加原油改质的成本。另一方面，由于沥青质沉积会降低油藏渗透率，波及系数也会减小。含底水或顶水的油藏不适合热力采油[67]，液烃微溶于水，底水容易加速注采井间的连通，渗流机理从重力驱转变为底水驱，油井产量会暂时增加[59,68-69]。因此，对于含有底水或顶水的油藏，VAPEX 是唯一合适的采油方法[58,69]。致密的浅层油藏也会面临较大的热量损失。SAGD 也不适合黏土含量高的油藏，因为蒸汽冷凝后的水会引起黏土膨胀，尤其是当黏土含量超过 10%[63]，但是这类油藏可以采用 VAPEX 提高采收率。

5.2.7 加热储层

把热流体注入多孔介质的过程中，热流体与岩石及其所含的流体之间发生热传递，还与上覆盖层和下伏岩层发生热传递，传热机理包括热对流和热传导。如果在多孔介质中发生相变，则传热方程变得更加复杂[70]。热流体推动水、气和油在多孔介质中流动，并通过热传导和对流机理对其进行加热，也通过热传导加热多孔介质。平衡速度是注入流体性质即黏度和密度的函数。为了模拟传热过程，假设岩石和流体具有相同的温度。冷凝蒸汽的传热系数高于热水，因此其波及系数也会略低。通常可以忽略地层的温度梯度，假设为无限垂向热传导；尽管在注热方向上存在温度梯度，但也可以忽略不计，并且假定蒸汽温度(T_S)瞬间跃变为储层温度(T_R)，可以使用阶跃函数进行近似计算，因为热流体的热量会从砂岩传导至上覆盖层和下伏岩层。蒸汽还会改变油藏的径向温度分布，而且蒸汽前缘的移动速度比热前缘更快[70]。

5.2.8 蒸汽发生器

为了产生蒸汽，通常将发电厂的烟道气用作热量来源。炉膛包括锅炉、吹灰炉（将蒸汽和水的混合物吹送到炉膛）、燃烧器和助燃空气系统、用于排放烟道气的压力系统和增压空气密封系统（避免烟道气泄漏）。锅炉管放置在锅炉底部的蒸汽分配罐和集水器之间，并在蒸汽分配系统之前放置过热器。

5.2.8.1 燃料

蒸汽发生器的燃料包括天然气、炼厂废气、煤和燃料油，其中炼厂废气包括液化石油气、天然气和各处理装置产生的废气，由直馏和残渣混合物组成的燃料油也可以为蒸汽发生器提供既定压力和温度的燃料。平衡鼓则为燃料提供稳定的热量、恒定的压力，并从液体中回收蒸汽，防止冷凝水通过系统。在一定的控制条件下，在装置内加热燃料，并在燃烧之前对其过滤；这些燃料还会用在其他装置中，例如一氧化碳锅炉从催化裂化装置中回收热量，通过燃烧将一氧化碳转化为二氧化碳，余热回收装置从烟道气中回收蒸汽。

5.2.8.2 蒸汽分配器

蒸汽分配器包含了许多配件、管道、阀门和接箍，蒸汽压力取决于处理装置和发电厂。随着蒸汽进入涡轮机驱动压缩机和泵，蒸汽压力逐渐下降，蒸汽通过换热器变成冷凝水，然后将冷凝水循环到锅炉中,或输送到废水处理装置。蒸汽发生器所产生的蒸汽压力必须高于蒸汽采油所需的压力。

5.2.8.3 给水

生产蒸汽需要大量的水,因此给水是生产蒸汽的重要参数。如果蒸汽发生器所需的给水含有杂质,则会影响蒸汽发生效果。可以使用苏打灰或石灰对给水沉淀和过滤,防止溶解的矿物腐蚀涡轮机叶片或在叶片上结垢,也需要过滤掉易形成水垢的不溶性物质(如油和淤泥),还需要除氧和二氧化碳,因为它们会腐蚀锅炉;再循环的冷却水也需要处理。生产蒸汽面临的最大挑战是启动加热器,该过程可能会产生易燃的空气和气体混合物。所有操作系统都必须配备紧急程序用于停止及启动流程。当水流速度较低时,蒸汽发生器缺水,蒸汽管道无法正常运行,而过量的水进入蒸汽分配系统则会损坏涡轮机。蒸汽锅炉应配备排污系统,去除残留的水,避免在管线和涡轮机叶片上结垢;蒸汽发生器配有分离罐,用于除去燃气中的液体;还应准备替代燃料以应对紧急情况。

5.2.9 蒸汽管线的热损失

蒸汽管线采用隔热材料(硅酸钙)隔热,并覆盖铝箔保护层。蒸汽热量通过热传导作用从隔热层传递到铝箔保护层,此外,热量传递到周围环境过程中还包括自然对流、强制对流和热辐射。在计算热损失时,可以忽略水垢引起的热损失以及管壁的热传导,由于冷凝水的传热系数较大,因此蒸汽分配管线的温度等于蒸汽温度。蒸汽管线热损失如图5.7所示。

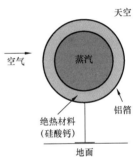

图5.7 蒸汽分配管线的热损失 Q_{loss}

为了计算蒸汽管线的热损失,需要考虑以下假设:
(1)忽略管壁和水垢引起的热损失;
(2)蒸汽分配管线的温度等于蒸汽温度。
热量传递存在三种传热机理:
(1)对流;
(2)辐射;
(3)自然对流。

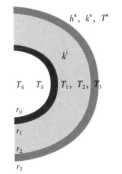

图5.8 隔热层的热传递

5.2.9.1 隔热层的热传导

隔热层的热传导如图5.8所示,热量传递方程见式(5.92)。

$$\dot{Q}_i = \frac{2\pi k^i (T_1 - T_2)}{\ln(r_2/r_1)} \quad (5.92)$$

式中:$\dot{Q}_i$为隔热材料的热传递(热损失);k^i为隔热材料的热传导率。

5.2.9.2 管道的热损失

从隔热层到周围环境的热传递包含辐射和对流,热量损失表示见式(5.93):

$$Q_l = Q_{lr} + Q_{lc} \tag{5.93}$$

热量通过对流或辐射散失到周围环境中：Q_{lr}为辐射散失的热量，Q_{lc}为对流散失的热量。在高风速条件下，强制对流是主要的传热机制。

5.2.9.3 热对流

对流传热计算式(5.94)：

$$Q_{lc} = 2\pi r_3 h_c (T_3 - \overline{T_a}) \tag{5.94}$$

式中：h_c为与管道外径有关的对流传热系数。

很多模型都可以用来计算对流传热系数，而且适用的风速范围较宽，其中McAdams[71]模型为式(5.95)，适用于强制对流是主要传热机制的情况。

$$h_{fc} = \frac{0.12 k_{ha}}{r_3} N_{Re}^{0.6} \tag{5.95}$$

式中：k_{ha}为空气的热传导率，Btu/(h·ft·°F)；h_{fc}为强制对流系数，Btu/(h·ft·°F)；N_{Re}为雷诺数，$1000 \leq N_{Re} \leq 50000$。

采用式(5.96)计算流入管道的空气的雷诺数：

$$N_{Re} = 4365 \frac{r_3 v_a \rho_a}{\mu_a} \tag{5.96}$$

式中：ρ_a为温度T_a条件下的空气密度，lb/ft³；μ_a为空气黏度，mPa·s；v_a为垂直于管道的空气速度，mile/h。

在界面$T = (T_3 + T_a)/2$处计算k_{ha}和μ_a的值。由于T_3未知，因此采用迭代法确定。

5.2.9.4 热辐射

采用式(5.97)计算管道表面通过辐射产生的热量损失(图5.9)：

$$Q_{lr} = \pi r_3 \varepsilon \sigma [(T_3^4 - T_{sky}^4) + (T_3^4 - \overline{T_g}^4)] \tag{5.97}$$

式中：ε为管道表面的散热率；σ为Stefan-Boltzmann常数，1.713×10^{-9} Btu/(h·ft²·°R⁴)；T_{sky}为绝对空气温度，°R(°F+460)；T_g为管道下方的地面温度，°R(空气温度$T \cong 414 - 515$°R，计算时通常取460°R)，$T_3 \approx T_2$。

图5.9 辐射热损失

5.2.10 井筒热损失

注蒸汽井的完井设计如图5.10所示，油管由注蒸汽井段上方的封隔器固定。刚开始注汽时，利用蒸汽将油套环空的流体全部循环至地面，使环空充满蒸汽和空气的混合物。蒸汽的热量通过辐射、对流和传导作用依次穿过油管、环空、套管和固井水泥环，该热损失过程的温度分布如图5.11所示。

Ramey[72]认为，井筒的热传导速度是瞬时过程，可以由式(5.98)计算：

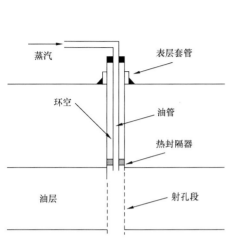

图 5.10 注蒸汽的完井设计

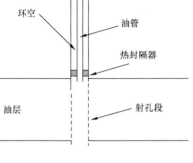

图 5.11 井筒剖面的热传导示意图

$$\dot{Q}_l = \frac{2\pi k_{hf}(T_h - T_e)}{f(t)} \tag{5.98}$$

式中：k_{hf}为油藏的热传导率，Btu/(h·ft·℉)；T_h为水泥环—油藏界面处的温度，℉；T_e为稳定温度，℉；$f(t)$为瞬时无量纲时间函数。

如果蒸汽注入时间足够长，则可以使用瞬间函数。无量纲时间函数：

$$f(t) = \ln\left(\frac{2\sqrt{a_f t}}{r_{hd}}\right) - 0.29, t > 1 \text{ 周} \tag{5.99}$$

式中：a_f为油藏的热扩散速度，ft²/h；t为时间，h；r_{hd}为井筒半径，ft。

将准稳态视为一系列稳态，则模型可表示为式(5.100)：

$$Q_l = 2\pi r_{to} \dot{U}_{to}(T_s - T_h) \tag{5.100}$$

式中：U_{to}为基于管外壁面的流体—固井水泥环（地层界面）的总传热系数，Btu/(h·ft²·℉)。

假设 $\Delta T = T_s - T_h$：

$$T_h = \frac{T_s f(t) + T_e[k_{hf}/(r_{to}/U_{to})]}{f(t) + [k_{hf}/(r_{to}/U_{to})]} \tag{5.101}$$

在短时间内，$f(t)$是U_{to}的函数。

5.2.10.1 总传热系数

采用 Willhite[73] 提出的方程计算环空的总传热系数：

$$U_{to} = \left[\frac{r_{to}}{r_{ti}h_f} + \frac{r_{to}\ln(r_{to}/r_{ti})}{k_{htub}} + \frac{1}{h_{nc} + h_r} + \frac{r_{to}\ln(r_{co}/r_{ci})}{k_{hcas}} + \frac{r_{to}\ln(r_{hd}/r_{co})}{k_{hcem}}\right]^{-1} \tag{5.102}$$

式中：h_f 为流体与管内壁的界面传热系数；h_{nc} 为基于 r_{to} 和 $T_{to}-T_{ci}$ 的环空的自然对流传热系数；h_r 为基于 r_{to} 和 $T_{to}-T_{ci}$ 的辐射传热系数；k_{hcas} 为基于平均套管温度的热传导率；k_{hcem} 为基于平均水泥温度和压力的水泥环热传导率；k_{htub} 为油管的热传导率；h 的单位为 $Btu/(h \cdot ft^2 \cdot °F)$，$k$ 的单位为 $Btu/(h \cdot ft \cdot °F)$。

在大多数情况下，h_f、k_{htub}、k_{hcas} 的数值非常大，则式（5.102）可以继续简化为：

$$U_{to} = \left[\frac{1}{h_{nc} + h_r} + \frac{r_{to}\ln(r_{hd}/r_{co})}{k_{hcem}} \right]^{-1} \quad (5.103)$$

5.2.10.2 径向传热系数

在利用近似方程计算 U_{to} 时，需先计算 h_r 和 h_c，则辐射的传热系数 h_r 为：

$$h_r = \sigma F_{tci}(T_{to}^2 + T_{ci}^2)(T_{to} + T_{ci}) \quad (5.104)$$

其中

$$\frac{1}{F_{tci}} = \frac{1}{\varepsilon_{to}} + \frac{r_{ti}}{r_{ci}}\left(\frac{1}{\varepsilon_{ti}} - 1\right) \quad (5.105)$$

式中：ε_{to} 为管道外表面的散热率，负值；ε_{ti} 为管道内表面的散热率，负值；T 为绝对温度，$°F$；σ 为 Stefan–Boltzmann 常数，$1.713 \times 10^{-9}\ Btu/(h \cdot ft^2 \cdot °R^4)$。

5.2.10.3 沿井筒的传热系数

为了计算 h_r，应先计算 T_{to} 和 T_{ci}。

T_{ci} 与 T_h 和 T_s 有关，可以用式（5.106）计算，T_{ci} 和 T_h 还是 U_{to} 和 t 的函数。

$$T_{ci} = T_h + \frac{r_{to}U_{to}}{k_{hcem}}\ln\left(\frac{r_{hd}}{r_{co}}\right)(T_s - T_h) \quad (5.106)$$

5.2.10.4 自然对流传热系数

自然对流的传热系数 h_c 由式（5.107）计算（适用条件：$5 \times 10^4 < N_{Gr}N_{Pr} < 7.2 \times 10^8$）：

$$h_{nc} = \frac{k_{hc}}{r_{to}\ln(r_{ci}/r_{to})} \quad (5.107)$$

其中

$$\frac{k_{hc}}{k_{ha}} = 0.049(N_{Gr}N_{Pr})^{0.333}N_{Pr}^{0.074} \quad (5.108)$$

$$N_{Gr} = \frac{(r_{ci} - r_{to})^3 g\beta\rho_{an}^2(T_{to} - T_{ci})}{\mu_{an}^2} \quad (5.109)$$

$$N_{Pr} = \frac{C_{an}\mu_{an}}{k_{ha}} \quad (5.110)$$

5.2.10.5 名词定义

N_{Gr} 为格拉斯霍夫常数,负值。

N_{Pr} 为普朗特常数,$N_{pr} = v/\alpha = (\mu/\rho)/(k/\rho c_p)$,负值。

C_{an} 为平均环空温度条件下的环空流体的热容,Btu/(lb·°F)。

k_{ha} 为平均环空温度和压力条件下的环空空气的热传导率,Btu/(h·ft·°F)。

k_{hc} 为平均环空温度和压力条件下的环空流体的热对流等效传导率,Btu/(h·ft·°F)。

β 为平均环空温度和压力条件下的环空流体的热膨胀系数,1/°R。

g 为重力加速度,$4.17 \times 10^8 \text{ft/h}^2$。

μ_{an} 为平均环空温度和压力条件下的环空流体的黏度,mPa·s。

$$\langle T_{annulas} \rangle = (T_{ci} + T_{to})/2$$

计算井筒热损失的步骤如下:

(1) 根据 T_s 或 T_{to}(取决于完井方式),对 U_{to} 假设初始值;
(2) 确定 $f(t)$;
(3) 计算 T_h;
(4) 计算 T_{ci};
(5) 假设 h_r 和 h_c;
(6) 计算最新的 U_{to};
(7) 对比 U_{to} 的计算值和初始值;
(8) 当满足迭代误差时,确定热损失值 U_{to}。

例 5.2 井筒热损失

假设:油管直径 3.5in,注入蒸汽的温度为 600°F,套管材质为 N-8,大气压力 14.7psi,套管固定在直径 12in 井中,油藏埋深 3000ft,封隔器的直径为 9.625in,平均地表温度为 100°F。计算注蒸汽 21d 后的总传热系数、平均套管温度、井筒热损失量。

已知数据:r_{to}、r_{ci}、r_{co}、r_h、α_f、k_{hf}、ε_{ci}、k_{hcem}。

$$U_{to} = \left[\frac{r_{to}}{r_{ti}h_f} + \frac{r_{to}\ln(r_{to}/r_{ti})}{k_{htub}} + \frac{1}{h_{nc} + h_r} + \frac{r_{to}\ln(r_{co}/r_{ci})}{k_{hcas}} + \frac{r_{to}\ln(r_{hd}/r_{co})}{k_{hcem}} \right]^{-1}$$

假设 h_f、k_{htub} 和 k_{hcas} 足够大,则上述方程可简化为:

$$U_{to} = \left[\frac{1}{h_{nc} + h_r} + \frac{r_{to}\ln(r_{hd}/r_{co})}{k_{hcem}} \right]^{-1}$$

已知:

注入蒸汽温度

$$T_s = 600°F$$

完井参数

$$r_{to} = 0.146\text{ft}, r_{co} = 0.4\text{ft}, r_{ci} = 0.355\text{ft}, r_{hd} = 0.5\text{ft}$$

油套环空的空气静压 14.7psi

油藏参数

$$T_e = 100°F, 埋深 L = 3000\text{ft}$$

热传导参数

$$k_{hf} = 1\text{Btu}/(\text{h}\cdot\text{ft}\cdot°F), k_{hcem} = 0.2\text{Btu}/(\text{h}\cdot\text{ft}\cdot°F)$$

$$\varepsilon_{to} = \varepsilon_{ti} = 0.9, \alpha_f = 0.0286\text{ft}^2/\text{h}$$

氧化层：氧化铁

(1) 利用 T_{to} 计算 U_{to}

(2) 计算 $f(t)$ （当 $t > 7\text{d}$）

$$f(t) = \ln\left(2\frac{\sqrt{\alpha_f t}}{r_{hd}}\right) - 0.29 = \ln\left(2\frac{\sqrt{0.0286 \times 504}}{0.5}\right) - 0.29 = 2.43$$

(3) 计算 T_h

$$T_h = \frac{T_s f(t) + T_e[k_{hf}/(r_{to}U_{to})]}{f(t) + [k_{hf}/(r_{to}U_{to})]} = \frac{600 \times 2.43 + 100 \times (1/0.146/4.05)}{2.43 + (1/0.146/4.05)} = 395°F$$

(4) 计算 T_{ci}

$$T_{ci} = T_h + \frac{r_{to}U_{to}}{k_{hcem}}\ln\left(\frac{r_{hd}}{r_{co}}\right)(T_s - T_h) = 395 + \frac{0.146 \times 4.05}{0.2}\ln\left(\frac{0.5}{0.4}\right)(600 - 395) = 530°F$$

(5) ① 计算 h_r

$$F_{tci} = \left[\frac{1}{\varepsilon_{to}} + \frac{r_{ti}}{r_{ci}}\left(\frac{1}{\varepsilon_{ti}} - 1\right)\right]^{-1} = \left[\frac{1}{0.9} + \frac{0.146}{0.355}\left(\frac{1}{0.9} - 1\right)\right]^{-1} = 0.865$$

$$T_{to} = 600 + 460 = 1060°R$$

$$T_{ci} = 530 + 460 = 990°R$$

$$h_r = \sigma F_{tci}(T_{to}^2 + T_{ci}^2)(T_{to} + T_{ci})$$

$$= 1.713 \times 10^{-9} \times 0.865 \times (1060^2 + 990^2) \times (1060 + 990) = 6.39\text{Btu}/(\text{h}\cdot\text{ft}^2)$$

② 计算 h_{nc}

$$\overline{T}_a = \frac{(T_{to} + T_{ci})}{2} = \frac{(600 + 530)}{2} = 565°F$$

该温度条件下的空气参数为：

$$\rho_{an} = 0.0388\text{lb}/\text{ft}^3, \mu_{an} = 0.069\text{lb}/(\text{ft}\cdot\text{h}), C_{an} = 0.245\text{Btu}/(\text{lb}\cdot°F)$$

$$k_{ha} = 0.0255 \text{Btu}/(\text{h} \cdot \text{ft} \cdot ℉)$$

对于理想气体：

$$\beta = \frac{-1}{\rho_{an}} \left(\frac{\partial \rho_{an}}{\partial T}\right)_p = \frac{1}{\overline{T}_{an}} = \frac{1}{565 + 460} = 9.75 \times 10^{-4} ℉^{-1}$$

③ 计算 h_{nc}

$$N_{Pr} = \frac{C_{an}\mu_{an}}{k_{ha}} = \frac{0.245 \times 0.069}{0.0255} = 0.66$$

$$N_{Gr} = \frac{(r_{ci} - r_{to})^3 g\beta\rho_{an}^2(T_{to} - T_{ci})}{\mu_{an}^2}$$

$$= \frac{(0.355 - 0.146)^3(4.17 \times 10^8)(9.75 \times 10^{-4})(0.0388)^2(600 - 530)}{0.069^2}$$

$$= 8.26 \times 10^4$$

$$\frac{k_{hc}}{k_{ha}} = 0.049(N_{Pr}N_{Gr})^{0.333}N_{Pr}^{0.074}$$

$$= 0.049(8.26 \times 10^4 \times 0.66)^{0.333}(0.66)^{0.074} = 1.81$$

$$k_{hc} = k_{ha} \times 1.81 = 0.046 \text{Btu}/(\text{h} \cdot \text{ft} \cdot ℉)$$

④ 计算 h_{nc}

$$h_{hc} = \frac{k_{nc}}{r_{to}\ln(r_{ci}/r_{to})} = \frac{0.046}{0.146\ln(0.355/0.146)} = 0.36 \text{Btu}/(\text{h} \cdot \text{ft}^2 \cdot ℉)$$

(6) 计算 U_{to}

$$U_{to} = \left[\frac{1}{h_{nc} + h_r} + \frac{r_{to}\ln(r_{hd}/r_{co})}{k_{hcem}}\right]^{-1} = \left[\frac{1}{0.36 + 6.39} + \frac{0.146\ln(0.5/0.4)}{0.2}\right]^{-1}$$

$$= 3.22 \text{Btu}/(\text{h} \cdot \text{ft}^2 \cdot ℉)$$

(7) 为了校对 U_{to} 的误差，假设 $U_{to}^{old} = 4.05 \text{Btu}/(\text{h} \cdot \text{ft}^2 \cdot ℉)$，则 $U_{to}^{new} = 3.22 \text{Btu}/(\text{h} \cdot \text{ft}^2 \cdot ℉)$。如果误差不满足条件，返回第(1)步，使 $U_{to} = U_{to}^{new}$。

估算		计算				
序号	U_{to}	$T_h(℉)$	$T_{ci}(℉)$	h_r	h_{nc}	U_{to}
1	4.05	395	530	6.39	0.36	3.22
2	3.22	367	487	6.00	0.42	3.15
3	3.15	364	485	5.97	0.42	3.14

井筒的总体热损失：

$$\dot{Q}_{\text{lwb}} = 2\pi r_{\text{to}} U_{\text{to}} (T_s - T_h) L = 2\pi \times 0.146 \times 3.14 \times (600 - 364) \times 3000$$
$$= 2.04 \times 10^6 \text{Btu/h}$$

5.2.11 注蒸汽加热的 Marx – Langenheim 模型

在油藏加热过程中,很大一部分热量损失在油藏里。Marx – Langenheim[70]提出了油藏加热模型,假设岩石和流体的物性为固定值。蒸汽在特定区域沿垂向分布,使垂向温度均匀分布,不会发生冷凝水与蒸汽的分离。如图 5.12 所示,油藏中加热区的移动满足阶跃函数的特征。

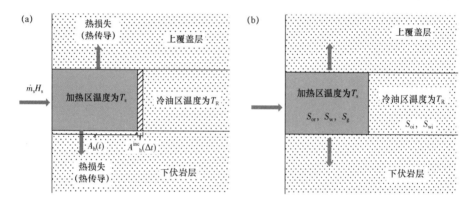

图 5.12 油藏加热区的移动

(1)采出的油、气和水都携带热量。
(2)驱替液与被驱替液的传热机理包括热传导和热对流。
(3)对于不流动的流体,传热机理仅有热传导,使流体和固体的温度相同。
(4)达到热平衡的关键参数是传热系数。
(5)由于向周围岩石发生了热传导,假设加热区岩石(含上覆盖层和下伏岩层)的面积大于蒸汽注入区。
(6)加热前缘的移动速度小于任何注热机理的热传递速度。

5.2.11.1 模型假设

(1)加热油藏的温度均匀分布,T_s 恒定。
(2)油藏等厚。
(3)流体和岩石物性均匀。
(4)不考虑重力分异。
(5)蒸汽达到加热区域之前没有热量损失。

加热单位体积油藏达到温度 T 所需的热量见式(5.111):

$$Q = M_R (T - T_R) \tag{5.111}$$

$$M_R = (1-\phi)\rho_r C_r + \phi(S_o\rho_o C_o + S_w\rho_w C_w + S_g\rho_s C_s) \tag{5.112}$$

式中：M_R 为平均加热能力，Btu/(ft²·℉) 或 kJ/(ft³·℃)；C 为平均比热容，Btu/(lb·℉) 或 kJ/(kg·℃)；S 为饱和度；ϕ 为孔隙度；ρ 为密度，lb/ft³ 或 kg/m³；r, o, w, s 分别为岩石，油，水，蒸汽。

加热区域的热量平衡见式(5.113)：

$$\dot{Q}_{in} - \dot{Q}_{loss} = \frac{dQ_R}{dt} = M_R(T_s - T_R)\frac{hdA_h}{dt} \tag{5.113}$$

式中：$\dot{Q}_{in}$ 为蒸汽热量的注入速度；$\dot{Q}_{loss}$ 为热传导损失到上覆盖层/下伏岩层的速度；dQ_R/dt 为油藏能量的变化速度；dA_h/dt 为加热区域的面积增加速度；T_R 为油藏温度；T_s 为蒸汽温度；t 为时间；h 为油藏厚度。

注蒸汽的热量为：

如果单位采用 bbl/d 时(1bbl = 159L)，CF = (350/24)lb/h

$$\dot{Q}_{in} = \dot{m}_s[C_w(T_s - T_R) + f_s\lambda_s] \tag{5.114}$$

式中：$\dot{Q}_{in}$ 为蒸汽热量的注入速度，Btu/h 或 kJ/s；$\dot{m}_s$ 为蒸汽注入速度，lb/h 或 kg/s；f_s 为蒸汽的质量(质量分数，混合物中的饱和蒸汽的比例)；λ_s 为 T_s 温度条件下水汽化的潜在热值，Btu/lb 或 kJ/kg；C_w 为水的比热容，Btu/(lb·℉) 或 kJ/(kg·℃)；T_R 为油藏温度；T_s 为蒸汽温度；t 为时间；h 为油藏厚度。

5.2.11.2 边界处的热损失

利用半无限大介质的热传导机理和由互补误差函数指定的 T 来计算边界处的热损失，如图 5.13 所示。

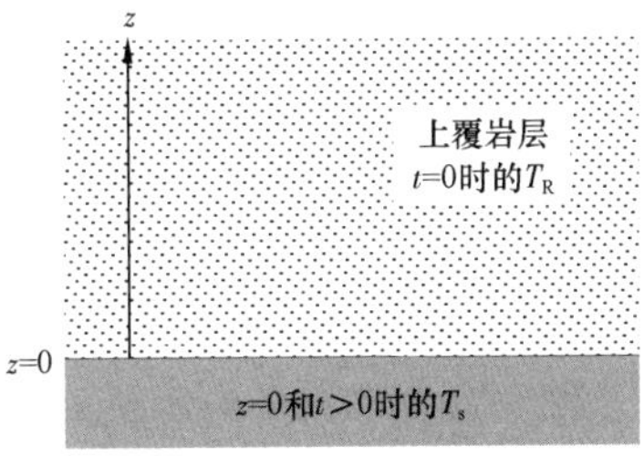

图 5.13 边界处的热损失

半无限大介质中热传导的温度分布见式(5.115)：

$$\frac{T - T_R}{T_s - T_R} = \text{erfc}\left(\frac{z}{2\sqrt{\alpha t}}\right) \tag{5.115}$$

$$\text{erfc}(x) = 1 - \text{erf}(x) = 1 - \frac{2}{\sqrt{\pi}}\int_0^x e^{-t^2}dt = \frac{2}{\sqrt{\pi}}\int_x^\infty e^{-t^2}dt \tag{5.116}$$

半无限大介质的热传导：

$$q|_{z=0} = -k_h\left(\frac{\partial T}{\partial z}\right)_{z=0} = \frac{k_h(T_s - T_R)}{\sqrt{\pi\alpha t}} \tag{5.117}$$

$$\dot{Q}_{loss} = 2\int_0^{A_h} q(t - t^*)dA_h \tag{5.118}$$

式中：t 为注蒸汽时间；t^* 为加热界面移动到特定位置的时间；$t - t^*$ 为上下边界与加热区接触的时间。

以 A_h 表示的常微分方程见式(5.119):

$$\dot{Q}_{in} = M_R(T_s - T_R)\frac{h\mathrm{d}A_h}{\mathrm{d}t} + 2\int_0^t \frac{k_h(T_s - T_R)}{\sqrt{\pi\alpha(t - t^*)}}\left(\frac{\mathrm{d}A_h}{\mathrm{d}t^*}\right)\mathrm{d}t^* \qquad (5.119)$$

$$t_D = 4\left(\frac{M}{M_R}\right)^2\left(\frac{\alpha t}{h^2}\right) \qquad (5.120)$$

式中:t_D 为无量纲时间;M 为上覆盖层/下伏岩层的体积热容;M_R 为油藏的热容;α 为上覆盖层/下伏岩层的热扩散率。

加热面积与时间的关系为:

$$A_h = \frac{\dot{m}_s H_s M_R h}{4(T_s - T_R)\alpha M^2}G(t_D) \qquad (5.121)$$

$$G(t_D) = \left[\mathrm{e}^{t_D}\cdot\mathrm{erfc}(\sqrt{t_D}) + 2\sqrt{\frac{t_D}{\pi}} - 1\right] \qquad (5.122)$$

加热区的面积增大速度为:

$$\frac{\mathrm{d}A_h}{\mathrm{d}t} = \frac{\dot{m}_s H_s}{M_R(T_s - T_R)h}G_1(t_D) \qquad (5.123)$$

$$G_1(t_D) = \mathrm{e}^{t_D}\mathrm{erfc}(\sqrt{t_D}) \qquad (5.124)$$

例5.3 恒速注蒸汽的加热半径。

用500psi的压力将干度为80%的蒸汽注入油藏,注入速度为500bbl/d CWE,油藏孔隙度为25%,原始含水饱和度和含油饱和度分别为0.2和0.8,蒸汽的注入量约为孔隙体积的40%。

$k_h = 1.5\mathrm{Btu}/(\mathrm{h}\cdot\mathrm{ft}\cdot{}^\circ\mathrm{F})$,$\alpha = 0.0482\mathrm{ft}^2/\mathrm{h}$,$M_R = 32.74\mathrm{Btu}/(\mathrm{ft}^3\cdot{}^\circ\mathrm{F})$,$M = k_h/\alpha = 31.12\mathrm{Btu}/\mathrm{ft}^3$,$T_R = 80{}^\circ\mathrm{F}$。

当注入压力为500psi,蒸汽温度 $T_s = 470.9{}^\circ\mathrm{F}$,$H_w^{T_R} = 77\mathrm{Btu}/\mathrm{lb}(80{}^\circ\mathrm{F})$,$H_w^{T_s} = 452.9\mathrm{Btu}/\mathrm{lb}(80{}^\circ\mathrm{F})$,$\lambda_s = 751.4\mathrm{Btu}/\mathrm{lb}$,$m_s = (500\mathrm{bbl}/\mathrm{d})\times(350\mathrm{lb}/\mathrm{bbl})\times(24\mathrm{h}/\mathrm{d}) = 7292\mathrm{lb}/\mathrm{h}$ 时:

$$A_h = \frac{\dot{m}_s H_s M_R h}{4(T_s - T_R)\alpha M^2}G(t_D)$$

$$H_s = (H_w^{T_s} - H_w^{T_R}) + f_s\lambda_s$$

$$t_D = 4\left(\frac{M}{M_R}\right)^2\left(\frac{\alpha t}{h^2}\right)$$

$$M = \frac{k_h}{\alpha}$$

$$t_D = 4\left(\frac{M}{M_R}\right)^2 \left(\frac{\alpha t}{h^2}\right) = 4\left(\frac{31.12}{32.74}\right)^2 \left(\frac{0.0482 \times 14 \times 24}{20^2}\right) = 0.146$$

$$G(t_D) = 0.113$$

$$H_s = (452.9 - 77) + 0.8 \times 751.4 = 977 \text{Btu/lb}$$

$$A_h = \frac{\dot{m}_s H_s M_R h}{4(T_s - T_R)\alpha M^2} G(t_D) = \frac{7292 \times 977 \times 32.74 \times 20}{4 \times (470.9 - 80) \times 0.0482 \times 31.12^2} \times 0.113 = 7222 \text{ft}^2$$

$$\eta_t \approx \sqrt{\frac{A_h}{\pi}} = \sqrt{\frac{7222}{\pi}} = 47.94 \text{ft}$$

5.2.12 蒸汽驱提高采收率机理

假设蒸汽驱的蒸汽充满整个油藏,在形成热水区以后,蒸汽驱开始在储层的蒸汽区域发挥作用,并假设蒸汽比原油优先到达油藏各个位置,蒸汽驱提高采收率机理如图 5.14 所示。在实验温度为 330 ℉和 250 ℉、压力为 800psi 的条件下,Willman[74]开展了长岩心和短岩心的稠油提高采收率实验,通过分析实验数据,确定了蒸汽驱的主要作用机理。研究表明,与蒸汽驱相比,注热水和注冷水所需流体的孔隙体积倍数会更多;注热水提高采收率的主要机理包括热膨胀和降低黏度,由于水驱油的残余油饱和度受温度的影响较小,可以在热水驱过程中使用分流方程确定热水驱的提高采收率效果。

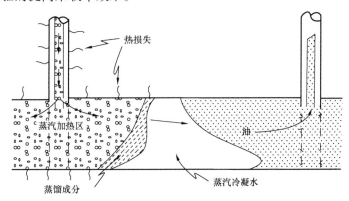

图 5.14 蒸汽驱采油机理

5.2.12.1 蒸汽的蒸馏作用

(1)非混相流体(水或蒸汽)可以降低挥发性烃的溶解温度。气态烃也会与两种非混相流体混合。

(2)当蒸气压之和等于总压力时,开始忽略温度 T 条件下系统蒸馏作用的非理想状态:

$$p = p_V + p_W \quad (V\text{—挥发油}, W\text{—水或蒸汽})$$

$$p_V V_V = n_V RT, \quad p_W V_W = n_W RT \quad (V_V = V_W)$$

5.2.12.2 Myhill–Stegemeier 模型(简称 MS 模型)

Myhill 和 Stegemeier[75]提出了蒸汽—热水复合区的平均热效率定义,建立了统一的驱替模型。

$$\bar{E}_h = \frac{1}{t_D}\left\{G(t_D) + \frac{(1-f_{h,v})U(t_D - t_{cD})}{\sqrt{\pi}}\left[2\sqrt{t_D} - 2(1-f_{h,v})\sqrt{t_D - t_{cD}} - \int_0^{t_{cD}}\frac{e^u \operatorname{erfc}\sqrt{u}}{\sqrt{t_D - u}}du - \sqrt{\pi}G(t_D)\right]\right\} \quad (5.125)$$

当临界时间 $t_{cD} > t_D$ 时,$U = 0$;当 $t_{cD} \geq t_D$ 时,$U = 1$,$f_{h,v}$ 表示注入潜热的分数。

5.2.12.3 MS 复合模型的局限性

系数 $(1-f_{h,v})$ 为经验值,是注入能量中转化为热所占的比例。在低效蒸汽驱[$f_{sd} < 0.2$]情况下,由于不能精确预测热水区的驱油量,MS 复合模型不再适用。

5.2.12.4 汽油比

实际上,蒸汽驱动的原油体积大于采出体积。为了考虑这个因素,引入了捕集因子(矿场值 $E_c = 70\% \sim 100\%$)和汽油比:

$$F_{SOR} = \frac{W_{s,eq}}{N_p} \quad (5.126)$$

式中:F_{SOR} 为汽油比;$W_{s,eq}$ 为注入蒸汽的体积;N_p 为采出原油的体积。

在定义 $W_{s,eq}$ 时,假设蒸汽从锅炉流出时的热量为 1000Btu/lb,则有:

$$W_{s,eq} \times (62.4\text{lb/ft}^3) \times (350\text{lb/bbl}) \times (1000\text{Btu/lb}) = \dot{m}_s(H_{ws} - H_{wA} + f_{sd}\lambda_s) \quad (5.127)$$

$$W_{s,eq} = 2.854 \times 10^{-6}(\dot{m}_s H_{sbA}) \quad (5.128)$$

式中:H_{sbA} 为蒸汽锅炉出口处相对于给水温度的蒸汽焓;f_{sd} 为蒸汽锅炉出口的蒸汽质量。

5.2.12.5 采油量

$$q_o = \left(\frac{7758\text{bbl}}{\text{acre}\cdot\text{ft}}\right)\phi\left(\frac{S_{oi}}{B_{oi}} - \frac{S_{ors}}{B_{ors}}\right)\frac{dV_s}{dt} \quad (5.129)$$

式中:q_o 为稠油产量,bbl/d;t 为时间,d;V 为蒸汽加热区的体积,acre·ft。

$$q_o = \left(\frac{7758\text{bbl}}{\text{acre}\cdot\text{ft}}\right)\phi\left(\frac{S_{oi}}{B_{oi}} - \frac{S_{ors}}{B_{ors}}\right)\frac{hdA_s}{dt} \quad (5.130)$$

$$\frac{dA_h}{dt} = \frac{\dot{m}_s H_s}{M_R(T_s - T_R)h}G_1(t_D)\quad(t_D \leq t_{cD}) \quad (5.131)$$

$$q_{\text{o}} = \left(\frac{7758\text{bbl}}{\text{acre}\cdot\text{ft}}\right)\phi\left(\frac{S_{\text{oi}}}{B_{\text{oi}}} - \frac{S_{\text{ors}}}{B_{\text{ors}}}\right)\frac{\dot{m}_{\text{s}}H_{\text{s}}}{M_{\text{R}}(T_{\text{s}} - T_{\text{R}})}G_1(t_{\text{D}})\,(t_{\text{D}} \leqslant t_{\text{cD}}) \tag{5.132}$$

$$q_{\text{ohw}} = \left(\frac{7758\text{bbl}}{\text{acre}\cdot\text{ft}}\right)\phi\left(\frac{S_{\text{oi}}}{B_{\text{ol}}} - \frac{S_{\text{orhw}}}{B_{\text{ohw}}}\right)\frac{\dot{m}_{\text{s}}H_{\text{s}}}{M_{\text{R}}(T_{\text{s}} - T_{\text{R}})}G_1(t_{\text{D}})\,(t_{\text{D}} > t_{\text{cD}}) \tag{5.133}$$

5.2.12.6 蒸汽加热区的采油量

$$q_{\text{os}} = \left(\frac{7758\text{bbl}}{\text{acre}\cdot\text{ft}}\right)\phi\left(\frac{S_{\text{orw}}}{B_{\text{orw}}} - \frac{S_{\text{ors}}}{B_{\text{ors}}}\right)\frac{\dot{m}_{\text{s}}H_{\text{s}}}{M_{\text{R}}(T_{\text{s}} - T_{\text{R}})}\frac{\text{d}G_1(t_{\text{Ds}})}{\text{d}t}\,(t_{\text{D}} > t_{\text{cD}}) \tag{5.134}$$

例 5.4 利用 MS 复合模型确定 SOR

根据 Myhill 和 Stegemeier[75]研究中使用的蒸汽驱数据,注入速度和压力分别为 850bbl/d 和 200psi,油藏温度和注水温度分别为 110℉和 70℉,锅炉出口的蒸汽干度为 0.8,注入油藏时蒸汽干度逐渐减小至 0.7。使用以下参数确定 SOR:

$p_{\text{s}} = 215\text{psi}$ $\phi = 0.30$
$T_{\text{s}} = 387.9\text{℉}$ $H_{\text{wA}} = 38\text{Btu/lb}(@70\text{℉})$
$L_{\text{vdh}} = 837.4\text{Btu/lb}$ $\Delta S_{\text{o}} = 0.31$
$f_{\text{sd}} = 0.7$ $M_{\text{R}} = 35\text{Btu/(ft}^3\cdot\text{℉)}$
$H_{\text{wr}} = 77.94\text{Btu/lb}(@100\text{℉})$ $M_{\text{s}} = 42\text{Btu/(ft}^3\cdot\text{℉)}$
  $\alpha = 1.2[\text{Btu/(h}\cdot\text{ft}\cdot\text{℉})]/42[\text{Btu/(ft}^3\cdot\text{℉})]$
$h = 32\text{ft}$ $= 0.0286\text{ft}^2/\text{h} = 0.6857\text{ft}^2/\text{d}$
$H_{\text{wT}} = 361.91\text{Btu/lb}(@387.9\text{℉})$ $K_{\text{h}} = 1.2\text{Btu/(h}\cdot\text{ft}\cdot\text{℉)}$

求解:

当时间单位为"天"时:

$$T = 4(M_{\text{s}}/M_{\text{R}})^2(\alpha/h^2)t = 4\times(42/35)^2\times(0.6857/32^2)t = 3.857\times10^{-3}t$$

当时间单位为"年"时:

$t_{\text{D}} = 1.408t$,当 $t = 4.5$ 年时,$t_{\text{D}} = 6.335$,
$H_{\text{s}} = 361.91 + 0.7\times837.4 - 77.94 = 870.15\text{Btu/lb}$

$$f_{\text{h,v}} = \frac{0.7\times837.4}{870.15} = 0.674$$

又因为 $\alpha = k_{\text{h}}/M$,$\overline{E}_{\text{h,s}} = 0.33$

此时,蒸汽加热区驱替的原油体积为:

$$V_{\text{s}} = \left[\frac{\dot{m}_{\text{s}}H_{\text{s}}t}{M_{\text{R}}(T_{\text{s}} - T_{\text{r}})}\right]\overline{E}_{\text{h,s}}(t_{\text{D}})$$

$= [(850\text{bbl/d})\times(350.4\text{lb/bbl})\times(870.15\text{Btu/lb})\times(4.5\text{a})\times(365\text{d/a})]/$
$\{[(35\text{Btu/(ft}^3\cdot\text{℉})]\times(387.9\text{℉} - 110\text{℉})\times[43560\text{ft}^2/(\text{acre}\cdot\text{ft})]\}\times0.33$

$= 331.5\text{acre}\cdot\text{ft}$

$$N_{P_s} = [7758\text{bbl}/(\text{acre}\cdot\text{ft})]\phi\frac{h_n}{h_t}\left(\frac{S_{oi}}{B_{oi}} - \frac{S_{ors}}{B_{ors}}\right)V_s$$

$$= [7758\text{bbl}/(\text{acre}\cdot\text{ft})]\times 0.30\times 1.0\times 0.31\times(331.5\text{acre}\cdot\text{ft})$$

$$= 239197\text{bbl}$$

此时,可以确定相应的注入水的体积。

相对于给水温度和锅炉出口蒸汽温度的蒸汽热焓计算如下:

$$H_{wA} = H_{ws} - H_{wA} + f_{sb}L_{vs} = 361.9 - 38 + 0.8\times 837.4 = 993.83\text{Btu/lb}$$

$$W_t = (850\text{bbl/d})\times(5.615\text{ft}^3/\text{bbl})\times(62.4\text{lb/ft}^3)\times(4.5\text{a})\times(365\text{d/a})$$

$$= 489.17\times 10^6\text{lb}$$

$$W_{s,eq} = (2.854\times 10^{-6})\times(489.17\times 10^6)\times(993.83) = 1.388\times 10^6\text{bbl}$$

$$F_{os} = 239198/1387500 = 0.172\text{bbl/bbl}(油/蒸汽)$$

$$F_{so} = 5.81\text{bbl/bbl}(蒸汽/油)$$

问题

问题1. 计算注蒸汽80d后的2in油管的热损失。假设,油藏深度900ft,蒸汽干度为83%,锅炉入口给水速度为1000bbl/d,油藏温度为390℉。
(1)确定油管的热损失。
(2)计算地面的蒸汽注入速度。
(3)井筒损失的热量是多少?
(4)确定注入饱和蒸汽的干度(表5.1)。

表5.1 蒸汽注入条件

平均地表温度(℉)	70
地温梯度(℉/ft)	0.02
总传热系数[Btu/(d·ft·℉)]	33
油管内径(in)	2
井筒直径(in)	7
油藏热传导系数[Btu/(d·ft·℉)]	36
油藏热扩散系数(ft²/d)	0.96

问题2. 假设图5.15中的注蒸汽管线为3in(外径3.5in),隔热层为硅酸镁,厚度为2in,并包裹一层铝皮($\varepsilon_{Al}=0.77$);蒸汽注入速度、压力和温度分别为350bbl/d、1650psia和620℉;平

均环境温度为 100 ℉,风速为 10mile/h,地表温度为 70 ℉。

(1)确定地面注蒸汽管线的热损失。

(2)当锅炉出口蒸汽干度为 0.85 时,计算注蒸汽井口的蒸汽干度。

图 5.15 蒸汽分配系统

问题 3. 计算问题 2 中注蒸汽井口的蒸汽干度(假设不考虑隔热层)。

问题 4. 在压力 350psi 和温度 419 ℉ 的条件下,将蒸汽以 300bbl/d CWE 的速度注入油藏;套管外径 7in(J－55,井筒直径 10.75in,固井水泥环线重为 26lb/ft),地球热传导系数和平均热容分别为 1.0Btu/(h·ft·℉) 和 35Btu/ft,地温梯度为 0.015 ℉/(lb·℉);平均地表温度为 100 ℉,水泥的热传导系数为 0.6Btu/(h·ft·℉),井口蒸汽干度为 0.75。确定注蒸汽 5 个月后的井筒热损失。

问题 5. 使用表 5.2 中的注蒸汽参数,提高蒸汽注入速度 1000bbl/d CWE;假设注入蒸汽过程中油套环空干燥,确定热损失速度和套管温度。

(1)注入井口的蒸汽干度为 89.7%,在 2500 psi 的压力下注蒸汽 30d 后,确定套管的热损失速度和温度。

(2)当油管中的压力差为零时,重新计算井筒壁面处的蒸汽干度。

表 5.2 注汽井的参数

注蒸汽油管内径(in)	2.99
注蒸汽油管外径(in)	3.50
套管外径(in)	7.0
套管内径(in)	6.276
井径(in)	10.75
油藏深度(ft)	3500
注蒸汽油管热传导系数[Btu/(h·ft·℉)]	24.84
套管热传导系数[Btu/(h·ft·℉)]	24.84
水泥环热传导系数[Btu/(h·ft·℉)]	0.3
油藏热传导系数[Btu/(h·ft·℉)]	1.4
油藏热扩散系数(ft²/d)	0.04
平均地表温度(℉)	77
地温梯度(℉/ft)	0.017

参 考 文 献

[1] R.F. Meyer, E.D. Attanasi, P.A. Freeman, Heavy oil and natural bitumen resources in geological basins of the world. Report No.: 2331 －1258.

[2] M. Prats, Thermal Recovery, Society of Petroleum Engineers, United States, 1982. Web.

[3] J. Raicar, R. Procter (Eds.), Economic considerations and potential of heavy oil supply from Llodminster－Alberta, Canada. In: The Future of Heavy Oil and Tar Sands, Second Internal Conference. McGraw－Hill,

New York, NY, 1984.

[4] P. S. Sarathi, D. K. Olsen, Practical Aspects of Steam Injection Processes: A Handbook for Independent Operators, National Inst. for Petroleum and Energy Research, Bartlesville, OK, 1992.

[5] R. Butler, D. Stephens, The gravity drainage of steam – heated heavy oil to parallel horizontal wells, J. Can. Pet. Technol. 20 (02) (1981) 90 – 96.

[6] S. Farouq Ali, B. Abad, Bitumen recovery from oil sands, using solvents in conjunction with steam, J. Can. Pet. Technol. 15 (03) (1976) 80 – 90.

[7] O. E. Hernández, S. Ali (Eds.), Oil recovery from Athabasca tar sand by miscible – thermal methods. in: Annual Technical Meeting, Petroleum Society of Canada, 1972.

[8] B. Hascakir, How to select the right solvent for solvent – aided steam injection processes, J. Pet. Sci. Eng. 146 (2016) 746 – 751.

[9] A. Turta, J. Lu, R. Bhattacharya, A. Condrachi, W. Hanson (Eds.), Current status of the commercial in situ combustion (ISC) projects and new approaches to apply ISC, in: Canadian International Petroleum Conference, Petroleum Society of Canada, 2005.

[10] J. G. Burger, Chemical aspects of in – situ combustion – heat of combustion and kinetics, Soc. Pet. Eng. J. 12 (05) (1972) 410 – 422.

[11] A. Chhetri, M. Islam, A critical review of electromagnetic heating for enhanced oil recovery, Pet. Sci. Technol. 26 (14) (2008) 1619 – 1631.

[12] K. Holdaway, Harness Oil and Gas Big Data with Analytics: Optimize Exploration and Production with Data Driven Models, John Wiley & Sons, New York, 2014.

[13] J. G. Speight, The Chemistry and Technology of Petroleum, CRC Press, Boca Raton, FL, 2014.

[14] Deutsch, C., McLennan, J., 2005. Guide to SAGD (steam assisted gravity drainage) reservoir characterization using geostatistics. Centre for Computational Excellence (CCG), Guidebook Series, vol. 3. University of Alberta, April 2003.

[15] D. S. Law, A New Heavy Oil Recovery Technology to Maximize Performance and Minimize Environmental Impact, SPE International, Bethel, CT, 2011.

[16] M. R. Carlson, Practical Reservoir Simulation: Using, Assessing, and Developing Results, PennWellBooks, Houston, TX, 2003.

[17] D. Glassman, M. Wucker, T. Isaacman, C. Champilou, The Water – Energy Nexus: Adding Water to the Energy Agenda, World Policy Institute, New York, 2011. 1.

[18] Q. Jiang, B. Thornton, J. Russel – Houston, S. Spence, Review of thermal recovery technologies for the clearwater and lower grand rapids formations in the cold lake area in Alberta, J. Can. Pet. Technol. 49 (09) (2010) 2 – 13.

[19] S. Thomas, Enhanced oil recovery – an overview, Oil Gas Sci. Technol. – Rev. l'IFP 63 (1) (2008) 9 – 19.

[20] M. Prats, A current appraisal of thermal recovery, J. Pet. Technol. 30 (08) (1978) 1 – 129.

[21] J. Alvarez, S. Han, Current overview of cyclic steam injection process, J. Pet. Sci. Res. 2 (3) (2013) 116 – 127.

[22] F. Hongfu, L. Yongjian, Z. Liying, Z. Xiaofei, The study on composition changes of heavy oils during steam stimulation processes, Fuel 81 (13) (2002) 1733 – 1738.

[23] H. Pahlavan, I. Rafiqul, Laboratory simulation of geochemical changes of heavy crude oils during thermal oil recovery, J. Pet. Sci. Eng. 12 (3) (1995) 219 – 231.

[24] J. Scott, S. Proskin, D. Adhikary, Volume and permeability changes associated with steam stimulation in an oil sands reservoir, J. Can. Pet. Technol. 33 (07) (1994) 44 – 52.

[25] Poroelastic effects of cyclic steam stimulation in the Cold Lake Reservoir, in: D. Walters, A. Settari, P. Kry,

(Eds.), SPE/AAPG Western Regional Meeting, Society of Petroleum Engineers, 2000, pp. 1 – 10.

[26] D. Walters, A. Settari, P. Kry, Coupled geomechanical and reservoir modeling investigating poroelastic effects of cyclic steam stimulation in the Cold Lake reservoir, SPE Reservoir Eval. Eng. 5 (06) (2002) 507 – 516.

[27] Geomechanics for the thermal stimulation of heavy oil reservoirs – Canadian experience, in: Y. Yuan, B. Xu, B. Yang, (Eds.), SPE Heavy Oil Conference and Exhibition, Society of Petroleum Engineers, 2011.

[28] R. Wong, Y. Li, A deformation – dependent model for permeability changes in oil sand due to shear dilation, J. Can. Pet. Technol. 40 (08) (2001) 37 – 44.

[29] Geomechanics of oil sands under injection, in: D. P. Yale, T. Mayer, J. Wang (Eds.), 44th US Rock Mechanics Symposium and 5th US – Canada Rock Mechanics Symposium, American Rock Mechanics Association, 2010.

[30] Geomechanics monitoring of cyclic steam stimulation operations in the clearwater formation, in: J. Gronseth, ISRM International Symposium, International Society for Rock Mechanics, 1989.

[31] Mapping reservoir volume changes during cyclic steam stimulation using tiltmeter based surface deformation measurements, in: J. Du, S. J. Brissenden, P. McGillivray, S. J. Bourne, P. Hofstra, E. J. Davis, et al. (Eds.), SPE International Thermal Operations and Heavy Oil Symposium, Society of Petroleum Engineers, 2005.

[32] M. Dusseault, L. Rothenburg, Analysis of deformation measurements for reservoir management, Oil Gas Sci. Technol. 57 (5) (2002) 539 – 554.

[33] J. Van Lookeren, Calculation methods for linear and radial steam flow in oil reservoirs, Soc. Pet. Eng. J. 23 (03) (1983) 427 – 439.

[34] S. M. Farouq Ali, No. CONF – 820316 – Steam Injection Theories: A Unified Approach, Society of Petroleum Engineers, 1982.

[35] T. C. Boberg, Calculation of the production rate of a thermally stimulated well, J. Pet. Technol. 18 (12) (1966) 1 – 613.

[36] D. W. Green, G. P. Willhite, Enhanced Oil Recovery: Henry L. Doherty Memorial Fund of AIME, Society of Petroleum Engineers Richardson, TX, 1998.

[37] hhttp://www.insitucombustion.ca/newprocesses.html.

[38] A. Hart, The novel THAICAPRI technology and its comparison to other thermal methods for heavy oil recovery and upgrading, J. Pet. Explor. Product. Technol. 4 (4) (2014) 427 – 437.

[39] Greaves M, Turta AT. Oil field in – situ combustion process. Google Patents; 1997.

[40] Abarasi Hart, et al., Optimization of the CAPRI process for heavy oil upgrading: effect of hydrogen and guard bed, Ind. Eng. Chem. Res. 52 (44) (2013) 15394 – 15406.

[41] M. Greaves, T. Xia, Downhole upgrading of Wolf Lake oil using THAI – CAPRI processes – tracertests, Prepr. Pap. Am. Chem. Soc. Div. Fuel Chem. 49 (1) (2004) 69 – 72.

[42] Downhole upgrading Athabasca tar sand bitumen using THAI – SARA analysis, in: T. Xia, M. Greaves, (Eds.), SPE International Thermal Operations and Heavy Oil Symposium, Society of Petroleum Engineers, 2001.

[43] Xia, T., Greaves, M. (Eds.), 2001. 3 – D physical model studies of downhole catalytic upgrading of Wolf Lake heavy oil using THAI. In: Canadian International Petroleum Conference. Petroleum Society of Canada.

[44] J. G. Weissman, Review of processes for downhole catalytic upgrading of heavy crude oil, Fuel Process. Technol. 50 (2 – 3) (1997) 199 – 213.

[45] Hydrogen generation during in – situ combustion, in: L. Hajdo, R. Hallam, L. Vorndran, (Eds.), SPE California Regional Meeting, Society of Petroleum Engineers, 1985.

[46] J. – H. Gong, L. Jun, Y. – H. Xu, Protolytic cracking in Daqing VGO catalytic cracking process, J. Fuel

Chem. Technol. 36 (6) (2008) 691 – 695.

[47] J. H. Lee, S. Kang, Y. Kim, S. Park, New approach for kinetic modeling of catalytic cracking of paraffinic naphtha, Ind. Eng. Chem. Res. 50 (8) (2011) 4264 – 4279.

[48] Frauenfeld, T., Deng, X., Jossy, C. (Eds.), 2006. Economic analysis of thermal solvent processes. In: Canadian International Petroleum Conference, Petroleum Society of Canada.

[49] I. J. Mokrys, R. M. Butler, The rise of interfering solvent chambers: solvent analog model of steam assisted gravity drainage, J. Can. Pet. Technol. 32 (03) (1993) 26 – 36.

[50] Allen JC, Woodward CD, Brown A, Wu CH. Multiple solvent heavy oil recovery method. Google Patents; 1976.

[51] Allen JC, Redford DA. Combination solvent – noncondensible gas injection method for recovering petroleum from viscous petroleum – containing formations including tar sand deposits. Google Patents; 1978.

[52] S. Dunn, E. Nenniger, V. Rajan, A study of bitumen recovery by gravity drainage using low temperature soluble gas injection, Can. J. Chem. Eng. 67 (6) (1989) 978 – 991.

[53] R. M. Butler, I. J. Mokrys, A new process (VAPEX) for recovering heavy oils using hot water and hydrocarbon vapour, J. Can. Pet. Technol. 30 (01) (1991) 97 – 106.

[54] S. Farouq Ali, S. Snyder, Miscible thermal methods applied to a two – dimensional, vertical tar sandpack, with restricted fluid entry, J. Can. Pet. Technol. 12 (04) (1973) 20 – 26.

[55] Awang, M., Farouq Ali, S. (Eds.), 1980. Hot – solvent miscible displacement. In: Annual Technical Meeting. Petroleum Society of Canada.

[56] R. Butler, Q. Jiang, Improved recovery of heavy oil by VAPEX with widely spaced horizontal injectors and producers, J. Can. Pet. Technol. 39 (01) (2000) 48 – 56.

[57] Experimental investigation of oil drainage rates in the VAPEX process for heavy oil and bitumen reservoirs, in: K. Karmaker, B. B. Maini, (Eds.), SPE Annual Technical Conference and Exhibition, Society of Petroleum Engineers, 2003.

[58] Applicability of vapor extraction process to problematic viscous oil reservoirs, in: K. Karmaker, B. B. Maini, (Eds.), SPE Annual Technical Conference and Exhibition, Society of Petroleum Engineers, 2003.

[59] In – situ upgrading of heavy oils and bitumen by propane deasphalting: the VAPEX process, in: I. Mokrys, R. Butler (Eds.), SPE Production Operations Symposium, Society of Petroleum Engineers, 1993.

[60] Recovery performance and economics of steam/propane hybrid process, in: X. Deng, SPE International Thermal Operations and Heavy Oil Symposium, Society of Petroleum Engineers, 2005.

[61] Experimental and simulation studies of steam – propane injection for the Hamaca and Duri fields, in: D. Mamora, J. Rivero, A. Hendroyono, (Eds.), SPE Annual Technical Conference and Exhibition, Society of Petroleum Engineers, 2003.

[62] Steam alternating solvent process, in: L. Zhao, SPE International Thermal Operations and Heavy Oil Symposium and Western Regional Meeting, Society of Petroleum Engineers, 2004.

[63] Screening of reservoirs for exploitation by application of steam assisted gravity drainage/VAPEX processes, in: A. Singhal, S. Das, S. Leggitt, M. Kasraie, Y. Ito (Eds.), International Conference on Horizontal Well Technology, Society of Petroleum Engineers, 1996.

[64] S. K. Das, VAPEX: An efficient process for the recovery of heavy oil and bitumen, SPE J. 3 (03) (1998) 232 – 237.

[65] Effect of drainage height and grain size on the convective dispersion in the VAPEX process: Experimental study, in: B. B. Maini, SPE/DOE Symposium on Improved Oil Recovery, Society of Petroleum Engineers, 2004.

[66] Effects of asphaltene content and solvent concentration on heavy oil viscosity, in: P. Luo, Y. Gu (Eds.), SPE International Thermal Operations and Heavy Oil Symposium, Society of Petroleum Engineers, 2005.

[67] R. Butler, Some recent developments in SAGD, J. Can. Pet. Technol. 40 (01) (2001) 18-22.
[68] R. Butler, I. Mokrys, Closed-loop extraction method for the recovery of heavy oils and bitumen sunderlain by aquifers: The VAPEX process, J. Can. Pet. Technol. 37 (04) (1998) 41-50.
[69] Countercurrent extraction of heavy oil and bitumen, in: S. Das, R. Butler, (Eds.), International Conference on Horizontal Well Technology, Society of Petroleum Engineers, 1996.
[70] J. W. Marx, R. H. Langenheim, Reservoir Heating by Hot Fluid Injection, Society of Petroleum Engineers, 1959.
[71] W. H. McAdams, third ed., Heat Transmission, 742, McGraw-Hill, New York, 1954.
[72] H. Ramey Jr, Wellbore heat transmission, J. Pet. Technol. 14 (04) (1962) 427-435.
[73] G. P. Willhite, Over-all heat transfer coefficients in steam and hot water injection wells, J. Pet. Technol. 19 (05) (1967) 607-615.
[74] B. Willman, V. Valleroy, G. Runberg, A. Cornelius, L. Powers, Laboratory studies of oil recovery by steam injection, J. Pet. Technol. 13 (07) (1961) 681-690.
[75] N. Myhill, G. Stegemeier, Steam-drive correlation and prediction, J. Pet. Technol. 30 (02) (1978) 173-182.

第6章 化 学 驱

Mohammad Ali Ahmadi(加拿大卡尔加里,卡尔加里大学化学与石油工程系)

6.1 引言

原油开采划分为三个阶段。首先,石油依靠油藏的天然能量(例如溶解气驱或天然水驱)开采,被称为一次采油,相应的采收率为5%~30%[1]。由于水很容易获得且成本便宜,使得注水采油的产量会超过一次采油,该阶段被称为二次采油。注入水将原油驱替至采油井,采收率可以达到40%~60%。当采油井的水油比非常高、不再具有经济性时,停止注水开发,此时,受许多因素(包括不利的润湿性、储层的非均质性和毛细管力)的影响,油藏中仍然滞留40%~60%的原油。在二次采油以后,为了进一步采出剩余的原油,提高油藏最终采收率,可以使用提高采收率方法(EOR),通常被称为三次采油方法。EOR方法可以划分为三大类[2-6]:

(1)化学驱油;
(2)混相驱油;
(3)热力采油。

6.2 化学驱提高采收率方法

在化学驱提高采收率方法中,将化学剂注入油藏提高驱油效果,例如凝胶聚合物驱和聚合物驱是为了封堵油藏的高渗透区,增大注水黏度,提高水驱波及系数;碱—表面活性剂驱是为了降低油水界面张力,推动残余油再次流动[10-11];也可以在表面活性剂驱过程中改变油藏岩石的润湿性,进一步提高原油产量[10-14]。化学驱提高采收率方法的分类如图6.1所示。

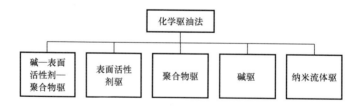

图6.1 化学驱提高采收率方法的分类

作为化学驱提高采收率方法之一,表面活性剂驱是为了降低界面张力,进而降低毛细管力,并利用重力驱提高油湿油藏的渗吸作用[13]。化学驱油的主要目的是增加毛细管数,它是黏滞力与毛细管力之比,无量纲。毛细管数由式(6.1)表示[15-17]:

$$N_C = \frac{v\mu}{\sigma} \tag{6.1}$$

式中：v 为渗流速度；μ 为流体黏度；σ 为界面张力。

衰竭开发油藏的残余油饱和度和毛细管数之间存在各种不同的关系，图6.2描述了残余油饱和度随毛细管数的变化趋势[17]。

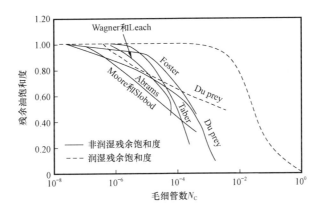

图6.2 残余油饱和度与毛细管数的典型关系曲线[17-18]

6.2.1 表面活性剂驱

Ahmadi和Shadizadeh[19]开展了一系列的真实的碳酸盐岩岩心驱油实验，其目的是分析新型天然表面活性剂的提高采收率效果。他们同时进行了岩心驱替实验和界面张力测量实验，实验表明，从叙利亚枣中提取的表面活性剂可以显著提高原油采收率，而且不会引起环境污染问题[19]。

Ahmadi[20]提出了一种从桑叶中提取环保型表面活性剂的方法。他们在油藏条件下分别进行了岩心驱替实验和界面张力测量实验，并分析了这种表面活性剂的性能。研究表明，这种环保型表面活性剂可以作为EOR的潜在试剂，需要进一步评价其在矿场试验[20]的效果。

6.2.1.1 表面活性剂的类型

表面活性剂是一种具有特殊化学结构的两性材料，其化学结构包含了一种分子组分和一种化学组分，前者对周围相几乎没有吸引力，通常称为疏水基团，后者对周围相具有强烈的吸引力，被称为亲水基团[21]。在标准的表面活性剂定义中，亲水的可溶性组分称为"头部"，而疏水性组分称为"尾巴"。表面活性剂分子结构如图6.3所示[22,23]。

图6.3 表面活性剂分子的结构[21]

最简单的表面活性剂分类取决于亲水性基团和基于疏水性基团的亚类。Myers[21]将表面活性剂分为四大类：非离子型、阴离子型、阳离子型和两性离子型。

6.2.1.1.1 非离子型表面活性剂

非离子型表面活性剂的亲水基团不带电荷,但它存在强极性基团[如聚氧乙烯($-CH_2CH_2O-)_n-H$,其中 n 是环氧乙烷单元的数量]或多元醇。因此,非离子型表面活性剂是水溶性的。非离子型表面活性剂包括醇乙氧基化物、烷基酚乙氧基化物和聚山梨酯[22-24],大部分都有聚氧乙烯结构,最典型的就是十二烷基六氧乙二醇单醚[$C_{12}H_{25}(OCH_2CH_2)_6OH$],通常缩写为 $C_{12}E_6$ 以表示烃链长和环氧乙烷链长。这类化合物的头基大于烃链[24],不过也存在较小头基的非离子型表面活性剂,如十二烷基亚磺酰基乙醇($C_{12}H_{25}SOCH_2CH_2OH$)和癸基二甲基氧化胺[22-24]。

6.2.1.1.2 阴离子型表面活性剂

阴离子型表面活性剂的亲水基团溶于水时带负电(阴离子)。阴离子亲水基团包括硫酸根($ROSO_3^-$)、磺酸根(RSO_3^-)、羧酸根($RCOO^-$)和磷酸根(RPO_4^-)。肥皂是脂肪酸钠或钾的羧酸盐,人类已使用 2000 多年[25]。常见的阴离子型表面活性剂——十二烷基硫酸钠($C_{12}H_{25}SO_4^-Na^+$),是一种人工合成材料,通常缩写为十二烷基硫酸钠(SDS)[24];另一种人工合成材料叫十二烷酸钠($C_{11}H_{23}COO^-Na^+$)。还有大量的天然阴离子型表面活性剂,例如水解甘油三酸酯[22-24]。

6.2.1.1.3 阳离子型表面活性剂

阳离子型表面活性剂的亲水基团带正电荷(阳离子)。尽管阳离子型表面活性剂比阴离子型表面活性剂的价格昂贵,但近年来阳离子型表面活性的经济重要性大大提高。石油行业研究的典型阳离子型表面活性剂含有长烷基链(碳原子数为 8~22),且头部基团为甲基或羟乙基的季铵盐[25]。常见的季铵盐(R_4N^+)如十二烷基三甲基溴化铵($C_{12}H_{25}N^+Me_3Br^-$)缩写为 $C_{12}TAB$ 或 DTAB、十六烷基三甲基溴化铵($C_{16}H_{25}N^+MeBr^-$)缩写为 $C_{16}TAB$ 或 HTAB[22-24]。

6.2.1.1.4 两性离子型表面活性剂

亲水性表面活性剂携带的电荷既可以是正电荷,也可以是负电荷,取决于溶液的 pH 值;还可以同时携带两种电荷(也称为两性表面活性剂)。两性离子型表面活性剂包括咪唑啉衍生物、氨基酸衍生物和卵磷脂。两性离子型表面活性剂占所有表面活性剂产量的 1% 或更少[25]。典型的两性离子型表面活性剂是 3-二甲基十二烷基胺丙烷磺酸盐,并且这类表面活性剂包括许多重要的天然物质,如甘油三酸酯,常见于动物细胞膜中的卵磷脂[22-24]。

6.2.1.2 与表面活性剂驱油有关的问题

表面活性剂在油藏岩石上的吸附是表面活性剂驱油过程中主要关注的问题,它的吸附意味着表面活性剂在注入过程中的浓度会逐渐降低,造成表面活性剂提高采收率的效果也降低,原因在于表面活性剂的浓度决定了表面活性剂降低界面张力或改变岩石润湿性的能力。

Ahmadi 和 Shadizadeh[26]研究了一种植物表面活性剂在碳酸盐岩油藏中的吸附特性。实验中,逐渐增加表面活性剂的浓度直至表面活性剂在岩石上的吸附量开始增加。

Ahmadi 和 Shadizadeh[27]在不同温度条件下也开展了一系列的岩心驱替实验和静态吸附

实验,以确定某种天然表面活性剂在静态和动态条件下的吸附现象。此外,除了使用等温吸附方法,他们还采用了不同的吸附动力学模型研究动态吸附特征。研究表明,增加温度可以减少表面活性剂在岩石表面的吸附量,而且动态吸附量要远低于静态吸附量,主要吸附机理是砂岩岩石带的正电荷与表面活性剂羟基带的负电荷之间形成静电吸引,如图 6.4 所示[27]。

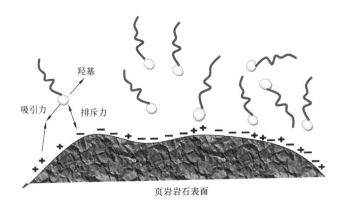

图 6.4 砂岩储层中的表面活性剂吸附过程[27]

另一个在驱油过程中可能发生的问题是表面活性剂在油藏中的分布。

最后关注的也可能重要的是表面活性剂的热稳定性和耐盐性。在高温或高盐油藏中,表面活性剂的不稳定性会永久伤害油藏并极大地降低石油产量。总之,在进行任何矿场应用之前,都应开展各种实验以弄清表面活性剂的耐温性和耐盐性。

6.2.2 碱驱

向油藏注入碱性溶液时,它会与原油中的酸性成分发生化学反应,并就地生成表面活性剂(称为肥皂,用于区分人工合成的表面活性剂)。因此,与表面活性剂驱油相关的大部分作用机理(例如降低 IFT)都适用于碱驱。注入的碱溶液会与二价离子化合物发生化学反应,生成沉淀,降低了油藏渗透率,提高了波及系数[28]。碱驱的其他机理包括乳化、携油、捕集和润湿反转[28-30]。

Mayer 从基础理论和作用机理方面总结了碱溶液与原油、水和岩石发生化学反应的相关研究和实验结果,并获得了重要新发现[31]:碱与原油发生化学反应生成肥皂。他认为,如果碱的注入浓度足够高或碱的注入量足够大,则原油中的所有酸性组分都将转化为肥皂,Delshad 和 Karpan 在碱驱数值模拟[32-33]中也做了同样的假设。但是,Sheng 也进行了同样的数值模拟研究,注入碱浓度的质量分数为 2%,却只有 25% 的酸被转化为肥皂。即,在实际油藏条件下,并非所有的酸都可以转化为肥皂[4],这一结论也从 Wang 和 Gu 的室内实验得到了证实[34]。Sheng 的研究表明,肥皂的产量很小,在特定模型下,肥皂浓度仅为 0.1%;为了能够生产肥皂,pH 值必须大于 9.5[4]。多价阳离子(例如 Ca^{2+} 和 Mg^{2+})会与肥皂生成油性的、不溶于水的肥皂凝乳,导致无法采油。然而,碱和地层水发生化学反应所生成的沉淀可能会使注入水流到低渗透区,从而提高波及系数[28]。如果将碱驱的主要机理设计为提高波及系数,则高浓度的二价阳离子是有益的。硅酸钠比碳酸钠或氢氧化钠的驱油效果更好,因为硅酸钠与钙或镁之间的化学反应会生成大量的沉淀,大幅度降低高渗透区的渗透率。碱与岩石的化学反应很复杂,取决于矿物成分和碱组分[4,29,35]。

酸值或总酸值是中和1g原油所需氢氧化钾(KOH)的质量(mg)。显然,如果原油具有较高的酸值,则会生成更多的肥皂,最终可以采出更多的原油。为了使碱驱有效,可能存在最小酸值。Cooke开展了大量的碱驱原油和碱驱合成油的室内实验[36],实验表明,只有原油酸值高于1.5时,碱驱的残余油饱和度才远低于常规水驱。因此,Cooke认为碱驱的最低酸值为1.5[36];Sheng认为适合碱驱的原油最低酸值为0.3[37];然而,Ehrlich和Wygal的研究表明,酸值高于0.1的原油或0.1% NaOH浓度下的界面张力低于0.5mN/m的原油也会产生大量的苛性碱[38],他们认为采收率与酸值增加和IFT降低没有明显的相关性。Sheng利用Ehrlich和Wygal的实验数据[4,38]计算了不同酸值条件下碱驱对残余油饱和度的降低幅度(所使用的碱是浓度为0.1%的NaOH),计算结果表明原油酸值与残余油饱和度降低也没有相关性。到目前为止,已成功实施碱驱的原油都没有最低酸值,并且采收率与酸值之间没有相关性[29]。

目前还没有建立采收率与IFT之间的简单关系式[36,38]。Cooke指出,低IFT是成功进行碱驱的必要条件,但不是充分条件[36];Castor的碱驱实验表明,采收率与乳状液的稳定性和润湿性改变的相关性更好,与IFT无关[39];有趣的是,Li的实验数据表明即使原油酸值为零,IFT也会随着碱浓度的增加而降低[40]。目前公认的观点是碱驱的采收率与IFT无关,因为润湿性改变等其他因素也可能对提高采收率产生积极影响[29]。

一些碱驱矿场试验的重要参数平均值已公布于众。每个参数均采用等级评价法和百分位数法分析,取平均值(中位数)为50百分位数,最重要的评价参数是地层水中二价离子的含量、黏土含量、原油酸值和原油黏度[29]。

6.2.3 聚合物驱

聚合物驱油是指向注入水中添加聚合物以提高注入水黏度并降低原油与注入水之间的流度比。增大聚合物溶液黏度可以减弱黏性指进,进而提高波及系数。分流方程见式(6.2)[45]:

$$f_w = \frac{1}{1 + (K_{ro}/K_{rw})(\mu_w/\mu_o)} = \frac{1}{1 + (\lambda_o/\lambda_w)} \qquad (6.2)$$

式中:μ_w为水的黏度;μ_o为油的黏度;K_{rw}为水的相对渗透率;K_{ro}为油的相对渗透率;λ_o为油的流度;λ_w为水的流度[46]。

聚合物驱的次要作用机理与聚合物的黏弹性有关。聚合物的黏弹性使原油和聚合物溶液之间存在法向应力,因此聚合物溶液在油滴或油膜上施加更大的拉力,将原油从盲孔中"拉出来",降低了残余油饱和度[45,47-48]。

地层水矿化度会降低聚合物溶液的黏度,Flory-Huggins模型[49]可用于预测矿化度对聚合物溶液黏度的影响[50]。

随着碱的盐效应增加,pH值会增大,聚合物溶液的黏度可能会降低[51-52];Mungan[53]研究表明,随着pH值降低,HAPM在$50s^{-1}$剪切速率下的黏度显著降低;Szabo[54]研究表明,加入NaOH会使AM/2-丙烯酰胺基-2-甲基丙烷磺酸盐共聚物溶液的黏度增大。上述实验现象可能与早期水解作用有关。鉴于不同的水解作用和盐效应,pH值对聚合物黏度的影响非常复杂[45]。

与常规水驱相比,聚合物驱提高了波及系数,减少了注水量和产水量[4],但是一般很少分析注水量和产水量减少对聚合物驱油经济性的影响。在某些情况下,例如近海海域和沙漠地区,取水和水处理的成本可能很昂贵[45]。

6.2.4 碱—表面活性剂—聚合物驱

碱—表面活性剂—聚合物(ASP)驱油的重要机理是就地生成的表面活性剂与注入的表面活性剂发挥协同作用。通常,就地生成表面活性剂的最佳矿化度非常低。为了满足较低的最佳矿化度,注入碱的浓度必须足够低,使注入的碱量低于消耗量。因此,碱溶液不能向前流动。为了解决该问题,添加了人工合成的表面活性剂,因为表面活性剂发挥作用的最佳矿化度很高。当就地生成的原位表面活性剂和人工合成的表面活性剂混合时,界面张力达到低值的最佳矿化度范围会增大并变宽[55]。

许多学者都讨论了ASP提高采收率的筛选标准,如Lake[56]、Taber[41-42]、Al-Bahar[43]、Dickson[44],以及Al Adasani和Bai[57]。表6.1总结了ASP提高采收率的筛选标准[45]。

表6.1 ASP驱的筛选标准[45]

参考文献	渗透率(mD)	温度(℃)	岩性	原油黏度(mPa·s)	含水饱和度	是否有水体	是否有气顶	°API	埋深(ft)
Lake 等[56]				<200					
Taber 等[41-42]	>10	<93.3	砂岩	<35	>0.35			>20	<9000
Al-Babar 等[43]	>50	<70.0	砂岩	<150	0.35	否	否		
Dickson 等[44]	>100	<93.3		<35	>0.45				500~9000

碱—表面活性剂—聚合物驱的相关问题主要讨论ASP驱油引起的问题,包括乳化、色谱分离、沉淀和结垢等[45,58]。

乳化是碱驱的重要机理[30,45],ASP驱油过程中的乳化作用可以提高采收率。Cheng[59]的研究表明,乳化作用使油田试验核心区的采收率提高了约5%,主要缺点是难以从产出的乳状液中分离出原油,而且增大了注入压力。

为了解决ASP驱油中的乳化问题,强烈建议使用破乳剂。破乳剂的性能与下列因素有关,例如它在油—水界面的吸附程度、如何向界面扩散形成薄膜、降低界面张力的幅度等[45,60]。Wylde[61]测试了其他破乳剂,发现二环氧化合物、胺聚酯、胺嵌段聚合物和壬酸催化树脂的混合破乳剂最适合稠油油藏ASP驱油[45]。

ASP驱油的表面活性剂、碱和聚合物相对浓度变化如图6.5所示,其仅显示了一个注入段塞过程中每种组分的产出液浓度与注入液浓度的比值。实验结果表明,表面活性剂的突破时间晚于碱和聚合物,而聚合物和碱的相对浓度却高于表面活性剂。通常,实际产出液浓度和突破时间取决于各组分的注入浓度与滞留或消耗之间的平衡关系[45]。

尽管ASP的驱油效果优于碱驱、表面活性剂驱和聚合物驱,但其产生的乳化液、结垢、注入罐底部熟化、因注入速度振荡而引起的泵振动以及腐蚀等问题使得石油行业一直在努力寻找不含碱的化学驱油方法,例如表面活性剂—聚合物(SP)驱油[45,62-65]。

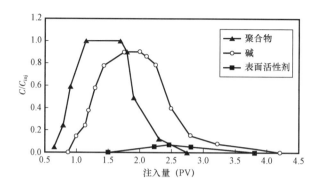

图 6.5 聚合物、碱和表面活性剂驱油的产出液浓度变化[45]

ASP 驱油的其他重要问题包括产出水净化和聚合物降解。聚合物降解可能是聚合物在泵、井筒射孔和油藏孔喉等位置发生机械剪切引起的。Pang[66]发现,高压计量泵、运输泵和过滤器等位置的机械剪切分别将聚合物黏度降低 5%、2% 和 1%[45,67]。

为了防止聚合物氧化降解,需要用氮气保护聚合物给水设备和溶解设备[64,67-69]。Luo[70]研究表明,硫脲和钴盐的混合物比单独使用其中一种更能有效防止氧化还原,典型的防氧化还原剂有异丙醇和硫脲,可减轻由于氧、离子(如铁)和 H_2S 引起的聚合物降解[71]。

Wang[72]综合采用生物降解和过滤去除聚合物驱采出水中的原油和悬浮固体;Zhang[73]采用水解酸化—动态膜生物反应器—凝结工艺相结合的方法处理采出水;Jiang[74]设计了一种三曲线水力旋流管处理采出水;Liu[75]推荐使用双锥空气喷射水力旋流器来处理产出水[45]。

Wu[76]合成了一种新型破乳剂,是非离子型破乳剂和反向破乳剂的混合物,该产品被称为 SP1002。他们已经进行了几次室内实验,用于评估该破乳剂在原油乳液中对油滴的絮凝和聚结性能。

一些公司还研发了一种新型技术,综合使用磁过滤和高速磁镇流净化技术,并结合了化学絮凝剂和凝结剂[77-78],从乳化液中去除分散的原油。

6.2.5 纳米流体在提高采收率方面的应用

Ahmadi 和 Shadizadeh[79]首先研究了纳米颗粒对表面活性剂在油藏岩石(特别是碳酸盐岩)表面吸附作用的影响。研究表明,纳米颗粒可以减少表面活性剂在油藏岩石表面的吸附量,疏水性纳米二氧化硅的性能优于其他疏水材料,其主要机理是纳米二氧化硅的疏水基团和表面活性剂的疏水基团之间形成疏水作用[79]。Ahmadi 和 Shadizadeh[80]也研究了纳米颗粒对表面活性剂在油藏岩石表面吸附行为的影响。吸附实验分别采用了亲水性的和疏水性的纳米二氧化硅,结果表明,亲水性纳米二氧化硅可以显著减少表面活性剂在砂岩表面的吸附量,降低吸附的主要机理是纳米二氧化硅中的羟基与表面活性剂的头部之间形成氢键,如图 6.6 所示。

Ehtesabi[81]对 TiO_2 纳米颗粒分别进行了岩心驱替、润湿角测量、电子显微镜扫描和能量分散光谱等实验,以研究其在提高采收率方面的潜力。实验结果表明,TiO_2 纳米颗粒可能是一种提高采收率的有效试剂,但是,与纳米颗粒沉淀有关的问题也随之产生[81]。Hendranin-

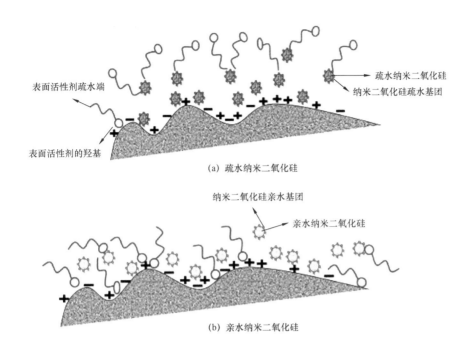

图 6.6 天然表面活性剂在砂岩表面的吸附机理[80]

grat[82-85]开展了纳米驱油室内实验研究,期望作为化学驱油的一种方法,实验发现,亲脂亲水纳米颗粒可以降低水相和油相之间的界面张力。但是,对于含有伊利石的岩心而言,纳米颗粒可能会降低孔隙度和渗透率,从而造成岩心伤害。Ahmadi 和 Shadizadeh[86]使用岩心驱替实验评价了碳酸盐岩油藏纳米流体驱油的采收率,结果显示,亲水纳米二氧化硅大幅度增加了水的黏度,提高了波及系数。而且,纳米驱油的采收率随着纳米颗粒浓度的增加而增大,当纳米颗粒浓度超过某一值时,并不能显著提高采收率[86]。

Kumar 和 Mandal[87]也通过实验研究了不同纳米颗粒以及不同表面活性剂对 CO_2 泡沫稳定性的影响。他们分别采用非离子型、阳离子型和阴离子型表面活性剂评价离子强度对 CO_2 泡沫稳定性的影响,实验结果表明,添加纳米颗粒的表面活性剂可以显著提高 CO_2 泡沫的稳定性,与传统的 CO_2 泡沫体系相比,添加醇和聚合物可以获得更好的稳定性[87]。他们提出了一种可能发生的作用现象,以证明其结论的正确性,如图 6.7 所示。

Kumar[88]还利用热稳定性和黏度稳定性实验研究了纳米颗粒对乳化液性能的影响。他们进行了岩心驱替实验,以证实乳化液驱油的效果,实验结果表明,纳米粒子可以提高乳化液的热稳定性和黏弹性稳定性。而且,与常规的水驱相比,注入 Pickering 乳状液可显著提高采收率[88],图 6.8 展示了由表面活性剂、纳米颗粒和聚合物合成 Pickering 乳状液的过程。Afzali Tabar[89]提出了一种使用石墨烯和二氧化硅纳米颗粒制备 Pickering 乳状液的新方法,实验结果表明,与其他常规纳米颗粒相比,石墨烯纳米颗粒可以改善 Pickering 乳状液的流变性,但是,遗憾的是实验没有使用原油。

纳米颗粒还有助于表面活性剂改变油藏润湿性,将油藏特别是碳酸盐岩油藏的油湿改变为水湿或中性润湿。Nwidee[90]采用接触角测量、渗吸实验和形态学实验研究了纳米颗粒和表面活性剂对岩石润湿性的影响,证实了纳米颗粒和表面活性剂的混合物可以改变油藏岩石的

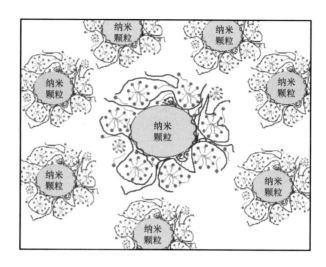

图 6.7 纳米颗粒和聚合物在稳定泡沫上的作用[87]

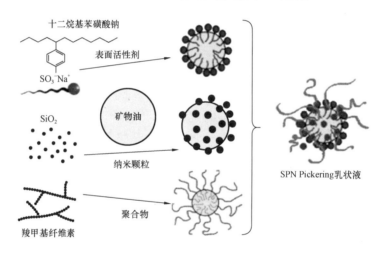

图 6.8 纳米颗粒聚合物表面活性剂混合物形成的 Pickering 乳状液[88]

润湿性,利用这一优势可以提高原油采收率或用于石油污染土壤的修复[90]。

Ahmadi[91]利用阴离子型表面活性剂(SDS)和纳米二氧化硅进行了一系列的吸附实验和真实岩心驱替实验。实验结果表明,纳米二氧化硅可以显著提高 SDS 驱油的采收率,他认为提高采收率的原因在于纳米二氧化硅减少了表面活性剂在岩石表面的吸附[91]。Ahmadi 和 Sheng[92]通过实验研究了纳米表面活性剂在碳酸盐岩岩心的驱油效率,实验中使用了纳米二氧化硅和 SDS,结果表明,纳米二氧化硅减少了 SDS 在碳酸盐岩表面上的吸附,提高了 SDS 的驱油效率,吸附过程如图 6.9 所示。此外,图 6.10 展示了 SDS 在纳米二氧化硅颗粒(尤其是亲水颗粒)周围聚集的过程,SDS 在纳米二氧化硅周围的聚集导致水溶液中 SDS 的临界胶束浓度降低。Ahmadi 和 Shadizadeh[93]使用纳米二氧化硅和天然表面活性剂(产自 *Z. spinachristi* 树叶),对纳米表面活性剂体系的驱油效率进行了机理研究,结果表明,与单独使用表面活性剂驱油相比,添加纳米二氧化硅并不能显著提高原油采收率。

第6章 化学驱

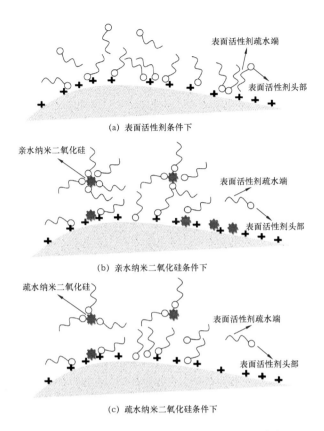

(a) 表面活性剂条件下

(b) 亲水纳米二氧化硅条件下

(c) 疏水纳米二氧化硅条件下

图 6.9 SDS 在碳酸盐岩表面吸附的示意图[92]

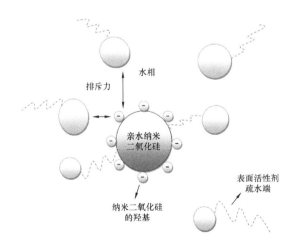

图 6.10 SDS 在纳米二氧化硅颗粒周围聚集的示意图[92]

参 考 文 献

[1] S. Farouq-Ali, C. Stahl, Increased oil recovery by improved waterflooding, Earth Miner. Sci. (United States) 39 (1970).

[2] Lake, L. W., 1989. Enhanced Oil Recovery.

[3] Lake, L. W., Johns, R. T., Rossen, W. R., Pope, G. A., 2014. Fundamentals of Enhanced Oil Recovery.

[4] J. Sheng, Modern Chemical Enhanced Oil Recovery: Theory and Practice, Gulf Professional Publishing, New York, United States, 2010.

[5] D. W. Green, G. P. Willhite, Enhanced Oil Recovery, Henry L. Doherty Memorial Fund of AIME, Society of Petroleum Engineers, Richardson, TX, 1998.

[6] S. Thomas, Enhanced oil recovery—an overview, Oil Gas Sci Technol—Revue de l'IFP 63 (2008) 9–19.

[7] R. Seright, J. Liang, A survey of field applications of gel treatments for water shutoff, SPE Latin America/Caribbean Petroleum Engineering Conference, Society of Petroleum Engineers, 1994.

[8] R. Sydansk, G. Southwell, More than 12 years of experience with a successful conformance control polymer gel technology, SPE/AAPG Western Regional Meeting, Society of Petroleum Engineers, 2000.

[9] M. Bavière, Basic Concepts in Enhanced Oil Recovery Processes, Springer, Netherlands, 1991.

[10] T. Austad, B. Matre, J. Milter, A. Saevareid, L. Øyno, Chemical flooding of oil reservoirs 8. Spontaneous oil expulsion from oil- and water-wet low permeable chalk material by imbibition of aqueous surfactant solutions, Colloids Surf., A 137 (1998) 117–129.

[11] H. Chen, L. Lucas, L. Nogaret, H. Yang, D. Kenyon, Laboratory monitoring of surfactant imbibition using computerized tomography, SPE International Petroleum Conference and Exhibition in Mexico, Society of Petroleum Engineers, 2000.

[12] O. Wagner, R. Leach, Improving oil displacement efficiency by wettability adjustment, Trans. AIME 216 (1959) 65–72.

[13] T. Austad, J. Milter, Spontaneous imbibition of water into low permeable chalk at different wettabilities using surfactants, International Symposium on Oil field Chemistry, Society of Petroleum Engineers, 1997.

[14] E. Spinler, D. Zornes, D. Tobola, A. Moradi-Araghi, Enhancement of oil recovery using a low concentration of surfactant to improve spontaneous and forced imbibition in chalk, SPE/DOE Improved Oil Recovery Symposium, Society of Petroleum Engineers, 2000.

[15] L. Treiber, W. Owens, A laboratory evaluation of the wettability of fifty oil-producing reservoirs, Soc. Pet. Eng. J. 12 (1972) 531–540.

[16] G. V. Chilingar, T. Yen, Some notes on wettability and relative permeabilities of carbonate reservoir rocks, II, Energy Sources 7 (1983) 67–75.

[17] H. Guo, M. Dou, W. Hanqing, F. Wang, G. Yuanyuan, Z. Yu, et al., Proper use of capillary number in chemical flooding, J. Chem. 2017 (2017) 1–11.

[18] R. A. Fulcher Jr, T. Ertekin, C. Stahl, Effect of capillary number and its constituents on two-phase relative permeability curves, J. Pet. Technol. 37 (1985) 249–260.

[19] M. A. Ahmadi, S. R. Shadizadeh, Implementation of a high-performance surfactant for enhanced oil recovery from carbonate reservoirs, J. Pet. Sci. Eng. 110 (2013) 66–73.

[20] M. A. Ahmadi, Y. Arabsahebi, S. R. Shadizadeh, S. S. Behbahani, Preliminary evaluation of mulberry leaf-derived surfactant on interfacial tension in an oil-aqueous system: EOR application, Fuel 117 (2014) 749_755.

[21] D. Myers, Surfaces, Interfaces and Colloids, Wiley-VCH, New York, NYetc, 1990.

[22] O. Guertechin, Surfactant: classification, handbook of detergents. Part A—Properties, Surfactant Sci. Ser. 82 (1999) 40.

[23] D. Myers, Surfactant Science and Technology, John Wiley & Sons, 2005.

[24] O. A. de Swaan, Analytic solutions for determining naturally fractured reservoir properties by well testing, Soc. Pet. Eng. J. 16 (1976) 117–122.

[25] M. J. Rosen, J. T. Kunjappu, Surfactants and Interfacial Phenomena, John Wiley & Sons, Hoboken, United

States, 2012.

[26] M. A. Ahmadi, S. R. Shadizadeh, Experimental investigation of adsorption of a new nonionic surfactant on carbonate minerals, Fuel 104 (2013) 462–467.

[27] M. A. Ahmadi, S. R. Shadizadeh, Experimental investigation of a natural surfactant adsorption on shale_sand-Stone reservoir rocks: Static and dynamic conditions, Fuel 159 (2015) 15–26.

[28] Sarem, A., 1974. Secondary and tertiary recovery of oil by MCCF (mobility–controlled caustic flooding) process. In: Paper SPE, 4901.

[29] J. J. Sheng, Status of alkaline flooding technology, J. Pet. Eng. Technol. 5 (2015) 44–50.

[30] C. Johnson Jr, Status of caustic and emulsion methods, J. Pet. Technol. 28 (1976) 85–92.

[31] E. Mayer, R. Berg, J. Carmichael, R. Weinbrandt, Alkaline injection for enhanced oil recovery—a status report, J. Pet. Technol. 35 (1983) 209–221.

[32] M. Delshad, C. Han, F. K. Veedu, G. A. Pope, A simplified model for simulations of alkaline–surfactant–polymer floods, J. Pet. Sci. Eng. 108 (2013) 1–9.

[33] Karpan, V., Farajzadeh, R., Zarubinska, M., Stoll, M., Dijk, H., Matsuura, T., 2011. Selecting the "right" ASP model by history matching core flood experiments. In: IOR 2011–16th European Symposium on Improved Oil Recovery.

[34] W. Wang, Y. Gu, Experimental studies of detection and reuse of the produced chemicals in alkaline–surfactant–polymer floods, SPE Reservoir Eval. Eng. 8 (2005) 362–371.

[35] K. Cheng, Chemical consumption during alkaline flooding: a comparative evaluation, SPE Enhanced Oil Recovery Symposium, Society of Petroleum Engineers, 1986.

[36] C. Cooke Jr, R. Williams, P. Kolodzie, Oil recovery by alkaline waterflooding, J. Pet. Technol. 26 (1974) 1,361–365,374.

[37] J. Sheng, Enhanced Oil Recovery Field Case Studies, Gulf Professional Publishing, New York, United States, 2013.

[38] R. Ehrlich, R. J. Wygal Jr, Interrelation of crude oil and rock properties with the recovery of oil by caustic waterflooding, Soc. Pet. Eng. J. 17 (1977) 263–270.

[39] T. Castor, W. Somerton, J. Kelly, Recovery mechanisms of alkaline flooding, Surface Phenomena in Enhanced Oil Recovery, Springer, Netherlands, 1981, pp. 249–291.

[40] H. Li, Advances in Alkaline–Surfactant–Polymer Flooding and Pilot Tests, Science Press, China, 2007.

[41] J. J. Taber, F. Martin, R. Seright, EOR screening criteria revisited—Part 1: Introduction to screening criteria and enhanced recovery field projects, SPE Reservoir Eng. 12 (1997) 189–198.

[42] J. Taber, F. Martin, R. Seright, EOR screening criteria revisited—Part 2: Applications and impact of oil prices, SPE Reservoir Eng. 12 (1997) 199–206.

[43] M. A. Al–Bahar, R. Merrill, W. Peake, M. Jumaa, R. Oskui, Evaluation of IOR potential within Kuwait, Abu Dhabi International Conference and Exhibition, Society of Petroleum Engineers, 2004.

[44] J. L. Dickson, A. Leahy–Dios, P. L. Wylie, Development of improved hydrocarbon recovery screening methodologies, SPE Improved Oil Recovery Symposium, Society of Petroleum Engineers, 2010.

[45] J. J. Sheng, A comprehensive review of alkaline–surfactant–polymer (ASP) flooding, Asia–Pac. J. Chem. Eng. 9 (2014) 471–489.

[46] K. S. Sorbie, Polymer–Improved Oil Recovery, Blackie and Son Ltd, Glasgow and London, 1991. [47] D. Wang, J. Cheng, Q. Yang, G. Wenchao, L. Qun, F. Chen, Viscous–elastic polymer can increase microscale displacement efficiency in cores, SPE Annual Technical Conference and Exhibition, Society of Petroleum Engineers, 2000.

[48] D. Wang, J. Cheng, H. Xia, Q. Li, J. Shi, Viscous–elastic fluids can mobilize oil remaining after water–

flood by force parallel to the oil – water interface, SPE Asia Pacific Improved Oil Recovery Conference, Society of Petroleum Engineers, 2001.

[49] P. J. Flory, Principles of Polymer Chemistry, Cornell University Press, United States, 1953.

[50] R. B. Bird, W. E. Stewart, E. N. Lightfoot, Transport Phenomena, John Wiley & Sons, New York, NY, 1960, p. 413.

[51] D. Sheng, P. Yang, Y. Liu, Effect of alkali – polymer interaction on the solution properties, Pet. Explor. Dev. 21 (1994) 81 – 85.

[52] W. Kang, Study of Chemical Interactions and Drive Mechanisms in Daqing ASP Flooding, Petroleum Industry Press, Beijing, 2001.

[53] N. Mungan, Rheology and adsorption of aqueous polymer solutions, J. Can. Pet. Technol. 8 (1969) 45 – 50.

[54] M. T. Szabo, An evaluation of water – soluble polymers for secondary oil recovery—Parts 1 and 2, J. Pet. Technol. 31 (1979) 553 – 570.

[55] R. Nelson, J. Lawson, D. Thigpen, G. Stegemeier, Cosurfactant – enhanced alkaline flooding, SPE Enhanced Oil Recovery Symposium, Society of Petroleum Engineers, 1984.

[56] L. W. Lake, P. B. Venuto, A niche for enhanced oil recovery in the 1990s, Oil Gas J. 88 (1990) 62 – 67.

[57] A. Al Adasani, B. Bai, Analysis of EOR projects and updated screening criteria, J. Pet. Sci. Eng. 79 (2011) 10 – 24.

[58] Weatherill, A., 2009. Surface development aspects of alkali – surfactant – polymer (ASP) flooding. In: International Petroleum Technology Conference, International Petroleum Technology Conference.

[59] J. Cheng, G. Liao, Z. Yang, Q. Li, Y. Yao, D. Xu, Overview of Daqing ASP pilots, Pet. Geol. Oil field Dev. Daqing 20 (2001) 46 – 49.

[60] W. Kang, D. Wang, Emulsification characteristic and de – emulsifiers action for alkaline/surfactant/ polymer flooding, SPE Asia Pacific Improved Oil Recovery Conference, Society of Petroleum Engineers, 2001.

[61] J. J. Wylde, J. L. Slayer, V. Barbu, Polymeric and alkali – surfactant polymer enhanced oil recovery chemical treatment: chemistry and strategies required after breakthrough into the process, SPE International Symposium on Oil field Chemistry, Society of Petroleum Engineers, 2013.

[62] H. Wang, G. Liao, J. Song, Combined chemical flooding technologies, In: Shen, P. P. (Editor), Technological Developments in Enhanced Oil Recovery, Petroleum Industry Press (2006) 126 – 188.

[63] D. Wang, H. Dong, C. Lv, X. Fu, J. Nie, Review of practical experience by polymer flooding at Daqing, SPE Reservoir Eval. Eng. 12 (2009) 470 – 476.

[64] J. J. Sheng, B. Leonhardt, N. Azri, Status of polymer – flooding technology, J. Can. Pet. Technol. 54 (2015) 116 – 126.

[65] W. Demin, J. Youlin, W. Yan, G. Xiaohong, W. Gang, Viscous – elastic polymer fluids rheology and its effect upon production equipment, SPE Prod. Facil. 19 (2004) 209 – 216.

[66] Pang, Z., Li, J., Liu, H., Li, Y., 1998. Polymer viscosity loss in injection and production processes. In: Q. – L. Gang, et al. (Eds.), Chemical Flooding Symposium – Research Results during the Eighth Five – Year Period (1991_1995). pp. 385 – 394.

[67] H. Liu, Y. Wang, Y. Liu, Mixing and injection techniques of polymer solution, in: Y. – Z. Liu, et al. (Eds.), Enhanced Oil Recovery – Polymer Flooding, Petroleum Industry Press, Beijing, 2006, pp. 157 – 181.

[68] D. C. Standnes, I. Skjevrak, Literature review of implemented polymer field projects, J. Pet. Sci. Eng. 122 (2014) 761 – 775.

[69] H. L. Chang, H. Hou, F. Wu, Y. Gao, Chemical EOR injection facilities—from pilot test to fieldwide expansion, SPE Enhanced Oil Recovery Conference, Society of Petroleum Engineers, 2013.

[70] J. Luo, Y. Liu, P. Zhu, Polymer solution properties and displacement mechanisms, Enhanced Oil Recovery – Polymer Flooding, Petroleum Industry Press, Beijing, 2006, pp. 1–72.

[71] S. C. Ayirala, E. Uehara – Nagamine, A. N. Matzakos, R. W. Chin, P. H. Doe, P. J. van den Hoek, A designer water process for offshore low salinity and polymer flooding applications, SPE Improved Oil Recovery Symposium, Society of Petroleum Engineers, 2010.

[72] Z. Wang, B. Lin, G. Sha, Y. Zhang, J. Yu, L. Li, A combination of biodegradation and microfiltration for removal of oil and suspended solids from polymer – containing produced water, SPE Americas E&P Health, Safety, Security, and Environmental Conference, Society of Petroleum Engineers, 2011.

[73] Y. Zhang, B. Gao, L. Lu, Q. Yue, Q. Wang, Y. Jia, Treatment of produced water from polymer flooding in oil production by the combined method of hydrolysis acidification – dynamic membrane bioreactor – coagulation process, J. Pet. Sci. Eng. 74 (2010) 14–19.

[74] M. Jiang, F. Li, L. Zhao, Y. Zhang, The design of three cubed curve hydrocyclone tube, The Sixteenth International Offshore and Polar Engineering Conference, International Society of Offshore and Polar Engineers, 2006.

[75] S. Liu, X. Zhao, X. Dong, B. Miao, W. Du, Experimental research on treatment of produced water from a polymer – flooding process using a double – cone air – sparged hydrocyclone, SPE Projects Facil. Constr. 2 (2007) 1–5.

[76] Wu, D., Meng, X., Zhao, F., Lin, S., Jiang, N., Zhang, S., Qiao, L., Song, H., 2013. Dual function reverse demulsifier and demulsifier for the improvement of polymer flooding produced water treatment. In: IPTC 2013: International Petroleum Technology Conference.

[77] Raney, K. H., Ayirala, S. C., Chin, R. W., Verbeek, P., 2011. Surface and subsurface requirements for successful implementation of offshore chemical enhanced oil recovery. In: Offshore Technology Conference, Offshore Technology Conference.

[78] Barnes, J. R., Dirkzwager, H., Dubey, S. T., Reznik, C., 2012. A new approach to deliver highly concentrated surfactants for chemical enhanced oil recovery. SPE Annual Technical Conference and Exhibition. Society of Petroleum Engineers.

[79] M. A. Ahmadi, S. R. Shadizadeh, Adsorption of novel nonionic surfactant and particles mixture in carbonates: enhanced oil recovery implication, Energy Fuels 26 (2012) 4655–4663.

[80] M. A. Ahmadi, S. R. Shadizadeh, Induced effect of adding nano silica on adsorption of a natural surfactant onto sandstone rock: experimental and theoretical study, J. Pet. Sci. Eng. 112 (2013) 239–247.

[81] H. Ehtesabi, M. M. Ahadian, V. Taghikhani, M. H. Ghazanfari, Enhanced heavy oil recovery in sandstone cores using TiO_2 nanofluids, Energy Fuels 28 (2013) 423–430.

[82] L. Hendraningrat, S. Li, O. Torsæter, A coreflood investigation of nanofluid enhanced oil recovery, J. Pet. Sci. Eng. 111 (2013) 128–138.

[83] L. Hendraningrat, S. Li, O. Torsater, A coreflood investigation of nanofluid enhanced oil recovery in low – medium permeability Berea sandstone, SPE International Symposium on Oil field Chemistry, Society of Petroleum Engineers, 2013.

[84] L. Hendraningrat, S. Li, O. Torsaeter, Enhancing oil recovery of low – permeability Berea sandstone through optimised nanofluids concentration, SPE Enhanced Oil Recovery Conference, Society of Petroleum Engineers, 2013.

[85] L. Hendraningrat, S. Li, O. Torsater, Effect of some parameters influencing enhanced oil recovery process using silica nanoparticles: an experimental investigation, SPE Reservoir Characterization and Simulation Conference and Exhibition, Society of Petroleum Engineers, 2013.

[86] M. – A. Ahmadi, S. R. Shadizadeh, Nanofluid in hydrophilic state for EOR implication through carbonate res-

ervoir, J. Dispersion Sci. Technol. 35 (2014) 1537-1542.

[87] S. Kumar, A. Mandal, Investigation on stabilization of CO_2 foam by ionic and nonionic surfactants in presence of different additives for application in enhanced oil recovery, Appl. Surf. Sci. 420 (2017) 9-20.

[88] N. Kumar, T. Gaur, A. Mandal, Characterization of SPN Pickering emulsions for application in enhanced oil recovery, J. Ind. Eng. Chem. 504 (October 25) (2017) 304-315.

[89] M. Afzali Tabar, M. Alaei, M. Bazmi, R. R. Khojasteh, M. Koolivand-Salooki, F. Motiee, et al., Facile and economical preparation method of nanoporous graphene/silica nanohybrid and evaluation of its Pickering emulsion properties for chemical enhanced oil recovery (C-EOR), Fuel 206 (2017) 453-466.

[90] L. N. Nwidee, M. Lebedev, A. Barifcani, M. Sarmadivaleh, S. Iglauer, Wettability alteration of oilwet limestone using surfactant-nanoparticle formulation, J. Colloid Interface Sci. 54 (October 15) (2017) 334-345.

[91] M. A. Ahmadi, Use of nanoparticles to improve the performance of sodium dodecyl sulfate flooding in a sandstone reservoir, Eur. Phys. J. Plus 131 (2016) 435.

[92] M. A. Ahmadi, J. Sheng, Performance improvement of ionic surfactant flooding in carbonate rock samples by use of nanoparticles, Pet. Sci. 13 (2016) 725-736.

[93] M. A. Ahmadi, S. R. Shadizadeh, Nano-surfactant flooding in carbonate reservoirs: a mechanistic study, Eur. Phys. J. Plus 132 (2017) 246.

第7章 水驱技术

Mohammad Ali Ahmadi(加拿大卡尔加里,卡尔加里大学化学与石油工程系)

7.1 引言

油藏流体的流动满足达西定律,它是稳态条件下流体通过多孔介质的基本渗流方程。基于达西方程,可以推导分流方程以及水驱前缘方程。许多研究人员从事注水开发的设计工作,以了解注水开发的效果。根据不同的油藏几何形状,已经形成了多种水驱效果的定量表征方法[1]。

据文献披露,多孔介质中多相流体流动的最重要进展始于19世纪20年代[2],主要发展阶段是19世纪40年代[3]。油藏在水相和油相之间存在油水过渡带,纯油区含有原生水,与纯水区(含水饱和度为100%)属同一来源。对于一口生产井而言,纯水区仅产水,纯油区仅产油。但是,在油水过渡带,生产井同时采出油和水,二者的采出量取决于生产井所处位置的含油饱和度和含水饱和度。随着生产时间的推移,含油饱和度是距离 x 的多值函数,由物质平衡方程确定。当渗流系统的初始饱和度均匀分布时,可以使用Welge[4]研发的简单图形方法快速确定饱和度的前缘拐点,Sheldon 和 Cardwell[5]则用特征值方法求解Buckley – Leverett方程。

7.2 线性水驱的油水前缘连续性方程

假设多孔介质横截面上各点的流速相同,忽略毛细管力和重力作用。注入水从左往右驱替原油,左侧注入水的流速为:

$$q_t \times f_w = 水的流入速度$$

多孔介质右侧产水速度:

$$q_t \times (f_w + \Delta f_w) = 水的流出速度$$

根据物质平衡方程确定单元内水的流速变化,非混相、不可压缩单元的质量运动方程见式(7.1):

$$流速变化 = 流入 - 流出 = q_t \times f_w - q_t \times (f_w + \Delta f_w) = -q_t \times \Delta f_w \tag{7.1}$$

式(7.1)就是单位时间内单元水含量的变化(图7.1)。令 S_w 为单元在时间 t 的含水饱和度,假设从单元处驱油,则在时间 $(t + \Delta t)$ 时刻,含水饱和度将变为 $(S_w + \Delta S_w)$。因此,单位时间内单元中的水累积量为:

$$单位时间内的水累计量 = \frac{\Delta S_w \times A \times \phi \times \Delta x}{\Delta t} \tag{7.2}$$

式中：ϕ 为孔隙度。

联立式(7.1)和式(7.2)可得：

$$\frac{\Delta S_w \times A \times \phi \times \Delta x}{\Delta t} = -q_t \times f_w \rightarrow \frac{\Delta S_w}{\Delta t} = -\frac{q_t \times \Delta f_w}{A \times \phi \times \Delta x} \tag{7.3}$$

当 $\Delta t \rightarrow 0$ 和 $\Delta x \rightarrow 0$（对于水相），则有：

$$\left(\frac{\Delta S_w}{\Delta t}\right)_x = -\frac{q_t}{A\phi}\left(\frac{df_w}{dx}\right) \tag{7.4}$$

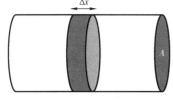

图 7.1 含油和水的水平流动单元

导数下标 x 表示每个单元的导数都不一样。由于式(7.4)为非线性方程，大多数情况下无法求解含水饱和度 $S_w(x,t)$ 的分布。例如，水的分流方程通常是含水饱和度的非线性函数，必须设计一种求解式(7.4)的简化方法。

对于给定的岩石多孔介质，假设油和水的黏度恒定，水的分流量 f_w 仅仅是含水饱和度 S_w 的函数，如式(7.4)所示。但是，含水饱和度是时间和位置的函数，可以表示为 $f_w = F(S_w)$ 和 $S_w = G(t,x)$，则有：

$$dS_w = \left(\frac{\partial S_w}{\partial t}\right)_x dt + \left(\frac{\partial S_w}{\partial x}\right)_t dx \tag{7.5}$$

$$\frac{dS_w}{dt} = \left(\frac{\partial S_w}{\partial t}\right)_x + \left(\frac{\partial S_w}{\partial x}\right)_t \frac{dx}{dt} \tag{7.6}$$

现在确定恒定含水饱和度面或油水前缘 $(\partial S_w/\partial t)_{S_w}$ 的移动速度，其中 S_w 为常数，$dS_w = 0$，所以式(7.5)可表示为：

$$\frac{dx}{dt} = \frac{(\partial S_w/\partial t)_x}{(\partial S_w/\partial x)_t} \tag{7.7}$$

将式(7.4)和式(7.6)代入式(7.7)，可得到 Buckley–Leverett 前缘移动方程：

$$\left(\frac{dx}{dt}\right)_{S_w} = \frac{-q_t}{A\phi}\left(\frac{df_w}{dS_w}\right)_{S_w} \tag{7.8}$$

导数 $(df_w/dS_w)_{S_w}$ 是分流量曲线的斜率，导数 $(dx/dt)_{S_w}$ 表示含水饱和度为 S_w 的平面移动的速度。由于孔隙度、横截面积和流速都是常数，任意 S_w 的导数 $(df_w/dS_w)_{S_w}$ 也是常数，dx/dt 也是常数。

这意味着饱和度 S_w 恒定的平面的移动距离与时间和该饱和度条件下 $(df_w/dS_w)_{S_w}$ 的值成正比，即：

$$X_{S_w} = \frac{-q_t}{A\phi}\left(\frac{df_w}{dS_w}\right)_{S_w} \tag{7.9}$$

式中:X_{S_w}为某一特定含水饱和度S_w等值面的移动距离;q_t为油藏条件下的累计注水量。

转换为工程单位,则有:

$$X_{S_w} = \frac{-5.615q_t}{A\phi}\left(\frac{df_w}{dS_w}\right)_{S_w} \tag{7.10}$$

图7.2展示了恒定横截面积的多孔介质在串联和并联情况下的线性流动,假设水驱油系统的倾角为α。

考虑倾角的油水相达西方程为:

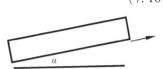

图7.2 倾斜线性油藏

$$q_o = -\frac{KK_{ro}A}{\mu_o}\left(\frac{\partial p_o}{\partial x} + p_o g\sin\alpha\right) \tag{7.11}$$

$$q_w = -\frac{KK_{rw}A}{\mu_w}\left(\frac{\partial p_w}{\partial x} + p_w g\sin\alpha\right) \tag{7.12}$$

利用$p_w = p_o - p_{cow}$代替水相压力,则有:

$$q_w = -\frac{KK_{rw}A}{\mu_w}\left[\frac{\partial(p_o - p_{cow})}{\partial x} + (p_o - p_{cow})g\sin\alpha\right] \tag{7.13}$$

经过整理,式(7.11)和式(7.12)可改写为:

$$-q_o\frac{\mu_o}{KK_{ro}A} = \frac{\partial p_o}{\partial x} + p_o g\sin\alpha \tag{7.14}$$

$$-q_w\frac{\mu_w}{KK_{rw}A} = \frac{\partial p_o}{\partial x} - \frac{\partial p_{cow}}{\partial x} + p_o g\sin\alpha - p_{cow} g\sin\alpha \tag{7.15}$$

式(7.15)减去式(7.14),可得:

$$-\frac{1}{KA}\left(q_w\frac{\mu_w}{K_{rw}} - q_o\frac{\mu_o}{K_{ro}}\right) = -\frac{\partial p_{cow}}{\partial x} - p_{cow} g\sin\alpha \tag{7.16}$$

假设:

$$q_t = q_o + q_w \tag{7.17}$$

$$f_w = \frac{q_w}{q_t} \tag{7.18}$$

同样,对水相分流方程求解,则有:

$$f_w = \frac{1 + (KK_{ro}A/q_t\mu_o)[(\partial p_{cow}/\partial x) - \Delta\rho g\sin\alpha]}{1 + K_{ro}\mu_w/K_{rw}\mu_o} \tag{7.19}$$

对于水平流动,忽略毛细管力,将式(7.19)简化为:

$$f_w = \frac{1}{1 + K_{ro}\mu_w/K_{rw}\mu_o} \tag{7.20}$$

7.3 径向水驱的油水前缘连续性方程

图 7.3 是圆形油藏径向流的平面图和剖面图。计算油相流速和水相流速的达西公式见式(7.21)和式(7.22):

$$q_{\text{o}} = \frac{KK_{\text{ro}}}{\mu_{\text{o}}} \frac{\partial (Ap_{\text{o}})}{\partial r} \tag{7.21}$$

$$q_{\text{w}} = \frac{KK_{\text{rw}}}{\mu_{\text{w}}} \frac{\partial (Ap_{\text{w}})}{\partial r} \tag{7.22}$$

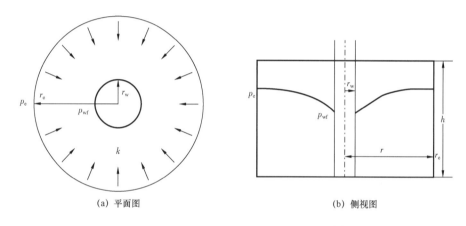

(a) 平面图　　　　　　　　　　(b) 侧视图

图 7.3　油藏几何形态的平面图和侧视图[1]

式中:A 为流动面积;K 为油藏渗透率;K_{ro},K_{rw} 分别为油相相对渗透率和水相相对渗透率;p_{o},p_{w} 分别为油相压力和水相压力;q_{o},q_{w} 分别为油相流量和水相流量;r 为井筒半径;μ_{o} 和 μ_{w} 为油相黏度和水相黏度。

定义毛细管力为:

$$p_{\text{c}} = p_{\text{o}} - p_{\text{w}} \tag{7.23}$$

式中:p_{c} 为毛细管力。

将 p_{w} 代入式(7.22),则有:

$$q_{\text{w}} = \frac{KK_{\text{rw}}}{\mu_{\text{w}}} \frac{\partial [A(p_{\text{o}} - p_{\text{c}})]}{\partial r} \tag{7.24}$$

对压力求导数,则式(7.21)和式(7.24)变为:

$$\frac{\partial (Ap_{\text{o}})}{\partial r} = \frac{\mu_{\text{o}}}{KK_{\text{ro}}} q_{\text{o}} \tag{7.25}$$

$$\frac{\partial [A(p_{\text{o}} - p_{\text{c}})]}{\partial r} = \frac{\mu_{\text{w}}}{KK_{\text{rw}}} q_{\text{w}} \tag{7.26}$$

将式(7.26)减去式(7.25)可得：

$$-\frac{\partial[A(p_c)]}{\partial r} = \frac{\mu_w}{KK_{rw}}q_w - \frac{\mu_o}{KK_{ro}}q_o \tag{7.27}$$

定义总产液量 q_t 为：

$$q_t = q_o + q_w \tag{7.28}$$

此时，利用油相产量和水相产量定义水相分流量 f_w：

$$f_w = \frac{q_w}{q_t} \tag{7.29}$$

将式(7.27)代入式(7.29)，则有：

$$f_w = \frac{1 - \{\partial[A(p_c)]/\partial r\}[KK_{ro}/(q_t\mu_o)]}{1 + K_{ro}\mu_w/(K_{rw}\mu_o)} \tag{7.30}$$

式中：流入面积 $A = 2\pi rh$；油藏厚度为 h。

则式(7.30)改写为：

$$f_w = \frac{1 - [2\pi hKK_{ro}/(q_t\mu_o)](r\partial p_c/\partial r + p_c)}{1 + K_{ro}\mu_w/(K_{rw}\mu_o)} \tag{7.31}$$

含水饱和度是时间 t 和位置 x 的函数，则有：

$$dS_w = \frac{\partial S_w}{\partial t}dt + \frac{\partial S_w}{\partial r}dr \tag{7.32}$$

在驱替前缘，含水饱和度是常数，其边界条件为：

$$dS_w = \frac{\partial S_w}{\partial t}dt + \frac{\partial S_w}{\partial r}dr = 0 \rightarrow \frac{\partial S_w}{\partial t} = -\frac{\partial S_w}{\partial r}\frac{dt}{dr} \tag{7.33}$$

由于水相分流方程 $f_w(S_w)$ 是含水饱和度的函数，因流体密度控制方程变化引起的偏微分方程为：

$$-\frac{df_w}{dS_w}\frac{\partial S_w}{\partial r} = \frac{(2r_e - 2r)\pi h\phi}{q_t}\frac{\partial S_w}{\partial t} \tag{7.34}$$

将式(7.33)代入式(7.34)：

$$-\frac{df_w}{dS_w}\left(-\frac{\partial S_w}{\partial r}\frac{dt}{dr}\right) = \frac{(2r_e - 2r)\pi h\phi}{q_t}\frac{\partial S_w}{\partial t} \rightarrow \frac{df_w}{dS_w}dt = \frac{(2r_e - 2r)\pi h\phi}{q_t}dr \tag{7.35}$$

整理式(7.35)，可得驱替前缘位置 r_f 的方程：

$$r_f^2 - 2r_e r_f + \frac{tq_t}{\pi h\phi}\left(\frac{df_w}{dS_w}\right)_f = 0 \tag{7.36}$$

其中，r_f 为径向流的驱替前缘位置，式(7.36)有两个解：

$$r_f = r_e \pm \sqrt{r_e^2 - \frac{tq_t}{\pi h\phi}\left(\frac{df_w}{dS_w}\right)_f}} \tag{7.37}$$

式(7.37)只有一个解满足物理现象。假设在驱替刚开始时，$t \to 0$，则有 $r_f \to 0$，因此可以忽略下列解：

$$r_f = r_e + \sqrt{r_e^2 - \frac{tq_t}{\pi h\phi}\left(\frac{df_w}{dS_w}\right)_f}} \tag{7.38}$$

因此，式(7.37)的正确解为：

$$r_f = r_e - \sqrt{r_e^2 - \frac{tq_t}{\pi h\phi}\left(\frac{df_w}{dS_w}\right)_f}} \tag{7.39}$$

采用工程单位，则式(7.39)可以改写为：

$$r_f = r_e - \sqrt{r_e^2 - \frac{5.615 tq_t}{\pi h\phi}\left(\frac{df_w}{dS_w}\right)_f}} \tag{7.40}$$

Buckley-Leverett 理论还有其他扩展、推广和改进，目的是获得并加深对多孔介质中多相复杂流动的认识。特别是，Buckley-Leverett 分流理论已经得到推广，并被诸多学者用于研究提高采收率(EOR)[7]，如表面活性剂驱油[8]、聚合物驱油[9]、化学驱机理[10]和碱驱油[11]。

最近，Buckley-Leverett 方程已经扩展到一维非均质复合油藏流动[12]、非牛顿流体流动[13-17]和多孔介质中[18-22]非混相流体的非达西驱油。通过室内实验、理论分析、数学模型和矿场试验，已经认识了多孔介质中多相流体流动的基本原理[23-25]。通常，利用达西定律分析多孔介质中流体的流动，这种分析应用为许多相关的科学研究和工程研究提供了定量分析方法和建模工具。

Fayers 和 Sheldon[26] 将前缘移动理论描述为质量守恒定律的应用。流经长度为 Δx 且横截面积为 A 的体积单元的流量可以用总流量 q_t 表示为：

$$q_t = q_o + q_w \tag{7.41}$$

$$q_w = q_t \times f_w \tag{7.42}$$

$$q_o = q_t \times f_o = q_t(1 - f_w) \tag{7.43}$$

式中：q 为油藏条件下的体积流量；下标 o，w，t 分别为油相流量、水相流量和总流量；而 f_w，f_o 分别为水相、油相的分流量(或称含水率和含油率)。

$$q_o = \frac{KK_{ro}}{\mu_o}\frac{\partial(Ap_o)}{\partial r} \tag{7.44}$$

$$q_w = \frac{KK_{rw}}{\mu_w}\frac{\partial(Ap_w)}{\partial r} \tag{7.45}$$

$$f_w = \frac{q_w}{q_o + q_w} = \frac{(K_{rw}A/\mu_w)(dp/dx)}{(K_{ro}A/\mu_o)(dp/dx) + (K_{rw}A/\mu_w)(dp/dx)}$$

$$= \frac{K_{rw}\mu_o}{K_{ro}\mu_w + K_{rw}\mu_o} \tag{7.46}$$

$$= \frac{1}{1 + K_{ro}\mu_w/(K_{rw}\mu_o)}$$

K_o/K_w 是含水饱和度的函数。当黏度恒定时，f_w 是含水饱和度的函数[20]。Wu[20] 也研究了径向流系统中的 Buckley–Leverett 流动，如图 7.4 所示，其中流体以径向对称的方式流向（或远离）直井。

流体的物质平衡方程为：

$$pq|_r - \left[pq|_r + \frac{\partial(\rho q)}{\partial t}dr\right] = 2\pi rh dr \frac{\partial}{\partial t}(\phi\rho) \tag{7.47}$$

Wu[20] 建议，如果将多相流的达西公式应用于径向流，则有：

$$q_o = -2\pi h \frac{KK_{ro}}{\mu_o}\frac{\partial p_o}{\partial r} \tag{7.48}$$

$$q_w = -2\pi h \frac{KK_{rw}}{\mu_w}\frac{\partial p_w}{\partial r} \tag{7.49}$$

径向流模型中水相分流方程为：

$$f_w = \frac{1 - [2\pi hKK_{ro}/(q_t\mu_o)](r\partial p_c/\partial r)}{1 + [K_{ro}\mu_w/(K_{rw}\mu_o)]} \tag{7.50}$$

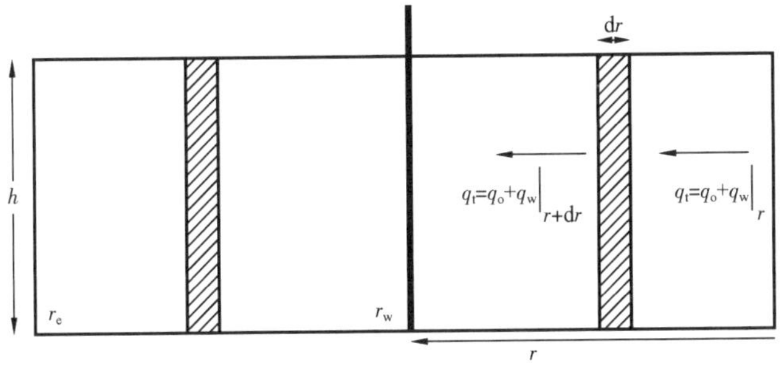

图 7.4　圆形油藏中间有一口井的单元体积[1]

式(7.50)是径向流中水驱油的水相分流方程[20]。如果忽略沿半径方向的毛细管力梯度，则水相分流方程可简化为：

$$f_w = \frac{1}{1 + K_{ro}\mu_w/(K_{rw}\mu_o)} \tag{7.51}$$

径向流的分流方程与线性流的分流方程一致。显然，径向流中的分流方程也是含水饱和度的函数，而含水饱和度的变化又取决于相对渗透率。当流体黏度恒定时，径向流中的流动和位移的质量守恒可写为：

$$-\frac{1}{r}\frac{\partial f_w}{\partial r}q_t = 2\pi h\phi\frac{\partial S_w}{\partial t} \tag{7.52}$$

对于一维线性流中的 Buckley – Leverett 解，$\partial S_w/\partial t$ 满足以下关系：

$$r_{S_w}^2 = r_w^2 + \frac{W_i}{\pi h\phi}\cdot\frac{df_w}{dS_w}\Big|_{S_w} \tag{7.53}$$

注意，径向流中 Buckley – Leverett 的解取决于但不仅仅取决于毛细管力梯度（$\partial p_c/\partial r$）足够小且可忽略的假设。

7.4 径向水驱分流方程的重要性及其作用

利用分流方程可以计算油藏中任意一点的原油和水在任意时刻的流动速度，它描述了油藏的流动状态。因此，分流方程非常重要。利用 Buckley – Leverette 油水前缘方程，可以确定水突破后的含水率和采收率。同样，通过分流方程曲线，还可以确定流度（即流体在多孔介质中的相对渗透率与黏度的比值），流度越低，采收率越高。低流度可以实现很高的波及系数，流度和波及系数对提高采收率非常有利。

Paul 和 Franklin[27]认识到了分流方程的重要性，建立了径向流的分流方程并对 Stiles[28]的线性分流方程进行修正。Stiles 假设模型为线性流动，根据注入量、厚度和渗透率来计算原油的采收率和含水率。但是，Paul 的研究细分了流动阶段，向油藏注水时，水的流动方向分为三个阶段：初始的径向流、径向流过渡到线性流和线性流。随后，通过假设采收率和采油速度与注入水的体积成正比，Paul 和 Franklin[27]建立了含水率和采收率的函数关系式。

径向分流量是水驱油设计中的重要因素，因为它以最小的水相分流量产生了很好的驱替效率，可以很好地预测原油采收率。正如 Singh 和 Kiel[29]所述，通过绘制分流量与含水饱和度的关系曲线即可获得驱替效率。

Ekwere[30]指出分流方程很重要的原因在于它能够预测任意流度比情况下稳定驱替的前缘。Millian 和 Parker[31]还通过研究分流方程验证了水驱油是成功的，有助于保持油藏压力，提高原油采收率。

Buckley – Leverette 理论预测的采收率较低、水突破时间较早[32]，而径向分流方程有助于预测油藏生产动态，是对 Buckley – Leverette 理论的重要补充。

实例 7.1 在 α 油田进行注水先导试验，研究线性水驱和径向水驱之间的差异。α 油田为砂岩油藏，没有在执行的注水开发方案，模型参数见表 7.1。

假设 α 油田实施径向水驱，在线性水驱和径向水驱方案中使用同样的输入参数，并研究两种水驱方案的效果。

首先，绘制油水相对渗透率（K_{ro} 和 K_{rw}）与含水饱和度的关系曲线，验证油藏渗流特征是否遵循一般变化趋势，如图 7.5 所示。

Buckley-Leverett 率先提出的线性水驱模型假设毛细管力可以忽略不计,而径向水驱的分流方程则需要考虑毛细管力效应。Buckley-Leverett 方程对线性水驱和径向水驱都可以忽略毛细管力的影响。在 α 油田的注水先导试验中,需要充分考虑毛细管力的影响,所面临的最大挑战是如何精确计算毛细管力的影响。

表 7.1 α 油田的油藏参数

泄油半径 r_e	1320ft
井筒半径 r_w	0.25ft
孔隙度 ϕ	20%
绝对渗透率	3mD
储层厚度	50ft
储层倾角 θ	0
束缚水饱和度 S_{wc}	20%
原始含水饱和度 S_{wi}	35%
残余油饱和度 S_{or}	20%
原油体积系数 B_o	1.25bbl/bbl
地层水体积系数 B_w	1.02bbl/bbl
原油黏度 μ_o	2.0mPa·s
地层水黏度 μ_w	1.0mPa·s
总注入速度 q_t	250bbl/d

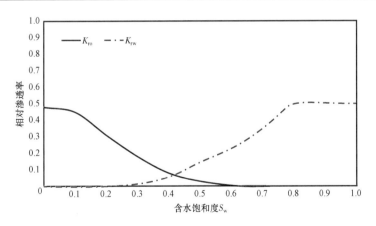

图 7.5 油水相对渗透率曲线

基于岩石特性、门限压力、含水饱和度和束缚水饱和度,Brooks 和 Corey[33] 建立了估算毛细管力的数学模型,见式(7.54):

$$p_c = p_d \left(\frac{S_w - S_{wi}}{1 - S_{wi}} \right)^{-1/\lambda} \tag{7.54}$$

式中:S_{wi} 为束缚水饱和度;p_d 为门限压力;λ 为岩石属性参数。

将式(7.54)应用到分流方程中,并假设 ($\partial p_c/\partial r$) 可以忽略不计,研究认为毛细管力会随

着含水饱和度的增加而增大。假设自由水平面(FWL)的高度为20ft,则门限压力为:

$$p_d = \Delta \rho g h \tag{7.55}$$

假设水的密度为 $1005kg/m^3$,油的密度为 $900kg/m^3$,g 为 $9.81m/s^2$,则 p_d 为 $0.91psi$。Brooks 和 Corey 将岩石参数 λ 与孔径分布相关联。假设孔径满足 $\lambda=2$ 的正态分布,对于较窄的孔径分布,假设 $\lambda>2$,对于较宽的孔径分布,假设 $\lambda<2$。两种情景下的分流量与含水饱和度关系如图 7.6 所示。

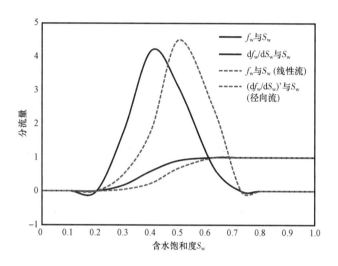

图 7.6 两种模型下分流量与含水饱和度的关系图

图 7.6 表明,随着含水饱和度的增加,毛细管力极大地降低了含水率。当含水饱和度为 50% 时,Buckley-Leverett 方程在线性驱替模型下的预测误差约为 23%。然而,忽略毛细管力时,两种驱替模型下的含水率却完全相同。

此外,还分析了两种模型下的水驱前缘的变化趋势。连续注水 100d,水驱前缘随时间的变化如图 7.7 所示,相同注水时间条件下,线性水驱的移动距离比径向水驱的更远。

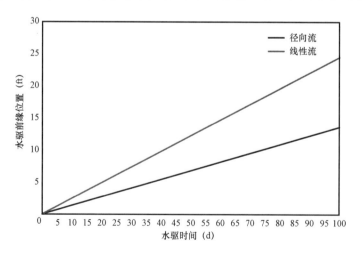

图 7.7 两种模型下水驱前缘位置与注水时间的关系

从图 7.7 可以看出两种模型下的水驱前缘移动距离的差异。如果将线性水驱的机理应用于径向水驱,则水驱前缘的预测误差较大。例如,在注水 70d 时,线性水驱的前缘移动距离为 17ft,而径向水驱的前缘移动距离为 11.5ft,二者之间的误差为 48%。

根据含水饱和度变化,进一步估算了线性水驱和径向水驱的采收率。图 7.8 展示了由含水率变化曲线的切线和 $f_w=0$ 确定的水驱前缘的平均饱和度。

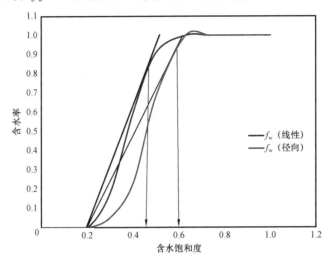

图 7.8　线性水驱和径向水驱的含水率与平均含水饱和度的关系

因此,在水突破时,可以通过式(7.56)计算采收率:

$$\mathrm{RF} = \frac{\overline{S}_w - S_{\mathrm{wir}}}{1 - S_{\mathrm{wir}}} \tag{7.56}$$

从图 7.8 可以得出,线性水驱的平均含水饱和度 $\overline{S}_w=0.52$,而径向水驱的平均含水饱和度 $\overline{S}_w=0.63$。将两种模型下的平均含水饱和度代入式(7.56),则径向水驱的采收率约为 53%,而线性水驱的采收率约为 40%,前者的采收率比后者的要高很多,即径向水驱的效率更高。

以上研究表明含水率对分析油藏开发效果非常重要。借助预测油藏生产时的水侵位置,可以使油藏工程师深入了解水驱开发效果,避免对经济效益产生不利影响。分流方程的主要缺点是如何有效计算毛细管力,其中线性水驱假设毛细管力可以忽略不计,但是图 7.6 显示径向水驱的毛细管力降低了含水率。如果含水率更高,则采油井水突破的时间可能更早,从经济性来看,过早的水突破并不是最佳的水驱方案。为了延缓水突破时间,可以在水驱过程中添加化学剂增加水的黏度。

7.5　Buckley–Leverett 理论和分流方程的应用

水驱生产动态分析往往以油藏流动系统为基础。两种广泛使用的水驱模型分别是线性水驱和径向水驱[6],在水突破时,可以确定平均含水饱和度,再利用平均含水饱和度分别计算两种水驱模型下的采收率。Buckley – Leverett 理论用来计算注入水通过多孔介质的速度[6]，分流理论用来计算采收率，并作如下假设：

（1）水平线性流动；
（2）油藏采用注水开发；
（3）油和水均为不可压缩流体；
（4）油和水不能混相；
（5）重力和毛细管力可以忽略不计。

此外，Buckley – Leverett 理论还作了以下假设：

（1）等厚圆形油藏；
（2）均质油藏；
（3）油藏倾角为零；
（4）仅存在水和油两相流动；
（5）油和水的压缩性可忽略不计；
（6）油藏温度恒定；
（7）岩石参数不会随压力变化而变化；
（8）驱替过程中油和水的黏度恒定。

7.6 低矿化度水驱

由于可获性较强、成本较低以及其他优势，低矿化度水驱已经得到广泛应用。直到 Morrow[34-40]发现注入水组分变化会影响提高采收率效果时，大家才意识到低矿化度水驱提高采收率的潜力。

Yildiz 和 Morrow[40]研究认为，注入水的组分会影响采收率，水驱获得的最大产油量往往发生在特定的地层水—岩石—油系统。

目前已经开展了许多研究来评估低矿化度水驱的机理[41-44]。

7.6.1 岩石和流体特性对低矿化度水驱

7.6.1.1 地层水饱和度

Tang 和 Morrow[37]通过室内实验评价了地层水饱和度对高矿化度水驱和低矿化度水驱效果的影响。研究表明，当地层水饱和度为零的情况下，高矿化度水驱和低矿化度水驱所采出的油量几乎相同。Zhang 和 Morrow[46]认为，如果油藏含有地层水，那么使用低矿化度水驱可以采出更多的原油。因此，地层水饱和度对于低矿化度水驱提高采收率非常重要。

7.6.1.2 地层水矿化度

Sharma 和 Filoco[47]研究发现，地层水的矿化度是影响产油量的主要因素，降低地层水矿化度可以增加产油量[35]。McGuire[44]，Zhang 和 Morrow[46]也认为降低地层水矿化度可以增加产油量。

7.6.1.3 注入水矿化度

根据公开文献披露的数据,当注入水的矿化度低于地层水的矿化度时,可获得更高的采收率,而且,注入水的矿化度越低,采收率越高[48-49]。Zhang[48]研究发现,当注入水的矿化度为1500mg/L,约为地层水矿化度的5%时,低矿化度水驱的采收率和注采压差会急剧增大。

7.6.1.4 润湿性

Jadhunandan和Morrow[35]的研究表明,岩心的润湿性与原始含水饱和度密切相关,原始含水饱和度较高时,岩心更多地表现为水湿。此外,Sharma和Filoco认为,当岩心的润湿性从强水湿逐渐变为接近中性润湿时,相应的采油量逐渐达到最大值[47]。对于含有较高地层水矿化度的岩心,采用低矿化度水驱将使岩心向水湿转变,并获得更高的采收率[45]。

7.6.2 低矿化度水驱的机理

低矿化度水驱包含了17种机理[45]:
(1)颗粒运移[37];
(2)矿物溶解[50];
(3)混合润湿颗粒的有限释放[50];
(4)提高pH值并降低界面张力[44];
(5)乳化和剥离[44];
(6)皂化作用[44];
(7)类表面活性剂的作用[44];
(8)多元离子交换(MIE)[51];
(9)双电子层效应[52];
(10)粒子稳定的界面或薄片[50,53];
(11)盐溶效应[54];
(12)渗透压[50];
(13)盐度冲击[50];
(14)润湿性改变(强水湿)[50];
(15)润湿性改变(弱水湿)[50];
(16)黏度比[50];
(17)末端效应[50]。

这些作用机理往往相互关联,本书仅讨论主要机理及其适用条件[45,55]。

7.6.2.1 颗粒运移

Martin[56]和Bernard[57]观察到,随着生产压差的增加和采油量的增大,黏土膨胀和分散也逐渐加剧。Kia[58]认为,当地层水为钠盐溶液时,采用淡水驱油会造成黏土颗粒运移、渗透率大幅度降低,但是,当地层水中同时含有钠离子和钙离子时,渗透率的降低幅度则会减小。

Lager[51]的研究表明,在简化条件和全油藏条件下进行的大量低矿化度水驱实验都提高了采收率,但没有观察到颗粒运移或明显的渗透率降低。Valdya和Fogler[59]认为,逐渐降低注入水矿化度可以使流动悬浮液中的颗粒浓度保持在较低水平,从而最大限度地减少或避免储层伤害。Soraya[60]开展的几组低矿化度水驱实验结果表明低矿化度水驱对提高采收率没有影响,但发生了出砂现象。

7.6.2.2 混合润湿颗粒的有限释放

Tang 和 Morrow[37]从润湿性的角度发现并描述了局部非均质孔隙有限释放混合润湿颗粒的机理。他们认为,当矿化度降低时,水相中颗粒之间的双电层会扩大,而且剥落颗粒的可能性也会增加。被剥离的颗粒发生运移并聚集,从而使原油聚集,提高采收率。这种作用机理融合了 DLVO 理论和颗粒运移机理[45]。

7.6.2.3 提高 pH 值并降低界面张力

McGuire[44]认为低矿化度水驱机理与碱驱机理相似,即提高 pH 值、降低界面张力。水中的氢离子与吸附的钠离子发生交换[61],导致 pH 值增加。另一种机理是,驱替液 pH 值的微小变化会引起岩石 Zeta 电位发生很大的变化,当 pH 值增加时,有机质将从黏土表面解吸[62-64]。

Austad[63]提出了新假设,即阳离子交换引起靠近黏土表面的局部 pH 值增加。与此同时,Zhang[48]的研究表明,注入低矿化度水后,采出水 pH 值略有上升和下降,但是未观察到采出水 pH 值与采收率之间的直接关系[45]。

根据 Mayer[65]的数据分析结果,大多数低矿化度水驱现场试验的采收率会增加 1%~2%,少数试验的采收率增加 5%~6%[45]。

7.6.2.4 多元离子交换

岩石表面不同离子之间的作用力形成了多元离子交换(MIE),其中多价离子或二价离子(如 Ca^{2+} 和 Mg^{2+})强烈吸附在岩石表面,直至达到饱和。油相中的极性化合物与黏土表面的多价阳离子结合在一起形成了有机金属络合物,这种作用机理使岩石表面趋于油湿。当注入低矿化度水时,MIE 从岩石表面去除有机极性化合物和有机金属络合物,并用未络合的阳离子代替二者[45,66]。多元离子交换机理得到了 Sorbie 和 Collins 孔隙模型的支持[66]。

Meyers 和 Salter[67]进行了几组离子吸附实验。实验发现,采出水中的钙离子和镁离子的稳态浓度略高于其在注入水中的浓度。随着注入水中离子浓度的降低,采注过程中的离子浓度差也会逐渐增大。向岩心注入 NaCl 溶液时,在采出水中仍然会有钙离子和镁离子。但是,Valocchi[68]在向咸水层注入淡水时,发现不同生产井采出水的 Ca^{2+} 和 Mg^{2+} 浓度均低于注入水和原生水[45]。

7.6.2.5 双电子层效应

双电子层理论将静电排斥力和范德华吸引力的综合作用归因于反离子的双电子层效应。低矿化度盐水利用双电子层的膨胀机理减少了黏土与黏土之间的吸引力。石油、盐水和岩石之间的间接作用极大地影响了黏土颗粒的分散。双电子层效应通常发生在高岭石薄片中,并影响其电荷分布[46]。在这种扩展的双电子层效应作用下,低矿化度盐水使水膜更加稳定,黏土表面的水湿性更强,因此可以剥离更多的石油。反之,在水—砂和水—油界面上发生的二价离子吸附使岩石的润湿性从水湿变为油湿[45,70-71]。

7.6.2.6 盐溶效应

提高溶液的盐浓度可以显著降低有机物在水中的溶解度,即盐析作用,而降低溶液的盐浓度可以提高有机物的溶解度,即盐溶作用[54]。因此,当盐浓度降低至临界离子强度以下时,会增加水相中的有机物质溶解度,从而提高原油采收率[45]。

7.6.2.7 渗透压

Sandengen 和 Arntzen[71]通过实验证明了油滴具有半透膜的作用,油滴可能会在渗透压力梯度的作用下发生移动。他们认为,这种渗透压力梯度使岩石多孔介质中的水相发生膨胀来重新聚集原油,但是这种作用机理不能解释原油(极性)和黏土存在的必要性[45]。

7.6.2.8 润湿反转

如前所述,盐水膜在较低矿化度下更稳定。这表明低矿化度水驱使岩心变成混合润湿(弱水湿)。与强水湿或油湿岩心相比,混合润湿岩心呈现较低的残余油饱和度和较高的驱油效率[72-73]。Buckley[70]解释了原油和油藏岩石之间相互作用引起润湿性改变的原因。Berg[74]的实验表明,低矿化度盐水可以改变岩石的润湿性;Nasralla[75]认为,低矿化度盐水可以减小接触角;Yousef[76]和 Zekri[77]认为,注入低矿化度水可以改变碳酸盐岩的润湿性,使更多的碳酸盐岩储层变成水湿;Vledder[78]也提供了油田储层发生[45]润湿性改变的证据。

Drummond 和 Israelachvili[79]的研究表明,当 pH 值大于 9 时,油藏岩石将从油湿变为水湿,当 pH 值小于 9 时,油藏岩石从水湿变为中等水湿。图 7.9 是润湿性随 pH 值和 Na^+ 浓度变化的关系图。在低矿化度水驱时,pH 值很可能小于 9,这也解释了为什么低矿化度水驱要求油藏含有原生水,因为原生水的存在使油藏更容易变成水湿。润湿反转被认为是最常见的提高采收率机理[45,53]。

7.6.3 低矿化度水驱的矿场试验

阿拉斯加北坡已开展了四种不同的单井化学示踪剂试验(SWCTT, Single Well Chemical Tracer Test),所有低矿化度水驱矿场试验都提高了原油产量[44-45]。在阿拉斯加北坡 Endicott 海上油田进行的一次低矿化度水驱矿场试验还显著降低了含水率[80]。

Robertson[81]比较了怀俄明州三个低矿化度水驱矿场试验的效果。这些油田在完成了表面活性剂—聚合物驱油矿场试验以后才开始低矿化度水驱试验,获得了较高的采收率。如果低矿化度水驱有效,则水驱也能采出更多的原油。但是在俄克拉荷马州奥塞奇县北伯班克区块[82]

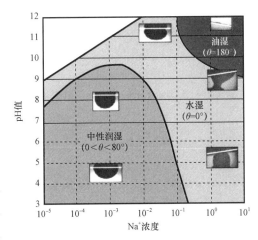

图 7.9 不同 pH 值和 Na^+ 浓度下的润湿性分布图[45,79]

实施表面活性剂—聚合物驱先导试验和 Loudon 表面活性剂驱先导试验[83]以后,再注入淡水驱油均未能提高原油产量。Thyne 和 Gamage[84]评估了怀俄明州 Powder River 盆地低矿化度水驱效果,结果表明,与25个混合润湿水驱或地层水驱油田的开发效果相比,26个低矿化度水驱油田的采收率并没有增加[45]。

Skrettingland[85]评估了Snorre油田的低矿化度水驱效果,发现SWCTT的采收率也没有显著提高,他们认为Snorre油田的储层拥有最佳的水湿条件。因此,该油田的低矿化度水驱效果不明显,即低矿化度水驱提高采收率技术并不适合这类水湿油藏[45]。

参 考 文 献

[1] K. Ling, Fractional flow in radial flow systems: a study for peripheral waterflood, J. Pet. Explor. Prod. Technol. 6 (2016) 441–450.

[2] Willhite, G. P., 1986. Waterflooding.

[3] S. E. Buckley, M. Leverett, Mechanism of fluid displacement in sands, Trans. AIME 146 (1942) 107–116.

[4] H. J. Welge, A simplified method for computing oil recovery by gas or water drive, J. Pet. Technol. 4 (1952) 91–98.

[5] Sheldon, J., Cardwell Jr, W., 1959. One-dimensional, incompressible, noncapillary, two-phase fluid flow in a porous medium.

[6] R. E. Terry, J. B. Rogers, B. C. Craft, Applied Petroleum Reservoir Engineering, Prentice Hall, NJ, United States, 2013.

[7] G. A. Pope, The application of fractional flow theory to enhanced oil recovery, So. Pet. Eng. J. 20 (1980) 191–205.

[8] R. Larson, Analysis of the physical mechanisms in surfactant flooding, Soc. Pet. Eng. J. 18 (1978) 42–58.

[9] J. Patton, K. Coats, G. Colegrove, Prediction of polymer flood performance, Soc. Pet. Eng. J. 11 (1971) 72–84.

[10] R. G. Larson, H. Davis, L. Scriven, Elementary mechanisms of oil recovery by chemical methods, J. Pet. Technol. 34 (1982) 243–258.

[11] E. DeZabala, J. Vislocky, E. Rubin, C. Radke, A chemical theory for linear alkaline flooding, Soc. Pet. Eng. J. 22 (1982) 245–258.

[12] Y.-S. Wu, K. Pruess, Z. Chen, Buckley–Leverett flow in composite porous media, SPE Adv. Technol. Ser. 1 (1993) 36–42.

[13] Y.-S. Wu, Theoretical studies of non-Newtonian and Newtonian fluid flow through porous media, Lawrence Berkeley National Laboratory, United States, 1990.

[14] Y.-S. Wu, K. Pruess, P. Witherspoon, Displacement of a Newtonian fluid by a non-Newtonian fluid in a porous medium, Transp. Porous Media 6 (1991) 115–142.

[15] Y. Wu, K. Pruess, P. Witherspoon, Flow and displacement of Bingham non-Newtonian fluids in porous media, SPE Reservoir Eng. 7 (1992) 369–376.

[16] Y.-S. Wu, K. Pruess, Flow of non-Newtonian fluids in porous media, Adv. Porous Media 3 (1996) 87–184.

[17] Y.-S. Wu, K. Pruess, A numerical method for simulating non-Newtonian fluid flow and displacement in porous media, Adv. Water Resources 21 (1998) 351–362.

[18] Y.-S. Wu, Numerical simulation of single-phase and multiphase non-Darcy flow in porous and fractured reservoirs, Transp. Porous Media 49 (2002) 209–240.

[19] Y. S. Wu, Non-Darcy displacement of immiscible fluids in porous media, Water Resources Res. 37 (2001) 2943–2950.

[20] Y. S. Wu, An approximate analytical solution for non-Darcy flow toward a well in fractured media, Water Resources Res. 38 (2002).

[21] Y.-S. Wu, B. Lai, J. L. Miskimins, P. Fakcharoenphol, Y. Di, Analysis of multiphase non-Darcy flow in porous media, Transp. Porous Media 88 (2011) 205-223.

[22] Y.-S. Wu, B. Lai, J. L. Miskimins, Simulation of non-Darcy porous media flow according to the Barree and Conway model, J. Comput. Multiphase Flows 3 (2011) 107-122.

[23] Scheidegger, A. E., 1974. The Physics of Flow Through Porous Media.

[24] R. E. Collins, Flow of Fluids Through Porous Media, Reinhold, New York, NY, 1961, p. 59.

[25] J. Bear, Dynamics of Flow in Porous Media, Dover, NY, 1972.

[26] Fayers, F., Sheldon, J., 1959. The effect of capillary pressure and gravity on two-phase fluid flow in a porous medium.

[27] P. S. Ache, L. A. Franklin, Inclusion of radial flow in use of permeability distribution in waterflood calculation, AIME Tech. Pap (1957) 935.

[28] W. E. Stiles, Use of permeability distribution in water-flood calculations, Trans. AIME 186 (1949) 9-13.

[29] S. P. Singh, O. G. Kiel, Waterflood design (pattern, rate, and timing), International Petroleum Exhibition and Technical Symposium, Society of Petroleum Engineers, January 1982.

[30] J. P. Ekwere, Scaling unstable immiscible displacements, SPE 12331 (1983) 1-6.

[31] H. Millian, A. Parker, Recapturing the Value of Fractional Flow Analysis in a Modern Day Waterflood, Society of Petroleum Engineers, SPE (2006). 101070.

[32] Zhang, H., Ling, K., Acura, H., 2013. New analytical equations of recovery factor for radial flow systems. In: North Africa Technical Conference and Exhibition. Society of Petroleum Engineers.

[33] R. H. Brooks, A. T. Corey, Hydraulic Properties of Porous Media. Hydrology Paper No. 3, Colorado State University, Fort Collins, Colorado, 1964, pp. 22-27.

[34] P. P. Jadhunandan, Effects of Brine Composition, Crude Oil, and Aging Conditions on Wettability and Oil Recovery, Department of Petroleum Engineering, New Mexico Institute of Mining & Technology, United States, 1990.

[35] P. Jadhunandan, N. R. Morrow, Effect of wettability on waterflood recovery for crude-oil/brine/rock systems, SPE Reservoir Eng. 10 (1995) 40-46.

[36] P. Jadhunandan, N. Morrow, Spontaneous imbibition of water by crude oil/brine/rock systems, In Situ (United States) 15 (1991).

[37] G.-Q. Tang, N. R. Morrow, Influence of brine composition and fines migration on crude oil/brine/rock interactions and oil recovery, J. Pet. Sci. Eng. 24 (1999) 99-111.

[38] G. Tang, N. R. Morrow, Salinity, temperature, oil composition, and oil recovery by waterflooding, SPE Reservoir Eng. 12 (1997) 269-276.

[39] Tang, G., 1999. Brine composition and waterflood recovery for selected crude oil/brine/rock systems.

[40] H. O. Yildiz, N. R. Morrow, Effect of brine composition on recovery of Moutray crude oil by waterflooding, J. Pet. Sci. Eng. 14 (1996) 159-168.

[41] Webb, K. J., Black, C. J. J., Tjetland, G., 2005. A laboratory study investigating methods for improving oil recovery in carbonates. In: International Petroleum Technology Conference.

[42] Webb, K., Black, C., Edmonds, I., 2005. Low salinity oil recovery—the role of reservoir condition corefloods. In: IOR2005-13th European Symposium on Improved Oil Recovery.

[43] Webb, K., Black, C., Al-Ajeel, H., 2003. Low salinity oil recovery—log-inject-log. In: Middle East Oil Show. Society of Petroleum Engineers.

[44] McGuire, P., Chatham, J., Paskvan, F., Sommer, D., Carini, F., 2005. Low salinity oil recovery: an exciting new EOR opportunity for Alaska's North Slope. In: SPE Western Regional Meeting. Society of Petroleum Engineers.

[45] J. Sheng, Critical review of low-salinity waterflooding, J. Pet. Sci. Eng. 120 (2014) 216–224.

[46] Zhang, Y., Morrow, N. R., 2006. Comparison of secondary and tertiary recovery with change in injection brine composition for crude-oil/sandstone combinations. In: SPE/DOE Symposium on Improved Oil Recovery. Society of Petroleum Engineers.

[47] M. Sharma, P. Filoco, Effect of brine salinity and crude-oil properties on oil recovery and residual saturations, SPE J. 5 (2000) 293–300.

[48] Zhang, Y., Xie, X., Morrow, N. R., 2007. Waterflood performance by injection of brine with different salinity for reservoir cores. In: SPE Annual Technical Conference and Exhibition. Society of Petroleum Engineers.

[49] Jerauld, G. R., Webb, K. J., Lin, C.-Y., Seccombe, J., 2006. Modeling low-salinity waterflooding. In: SPE Annual Technical Conference and Exhibition. Society of Petroleum Engineers.

[50] Buckley, J., Morrow, N., 2010. Improved oil recovery by low salinity waterflooding: a mechanistic review. In: 11th International Symposium on Evaluation of Wettability and Its Effect on Oil Recovery. Calgary, pp. 6–9.

[51] A. Lager, K. J. Webb, C. Black, M. Singleton, K. S. Sorbie, Low salinity oil recovery – an experimental investigation1, Petrophysics 49 (2008).

[52] Ligthelm, D. J., Gronsveld, J., Hofman, J., Brussee, N., Marcelis, F., van der Linde, H., 2009. Novel waterflooding strategy by manipulation of injection brine composition. In: EUROPEC/EAGE Conference and Exhibition. Society of Petroleum Engineers.

[53] N. Morrow, J. Buckley, Improved oil recovery by low-salinity waterflooding, J. Pet. Technol. 63 (2011) 106–112.

[54] A. RezaeiDoust, T. Puntervold, S. Strand, T. Austad, Smart water as wettability modifier in carbonate and sandstone: a discussion of similarities/differences in the chemical mechanisms, Energy Fuels 23 (2009) 4479–4485.

[55] Boston, W., Brandner, C., Foster, W., 1969. Recovery of oil by waterflooding from an argillaceous oil-containing subterranean formation.

[56] Martin, J. C., 1959. The effects of clay on the displacement of heavy oil by water. In: Venezuelan Annual Meeting. Society of Petroleum Engineers.

[57] Bernard, G. G., 1967. Effect of floodwater salinity on recovery of oil from cores containing clays. In: SPE California Regional Meeting. Society of Petroleum Engineers.

[58] Kia, S., Fogler, H. S., Reed, M., 1987. Effect of salt composition on clay release in Berea sandstones. In: SPE International Symposium on Oilfield Chemistry. Society of Petroleum Engineers.

[59] R. Valdya, H. Fogler, Fines migration and formation damage: influence of pH and ion exchange, SPE Prod. Eng. 7 (1992) 325–330.

[60] Soraya, B., Malick, C., Philippe, C., Bertin, H. J., Hamon, G., 2009. Oil recovery by low-salinity brine injection: laboratory results on outcrop and reservoir cores. In: SPE Annual Technical Conference and Exhibition. Society of Petroleum Engineers.

[61] K. K. Mohan, H. S. Fogler, R. N. Vaidya, M. G. Reed, Water sensitivity of sandstones containing swelling and non-swelling clays, Colloids in the Aquatic Environment, Elsevier, Netherlands, 1993, pp. 237–254.

[62] T. Austad, Water-based, EOR in carbonates and sandstones: new chemical understanding of the EOR potential using smart water, Enhanced Oil Recovery Field Case Studies. (2013) 301–335.

[63] Austad, T., RezaeiDoust, A., Puntervold, T., 2010. Chemical mechanism of low salinity water flooding in sandstone reservoirs. In: SPE Improved Oil Recovery Symposium. Society of Petroleum Engineers.

[64] J. Sheng, Modern Chemical Enhanced Oil Recovery: Theory and Practice, Gulf Professional Publishing, Amsterdam, Netherlands, 2010.

[65] E. Mayer, R. Berg, J. Carmichael, R. Weinbrandt, Alkaline injection for enhanced oil recovery—a status report, J. Pet. Technol. 35 (1983) 209–221.

[66] Sorbie, K. S., Collins, I., 2010. A proposed pore-scale mechanism for how low salinity waterflooding works. In: SPE Improved Oil Recovery Symposium. Society of Petroleum Engineers.

[67] Meyers, K., Salter, S., 1984. Concepts pertaining to reservoir pretreatment for chemical flooding. In: SPE Enhanced Oil Recovery Symposium. Society of Petroleum Engineers.

[68] A. J. Valocchi, R. L. Street, P. V. Roberts, Transport of ion-exchanging solutes in groundwater: chromatographic theory and field simulation, Water Resources Res. 17 (1981) 1517–1527.

[69] Q. Liu, M. Dong, K. Asghari, Y. Tu, Wettability alteration by magnesium ion binding in heavy oil/brine/chemical/sand systems—analysis of electrostatic forces, J. Pet. Sci. Eng. 59 (2007) 147–156.

[70] J. Buckley, Y. Liu, S. Monsterleet, Mechanisms of wetting alteration by crude oils, SPE J. 3 (1998) 54–61.

[71] Sandengen, K., Arntzen, O., 2013. Osmosis during low salinity water flooding. In: IOR2013-17th European Symposium on Improved Oil Recovery.

[72] N. R. Morrow, Wettability and its effect on oil recovery, J. Pet. Technol. 42 (1990) 1,471–476,484.

[73] N. R. Morrow, G.-Q. Tang, M. Valat, X. Xie, Prospects of improved oil recovery related to wettability and brine composition, J. Pet. Sci. Eng. 20 (1998) 267–276.

[74] S. Berg, A. Cense, E. Jansen, K. Bakker, Direct experimental evidence of wettability modification by low salinity, Petrophysics 51 (2010).

[75] Nasralla, R. A., Bataweel, M. A., Nasr-El-Din, H. A., 2011. Investigation of wettability alteration by low salinity water. In: Offshore Europe. Society of Petroleum Engineers.

[76] A. A. Yousef, S. H. Al-Saleh, A. Al-Kaabi, M. S. Al-Jawfi, Laboratory investigation of the impact of injection-water salinity and ionic content on oil recovery from carbonate reservoirs, SPE Reservoir Eval. Eng. 14 (2011) 578–593.

[77] Zekri, A. Y., Nasr, M. S., Al-Arabai, Z. I., 2011. Effect of LoSal on wettability and oil recovery of carbonate and sandstone formation. In: International Petroleum Technology Conference, International Petroleum Technology Conference.

[78] Vledder, P., Gonzalez, I. E., Carrera Fonseca, J. C., Wells, T., Ligthelm, D. J., 2010. Low salinity water flooding: proof of wettability alteration on a field wide scale. In: SPE Improved Oil Recovery Symposium. Society of Petroleum Engineers.

[79] C. Drummond, J. Israelachvili, Surface forces and wettability, J. Pet. Sci. Eng. 33 (2002) 123–133.

[80] Seccombe, J., Lager, A., Jerauld, G., Jhaveri, B., Buikema, T., Bassler, S., et al., 2010. Demonstration of low-salinity EOR at interwell scale, Endicott field, Alaska. In: SPE Improved Oil Recovery Symposium. Society of Petroleum Engineers.

[81] E. P. Robertson, Low-Salinity Waterflooding to Improve Oil Recovery-Historical Field Evidence, Idaho National Laboratory (INL), United States, 2007.

[82] J. Trantham, H. Patterson Jr, D. Boneau, The North Burbank Unit, Tract 97 surfactant/polymer pilot operation and control, J. Pet. Technol. 30 (1978) 1068–1074.

[83] S. Pursley, R. Healy, E. Sandvik, A field test of surfactant flooding, Loudon, Illinois, J. Pet. Technol. 25 (1973) 793–802.

[84] Thyne, G. D., Gamage, S., Hasanka, P., 2011. Evaluation of the effect of low salinity waterflooding for 26 fields in Wyoming. In: SPE Annual Technical Conference and Exhibition, 30 October-2 November, Denver, Colorado, USA.

[85] K. Skrettingland, T. Holt, M. T. Tweheyo, I. Skjevrak, Snorre low-salinity-water injection—coreflooding experiments and single-well field pilot, SPE Reservoir Eval. Eng. 14 (2011) 182–192.

第8章 煤层气提高采收率方法

Alireza Keshavarz（澳大利亚华盛顿州，珀斯埃迪斯科文大学工程学院）
Hamed Akhondzadeh（澳大利亚华盛顿州，珀斯埃迪斯科文大学工程学院）
Mohammad Sayyafzadeh（澳大利亚阿德莱德，阿德莱德大学澳大利亚石油学院）
Masoumeh Zargar（澳大利亚华盛顿州，珀斯埃迪斯科文大学工程学院）

8.1 引言

近年来，煤层气（CBM）一直是世界上产量增长最快的非常规天然气。尽管煤炭开采时间久远，也被认为是最可靠的燃料，但此前煤层气并未引起油气行业的重视，其主要原因是在煤田发生大爆炸之前，人们认为煤层气的含量并不高。即使在把深部煤层气视为潜在非常规天然气资源以后，由于煤层的独特成藏机制，煤层气产量仍不乐观，导致天然气公司对煤层气勘探开发并不感兴趣。近20年来，随着常规油气资源枯竭和稠油经济开采受限，煤层气开采可行性得到广泛研究，煤层气已被证明是一种非常有前景的非常规天然气资源，全球各地都在从事煤层气开发。据悉，全球煤层气累计产量已超过 $8000 \times 10^{12} ft^3$，其中北美是煤层气的主产区[1]。

煤层是天然裂缝性储层，流体单元在裂缝（割理）内流动，并最终流入井筒。煤层中的裂缝系统由两组不同的裂缝组成，即面割理和端割理，大多垂直于煤层层理。面割理是煤层内发育良好的裂缝，相互平行，对流体流向生产井中起到非常重要的作用。端割理是一组不太发育的平行裂缝，在与面割理连接的地方结束，与层理几乎垂直。通常，煤层中的天然割理最初充满流动水，所含吸附气量可忽略不计；某些煤层割理中的原始含气量可能为零，而其他煤层割理可能含有一些煤层气[2]。煤层的独特之处在于，与常规气体存储在孔隙中相反，煤层气吸附在煤岩表面，生产过程中会发生煤层气解吸。由于煤层中所含的气体大部分是甲烷，所以被称为煤层气。吸附位置由基质内的微孔和中孔组成，而割理充当流动通道。煤层降压即可实现气体解吸过程，气体从煤岩表面解吸，在浓度差和分压梯度的作用下，从多孔介质向煤层割理扩散。

一次采气是利用衰竭式生产降低煤层压力，促进煤层气解吸，实现煤层气开发。煤层气从基质到割理系统受气体分压梯度（而不是煤层压力梯度）控制，且受经济条件限制，因此割理中的甲烷分压无法达到零，预计衰竭条件下的煤层气采收率小于50%[3]。为了从煤层中获得理想的产气量，要求保持两个压力梯度达到最大值：基质与割理之间的甲烷分压梯度和割理与井筒之间的煤层压力梯度。由于衰竭开采过程无法实现上述条件，20世纪90年代初提出了向煤层注入其他气体，即煤层气提高采收率（ECBM）[4]；另一种提高煤层气产量的方法是改善煤层渗透性，水力增产如天然裂缝增产和水力压裂等是提高煤层渗透性的最常见技术。

本章详细讨论了煤层气及其开采技术和提高采收率技术。首先，讨论了煤层的煤阶、煤质、孔隙度、渗透率、密度和力学性质等；然后，举例说明了煤层气的典型生产曲线，并仔细研究了煤层气在煤层中的流动机理；最后，研究了煤层气增产方法，包括增产方法和煤层气提高采收率方法。

8.2 煤层特征

与常规储层相比，煤层在气体储集和开采机理方面具有与众不同的特征，而且煤层的关键参数也与常规油藏不同。煤层最重要的参数在储层研究中发挥了关键作用，这些参数包括煤阶、显微组分、孔隙度、渗透率、密度、力学性质和吸附特性，本节简要介绍这些参数。

8.2.1 煤阶

煤岩分类的主要指标是煤阶，煤阶被定义为煤的热成熟度，即煤岩中有机质的变质程度。煤阶是确定煤层气含量的主要指标，因为煤阶决定了煤岩的吸附能力。煤岩是有机介质，在不同煤层中展示出了不同的复杂性，主要与地质年龄、杂质含量和含水量密切相关。实际上，煤层埋深越大，煤的成熟度越高，由于煤层承受了较高的温度和较大的压力，大部分水已从煤岩中排出，煤岩的力学整合程度更高，其表面吸附着长链气体分子与芳香烃分子。反之，煤层越新，埋藏深度越小，煤阶越低，水分和杂质含量越高。可以根据不同的参数对煤阶进行多种分类，成熟度是煤阶划分的主要标准，按照成熟度升序排列依次为泥煤、褐煤、次烟煤、烟煤和无烟煤[5-8]。煤阶从泥煤成熟到无烟煤的过程称为煤化，挥发性物质和含水量逐渐减少，碳含量逐渐增加。因此，挥发性物质少和含水量低、含碳量高的煤称为高阶煤。

由于煤岩基质孔隙表面是煤层气吸附的主要位置，煤岩的孔隙结构（如比表面积、孔径分布、体积等）也非常重要。Ji 研究了无烟煤和沥青等级原煤的孔隙结构及其残渣[9]，发现煤阶决定了比表面积和微孔体积的变化幅度。此外，Zhang 通过室内实验预测了比表面的分形维数，结果表明，煤阶是影响煤岩比表面分形维数的重要参数[10]；Hu 也指出，煤阶是影响煤层气含量的参数[11]，也是煤层封存 CO_2 的基本参数，这将在 ECBM 部分讨论[12-13]。

有时候还可以根据煤岩的有机成分（固定碳和挥发性物质）和无机成分（水分和灰分）进行近似分级。随着煤阶的增加，煤岩的固定碳含量也会增大，而挥发性物质和水分则会减少。但是并没有根据煤岩的等级对灰分含量做出明确的判断。事实上，灰分是衡量煤岩纯度的指标，主要取决于煤岩的矿化和埋藏环境。

8.2.2 煤岩显微组分

砂岩中固有矿物的有机质当量被称为煤的"显微组分"，主要由剩余的植物化石组成，可以在显微镜下清晰地观察到这种"显微组分"。煤的微晶含量可分为三类：镜质组、壳质组和惰质组，它们随着煤岩的煤化而独立变化[14]。这三类物质分别来自植物的不同部位，其中镜质组物质来源于木本植物（主要是木质素），是煤岩中微晶的主要组成部分，镜质体含量的增加与煤岩吸附能力呈正相关关系[15]。此外，壳质组的衍生物是脂类物质和蜡质植物物质，惰质组的组分起源于泥煤形成阶段氧化的植物材料。煤的矿物成分可能包含所有上述三种类型，或者可能由其中的两种或一种组成。随着煤阶的增加，三种显微组分的成分趋于相同，当碳含量达到94%时,它们几乎无法区分[16]。

确定煤阶的主要方法是分析煤岩的微晶成分,即测量抛光样品的镜质组反射光(即特定波长的垂直光的反射率)。在浸油条件下测量镜质组反射率,根据样品放置方向的不同,其镜质组反射率的测量误差可能高达8%。通常测量多个方向的镜质组反射率,取最大的反射率测量值作为镜质组反射率即可。随着煤岩成熟度的增加,镜质组反射率也会增大,因此,镜质组反射率通常被认为是确定煤阶的标准。

8.2.3 煤岩孔隙度

煤岩属天然裂缝性储层,具有双重孔隙系统,孔径范围宽泛,可分为两类孔隙:原生孔隙(微孔和中孔)和次生孔隙(大孔和割理)。原生孔隙是煤层气的主要吸附位置,并储集大量的煤层气,而次生孔隙是煤层气运移到井筒的主要通道。通常认为煤岩中的微孔和中孔不具有渗透性,煤层气利用扩散作用从多孔介质到达割理。与常规储层不同的是,原生孔隙中的速度梯度由煤层气的浓度梯度决定。割理孔隙度的大小取决于煤岩组分和煤阶[17]。Karacan 和 Mitchell 利用 X 射线对煤岩进行 CT 扫描,认为煤岩显微类型决定了煤岩孔隙度大小[18];Mukhopadhyay 和 Hatcher 也认为煤岩孔隙度与煤岩类型和煤阶有关[19]。

煤岩孔隙度是指煤岩中的总孔隙空间,然而,一些油藏工程研究考虑了可动水孔隙度而不是总孔隙度。可动水孔隙度被定义为煤岩中充满水的孔隙空间,这些可动水将在排水阶段(煤层气生产的第一个阶段)采出地面。显然,可动水孔隙度仅包含了割理中的可动水孔隙、大孔隙和部分中孔隙,并不包括那些含有气体或不可动水的孔隙空间。事实上,可动水孔隙是流体流向井筒的主要通道,符合达西定律。煤岩内部的裂缝(割理)孔隙度与典型天然裂缝性油藏的裂缝孔隙度相同,约为1%或更低[20]。基质孔隙度和割理孔隙度的计算方法也不同,其中基质孔隙度是利用室内实验估算,而割理孔隙度则由可靠的概念模型或历史拟合来确定。一种被称为"混相示踪技术"的实验方法可以利用驱替流体中的可追踪组分来确定煤岩的割理孔隙度[21]。

值得注意的是,煤岩的孔隙度分布与固定碳含量有关,随着固定碳含量的增加,微孔隙所占比例增大,该微孔隙是煤岩在煤化过程中发生固结作用而产生的。因此,正如预期的那样,高阶煤的固定碳含量超过85%,其孔隙度主要由微孔隙结构组成[22]。人们利用高分辨率电子显微镜对不同煤阶的孔隙度进行分类,并达成了共识[23],见表8.1[24-25]。随着煤阶(从褐煤和次烟煤到最高阶的烟煤和无烟煤)的升高,煤岩孔径逐渐减小,并且主要孔隙结构也从褐煤的大孔变为无烟煤的微孔。此外,高阶煤具有高比表面分形维数,吸附是煤层气的主要储存机理,而低阶煤则在其大孔隙中含有大量游离气。

表 8.1 煤阶与孔径的关系[23]

孔径	煤阶(ASTM 指定 D388-98a)
微孔:$d<2\text{nm}$	高挥发烟煤 A 及以上
中孔:$2\text{nm} \leqslant d \leqslant 50\text{nm}$	高挥发烟煤(C + B)
大孔:$d>50\text{nm}$	褐煤和次烟煤

8.2.4 煤岩渗透率

煤岩渗透率是煤层气技术经济开采可行性的最重要参数之一,也是预测衰竭开采和提高采收率条件下煤层气流动规律的关键因素[26-29]。煤岩的基质不具有渗透性,流体仅在割理中流动,因此,割理是煤层气和水以达西流向生产井流动的通道。理论上讲,割理渗透率的发育程度取决于煤岩的等级、品位和类型,还受原位应力、气体解吸过程中基质收缩、天然裂缝密度及其相互连通程度、裂缝开度、面割理和端割理的方向、煤层深度和初始含水饱和度的影响[30]。煤层渗透率随着煤层气产量变化而变化,也是最难准确预测的参数之一。由于煤层生产过程中割理孔径及割理内的含水饱和度也在发生变化,因此在煤层衰竭开采过程中很难获得气相相对渗透率。典型的煤层渗透率范围从非渗透到渗透率大于 100mD[30]。

煤岩渗透率是割理孔隙度和割理间距的函数,其中渗透率的单位为 mD,割理间距的单位为 mm^2。

$$K = 1.0555 \times 10^5 \phi^3 a^2 \tag{8.1}$$

假设煤岩为刚性体,衰竭开采过程中割理间距的变化可忽略不计,则渗透率之比与孔隙度之比满足三次方关系式:

$$\frac{K}{K_i} = \left(\frac{\phi}{\phi_i}\right)^3 \tag{8.2}$$

渗透率和孔隙度之间的这种关系广泛适用于许多天然裂缝性储层[2,31]。

煤层渗透率最显著的特征是煤层生产过程中煤岩渗透率的变化机理。与其他储层类似,煤岩渗透率取决于作用在煤层的有效应力,该有效应力是煤层深度和压差的函数。对于煤层而言,煤层气解吸过程还会适时对煤层渗透率产生影响。煤层压力下降引发的两种效应具有竞争性,煤层压力下降会增大有效应力,使裂缝变窄,减小了割理渗透率;此外,煤层压力下降引发煤层气解吸,使煤岩基质收缩,增大了割理渗透率。这两种现象的相互作用决定了割理的形状和任意给定条件下的渗透率[32]。

美国圣胡安盆地煤层因储层压力下降所产生的这种相互作用使煤岩渗透率增加 100 倍,而常规油藏衰竭开发导致储层绝对渗透率降低[33],二者之间形成了鲜明对比。典型烟煤的孔隙度约为 1%,99% 的煤岩体积由基质组成[2]。根据渗透率和孔隙度之间的三次函数关系,随着煤层衰竭开采和基质收缩,割理孔隙度从 1% 增加到 2%,煤岩渗透率增加了 8 倍;同理,对于初始孔隙度远大于 1% 的低阶煤,同样孔隙度增加幅度(1%)条件下的渗透率增加量会减小。因此,基质收缩对高阶煤的渗透率影响更显著。此外,基质收缩除了对割理绝对渗透率有积极影响外,还有利于提高气相相对渗透率,因为当割理内含有相同体积的水时,孔隙度的增加会降低含水饱和度。

目前已经建立了一些表征煤岩渗透率的数学模型,充分考虑了煤层衰竭开采过程中影响煤岩渗透率的因素。基于渗透率与孔隙度的三次函数关系,Palmer 和 Mansoori 建立了一种应用广泛的煤岩渗透率模型,在求得轴向模量以及轴向模量和体积模量之间的关系后,渗透率模型表示如下[34]:

$$\frac{\phi}{\phi_i} = 1 + \frac{(1+\nu)(1-2\nu)}{(1-\nu)E\phi_i}(p-p_i) + \frac{c_0}{\phi_i}\frac{2(1-2\nu)}{3(1-\nu)}\left(\frac{p_i}{p_i+p_l} - \frac{p}{p+p_l}\right) \quad (8.3)$$

式中：ν 为泊松比；E 为杨氏模量；p 为任意时刻的压力；p_i 为原始煤层压力；c_0 为体积应力系数；p_l 为朗格缪尔压力。

式(8.3)右侧第二项表示应力对孔隙度的影响，第三项表示孔隙度如何受基质收缩的影响。在衰竭开采过程中，气体解吸导致基质收缩，所以第三项始终为正值；衰竭开发增大了有效应力，进而降低了割理的宽度，最终减小了煤层孔隙度和渗透率，所以第二项为负值。根据煤岩力学特性和吸附特性，这两个因素中的任何一个都可能占主导地位。在煤层气提高采收率过程中，有效应力随着注入压力的增加而降低，此时煤层基质发生膨胀，式(8.3)右侧第二项和第三项的变化规律大不相同，该变化规律将在ECBM部分详细论述。

例8.1 圣胡安盆地Fruitland煤田——采用Palmer & Mansoori模型计算煤岩渗透率。

1998年，Mavor和Vaughn根据美国圣胡安盆地Fruitland煤田的一些必要特征参数，考虑基质收缩和有效应力的影响，建立了煤岩渗透率的计算模型[34]。VC32-1井在1990年11月的平均压力为956.7psia，衰竭开采至1994年10月的平均煤层压力降低至527psia；体积应变为0.01266，初始孔隙度为0.000457；煤岩的杨氏模量、朗格缪尔压力和泊松比分别为521000psi、368.5psia和0.21。

将上述参数代入式(8.3)，可得：

$$\frac{\phi}{\phi_i} = 1.22$$

这意味着在煤层压力下降过程中，煤岩孔隙度增大了0.22。假设式(8.2)的初始绝对渗透率为17.2mD，则有：

$$\frac{K}{17.2} = \left(\frac{\phi}{\phi_i}\right)^3 = (1.22)^3 \rightarrow K = 17.2 \times (1.22)^3 = 31.2$$

根据Palmer & Mansoori模型，地层压力降至527psia时，煤岩渗透率增大至31.2mD。

在Palmer & Mansoori模型之后，Shi和Durucan建立了一个预测煤岩渗透率变化的动态模型，考虑了煤层衰竭开采过程中有效应力和基质收缩的影响[27]。该模型中的渗透率比值与垂直于割理的水平有效应力满足指数关系，如式(8.5)所示。

$$\sigma - \sigma_i = -\frac{\nu}{1-\nu}(p-p_0) + \frac{E\varepsilon_l}{3(1-\nu)}\left(\frac{p}{p+p_\varepsilon} - \frac{p_i}{p_i+p_\varepsilon}\right) \quad (8.4)$$

$$\frac{K}{K_i} = \exp[-3C_f(\sigma-\sigma_i)] \quad (8.5)$$

式中：σ 为垂直于割理的水平有效应力；σ_i 为垂直于割理的初始水平有效应力；C_f 为割理的体

积压缩率；p_ε 为基质的变形朗格缪尔压力；ε_1 为基质的收缩系数。

根据上述渗透率预测模型，Shi 和 Durucan 认为基质收缩项的变化幅度是 Palmer & Mansoori 模型的 1.5～3 倍。事实上，他们假设 Palmer & Mansoori 模型的基质收缩项存在一个系数，否则会低估基质收缩项的数值[27]。

8.2.5 煤岩密度

煤岩密度是油藏工程的重要参数之一，也是数值模拟研究的输入参数。通常，煤岩密度低于常规储层的密度，并且因煤岩等级和纯度的不同而不同[2]。煤岩密度包括基质密度和含水的孔隙空间密度，但是干煤密度仅有基质密度。煤岩密度随着煤化作用而增大，即高阶煤比低阶煤的密度更大[16]。Seidle 将煤岩密度表示为灰分、水分和有机岩的密度及其相应质量分数的函数，并假设割理系统中不存在游离气或吸附气[2]。

$$\rho = \frac{1}{[(1-\alpha-w)/\rho_0] + (\alpha/\rho_\alpha) + (w/\rho_w)} \tag{8.6}$$

式中：ρ 为煤岩密度；ρ_0 为有机质密度；ρ_α 为灰分密度；ρ_w 为水的密度；o，α，w 分别为煤岩中的有机质、灰分、水含量的质量分数。

式(8.6)表明，由于煤岩有机物和无机物含量的不同，煤岩密度存在很大差异。由于缺乏实验室数据，往往假设有机物密度和灰分密度分别为 1.25g/cm³ 和 2.55g/cm³。对于有机物密度较大、灰分含量低的高阶煤，其密度可能低于灰分含量高的低阶煤。此外，煤岩中有机物密度又取决于煤的显微组分。

8.2.6 煤岩力学特性

岩石力学性质与岩石受其物理环境作用而发生的物理变化有关。天然裂缝储层的岩石力学特性非常重要，特别是煤层中的裂缝是流体流动的通道，并随着煤层衰竭开采过程中的有效应力变化而变化。煤岩力学特性也是保障煤层成功实施水力压裂的主要设计标准[35]。在煤岩的关键力学参数中，弹性特征主要包括杨氏模量和泊松比，可以通过典型煤样的三轴应力实验或分析现场数据而获得。

杨氏模量表示岩石刚度，即岩石对压缩应力的抵抗能力，单位为 MPa，可以用拉伸应力除以拉伸应变来计算，拉伸应变由式(8.8)计算：

$$\sigma_x = \frac{F_n}{A_o} \tag{8.7}$$

$$\varepsilon_x = \frac{\Delta L}{L_o} \tag{8.8}$$

式中：σ_x 为 x 方向的拉伸应力；F_n 为法向应力；A_o 为面积；ε_x 为 x 方向的应变，无量纲；ΔL 为长度变化；L_o 为初始长度。

利用式(8.7)和式(8.8)可以计算杨氏模量：

$$E = \frac{F_n L_o}{\Delta L A_o} \tag{8.9}$$

式(8.9)适用于高杨氏模量的刚性地层,即作用在岩石上的较大力量使岩石长度发生了微小变化。因此,油藏衰竭开发过程中有效应力增大所引起的坚硬岩石渗透率降低幅度比软岩石的要小。已有学者研究了煤岩的弹性特征。Palmer 和 Mansoori 认为,低杨氏模量软岩的衰竭开采过程会显著降低渗透率,因为应力效应比基质收缩所起的作用更显著[36]。与具有较大杨氏模量的煤岩相比,在有效应力增大的情况下杨氏模量较低的煤岩可压缩性更强[37]。Geertsma 和 De Klerk 认为杨氏模量主要影响煤岩裂缝宽度,井筒附近裂缝的最大宽度与杨氏模量的四次方成反比,即杨氏模量越低,裂缝的宽度就越大[38]。

煤岩的杨氏模量通常为 7000~35000bar[39],煤岩内部的发育裂缝降低了煤岩杨氏模量[39]。由于煤样内部的裂隙并不能真实地代表煤层裂缝系统,因此利用室内实验准确计算煤层杨氏模量的难度非常大。通常,无烟煤等高阶煤的杨氏模量比烟煤或低阶煤的高[30],煤岩杨氏模量远小于常规储层的岩石和煤层的围岩[30]。煤岩和围岩之间的杨氏模量差(在某些情况下可能高达一个数量级)有利于抑制煤岩发育裂缝[30]。

油藏工程考虑煤岩弹性特征的另一个重要参数是泊松比,被定义为承受轴向载荷时横向(侧向)应变与轴向应变的比值,即横向膨胀与纵向施加载荷所产生的纵向收缩之比,如式(8.10)[40]所示。不同岩石的泊松比为 0~0.5,而煤岩泊松比的主要范围为 0.2~0.4,平均值约为 0.3[2]。

$$\nu = -\frac{\varepsilon_{lateral}}{\varepsilon_{axial}} \tag{8.10}$$

式中:ν 为泊松比,无量纲;$\varepsilon_{lateral}$ 为横向应变;ε_{axial} 为轴向应变。

Rogers 认为储层岩石和围岩的泊松比是影响储层应力剖面、裂缝边界条件和裂缝方向的主要参数,还是影响割理宽度的主要参数[30]。油藏工程往往同时分析杨氏模量和泊松比,以评价煤层和割理的弹性特征。在低杨氏模量和高泊松比的情况下,Lu 认为水力压裂的裂缝扩展范围会更大,因为煤岩具有很好的压缩性,有利于形成更大的剪切应力,扩大水力裂缝延伸区域[41]。

8.3 煤层气开采曲线

煤层气开采机理仅与煤层特有的储层类型有关,与常规油藏的生产机理完全不同。煤层气井投产主要是将割理中充满的大量可动水采到地面,称为排水阶段。就煤层气开采的经济可行性而言,排水会显著增加开采成本,因此排水量是煤层气井生产的关键指标。

一般而言,油气藏的产量递减曲线是估算可采储量的可靠依据,产量曲线遵循特定的递减模式(如指数、调和或双曲),便于油藏工程师预测油藏废弃之前的日产量以及年产量。递减曲线法是根据常规油藏已生产阶段的递减率预测油田全生命周期产量的方法。煤层与常规油藏最显著的差异是气井投产早期的产量曲线形态。在煤层排水采气过程中,煤层气井的产量先逐渐增加,直至达到稳定产量,然后进入递减阶段。其中,煤层气井的产量上升阶段被称为

"负下降",产量稳定阶段的气井排水量可以忽略不计,递减阶段的产量变化满足典型的递减规律图(8.1)。

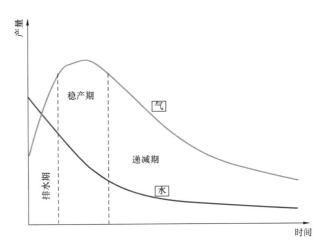

图 8.1　典型煤层气井产量剖面示意图

8.4　煤层气流动机理

煤层气从初始储存点(微孔)流向井筒包含了三个阶段:解吸、扩散和渗流。在煤层排水阶段,随着煤层压力降低,煤层气分子从吸附点解吸;已解吸的气体利用分子扩散作用(满足菲克定律)从多孔介质进入自由流动的割理中(满足达西定律)。本节将重点讨论煤层气流动机理中的吸附和扩散机理,煤层气流动的三个阶段如图8.2所示。

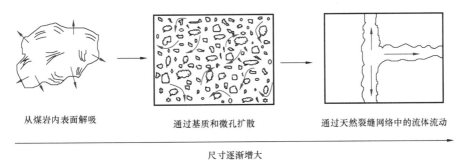

图 8.2　不同阶段的煤层气流动示意图

8.4.1　吸附作用

煤层气的主要储存机理不同于常规储层。常规储层中的压缩气体因上覆盖层压力而填充孔隙空间中,但是煤层中仅有少量气体溶解在水中或少量游离气可能存储在割理中,大量气体存储在微孔表面,这种机理被称为吸附作用。为了从煤层中采出煤层气,气体解吸是第一步,通过降低煤层压力即气井排水来实现。吸附气体通过气态和固态分子之间的范德华力附着在煤岩上。所以,特定岩石的气体吸附能力因气体类型不同而不同,CH_4 和 CO_2 与煤岩表面的结合能力很强。需要注意的是,煤岩中吸附的大部分气体具有与液体类似的密度[42]。

煤层存在的临界压力,称为饱和压力。当煤层压力在临界压力以上变化时,气体不会在煤岩表面发生解吸或吸附;当煤层压力低于临界压力时,煤层衰竭开采期间的任意微小的压力降低都会引起气体解吸。解吸速度受温度、孔隙度分布范围、气体组分、煤阶和煤组分的影响[43-44]。煤岩最显著的特征是其孔隙表面积非常大,这为煤岩以吸附态存储大量煤层气提供了有利场所。与相同体积的具有25%孔隙度和30%含水饱和度的砂岩相比,相同埋藏深度的煤岩含有2~3倍的气体[30]。

鉴于煤岩独特的储气机理,在煤层气开采初期和开采中后期,利用常规砂岩储层计算储量的体积法估算煤层气原始地质储量是不可行的。在煤层气地质储量计算过程中,必须建立一组考虑吸附作用的新方程。对于给定的吸附介质和吸附剂,Yang 提出平衡时的吸附速度是压力和温度的函数[45]。

$$v = f(p, T) \tag{8.11}$$

由式(8.11)可知,在恒温条件下,吸附速度只是压力的函数。假设开采过程中煤层的温度变化可以忽略不计,则煤岩上的气体吸附可用等温吸附来描述,即等温吸附表明了恒温条件下特定岩石表面对给定吸附气体的吸附体积与压力的关系。气体在固体表面上的吸附可细分为五种类型,每种类型的吸附曲线都不相同[46],图8.3所示的Ⅰ型等温吸附曲线适用于气体吸附到微孔固体表面的情况[46]。

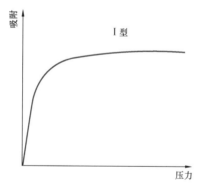

图 8.3　Ⅰ型等温吸附示意图

如图 8.3 所示,在低压条件下,压力变化会使煤岩表面解吸或吸附大量气体,在高压条件下,相同压力变化对煤岩吸附气体量的影响要小很多,这种吸附变化趋势一直持续到饱和压力,当压力超过饱和压力时,随着压力的继续增大,煤岩不再发生气体吸附。饱和状态意味着煤岩表面上的所有吸附点都被单层气体分子覆盖,即煤岩的气体吸附能力达到了最大值。在室内实验中,往往通过增大压力来确定吸附特征,而在煤层衰竭开采过程中,则会出现压力下降和气体解吸。

煤岩上的气体吸附(解吸)可用Ⅰ型等温吸附曲线来表征。Langmuir & Freudlich 方程广泛用于描述岩石表面的气体吸附,它符合Ⅰ型等温吸附曲线。该方程与煤岩上气体吸附实验数据相关性很好,被广泛用于表征煤层气的吸附过程[2]。

$$V = V_L \frac{p}{p + p_L} \tag{8.12}$$

式中:V 为气体吸附含量;V_L 为朗格缪尔体积常数;p 为压力;p_L 为朗格缪尔压力常数。

实际上,朗格缪尔体积常数表示单位煤岩表面吸附气体的最大能力。式(8.12)表明,煤层压力越高,吸附在煤岩上的气体越多,并且在无限大压力条件下,可以达到煤岩的最大吸附量;式(8.12)还揭示了朗格缪尔压力常数是单位煤岩表面被朗格缪尔体积常数的一半气体所覆盖时的压力。因此,朗格缪尔压力常数表示半饱和压力。

影响煤岩最大吸附能力的因素有很多。煤岩中的一些潜在的气体吸附点可能被灰分或水分占据,二者都会阻碍气体吸附,从而降低特定压力下的朗格缪尔体积常数。因此,为了便于油藏工程计算,朗格缪尔体积常数需要换算为干燥、无灰分的朗格缪尔体积常数,以减小计算误差。尤其是在含有大量可动水的低阶煤中,煤岩的某些吸附点对水的亲和力大于甲烷,水含量对朗格缪尔体积常数的影响很大。因此,绘制煤岩等温吸附曲线时必须考虑含水量和灰分含量。以朗格缪尔式(8.12)为基础,考虑含水量和灰分含量的影响,则有式(8.13):

$$V_{Ldaf} = \frac{V_{Lis}}{(1-a-w)} \tag{8.13}$$

式中:V_{Ldaf}为干燥、无灰分的朗格缪尔体积常数;V_{Lis}为原始朗格缪尔体积常数;a为灰分的质量分数;w为平衡吸附时的水分质量分数。

煤岩吸附能力还受煤阶影响。高阶煤通常是煤化过程漫长的煤岩,具有复杂的孔隙结构,与低阶煤相比,高阶煤的比表面积更大和吸附点更多,从而增加了最大吸附量。在固定压力下,温度也会影响煤岩吸附能力,煤岩的最大吸附能力与温度满足负相关关系。尽管在开采过程中煤层温度很少发生显著变化,但可以为了某些特殊目的而研究吸附能力与温度的关系,例如在盆地勘探阶段,从埋深较浅样品中获得的数据外推得到温度较高、埋深较大层位的煤样数据[2]。

在特定煤层或盆地,为了确保油藏工程评价获得准确的等温吸附数据,需要计算、比较多条等温吸附曲线,并确定能够表征煤层的最可靠、最精确的等温吸附曲线。Seidle认为所需等温吸附曲线的数量取决于目标煤层的规模。因此,单个煤层或单井钻遇的多个煤层或项目或盆地等所需等温吸附曲线的数量是不同[2]。单个煤层需要三条一致性良好的等温吸附曲线,而盆地所需要的等温吸附曲线合理数量要达到十多条才能表征其吸附特征[2]。显然,合理的等温吸附曲线数量随着煤岩复杂程度的增加而增多。特定煤层或煤层气井采用一条等温吸附曲线可能会出现严重的错误结果,如果特定盆地也仅用一条等温吸附曲线,这种假设的结果会更糟糕。

煤岩主要含甲烷,同时也可能含大量的其他气体,如CO_2、C_2H_6和N_2。特定煤岩的等温吸附曲线因气体类型的不同而不同,煤岩对各种气体的吸附能力与其沸点有关[47]。在上述三种气体中,煤最容易吸附CO_2,对N_2的吸附力最小[47]。因此,特定煤岩的CO_2朗格缪尔体积常数大于CH_4,而N_2的朗格缪尔体积常数小于CH_4;相应地,CO_2的朗格缪尔压力常数最低,N_2的最高。因此,煤岩是封存CO_2的潜在有利目标,而且CO_2封存也可以提高煤层气的采收率。

为了表征煤岩对混合气体的吸附能力,需将朗格缪尔方程修改为描述多组分气体的吸附特征。修正的朗格缪尔方程被称为扩展朗格缪尔等温方程[2]:

$$V_j = V_{Lj} \frac{p\gamma_j/p_{Lj}}{1 + \sum_{k=1}^{n} p\gamma_k/p_{Lk}} \tag{8.14}$$

式中：V_j 为气体组分 j 的含量；V_{Lj} 为气体组分 j 的朗格缪尔体积常数；p_{Lj} 为气体组分 j 的朗格缪尔压力常数；y_j 为气体组分 j 的游离气摩尔分数；p 为煤层压力。

计算煤层气地质储量时，应考虑游离气、水中溶解气和吸附气的总地质储量。

例8.2 圣胡安盆地 Fruitland 煤——采用扩展朗格缪尔等温方程计算甲烷含量。

Arri 研究了 Fruitland 煤层对 CO_2 和 CH_4 等系列气体的吸附特征[48]。CO_2 和 CH_4 的朗格缪尔压力分别为 204.5psia 和 362.3psia，朗格缪尔体积常数分别为 1350.1ft³/t 和 908.4ft³/t。假设煤岩含有 90% 摩尔分数的 CH_4 和 10% 的 CO_2，在 800psia 下，煤岩中的甲烷含量由式(8.14)计算。

$$V_{\text{methane}} = 908.4 \times \frac{(800 \times 0.9)/362.3}{1 + (800 \times 0.9)/362.3 + (800 \times 0.1)/204.5} = 534.3 \text{ft}^3$$

即在上述煤层条件下，每吨煤含有 534.3ft³ 的 CH_4。

8.4.2 扩散作用

从煤岩内表面解吸之后，煤层气通过扩散作用从基质和微孔运移到割理中。气体在煤岩基质中的扩散是气体运移的第二个阶段，已经研究提出了一系列煤层气扩散数学模型。

8.4.2.1 单孔扩散模型

单孔扩散模型是最早用来描述煤岩基质中气体扩散特征的数学模型，以菲克第二定律为基础，假设为球对称流动[44,49]。单孔介质扩散模型[式(8.15)]假设煤岩中的微孔隙大小均匀，而实际的煤岩基质包含了多种孔隙直径。因此，单孔介质扩散模型仅适用于孔隙结构均匀的煤岩。

$$\frac{\partial C}{\partial t} = D\left(\frac{\partial^2 C}{\partial r^2} + \frac{2}{r}\frac{\partial C}{\partial r}\right) \tag{8.15}$$

式(8.15)表明煤层气扩散速度取决于浓度梯度，而不是压力梯度。菲克第二定律可以用式(8.16)求解吸附（解吸）方程：

$$\frac{M_t}{M_\infty} = 1 - \frac{6}{\pi^2}\sum_{n=1}^{\infty}\frac{1}{n^2}\exp\left(-n^2\pi^2\frac{Dt}{r_p^2}\right) \tag{8.16}$$

式中：M_t 为 t 时刻吸附（解吸）的气体量；M_∞ 为平衡状态下吸附（解吸）的气体总量；D 为扩散系数；r_p 为煤岩颗粒半径的平均值。

将实验数据代入式(8.16)，即可计算某一时刻的扩散系数 D。由于式(8.16)假设微孔为单孔介质，因此该模型被称为"单孔扩散模型"。尽管单孔扩散模型已用于描述煤层气的扩散特征，但只能在有限的时间范围内具有较好的数据拟合效果[44,50-51]。因此，预测非均质孔隙结构中的气体流动需要考虑使用不同孔径的扩散模型。

8.4.2.2 双孔扩散模型

煤岩具有强非均质性,单孔扩散模型不能准确预测煤层气的扩散系数[52-54]。Ruckenstein 提出了双孔扩散模型,以便更真实地描述孔径分布,更准确地预测煤层气扩散特征[55]。双孔扩散模型将孔径细分为大孔和微孔,假设吸附剂是微孔球形颗粒,且被粒间大孔隔开。Smith 和 Williams[56-57]首次将双孔扩散模型用于预测煤层气扩散,假定煤岩基质存在两种不同孔径的双孔介质,大孔扩散速度快[式(8.17)],微孔扩散速度慢,见式(8.18)[58-59]。

$$\frac{M_{at}}{M_{a\infty}} = 1 - \frac{6}{\pi^2}\sum_{n=1}^{\infty}\frac{1}{n^2}\exp\left(-n^2\pi^2\frac{D_a t}{r_{pa}^2}\right) \tag{8.17}$$

$$\frac{M_{it}}{M_{i\infty}} = 1 - \frac{6}{\pi^2}\sum_{n=1}^{\infty}\frac{1}{n^2}\exp\left(-n^2\pi^2\frac{D_i t}{r_{pi}^2}\right) \tag{8.18}$$

式中:M_{at} 和 M_{it} 分别为 t 时刻大孔和微孔的气体吸附(解吸)量;$M_{a\infty}$ 和 $M_{i\infty}$ 分别为平衡条件下大孔和微孔中吸附(解吸)气体的总量;D_a 和 D_i 分别为大孔和微孔的扩散系数。

微孔和大孔的气体吸附(解吸)总量计算见式(8.19):

$$\frac{M_t}{M_\infty} = \frac{M_{at} + M_{it}}{M_{a\infty} + M_{i\infty}} = (1 - \alpha)\frac{M_{at}}{M_{a\infty}} + \alpha\frac{M_{it}}{M_{i\infty}} \tag{8.19}$$

其中,$\alpha = M_{i\infty}/(M_{a\infty} + M_{i\infty})$。

与单孔扩散模型相比,双孔扩散模型能更准确地拟合实验数据,但由于拟合变量较多,该模型仍未涵盖所有孔径范围。

8.4.2.3 拟稳态模型

另一种描述煤层气扩散的数学模型是拟稳态模型,煤层基质中的气体扩散见式(8.20)[60-61]:

$$\frac{dM}{dt} = -\frac{M_\infty - M_t}{t_0} \tag{8.20}$$

式中:t_0 为时间常数,表示平衡条件下气体吸附(解吸)总量的 63.2% 所需的时间。

对式(8.20)分离变量,并对两边积分,则有:

$$\int_0^{M_t}\frac{dM}{M_\infty - M_t} = \int_0^t -\frac{dt}{t_0} \tag{8.21}$$

式(8.21)的解为:

$$\frac{M_t}{M_\infty} = 1 - \exp\left(-\frac{t}{t_0}\right) \tag{8.22}$$

式(8.22)表明煤层气的吸附(解吸)量与时间呈指数关系。

此外,利用实验数据拟合系数 β 对式(8.22)进行修正,以获得更准确的历史拟合结果[53-54,62]:

$$\frac{M_t}{M_\infty} = 1 - \exp\left[-\left(\frac{t}{t_0}\right)^\beta\right] \qquad (8.23)$$

系数 β 用来描述吸附时间的分布,取值 $0 \sim 1$。对比分析单孔扩散模型、双孔扩散模型和指数模型表明,在吸附(解吸)过程中,指数模型[式(8.23)]比单孔扩散模型和双孔扩散模型[53-54]更能准确地表征煤层气扩散的动力学现象。

在球形破碎煤样中,吸附时间常数 t_0 和扩散系数 D 之间满足式(8.24)[63]。

$$D = \frac{r_p^2}{t_0} \qquad (8.24)$$

在式(8.24)中,r_p 表示煤岩颗粒半径的平均值。D/r_p^2 表示扩散系数,量纲为时间的倒数。

例 8.3 吸附时间。

Keshavarz 测量了 18 块澳大利亚煤样的扩散系数,分析了其敏感性[64]。测得 8 号煤样对 CH_4 和 CO_2 的扩散系数分别为 $0.098h^{-1}$ 和 $0.53h^{-1}$,相应的 β 值分别为 0.53 和 0.5。该样品释放两种气体 90% 吸附气量所需时间由式(8.23)计算。

对于 CH_4:

$$0.9 = 1 - \exp[-(0.098t_{90\%})^{0.53}] \rightarrow t_{90\%} = 49h$$

对于 CO_2:

$$0.9 = 1 - \exp[-(0.53t_{90\%})^{0.5}] \rightarrow t_{90\%} = 10h$$

计算结果表明,CO_2 的扩散速度比甲烷快。

8.4.2.4 从室内实验到煤田试验

如上所述,拟稳态扩散模型[式(8.20)]可以精确地描述从基质到割理的解吸过程以及从割理到基质的吸附过程,如图 8.4 所示[60-61]。室内实验与煤田试验获得的时间常数 t_0 存在一定差异。Kazemi 模型表明,天然裂缝性储层中单位体积的基质—裂缝界面面积 σ 定义为[65-67]:

$$\sigma = 4\left(\frac{1}{a_x^2} + \frac{1}{a_y^2} + \frac{1}{a_z^2}\right) \qquad (8.25)$$

式中:a_i 为 i 方向的裂缝间距。

因此,煤层的吸附(解吸)时间 τ 为:

$$\tau = \frac{1}{D\sigma} \qquad (8.26)$$

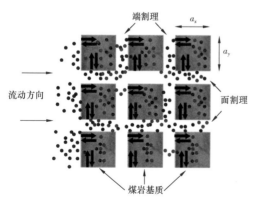

图 8.4 煤岩基质和割理中的气体流动示意图[67]

解吸后的煤层气从微孔和大孔扩散到割理,然后通过达西定律流向采气井,即煤岩中气体流动的第三种机理。

8.5 煤层气产量与提高采收率

可以通过两种不同的方法提高煤层气产量。第一种方法是利用水力压裂增大煤岩渗透率来提高气井生产能力;第二种是通过注入气体提高煤层压力来提高煤层气采收率,要求注入的气体比甲烷在煤岩表面更容易吸附(如 CO_2),从而加快煤层中 CH_4 的解吸。

8.5.1 水力增产技术

煤层气开采面临的主要挑战是煤层气井采气指数很低,应用增产技术可以有效提高煤层气井产量。水力压裂和天然裂缝增产是煤层气的主要增产技术。水力压裂增产是将高压流体注入井筒,如果注入压力低于破裂压力(属于天然裂缝增产),则注入的流体会提高煤层已有割理网络的传导率;如果注入压力高于破裂压力(属于水力压裂),则注入的流体可以诱发和扩展新裂缝。为了保持裂缝的导流能力,在前置液返排后,要在携砂液中加入小粒径支撑剂。支撑剂填充在天然裂缝或压裂裂缝内,以减轻压裂液返排和煤层气生产引起的裂缝闭合。

8.5.1.1 水力压裂

水力压裂是在油藏和井筒之间诱导形成高导流的人工裂缝以提高常规油气藏产能的常用技术。1947 年,水力压裂首次在 Hugoton 气田成功应用[68],从那时起,水力压裂被公认为是提高油气井产能的主要增产技术,并已应用于多个常规油气田。由于水力压裂在提高非常规储层(如页岩、煤层、致密砂岩等)产能方面的独特优势,近年来油气行业对水力压裂技术越来越感兴趣,但是非常规油藏的水力压裂设计和施工与常规油藏不同。

水力压裂是最常见的煤层气增产技术,它能连通割理和井筒,提高煤层气井产能[69]。但是煤层裂缝扩展是水力压裂面临的主要挑战,因为注入流体可以流入水力裂缝和割理交汇处的天然割理中,并在天然割理和交汇的复杂煤岩中诱导形成短的、不连续的裂缝系统,而不是单向的大型裂缝[70-75]。人工诱导复杂裂缝的几何形态会加速压裂液漏失和支撑剂无效填充,从而大幅度降低水力压裂效果[76-77],而且不易控制的煤层裂缝扩展也会引发环境问题,如污染附近的农业取水层。

8.5.1.2 天然裂缝增产

天然裂缝增产是通过注入高压流体提高现有裂缝网络的导流能力[78-80],要求注入压力不得超过煤层破裂压力,其提高天然裂缝网络导流能力的机理如下。

(1)通过滑动扩张(剪切扩张增产)提高现有裂缝网络的导流能力。

在剪切扩张增产中,注入高压流体使裂缝网络中的剪切应力发生扰动,迫使裂缝表面发生滑动,抵消两个裂缝的粗糙表面所产生的阻力,提高流动通道的导流能力[78]。由此形成的割理壁面的重新分布加剧了割理系统不整合,裂缝壁面也更加粗糙[76],这种增产方法可以提高煤层气井的产能指数。粗糙裂缝壁面上的凹凸不平可以抑制裂缝复位,因此,剪切扩张增产是一种长期有效的压裂增产技术。

(2)通过注入高压流体增大裂缝的平均缝宽,进而提高现有裂缝网络的导流能力。

对于煤层这类应力依赖型的裂缝性储层,现有裂缝网络的平均裂缝缝宽与煤层压力成正比。增加煤层压力可以增大裂缝缝宽,提高裂缝系统的导流能力。在这种增产技术中,虽然注入高压流体增大了天然裂缝缝宽并提高了裂缝的导流能力和连通性,但当压裂液返排后,张开的裂缝可能会发生闭合。因此,煤层面临的主要挑战是在煤层压力下降后如何继续保持裂缝缝宽。

8.5.1.3 支撑剂填充

无论水力压裂还是天然裂缝增产,水力增产的目的是向储层注入高压流体,建立从储层到井筒的高导流能力通道,提高井的生产能力。为了在储层压力下降后继续保持裂缝张开,需要在压裂液中混入刚性小粒径支撑剂,填充在张开的裂缝内,减少压裂液返排造成的压力损失对裂缝导流能力的不利影响。

实施水力压裂时,水力压裂诱导裂缝由多层支撑剂填充。支撑剂在裂缝内形成人工导流多孔介质,抑制生产过程中的裂缝闭合。Darin 和 Huitt 的研究表明,大粒径支撑剂部分单层填充比小粒径支撑剂完全多层填充的裂缝导流能力更大[81],部分单层支撑剂填充技术也可以使用微粒径支撑剂填充天然裂缝[82-84]。影响裂缝导流能力的两个主要参数分别是围压和支撑剂浓度[82,85-88]。裂缝中填充的支撑剂浓度越高,对裂缝导流能力的阻碍也越大。如图8.5所示,裂缝中填充的支撑剂浓度越低,裂缝变形和导流能力下降的风险就越高。因此,在固定围压条件下,存在最佳的支撑剂浓度,使裂缝导流能力达到最大值[76,83-84,89]。

目前已研发了一种分级支撑剂注入的新技术,通过使用不同粒径的支撑剂增加煤层天然割理的缝宽[76,84,89-95]。分级支撑剂注入旨在扩大井筒周围的压裂范围来提高割理网络的导流能力。在分级支撑剂注入过程中,注入压力从井筒向储层沿着裂缝逐渐下降,裂缝缝宽也逐渐减小(图8.6)。因此,首先注入小粒径支撑剂填充离井筒较远的小裂缝,并扩大增产区域;再注入中等粒径支撑剂填充在大部分的煤层割理内,然后逐渐增大支撑剂粒径,最后注入大粒径支撑剂填充在井筒附近的大型裂缝内(图8.6)。

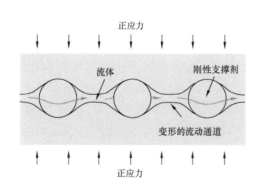

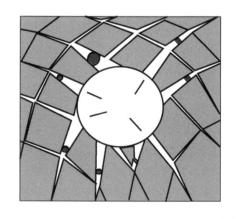

图8.5 支撑剂浓度和围压对裂缝导流能力的影响[83]　　图8.6 分级支撑剂注入天然裂缝系统示意图[83]

Keshavarz 将分级支撑剂注入技术与煤层水力压裂相结合,提高水力压裂裂缝周围的割理网络的导流能力[76-77]。这种方法中的微型单层支撑剂颗粒在漏失压力条件下漏失到天然割理系统,如图 8.7[96]所示。在压裂生产过程中,支撑剂可以保持割理网络的导流能力,维持割理网络与水力压裂主裂缝的连通性。应用该技术可以扩大煤层的改造体积,显著提高煤层水力压裂效果。此外,割理网络内填充的分级微粒径支撑剂减少了水力压裂过程中的压裂液漏失,有利于增加裂缝半长。

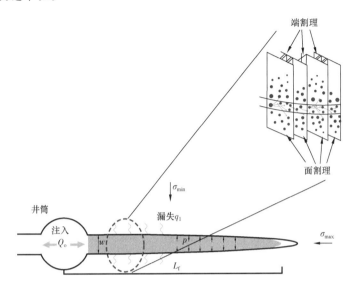

图 8.7 微尺度多级支撑剂填充裂缝(连通井筒与煤层割理)示意图[64]

8.5.2 提高煤层气采收率技术

提高煤层气采收率是通过注入其他气体来提高甲烷最终采收率和(或)提高甲烷开采速度的二次采气机理,常用的注入气体包括 N_2、CO_2 或 N_2 和 CO_2 的混合物。从 CO_2 封存角度来看,如果注入气体中含有 CO_2,则提高煤层气采收率将会有很好的效果。

煤层气衰竭开发(一次采气)的甲烷采收率低于 50%[3],不管是一种还是多种因素的综合影响,煤层气产量递减速度很小,这些因素包括:(1)煤层原始压力低,(2)割理渗透率低,连通性差,(3)煤层气扩散速度低,(4)产水量大。在衰竭开采过程中,刚投产时主要产水(在不饱和条件下),一旦割理压力低于吸附平衡压力,煤层气开始从煤岩基质中解吸出来,而吸附平衡压力受煤岩基质的吸附能力、气体类型和总吸附量影响。解吸出来的煤层气从基质扩散到割理,然后与可动水一起流向井筒。通常,煤层气产量会随着地层水产量的减少而增加,并且气水两相流一直持续到含水饱和度达到残余水饱和度或煤层压力不足以将地层水携入井筒,然后是煤层气的单相流动。由于煤岩基质中煤层气含量减少和(或)割理闭合,煤层气将持续生产到解吸速度不足以进行经济有效开采为止。

为了同时提高煤层气采收率及其产量,(1)应将煤层压力保持在合理水平(为割理中的有效对流提供压力梯度,同时避免割理闭合),(2)使割理和基质之间的甲烷分压梯度达到最大(有利于加速解吸和扩散)。将其他气体连续注入煤层使割理中的甲烷分压降至最低,同时增加割理的总压力;注入的气体从割理中驱替甲烷,减小了甲烷分压,又能保持煤层压力和割理张开,使煤层气能在割理中流动。提高煤层气采收率的效果受多种因素影响,包括竞争吸附特性以及煤岩的地质力学和岩石物理特性。

Fulton 最早开展了煤层气提高采收率研究,对西弗吉尼亚州 Pricetown 煤矿的五块煤样进行了室内实验分析[97]。与衰竭开采相比,在煤样中循环注入或单向注入 CO_2 可以增加煤层气采收率。Sinayuc 和 Gumrah 根据 Zonguldak 煤田数据进行了煤层气提高采收率数值模拟研究[98],注入 CO_2 使 CH_4 产量增加了 23%。CO_2 - ECBM 首次矿场先导试验应用于伯灵顿资源公司运营的圣胡安盆地 Allison 组,持续 6 年注入 CO_2（1995—2001 年）,试验结果表明 CO_2 - ECBM 可以提高煤层气采收率,每注入三个单位体积的 CO_2 就可以增加一个单位体积的 CH_4[99]。

由于注入的 CO_2 可以吸附在煤岩基质上,CO_2 - ECBM 还可以实现 CO_2 封存[100]。通常,煤岩对 CO_2 的吸附能力大于 CH_4 和 N_2,煤层也成为 CO_2 封存的有利目标。气体分子的几何特性、电学特性和物理化学性质以及煤岩表面的官能团都表明 CO_2 的吸附能力大于 CH_4[101-102]。CO_2 分子为线性结构且比 CH_4 分子小,有利于进入更狭小的孔隙,并与预先吸附的 CH_4 分子发生竞争吸附,使 CH_4 从微孔表面解吸出来[101]。此外,CO_2 比 CH_4 具有更有利的相互作用焓,可以增加 CO_2 在煤岩中的溶解度,并增加 CO_2 扩散速度和吸附能力[102]。

与煤岩的更高亲和力使 CO_2 比 CH_4 的吸附量更大,导致煤岩基质发生膨胀,并可能在 CO_2 - ECBM 项目中造成生产运行问题。随着煤岩基质的膨胀,割理开度减少,煤岩渗透率降低[103-104],例如 Allison 组的先导试验发现了煤层注气能力下降；数值模拟研究表明,煤岩渗透率可能会因基质膨胀降低两个数量级[103];Mazzotti 通过室内实验研究了不同气体对煤岩基质的膨胀效应[105],分别测量了煤岩暴露在不同气体（CO_2、N_2、CH_4 和 He）中的体积变化,其中 CO_2 使煤岩膨胀最严重。

注氮气提高煤层气采收率,简称 N_2 - ECBM,是另外一种经过充分研究而用于提高煤层气采收率的技术。由于 N_2 在煤岩上的吸附能力低于 CH_4 和 CO_2,注气井的注入能力并不会降低。Puri 和 Yee 最早通过室内实验和数学建模研究了注入 N_2 对提高煤层气采收率的影响[3],证实了注 N_2 可以提高煤层气采收率。N_2 - ECBM 首次在英国石油公司运营的圣胡安盆地 Tiffany 组进行了先导试验,连续 4 年注入 N_2（1998—2002 年）,每注入 0.4 体积的 N_2,就可采出 1 体积的煤层气。其他人的研究还表明,注 N_2 还可以快速且显著提高煤层气开采速度[106-107]。N_2 - ECBM 存在的主要问题是 N_2 过早突破。N_2 在煤岩上的吸附能力较低,造成煤岩基质收缩,增加了注气井的 N_2 注入能力,而且大部分 N_2 会快速流入采气井,并没有吸附在煤岩基质上,这就形成了 N_2 过早突破。Zhou 利用室内实验证实了 N_2 过早突破的问题[108]。

向煤层注入不同气体的混合物有望获得更好的煤层气提高采收率效果。Shi 和 Durucan 在 FennBig Valley 开展了微型先导试验,认为注入烟道气可以获得更理想的提高采收率效果[26];他们还研究了不同比例 N_2—CO_2 混合物对煤层气开采速度和产量组分的整体影响[103],研究表明注入富含 N_2 混合物,可以提高煤层气采气速度,但 N_2 容易快速突破导致采出气体的组分令人担忧,开发效果最好的混合物含有 13% CO_2 和 87% N_2。Sayyafzadeh 认为,在 N_2—CO_2 混合物的连续注入过程中,可以优化注入气体的组分来提高煤层气提高采收率的效果。

最优的注入气体组分取决于煤岩的岩石物理特性、地质力学特性和吸附特性,建议使用数值模拟方法进行敏感性分析或优化注入气体组分,期望找到运行便捷、经济可行的注气方案。

Sayyafzadeh 和 Keshavarz 采用遗传算法优化注入参数和注入气体组分,期望最大限度地提高半合成煤层模型的经济效益[109]。

8.5.2.1 模拟煤层气开采的控制方程

为了模拟煤层气提高采收率过程中的流体流动,需要对一组偏微分方程(PDE)求解,从空间和时间(x,y,z,t)维度预测吸附气体含量(V_i)、割理中的气体摩尔分数(γ_i)、压力(p_l)、饱和度(s_l)、井筒流速(q_i)和井底压力(p_{wf}),i 和 l 分别表示组分和流体相。上述偏微分方程根据以下定律和方程而确定,包括质量守恒定律、达西定律、菲克定律、吸附模型(扩展的朗格缪尔等温吸附)、渗透率模型和状态方程。

8.5.2.1.1 质量连续性方程

煤层通常包含水、气两相。利用欧拉方程描述表征单元体积(REV)中每相中每种组分的摩尔质量平衡,可以获得割理中的质量连续性方程[式(8.27)]。从基质到割理或从割理到基质的流动$\left(\int_{\partial\Omega} \boldsymbol{j}_i \cdot \boldsymbol{n}\mathrm{d}s\right)$可以看作等温条件下的汇(源)项,见式(8.28):

$$\int_{\partial\Omega} \gamma_{ig} b_g (\boldsymbol{u}_g \cdot \boldsymbol{n}\mathrm{d}A) + \int_{\Omega} \frac{\partial}{\partial t}(\gamma_{ig} b_g \phi s_g)\mathrm{d}V - \int_{\Omega} \tilde{q}_{ig}\mathrm{d}V - \int_{\partial\Omega} \boldsymbol{j}_i \cdot \boldsymbol{n}\mathrm{d}A = 0 \quad (8.27)$$

$$\int_{\partial\Omega} \gamma_{iw} b_w (\boldsymbol{u}_w \cdot \boldsymbol{n}\mathrm{d}A) + \int_{\Omega} \frac{\partial}{\partial t}(\gamma_{iw} b_w \phi S_w)\mathrm{d}V - \int_{\Omega} \tilde{q}_{iw}\mathrm{d}V = 0 \quad (8.28)$$

式中:b_l 为各相的摩尔密度;γ_{il} 为组分 i 在相 l 中的摩尔分数;$\tilde{q}_{il}$ 为向单位体积相 l 采出(注入)组分 i 的摩尔速度;$\boldsymbol{j}_i$ 为组分 i 从基质到割理或从割理到基质的摩尔流入速度;$\boldsymbol{u}_l$ 为相 l 的流动速度;ϕ 为割理孔隙度;s_l 为相饱和度;Ω 为 REV 的体积;$\partial\Omega$ 为包围 Ω 的表面;$\boldsymbol{n}$ 为垂直于 $\partial\Omega$ 的单位法向量。

对每一个组分写出上述两个方程,未知数是 γ_{ig}、γ_{iw}、b_g、b_w、s_g、s_l、ϕ、$\boldsymbol{j}_i$、$\boldsymbol{u}_g$ 和 $\boldsymbol{u}_w$。在模拟煤层气流动时,通常假设:(1)与整体流动相比,割理中的煤层气扩散可以忽略不计;(2)气体不溶于水;(3)气体中不含水蒸气,例如四组分的 $\gamma_{H_2O_g} = \gamma_{CH_{4g}} = \gamma_{N_{2w}} = \gamma_{CO_{2w}} = 0$。

因此,割理中的连续性方程可简化如下:

$$\int_{\partial\Omega} \gamma_{ig} b_g (\boldsymbol{u}_g \cdot \boldsymbol{n}\mathrm{d}A) + \int_{\Omega} \frac{\partial}{\partial t}(\gamma_{ig} b_g \phi s_g)\mathrm{d}V - \int_{\Omega} \tilde{q}_{ig}\mathrm{d}V - \int_{\partial\Omega} \boldsymbol{j}_i \cdot \boldsymbol{n}\mathrm{d}A = 0 \quad (8.29)$$

$$\int_{\partial\Omega} \gamma_{iw} b_w (\boldsymbol{u}_w \cdot \boldsymbol{n}\mathrm{d}A) + \int_{\Omega} \frac{\partial}{\partial t}(\gamma_{iw} b_w \phi S_w)\mathrm{d}V - \int_{\Omega} \tilde{q}_{iw}\mathrm{d}V = 0 \quad (8.30)$$

$$\sum_{l=1}^{N_p} s_l = 1 \quad (8.31)$$

$$\sum_{i=1}^{N_c-1} \gamma_{ig} = 1 \quad (8.32)$$

式中:N_c 为组分数量;N_p 为相数。

应该写出除水之外的所有组分的连续性方程。对于煤岩基质,通常作如下假设:(1)没有流体流动,(2)流体处于吸附状态,(3)基质不含水。式(8.33)表示煤岩基质中的摩尔平衡,应写出除水以外的所有组分的摩尔平衡方程。

$$\int_{\Omega} \frac{\partial C_i}{\partial t} dV + \int_{\partial\Omega} \boldsymbol{j}_i \cdot \boldsymbol{n} dA = 0 \tag{8.33}$$

式中：C_i 为基质中组分 i 的摩尔浓度。

总共有 $2N_c+1$ 个方程和 $3N_c+4$ 个未知数，例如四组分的未知数是 γ_{CH_4g}、γ_{N_2g}、γ_{CO_2g}、b_g、b_w、$\boldsymbol{u}_g$、$\boldsymbol{u}_w$、s_g、S_w、ϕ、C_{CH_4}、C_{N_2}、C_{CO_2}、$\boldsymbol{j}_{CH_4}$、$\boldsymbol{j}_{N_2}$ 和 $\boldsymbol{j}_{CO_2}$。

通常本构方程要求变量的数量与方程数量相同。

8.5.2.1.2 达西定律

根据达西定律可知，流速 $\boldsymbol{u}_l$ 与相压力 p_l 有关：

$$\boldsymbol{u}_l = -\frac{KK_{rl}}{\mu_l}(\nabla p_l - \rho_l g) \tag{8.34}$$

式中：K 为渗透率张量；K_{rl} 为 l 相的相对渗透率，是饱和度的函数；ρ_l 为 l 相的密度；$\boldsymbol{\mu}_l$ 为 l 相的黏度；g 为重力加速度。

气相压力和水相压力可以通过毛细管力（p_c）建立关系，而毛细管力（p_c）又是饱和度的函数。

$$p_g - p_w = p_c \tag{8.35}$$

8.5.2.1.3 菲克定律

利用菲克定律，可以将扩散速度 $\boldsymbol{j}_l$ 与割理和基质之间的分压（浓度）梯度建立关系：

$$\int_{\partial\Omega} \boldsymbol{j}_i \cdot \boldsymbol{n} dA \approx D_i \sigma (C_i - V_i \rho_{coal}) \Omega \tag{8.36}$$

式中：$V_i \rho_{coal}$ 为基质中的最大摩尔密度，是在割理处组分 i 分压平衡条件下获得的；V_i 由吸附模型计算得到，ρ_{coal} 为煤的密度；D_i 为组分 i 的扩散系数；σ 为基质—割理界面的面积[式(8.25)]。

8.5.2.1.4 吸附方程

正如气体吸附部分所述[式(8.14)]，扩展的朗格缪尔模型具有广适性，将 V_i 与分压 $p_g\gamma_{ig}$ 和煤岩特性（V_{Li} 和 p_{Li}）建立起了关系。

8.5.2.1.5 状态方程

假定水的黏度为常数，状态方程可以将摩尔密度和黏度与分压建立关系；假设水的压缩系数为常数，则可以使用压缩系数 c_w 将水的摩尔密度与压力建立关系。

$$b_w = b_{w0} e^{c_w(p_w - p^0)} \tag{8.37}$$

式中：b_{w0} 为参考压力 p^0 下的摩尔密度。

利用气体状态方程可以建立气体压缩系数 b_g 与压力和组分的关系式，Peng–Robinson 模型是常用的模型。

$$b_{\mathrm{g}} = \frac{p_{\mathrm{g}}}{ZRT} \tag{8.38}$$

式中:R 为气体常数;T 为温度;Z 为气体压缩因子,是临界温度和压力的函数。

气体黏度还受压力和组分影响。典型的 Lorentz – Bray – Clark 模型将气体黏度与组分和压力建立了关系式[110]。

$$[(\mu - \mu^0)\xi + 10^{-4}] = \left(\sum_{i=1}^{5} a_i b_{\mathrm{r}}^{i-1}\right)^4 \tag{8.39}$$

式中:a_i 为常数;ξ 和 μ^0 为气体组分、分子量、临界温度和临界压力的函数;b_{r} 为降低后的摩尔密度。

8.5.2.1.6 孔隙度模型

割理的孔隙度和渗透率随着煤层压力和(或)气体吸附量的变化而变化(使煤岩发生收缩或膨胀)。Palmer – Mansoori 模型是考虑煤岩收缩或膨胀引起孔渗参数变化的常用模型[31]。

$$\frac{\phi}{\phi_0} = \left[1 + \frac{c_{\mathrm{m}}}{\phi_{\mathrm{co}}}(p - p_0) + \frac{1}{\phi_{\mathrm{co}}}\left(\frac{\kappa}{M} - 1\right)\Delta\varepsilon\right] \tag{8.40}$$

式中:ϕ_0 为压力 p_0 条件下的初始孔隙率;κ 和 M 分别为体积模量和轴向模量;$\Delta\varepsilon$ 为总体积应变。

由式(8.41)计算:

$$\Delta\varepsilon = \sum_{k=1}^{N_c-1} \frac{\varepsilon_k \beta_k a_k p}{1 + \sum_{j=1}^{N_c} \beta_j a_j p} - \sum_{k=1}^{N_c-1} \frac{\varepsilon_k \beta_k a_k p_0}{1 + \sum_{j=1}^{N_c} \beta_j a_j p_0} \tag{8.41}$$

式中:β_k 和 ε_k 为方程拟合系数。

a_k 和 c_{m} 分别由式(8.42)和式(8.43)计算:

$$a_k = \frac{V_k}{\sum_{j=1}^{N_c} V_j} \tag{8.42}$$

$$c_{\mathrm{m}} = \frac{1}{M} - \left(\frac{K}{M} + f - 1\right)\gamma \tag{8.43}$$

式中:γ 为颗粒的可压缩性;$f = 0 \sim 1$,为小数。

通常,割理的渗透率与其孔隙度的三次方成正比[2,20,75,82,87]。根据上述方程,未知数和方程的数量相同,使用数值方法如隐式欧拉法就可求得偏微分方程的解。

参 考 文 献

[1] Z. Dong, S. Holditch, D. McVay, W. B. Ayers, Global unconventional gas resource assessment, SPE Econ. Manage. 4 (04) (2012) 222 – 234.
[2] J. Seidle, Fundamentals of Coalbed Methane Reservoir Engineering, PennWell Corp., Tulsa, Okla, 2011, p. xiii. 401 p.

[3] R. Puri, D. Yee, Enhanced coalbed methane recovery, SPE Annual Technical Conference and Exhibition, Society of Petroleum Engineers, New Orleans, LA, 1990.

[4] M. Sayyafzadeh, A. Keshavarz, A. R. M. Alias, K. A. Dong, M. Manser, Investigation of varying composition gas injection for coalbed methane recovery enhancement: a simulation-based study, J. Nat. Gas Sci. Eng. 27 (2015) 1205–1212.

[5] ASTM D388-05, 2005. Standard Classification of Coal by Rank. ASTM, Philadelphia.

[6] Speight, J. G., 1994. The Chemistry and Technology of Coal. Chemical Industries. Marcel Dekker, New York, NY. Revised and Expanded.

[7] ISO-11760: 2005, 2005. Classification of Coals. ISO 11760:2005, Geneva.

[8] AS 1038.17: Part 17. 2000. Higher rank coal—moisture-holding capacity (equilibrium moisture). Coal and CokeAnalysis and Testing. S. A. Ltd., Sydney.

[9] H. Ji, Z. Li, Y. Peng, Y. Yang, Y. Tang, Z. Liu, Pore structures and methane sorption characteristics of coal after extraction with tetrahydrofuran, J. Nat. Gas Sci. Eng. 19 (2014) 287–294.

[10] S. Zhang, S. Tang, D. Tang, W. Huang, Z. Pan, Determining fractal dimensions of coal pores by FHH model: problems and effects, J. Nat. Gas Sci. Eng. 21 (2014) 929–939.

[11] X. Hu, S. Yang, X. Zhou, G. Zhang, B. Xie, A quantification prediction model of coalbed methane content and its application in Pannan coalfield, Southwest China, J. Nat. Gas Sci. Eng. 21 (2014) 900–906.

[12] A. Busch, Y. Gensterblum, B. M. Krooss, Methane and CO_2 sorption and desorption measurements on dry Argonne premium coals: pure components and mixtures, Int. J. Coal Geol. 55 (2) (2003) 205–224.

[13] E. Ozdemir, B. I. Morsi, K. Schroeder, CO_2 adsorption capacity of Argonne premium coals, Fuel 83 (7) (2004) 1085–1094.

[14] L. J. Thomas, L. P. Thomas, Coal Geology, John Wiley & Sons, London, 2002.

[15] M. N. Lamberson, R. M. Bustin, Coalbed methane characteristics of Gates Formation coals, northeastern British Columbia: effect of maceral composition, AAPG Bull. 77 (12) (1993) 2062–2076.

[16] N. Berkowitz, An Introduction to Coal Technology, Elsevier, London, 2012.

[17] Levine, J. R., 1993. Coalification: The Evolution of Coal as Source Rock and Reservoir Rock for Oil and Gas. Hydrocarbons from coal: AAPG Studies in Geology, 38, 39–77.

[18] C. Ö. Karacan, G. D. Mitchell, Behavior and effect of different coal microlithotypes during gas transport for carbon dioxide sequestration into coal seams, Int. J. Coal Geol. 53 (4) (2003) 201–217.

[19] P. K. Mukhopadhyay, P. G. Hatcher, Composition of coal, Hydrocarbons from Coal. vol. 38. AAPG Studies in Geology, Tulsa, OK (1993) 79–118.

[20] L. H. Reiss, The Reservoir Engineering Aspects of Fractured Formations, vol. 3, Editions Technip, Paris, 1980.

[21] Gash, B. W., 1991. Measurement of "Rock Properties" in coal for coalbed methane production. SPE Annual Technical Conference and Exhibition. Society of Petroleum Engineers.

[22] H. Gan, S. Nandi, P. Walker, Nature of the porosity in American coals, Fuel 51 (4) (1972) 272–277.

[23] C. Rodrigues, M. L. De Sousa, The measurement of coal porosity with different gases, Int. J. Coal Geol. 48 (3) (2002) 245–251.

[24] D. Everett, Manual of symbols and terminology for physicochemical quantities and units, appendix II: definitions, terminology and symbols in colloid and surface chemistry, Pure Appl. Chem. 31 (4) (1972) 577–638.

[25] B. McEnaney, T. Mays, Porosity in carbons and graphites, Introduction to Carbon Science, Butterworths, London, 1989, pp. 153–196.

[26] H. Akhondzadeh, A. Keshavarz, M. Sayyafzadeh, A. Kalantariasl, Investigating the relative impact of key reservoir parameters on performance of coalbed methane reservoirs by an efficient statistical approach, J. Nat.

Gas Sci. Eng. 53 (2018) 416-428.

[27] J.-Q. Shi, S. Durucan, A model for changes in coalbed permeability during primary and enhanced methane recovery, SPE Reservoir Eval. Eng. 8 (04) (2005) 291-299.

[28] Young, G., Paul, G., McElhiney, J., McBane, R., 1992. A parametric analysis of Fruitland coalbed methane reservoir producibility. SPE Annual Technical Conference and Exhibition. Society of Petroleum Engineers.

[29] Roadifer, R., Moore, T., Raterman, K., Farnan, R., Crabtree, B., 2003. Coalbed methane parametric study: what's really important to production and when? In: Paper SPE 84425 Presented at the 2003 SPE Annual Technical Conference and Exhibition. Denver.

[30] R. E. Rogers, K. Ramurthy, G. Rodvelt, M. Mullen, Coalbed Methane: Principles and Practices, third ed., Oktibbeha Publishing Co. (Halliburton Company), Mississippi, 2007.

[31] A. H. Alizadeh, A. Keshavarz, M. Haghighi, Flow rate effect on two-phase relative permeability in Iranian carbonate rocks. In: SPE Middle East Oil and Gas Show and Conference, 1114 March 2007, Manama, Bahrain.

[32] S. Harpalani, G. Chen, Estimation of changes in fracture porosity of coal with gas emission, Fuel 74 (10) (1995) 1491-1498.

[33] Palmer, I. D., 2010. The permeability factor in coalbed methane well completions and production. In: SPE Western Regional Meeting. Society of Petroleum Engineers.

[34] M. Mavor, J. Vaughn, Increasing coal absolute permeability in the San Juan Basin fruitland formation, SPE Reservoir Eval. Eng. 1 (03) (1998) 201-206.

[35] Al-anazi, B. D., Algarni, M. T., Tale, M., Almushiqeh, I., 2011. Prediction of Poisson's ratio and Young's modulus for hydrocarbon reservoirs using alternating conditional expectation algorithm. In: SPE Middle East Oil and Gas Show and Conference. Society of Petroleum Engineers.

[36] S. Ian Palmer, J. Mansoori, How permeability depends on stress and pore pressure in coalbeds: a new model, SPE Reservoir Eval. Eng. 1 (1998) 539-544.

[37] F. Gu, R. Chalaturnyk, Sensitivity study of coalbed methane production with reservoir and geomechanics coupling simulation, J. Can. Pet. Technol. 44 (10) (2005) 23-32.

[38] J. Geertsma, F. De Klerk, A rapid method of predicting width and extent of hydraulically induced fractures, J. Pet. Technol. 21 (12) (1969) 1571-1581.

[39] Holditch, S., Ely, J., Carter, R., Semmelbeck, M., 1990. Coal Seam Stimulation Manual. Gas Research Institute, Chicago. Contract No. 5087-214-1469.

[40] D. J. Johnston, Geochemical logs thoroughly evaluate coalbeds, Oil Gas J. 88 (52) (1990) 45-51.

[41] P. Lu, G. Li, Z. Huang, S. Tian, Z. Shen, Simulation and analysis of coal seam conditions on the stress disturbance effects of pulsating hydro-fracturing, J. Nat. Gas Sci. Eng. 21 (2014) 649-658.

[42] Kovscek, A., Tang, G., Jessen, K., 2005. Laboratory and simulation investigation of enhanced coalbed methane recovery by gas injection. In: Paper SPE95947 presented at SPE Annual Technical Conference and Exhibition.

[43] C. Bertard, B. Bruyet, J. Gunther, International Journal of Rock Mechanics and Mining Sciences & Geomechanics Abstracts Determination of Desorbable Gas Concentration of Coal (Direct Method), Elsevier, 1970. pp 43IN351-50IN465.

[44] C. Clarkson, R. Bustin, The effect of pore structure and gas pressure upon the transport properties of coal: a laboratory and modeling study. 2. Adsorption rate modeling, Fuel 78 (11) (1999) 1345-1362.

[45] R. Yang, Gas Separation by Adsorption Processes., Pergamon, Oxford, 1988.

[46] S. Brunauer, P. H. Emmett, E. Teller, Adsorption of gases in multimolecular layers, J. Am. Chem. Soc. 60 (2) (1938) 309-319.

[47] Testa, S., Pratt, T., 2003. Sample preparation for coal and shale gas resource assessment. In: Proceedings, International Coalbed Methane Symposium, Tuscaloosa, Alabama.

[48] Arri, L., Yee, D., Morgan, W., Jeansonne, M., 1992. Modeling coalbed methane production with binary gas sorption. In: SPE Rocky Mountain Regional Meeting. Society of Petroleum Engineers.

[49] J. Crank, 0198534116. The Mathematics of Diffusion, Clarendon Press, Oxford, GB, 1975.

[50] P. J. Crosdale, B. B. Beamish, M. Valix, Coalbed methane sorption related to coal composition, Int. J. Coal Geol. 35 (1) (1998) 147–158.

[51] G. Staib, R. Sakurovs, E. M. Gray, Kinetics of coal swelling in gases: influence of gas pressure, gas type and coal type, Int. J. Coal Geol. 132 (2014) 117–122.

[52] G. Staib, R. Sakurovs, E. M. A. Gray, A pressure and concentration dependence of CO_2 diffusion in two Australian bituminous coals, Int. J. Coal Geol. 116 (2013) 106–116.

[53] G. Staib, R. Sakurovs, E. M. A. Gray, Dispersive diffusion of gases in coals. Part I: model development, Fuel 143 (2015) 612–619.

[54] G. Staib, R. Sakurovs, E. M. A. Gray, Dispersive diffusion of gases in coals. Part II: An assessment of previously proposed physical mechanisms of diffusion in coal, Fuel 143 (2015) 620–629.

[55] E. Ruckenstein, A. Vaidyanathan, G. Youngquist, Sorption by solids with bidisperse pore structures, Chem. Eng. Sci. 26 (9) (1971) 1305–1318.

[56] D. M. Smith, F. L. Williams, Diffusion models for gas production from coals: application to methane content determination, Fuel 63 (2) (1984) 251–255.

[57] D. M. Smith, F. L. Williams, Diffusion models for gas production from coal: determination of diffusion parameters, Fuel 63 (2) (1984) 256–261.

[58] S. Bhatia, Modeling the pore structure of coal, AIChE J. 33 (10) (1987) 1707–1718.

[59] D. Van Krevelen, Coal: Typology – Physics – Chemistry – Composition., Elsevier, Amsterdam, 1993.

[60] Zuber, M., Sawyer, W., Schraufnagel, R., Kuuskraa, V., 1987. The use of simulation and history matching to determine critical coalbed methane reservoir properties. In: Low Permeability Reservoirs Symposium. Society of Petroleum Engineers.

[61] Paul, G., Sawyer, W., Dean, R., 1990. Validation of 3D coalbed simulators. In: SPE Annual Technical Conference and Exhibition. Society of Petroleum Engineers.

[62] E. Airey, International Journal of Rock Mechanics and Mining Sciences & Geomechanics Abstracts Gas Emission from Broken Coal. An Experimental and Theoretical Investigation, Elsevier, 1968 pp. 475–494.

[63] D. J. Remner, T. Ertekin, W. Sung, G. R. King, A parametric study of the effects of coal seam properties on gas drainage efficiency, SPE Reservoir Eng. 1 (06) (1986) 633–646.

[64] A. Keshavarz, R. Sakurovs, M. Grigore, M. Sayyafzadeh, Effect of maceral composition and coal rank on gas diffusion in Australian coals, Int. J. Coal Geol. 173 (2017) 65–75.

[65] J. Warren, P. J. Root, The behavior of naturally fractured reservoirs, Soc. Pet. Eng. J. 3 (03) (1963) 245–255.

[66] H. Kazemi, Pressure transient analysis of naturally fractured reservoirs with uniform fracture distribution, Soc. Pet. Eng. J. 9 (04) (1969) 451–462.

[67] A. Busch, Y. Gensterblum, CBM and CO_2 – ECBM related sorption processes in coal: a review, Int. J. Coal Geol. 87 (2) (2011) 49–71.

[68] M. J. Economides, T. Martin, Modern Fracturing: Enhancing Natural Gas Production, ET Publishing Houston, Houston, TX, 2007.

[69] Holditch, S., Ely, J., Semmelbeck, M., Carter, R., Hinkel, J., Jeffrey Jr, R., 1988. Enhanced recovery of coalbed methane through hydraulic fracturing. SPE Annual Technical Conference and Exhibition. Society of

Petroleum Engineers.

[70] Jeffrey Jr, R., Brynes, R., Lynch, P., Ling, D., 1992. An analysis of hydraulic fracture and mineback data for a treatment in the German creek coal seam. In: SPE Rocky Mountain Regional Meeting. Society of Petroleum Engineers.

[71] Jeffrey, R., Settari, A., 1995. A comparison of hydraulic fracture field experiments, including mineback geometry data, with numerical fracture model simulations. In: SPE Annual Technical Conference and Exhibition. Society of Petroleum Engineers.

[72] Jeffrey, R., Vlahovic, W., Doyle, R., Wood, J., 1998. Propped fracture geometry of three hydraulic fractures in Sydney Basin coal seams. In: SPE Asia Pacific Oil and Gas Conference and Exhibition. Society of Petroleum Engineers.

[73] Jeffrey, R., Settari, A., 1998. An instrumented hydraulic fracture experiment in coal. In: SPE Rocky Mountain Regional/Low – Permeability Reservoirs Symposium. Society of Petroleum Engineers.

[74] Johnson Jr, R. L., Flottman, T., Campagna, D. J., 2002. Improving results of coalbed methane development strategies by integrating geomechanics and hydraulic fracturing technologies. In: SPE Asia Pacific Oil and Gas Conference and Exhibition. Society of Petroleum Engineers.

[75] Palmer, I. D., Lambert, S. W., Spitler, J. L., Coalbed Methane Well Completions and Stimulations. Hydrocarbons from coal: AAPG Studies in Geology, 38 (1993) 303 – 339.

[76] A. Keshavarz, A. Badalyan, T. Carageorgos, P. Bedrikovetsky, R. Johnson, Stimulation of coal seam permeability by micro – sized graded proppant placement using selective fluid properties, Fuel 144 (2015) 228 – 236.

[77] A. Keshavarz, A. Badalyan, R. Johnson, P. Bedrikovetsky, Productivity enhancement by stimulation of natural fractures around a hydraulic fracture using micro – sized proppant placement, J. Nat. Gas Sci. Eng. 33 (2016) 1010 – 1024.

[78] M. Hossain, M. Rahman, S. Rahman, A shear dilation stimulation model for production enhancement from naturally fractured reservoirs, SPE J. 7 (02) (2002) 183 – 195.

[79] M. Rahman, M. Hossain, S. Rahman, A shear – dilation – based model for evaluation of hydraulically stimulated naturally fractured reservoirs, Int. J. Numer. Anal. Methods Geomech. 26 (5) (2002) 469 – 497.

[80] A. Riahi, B. Damjanac, Numerical study of interaction between hydraulic fracture and discrete fracture network, Effective and Sustainable Hydraulic Fracturing, InTech, London, 2013.

[81] Darin, S., Huitt, J., Effect of a Partial Monolayer of Propping Agent on Fracture Flow Capacity. Petroleum Transactions, AIME, 1960, 219, 31 – 37.

[82] Fredd, C., McConnell, S., Boney, C., England, K., 2000. Experimental study of hydraulic fracture conductivity demonstrates the benefits of using proppants. SPE Rocky Mountain Regional/Low – Permeability Reservoirs Symposium and Exhibition. Society of Petroleum Engineers.

[83] A. Khanna, A. Kotousov, J. Sobey, P. Weller, Conductivity of narrow fractures filled with a proppant monolayer, J. Pet. Sci. Eng. 100 (2012) 9 – 13.

[84] A. Khanna, A. Keshavarz, K. Mobbs, M. Davis, P. Bedrikovetsky, Stimulation of the natural fracture system by graded proppant injection, J. Pet. Sci. Eng. 111 (2013) 71 – 77.

[85] Brannon, H. D., Starks, T. R., 2008. The effects of effective fracture area and conductivity on fracture deliverability and stimulation value. SPE Annual Technical Conference and Exhibition. Society of Petroleum Engineers.

[86] A. Gaurav, E. Dao, K. Mohanty, Evaluation of ultra – light – weight proppants for shale fracturing, J. Pet. Sci. Eng. 92 (2012) 82 – 88.

[87] Kassis, S. M., Sondergeld, C. H., 2010. Gas shale permeability: effects of roughness, proppant, fracture offset, and confining pressure. In: International Oil and Gas Conference and Exhibition in China. Society of Pe-

troleum Engineers.

[88] Parker, M. A., Glasbergen, G., van Batenburg, D. W., Weaver, J. D., Slabaugh, B. F., 2005. High porosity fractures yield high conductivity. In: SPE Annual Technical Conference and Exhibition. Society of Petroleum Engineers.

[89] A. Keshavarz, Y. Yang, A. Badalyan, R. Johnson, P. Bedrikovetsky, Laboratory – based mathematical modelling of graded proppant injection in CBM reservoirs, Int. J. Coal Geol. 136 (2014) 1 – 16.

[90] Bedrikovetsky, P. G., Keshavarz, A., Khanna, A., Mckenzie, K. M., Kotousov, A., 2012. Stimulation of natural cleats for gas production from coal beds by graded proppant injection. In: SPE Asia Pacific Oil and Gas Conference and Exhibition. Society of Petroleum Engineers.

[91] A. Keshavarz, A Novel Technology for Enhanced Coal Seam Gas Recovery by Graded Proppant Injection, PhD Thesis, The University of Adelaide, Adelaide, 2015.

[92] Keshavarz, A., Badalyan, A., Carageorgos, T., Bedrikovetsky, P., Johnson, R., 2015. Graded proppant injection into coal seam gas and shale gas reservoirs for well stimulation. In: SPE European Formation Damage Conference and Exhibition. Society of Petroleum Engineers.

[93] A. Keshavarz, A. Badalyan, R. Johnson, P. Bedrikovetsky, EUROPEC 2015 A New Technique for Enhancing Hydraulic Fracturing Treatment in Unconventional Reservoirs, Society of Petroleum Engineers, Madrid, 2015.

[94] Keshavarz, A., Badalyan, A., Carageorgos, T., Johnson, R., Bedrikovetsky, P., 2014. Stimulation of unconventional naturally fractured reservoirs by graded proppant injection: experimental study and mathematical model. In: SPE/EAGE European Unconventional Resources Conference and Exhibition.

[95] A. Keshavarz, A. Badalyan, T. Carageorgos, P. Bedrikovetsky, R. Johnson, Enhancement of CBM well fracturing through stimulation of cleat permeability by ultra – fine particle injection, APPEA J. 54 (1) (2014) 155 – 166.

[96] Keshavarz, A., Johnson, R., Carageorgos, T., Bedrikovetsky, P., Badalyan, A., 2016. Improving the conductivity of natural fracture systems in conjunction with hydraulic fracturing in stress sensitive reservoirs. In: SPE Asia Pacific Oil & Gas Conference and Exhibition. Society of Petroleum Engineers.

[97] Fulton, P. F., Parente, C. A., Rogers, B. A., Shah, N., Reznik, A., 1980. A laboratory investigation of enhanced recovery of methane from coal by carbon dioxide injection, In: SPE Unconventional Gas Recovery Symposium. Society of Petroleum Engineers.

[98] C,. Smayuc,, F. Gümrah, Modeling of ECBM recovery from Amasra coalbed in Zonguldak Basin, Turkey, Int. J. Coal Geol. 77 (1) (2009) 162 – 174.

[99] Stevens, S. H., Spector, D., Riemer, P., 1998. Enhanced coalbed methane recovery using CO_2 injection: worldwide resource and CO_2 sequestration potential. In: SPE International Oil and Gas Conference and Exhibition in China. Society of Petroleum Engineers.

[100] Wong, S., Gunter, W., Mavor, M., 2000. Economics of CO_2 sequestration in coalbed methane reservoirs. In: SPE/CERI Gas Technology Symposium. Society of Petroleum Engineers.

[101] X. Cui, R. M. Bustin, Volumetric strain associated with methane desorption and its impact on coalbed gas production from deep coal seams, AAPG Bull. 89 (9) (2005) 1181 – 1202.

[102] J. W. Larsen, The effects of dissolved CO_2 on coal structure and properties, Int. J. Coal Geol. 57 (1) (2004) 63 – 70.

[103] S. Durucan, J. – Q. Shi, Improving the CO_2 well injectivity and enhanced coalbed methane production performance in coal seams, Int. J. Coal Geol. 77 (1) (2009) 214 – 221.

[104] S. Durucan, M. Ahsanb, J. – Q. Shia, Matrix shrinkage and swelling characteristics of European coals, Energy Procedia 1 (1) (2009) 3055 – 3062.

[105] M. Mazzotti, R. Pini, G. Storti, Enhanced coalbed methane recovery, J. Supercrit. Fluids 47 (3) (2009) 619–627.

[106] M. Perera, P. Ranjith, A. Ranathunga, A. Koay, J. Zhao, S. Choi, Optimization of enhanced coalbed methane recovery using numerical simulation, J. Geophys. Eng. 12 (1) (2015) 90.

[107] S. Reeves, A. Oudinot, The Tiffany Unit N_2-ECBM Pilot: A Reservoir Modeling Study, Advanced Resources International, Incorporated, Houston, TX, 2004.

[108] F. Zhou, W. Hou, G. Allinson, J. Wu, J. Wang, Y. Cinar, A feasibility study of ECBM recovery and CO_2 storage for a producing CBM field in Southeast Qinshui Basin, China, Int. J. Greenhouse Gas Control 19 (2013) 26–40.

[109] M. Sayyafzadeh, A. Keshavarz, Optimisation of gas mixture injection for enhanced coalbed methane recovery using a parallel genetic algorithm, J. Nat. Gas Sci. Eng. 33 (2016) 942–953.

[110] J. Lohrenz, B. G. Bray, C. R. Clark, Calculating viscosities of reservoir fluids from their compositions, J. Pet. Technol. 16 (10) (1964) 1,171–1,176.

第 9 章　页岩油提高采收率技术

Mohammad Ali Ahmadi(加拿大卡尔加里,卡尔加里大学化学与石油工程系)

9.1　引言

2015 年,美国页岩油和致密油的产量约占其石油总产量的一半以上[1]。如图 9.1 所示,随着低渗透油藏(页岩油藏和致密油藏)持续积极开发,预计其原油产量将显著增长;图 9.2 展示了全球非常规油气田的分布情况,包括油页岩、超重油和沥青、致密油气,这意味着页岩油藏作为未来有前景的能源资源的重要性;图 9.3 展示了全球轻质致密油田的分布;图 9.4 展示了全球部分国家的页岩资源勘探和开发趋势[2]。但是一些国家和地区尤其是欧洲,已经禁止页岩油勘探,而美国、俄罗斯和中国等国家的页岩油藏[2,5]已投入开发。

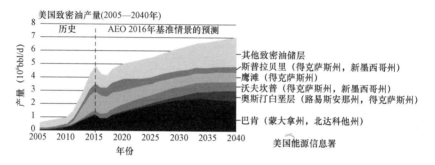

图 9.1　美国石油和其他液体燃料的产量预测
(2016 年度能源展望,www.eia.gov/aeo)

图 9.2　全球页岩油藏分布[2-3]

第 9 章 页岩油提高采收率技术

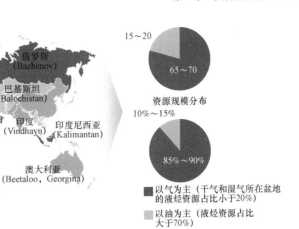

图 9.3 全球轻质致密油区优选[2,4]

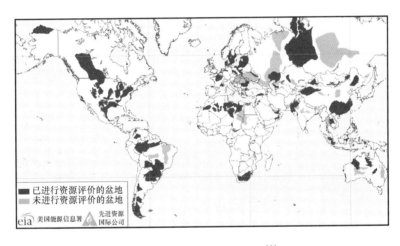

图 9.4 全球页岩资源分布[2]

页岩油地质储量和技术可采储量的占比如图 9.5 所示，数据来源于 EIA[6] 报告。可以看出，欧洲的页岩油地质储量和技术可开采储量占比最高，澳大利亚排名最后[2,6]。

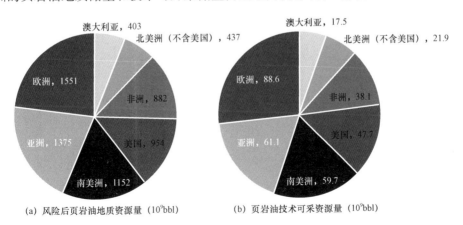

(a) 风险后页岩油地质资源量（10⁹bbl）　　(b) 页岩油技术可采资源量（10⁹bbl）

图 9.5 各大洲陆上页岩油的风险后地质资源量和技术可采资源量分布[2,6]

— 195 —

从致密储层生产页岩油主要使用水力压裂水平井。衰竭开发有利于页岩油生产,但是在大多数情况下可实现的采收率低于10%[7]。例如Clark[8]曾用不同方法计算页岩油采收率,最可能达到的采收率值约为7%,这意味着页岩油储层中仍然剩余了大量的石油,这为研发新技术提高页岩油储层的产量提供了动力[1]。

与其他油(气)层相比,致密储层和页岩储层最主要的岩石特性是渗透率极低。图9.6展示了常规和非常规油气藏的渗透率范围。例如页岩储层的渗透率为0.0001~0.001mD[9],而大多数常规油气储层的渗透率约为页岩储层和致密储层的10000倍。在一些特殊情况下,页岩储层也存在一些提高有效渗透率的微裂缝,此时的有效渗透率远高于不含裂缝的页岩基质渗透率。除了渗透率不同以外,致密储层还在其他方面具有不同特征,例如热成熟度为0.6%~1.3%,孔隙度小于10%,总有机碳大于1%,API度大于40[1,9]。

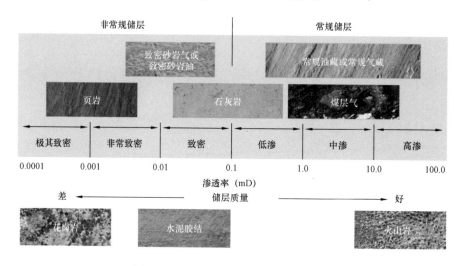

图9.6 不同类型油气藏的渗透率分布

事实上,致密油和页岩油储层的定义也不同。从技术上讲,页岩油是指泥页岩、烃源岩等储层,而致密油则适用于低渗透碳酸盐岩、粉砂岩和砂岩[1,10]。

9.2 页岩油和油页岩

从技术方面讲,页岩油和油页岩这两个名词可能会引起混淆。油页岩是指含有被称为干酪根的固体有机质的岩石,而干酪根是化石类有机物的化合物。换而言之,含有干酪根的岩石不一定是页岩,显然,干酪根也不是真正的原油。页岩油则存储在非常致密储层中,储层渗透率在0.001mD左右,页岩油不能直接从储层流入生产井,必须通过水力压裂才能使井筒附近的页岩油流动。此外,要想从油页岩中生产石油,应在低氧环境下利用非常高的温度(约500℃)加热油页岩,该过程称为干馏。已有两种技术可以加热油页岩以生产原油,第一种技术包含两个生产环节,即油页岩开采和地表加热油页岩;第二种技术是在储层中加热油页岩。埃克森美孚和壳牌等石油公司已经研发出用于地下加热油页岩的技术,该技术致力于使用电流或电加热器将干酪根转化为石油,适用于从油页岩中生产石油,而页岩油藏以压裂水平井作为主要采油技术[1]。

9.3 页岩油气提高采收率方法

已有多种提高采收率技术用于页岩油和致密油藏,包括注水、注气和注入表面活性剂。以下各节分析了这些提高采收率方法的优点和缺点[1]。

9.3.1 注气

页岩油藏可采用连续注气或循环注气[1]开发,具体如下。

9.3.1.1 连续注气

一般而言,与循环注气相比,连续注气是常规油藏应用最广泛的 EOR 方法。根据油藏数值模拟研究结果,由于页岩储层渗透率很低,如果注入井与生产井之间没有裂缝[11],注入的气体不能快速地从注入井向生产井扩散,而且大部分页岩油在注气突破之前就已采出,这也说明如果页岩储层的非均质性导致气体在天然裂缝或人工裂缝中发生了气窜或指进,那么连续注气将不能大幅度提高页岩油产量[12]。在矿场实施中,如果出现了气窜或指进,页岩油藏连续注气的适用性将面临质疑。Yu 通过室内实验和数值模拟研究了页岩油藏注 N_2 提高采收率,结果表明,在特定条件下,注 N_2 可以提高采油指数[12]。为了确定页岩油藏注 CO_2 的适用性,Kovscek[13] 和 Vega[14] 对含裂缝的页岩岩心进行了多次室内实验,岩样渗透率为 0.2~1.3mD[13-14]。

大多数的致密油和页岩油 EOR 研究都是在 Bakken 油区完成的。为了评价这两类油藏的 CO_2 注入潜力,Wang[15] 对萨斯喀彻温省 Bakken 油藏设计了水—CO_2 交替注入、连续注 CO_2、注水和 CO_2 吞吐等数值模拟研究,结果表明,连续注 CO_2 可以获得最高的采收率。连续注 CO_2 模型有 4 口注气井和 9 口采油井持续注采,而 CO_2 吞吐仅在同井注采。连续注 CO_2 获得最高采收率的其他原因可能是:(1)CO_2 吞吐的注采井网与其他注采方式不同;(2)设计焖井时间较长(接近 5 年);(3)模型的渗透率范围为 0.04~25mD,高于实际的致密储层和页岩储层渗透率。考虑上述三个因素有助于更好地评价和比较 CO_2 吞吐和连续注 CO_2 提高采收率的效果。根据他们的数值模拟结果,高浓度 CO_2 可以提高波及系数,远高于注水波及系数,这也证实了 Sheng 和 Chen[11]、Joslin[16]、Dong 和 Hoffman[17] 研究北达科他州 Sanish 油田 Bakken 储层注 CO_2 提高采收率的效果。

9.3.1.2 注气吞吐

由于储层非常致密,连续注 CO_2 使注气井的近井区压力急剧增大,而采油井周围的压力显著降低,Sheng 和 Chen[11] 提出了采用 CO_2 吞吐代替连续注 CO_2。基于上述考虑,他们建议在致密储层采用 CO_2 吞吐[18],并且通过实验论证了可行性[19]。已经开展了各项实验评价致密储层的 CO_2 吞吐[20-24],对多个参数进行优化,例如吞吐次数、注气时间、焖井时间、采油时间和井网类型。在大多数的室内实验和先导矿场试验中,焖井时间越短,采收率越高,即焖井时间为零时的采收率达到最大值[18,25-27],这种情况仅适用于已完成几轮 CO_2 吞吐的情况,对于单轮吞吐,焖井时间越长,采收率越高[28-29]。如果在室内实验使用凝析气吞吐,则焖井时间的影响可以忽略[30-31]。

CO_2是一种在页岩油藏[32]很有应用前景的 EOR 注入介质,可以注入高浓度CO_2来提高驱油效果。全球已广泛应用CO_2提高不同类型油藏的采收率,包括天然裂缝性油藏、深层(浅层)常规油藏和致密油藏,但是注CO_2提高采收率存在两个缺点:(1)CO_2体积太大,(2)CO_2腐蚀地面设施和井下设施。

9.3.1.3 注CO_2的优势和劣势

在常规油藏中,气驱比注气吞吐的使用范围更广。但是页岩或致密油藏的渗透率非常低,基质的压降显著,气体很难将油从注入井驱替到生产井。如果页岩或致密储层发育天然裂缝网络或水力压裂缝连通注入井和生产井,那么注入的气体很容易突破,导致波及系数很低[1,11],注气吞吐则不会发生气体突破的问题。Wan[33]将CO_2驱的采收率与CO_2吞吐进行了比较,发现CO_2吞吐的效果优于CO_2驱;Sheng 和 Chen[11]利用数值模拟对比了CO_2驱和CO_2吞吐的效果,发现后者的采收率高于前者;Yu[34]通过室内实验研究了CO_2驱和CO_2吞吐的效果,焖井时间越短,CO_2吞吐的采收率越高于CO_2驱;Meng[35]也设计了不同的驱油实验以评价CO_2吞吐和CO_2驱的采收率,结果表明CO_2吞吐的采收率远高于CO_2驱。

Shoaib 和 Hoffman[36]在美国 Richland 县 Elm Coulee 油田实施了不同的CO_2注入方案,包括CO_2吞吐和连续注CO_2,注采井网则由数值模拟方法设计。该油田的主力层为 Bakken 组,设计CO_2吞吐注气 3 个月,焖井 3 个月,采油 3 个月,CO_2注入量为 0.19 倍孔隙体积,CO_2吞吐方案的采收率比衰竭开发增加了 2.5%。他们的数值模拟结果表明连续注CO_2比CO_2吞吐的效果要好得多,前者的采收率比后者提高了 14%~15%,CO_2吞吐效果较差的原因在于吞吐参数并不是最优值,因此,CO_2吞吐的效果不如连续注CO_2[7]。此外,高渗透率对CO_2驱油的效果有很大的贡献[11]。

Wang[15]利用数值模拟方法评价了 Saskatchewan 省 Bakken 油藏 EOR 潜力,结果表明在 Bakken 油藏连续注CO_2比CO_2吞吐的效果要好得多,主要原因在于他们认为CO_2吞吐仅有一个吞吐周期,注气时间为 10 年,焖井时间为 5 年,采油时间为 5 年。如前几节所述,在CO_2吞吐模式下,各种吞吐参数都需要优化。显然,Wang 并没有优化CO_2吞吐参数,造成CO_2吞吐时间过长。

Kurtoglu[37]利用数值模拟研究了三口水平井的CO_2吞吐效果,模型中的三口水平井互相平行,中间的水平井为注入井,两侧的水平井为采油井。CO_2吞吐时,注气 60d,焖井 10d,采油 120d,连续吞吐 6 个周期。模拟结果表明,CO_2吞吐和连续注CO_2都能提高石油产量,但连续注CO_2的原油采收率得到了显著提高。出现这种结果的原因是,模型仅把中间井作为注入井,忽略了CO_2吞吐的优势即同井注采,而且模型没有考虑分子扩散作用。

根据以上讨论,应考虑各种因素对CO_2吞吐效果的影响,并对主要注入参数进行优化,包括循环次数、注入时间、焖井时间、采油时间和井网类型。

9.3.1.4 注CO_2矿场试验

页岩储层注CO_2的矿场试验是在美国 Saskatchewan 省 Bakken 储层进行了CO_2非混相驱[38],油田位置如图 9.7 所示。先导试验项目的面积为 1280 英亩,井距为 80 英亩和 160 英亩,水平段长度为 1 英里,水平井全部采用水力压裂,从趾端向跟端注气,注气井到相邻的水力压裂水平井的距离相同。当CO_2在采油井趾端突破时,对趾端封堵,减少CO_2无效驱替。注入

的 CO_2 继续流动到下一段射孔处,这种井网使一口注入井满足了九口采油井的注气需求。对于跟端靠近注入井的采油井,在跟端安装了"scab-liner"跨式封隔器[1]。

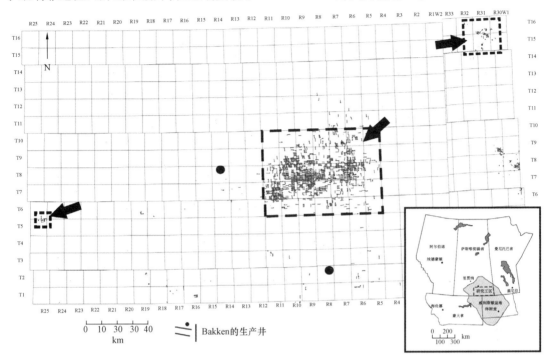

图9.7 Saskatchewan 省 Bakken 油田的位置图[38-39]

2011年12月开始实施注 CO_2 先导试验。刚开始的注气速度为 $30×10^4 ft^3/d$,注入压力为500psi;2012年3月安装压缩机,注入压力为1000psi,注气速度达到 $100×10^4 ft^3/d$,随后就有两口井发生气窜;2012年7月,石油产量下降至53bbl/d。修井后,9口采油井的石油产量全部持续上升,总产量达到295bbl/d,平均产量递减率从注气前的20%下降到注气后的15%[1]。

从上述先导试验可以得出以下认识:从经济角度来看,采注井数比对项目经济效益影响很大,常规水驱的采注井数比为1:1,与注水相比,注 CO_2 的投资成本非常低。

2003年3月,在中国大庆宋芳屯油田房48断块扶杨组实施 CO_2 驱先导试验,采注井数比为5:1。注气两年后,累计注入0.33倍孔隙体积的 CO_2。注气井没有压裂,CO_2 的注入能力远高于水,前者约为后者的6.3倍。这项注 CO_2 先导试验有望获得较好的提高采收率效果。

2008年在北达科他州 Bakken 组 Elm Coulee 油田实施了 CO_2 吞吐试验[40]。CO_2 注入速度达到 $100×10^4 ft^3/d$,不存在注入能力问题,注气30d,对比 CO_2-EOR 前后的石油产量,发现本次先导试验的采收率没有显著提高。

2009年在 Richland 县 Bakken 油藏 Montana 区块也实施了 CO_2 吞吐现场试验。注采井均为水力压裂水平井,注 $CO_2$45d,累计注入 CO_2 $45×10^8 ft^3$,然后焖井64d,开井后油井产量增加了44bbl/d。由于该井也进行了修井作业,增加的石油产量并不完全归因于注 CO_2[40-41]。

2014年在 Bakken 储层进行了第三次 CO_2 吞吐先导试验。在 Bakken 储层钻了1口直井,按 $(30~50)×10^4 ft^3/d$ 连续注 $CO_2$20~30d,焖井20d。此外,还设计了1口观察井评估 CO_2 突破时间。注气 1d 后,CO_2 在邻井发生气窜,注 CO_2 被迫停止[40],一旦 CO_2 在油井突破,无法成功进行 CO_2 吞吐。

还有一项注 CO_2 先导试验是在 Mountrail 县 Parshall 油田进行的,对 Bakken 储层中的水平井实施 CO_2 吞吐,注 CO_2 11d,开井后的产油量有所增加[1]。Parshall 油田为裂缝性油藏,为了保证驱替前缘一致,设计任何类型的 EOR 都面临巨大的挑战,储层中的 CO_2 流度达到 304。此外,该油藏裂缝系统的裂缝连通性也会影响 EOR 的效果[41]。

9.3.2 注水

美国和加拿大页岩储层实施注水开发的项目并不多,但是中国已在致密油藏大规模注水开发。本节介绍了美国、中国和加拿大正在进行的注水项目和先导试验。

9.3.2.1 连续注水

页岩和致密储层注水开发主要关注注水能力,即注水可能比注气面临更多的注入能力问题,注水先导试验的第一个目的是检验注水能力。奇怪的是,迄今为止,在页岩储层[40]和中国许多致密储层进行的先导试验都没有出现注水能力问题。

通常认为注入水与储层岩石的相互作用会降低储层渗透率。据观察,如果不施加围压,注水可能有助于在页岩储层中产生微裂缝或撑开已有的微裂缝[42-46]。

研究表明[47-49],在各向同性围压下,含黏土或蒙脱石岩心的水测渗透率会显著降低;在常规的支撑剂水力压裂中,水力压裂缝依靠天然裂缝开启诱导形成永久性剪切膨胀,从而提高储层渗透率[50-51];在各向异性应力下,预计在剪切破坏占主导作用的位置发生水力起裂[52];吸水引起的水化膨胀会降低页岩的力学强度[53-55],并减小剪切裂缝的导流能力[1,56-57]。

9.3.2.2 注水吞吐

注水吞吐的主要作用机理是注入水优先进入大孔隙,然后渗吸进入小孔隙驱出石油;另一个重要机理是侵入和渗吸的水增大了油藏整体压力和局部压力,提高了驱替能量。从渗吸角度来看,水湿油藏最适合注水吞吐。

Yu 和 Sheng[57]进行了注水吞吐试验。结果表明,注水压力对采收率的影响很大,延长焖井时间也可以增加采收率,但是注水吞吐的采收率远低于 CO_2 吞吐。Altawati[58]也开展了注水吞吐的岩心驱替实验,考虑了初始含水饱和度的影响,结果表明,初始含水饱和度会显著影响采收率,没有初始含水饱和度的产油量远高于有初始含水饱和度的情况。Sheng 和 Chen[11]利用数值模拟比较注水吞吐和注气吞吐的开发效果,结果表明,CO_2 吞吐的采收率比注水吞吐的高 2~3 倍。部分矿场试验的开发效果见表 9.1。

表 9.1 注水吞吐的开发效果[1]

油田名称	注水时间(d)	焖井时间(d)	采油时间(d)	开发效果
Bakken, ND	30	15	90~120	没有显著增加石油产量
Parshall	30	10		没有显著增加石油产量
Parshall	首先注水 439000bbl,然后实施水气交替注入			没有显著增加石油产量

9.3.2.3 注水矿场试验

2006年，Bakken和Lower Shaunavon油藏开始注水开发，水平井注水，水平井采油，井距为几百米[60]。随后对Lower Shaunavon油藏的1口注水井和18口采油井进行数值模拟研究，预计生产50年后的原油采收率为5.1%[61]。

1994年，Meridian Oil公司在McKenzie县Bicentennial油田上巴肯组页岩的水平井注水50d，约13200bbl，焖井60d，开井后的日产油量低于注水前。在北达科他州Bakken储层也进行了注水先导试验（图9.8），采注井数比为4:1，2012年的8个月注水速度约1350bbl/d，但是原油产量没有增加[40]。这项先导试验失败的主要原因是产出水比注入水少很多，水驱波及系数低。因此，在致密油藏和页岩油藏注水方案设计中，这是一种异常现象[1]。在2014年又进行了注水先导试验，1口注水井，数口观察井。前3个月的平均注入速度为1700bbl/d，后来因最近的观察井发生水淹而降低注水速度至1000bbl/d[40]，然后距离注水井约880ft的观察井产水量大幅增加，但产油量并未增加，1周后这口观察井发生水淹。

2012年在北达科他州Bakken组也实施了注水吞吐先导试验，注水1个月，焖井2周，采油3~4个月，注水速度1200bbl/d，没有观察到注水能力问题，石油产量几乎没有增加[40]。

Parshall油田注水吞吐先导试验的采收率也没有明显提高。在2012年春季实施注水吞吐先导试验，注水30d，焖井10d，然后开井投产[1]。

表9.2[1]列出了中国页岩油藏中实施注水吞吐的几个矿场试验，包含注水方式、岩石和流体特征（部分缺失）、试验效果，鄂尔多斯盆地延长油田长6油藏也进行了注水吞吐（见表9.2中的注水吞吐4）[1]。

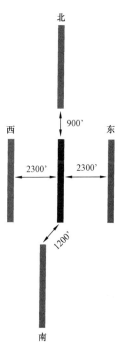

图9.8 Bakken组先导试验的井位部署示意图[40]

表9.2　中国部分页岩油藏注水开发效果[1]

注水方式	油田名称	储层渗透率(mD)	原油黏度(mPa·S)	生产表现
脉冲注水	安83，长7	0.17	1.01	关井时，压力迅速下降，油井含水率不降
异步注水	安83，长7			油井产量增加
注水吞吐1	安83，长7			油井产量增加
注水吞吐2	安83，长7			生产效果不如注水吞吐1
注水吞吐3				6口井完成第1轮吞吐，2口井完成第2轮吞吐。周边未吞吐油井的生产效果好于吞吐油井。第2轮吞吐效果不如第1轮
注水吞吐4	长6	0.54	4.67	油井产量增加，焖井7d，井距300m
注水吞吐5		0.10~1.00		油井产量从0.9t/d增加至5t/d

注水吞吐也在大庆头台油藏试验成功,油藏渗透率 1.25mD,吞吐周期为半年至一年[1]。2007 年在吐哈油田牛泉湖油藏牛 15－5 井实施了注水吞吐试验,该井区渗透率为 0.42～7.84mD,焖井 108d,两个吞吐周期共增油 1816t[1]。2014 年 7 月 18 日至 24 日对吐哈油田马 55 井注水(表 9.2 中的注水吞吐 5),注水量为 285m³/d,总注入水量为 2000m³。注水前的产油量为 0.9t/d,含水率为 16%,注水吞吐后的产油量为 5t/d,含水率一直到 2015 年 8 月[1]保持不变。

9.4 页岩油气开采对环境的影响

由于对气候变化和能源需求的日益关注,天然气作为一种燃烧清洁且价格合理的能源已经引起了学者的关注。页岩气是一种可靠的天然气资源,Wood 认为,页岩气作为巨大潜在能源资源是清洁燃烧化石燃料的一部分,特别是在其他化石燃料资源正在枯竭的国家[60,62]。预测显示,2035 年的天然气消费量将增加两倍,世界各地的大型页岩气藏提高了对廉价能源和可靠能源供应的期望[63]。水力压裂是实现页岩气开采的关键技术。Vidic[64]认为,水力压裂作业的大量压裂液❶[水和支撑剂❷]在高压条件下注入低渗透页岩储层,诱导形成裂缝并提高天然气的流动性。水力压裂使大规模的页岩气开采变得经济可行[66]。Sovacool[67]认为,使用水力压裂开采页岩气会带来各种环境问题和可持续发展问题,因此许多人反对页岩气开发。Mair[68]则认为,在许多情况下,页岩气开采所带来的环境成本决定了项目的经济效益,包括地下水和饮用水污染、温室气体排放和地震。一些欧洲国家已明令禁止页岩气开采,特别是法国和保加利亚[63]。本节主要讨论页岩气水力压裂带来的环境问题,并为解决或尽量减少这些问题对人类生活的影响提供一些建议。从环境角度来看,页岩气水力压裂应主要考虑温室气体排放、水污染和土壤污染等三大类。

9.4.1 相关气体排放

有关页岩气造成全球变暖和气候变化的说法是不确切的,有待进一步研究[69-72]。然而,最常见的建议是使用页岩气代替煤炭发电,能够减少温室气体排放量[63]。页岩气开采涉及的另一个气体排放问题是光氧化剂生成潜力(POCP),也称光化学烟雾。与其他能源技术相比,页岩气的 POCP 更大:比核电大 45 倍,比海上风电大 26 倍,比太阳能光伏大 3 倍[63]。页岩气开采还会产生各种气体污染物,如氮氧化物(NO_x)、挥发性有机化合物、烯烃、烷烃和二氧化硅颗粒[63]。

9.4.2 对水体的污染

页岩气开采的主要利益冲突是消耗了大量的水资源,增加了供水压力,尤其是在半干旱和干旱地区[73-76]。正如 Laurenzi 和 Jersey[77]解释的那样,与常规油、油砂和煤炭相比,页岩气储

---

❶ 压裂液:一种特殊类型的流体,将它注入井筒诱发形成裂缝,有助于油气资源的获取[65]。
❷ 支撑剂:指注入地层的砂子或其他颗粒状物质,用于保持或支撑水力压裂产生的裂缝[65]。

层的含水量更低[63]。如前所述,用于水力压裂的压裂液由水、砂子和各种化学剂混合而成,主要化学添加剂是表面活性剂、聚合物和杀菌剂(一种用于杀死水中细菌的添加剂[63])。Moore[78]认为压裂液中使用这些化学剂是公众关注的重点,它们可能会污染水源[63]。Vengosh[79]揭示了三种主要的水污染方式,包括:毒气;溢出、泄漏和非法倾倒/处置;处理场的废水汇积。不过,也有文献认为页岩气开采与水污染的关系尚无定论[63,80-84]。

9.4.3 对土地的影响

页岩气开采对土地有多种影响,包括土地利用、陆地生态毒性[85-87]和地震。然而,页岩气开采是否会造成地震尚不清楚。与其他常规和非常规油藏的油气井一样,页岩气开采首先也要平整一块土地放置钻机并确定井位[63],然后才能钻井;页岩气开采对土壤的第二个影响是陆地生态毒性,主要是钻井废物的处理,包括重晶石等有毒物质;Johri 和 Zoback[88]认为,震颤可以由页岩气开采时水力压裂产生裂缝而引发。但是与其他工程活动相比,如煤炭开采和水电项目的水库蓄水,页岩气开采引发的地震次数要少很多,而且页岩气开采引发的震颤强度通常感觉不到或几乎没有破坏性。根据 Davies[89]的研究,页岩气开采在加拿大 British Columbia 省、英国 Lancashire 郡和美国 Oklahoma 州引发了 3 次地震,地震强度和地震范围非常小[63]。

9.4.4 建议

据 Mair[68]研究,"绿色"完井不允许气体排放,并要求检测和修复油井和管道的泄漏[63],它是克服页岩气开采过程中气体排放的最佳可行性技术(BAT)。Wang[90]认为,消除水污染影响的策略包括基线数据、油井全生命周期持续监测和适应性废水管理,这些策略可以降低化学品暴露的概率,同时也可以利用化学示踪剂来检测污染源。Rahm 和 Riha[91]建议,使用不同的方案减少页岩气开采的用水量,包括制订取水规定、咸水代替淡水、压裂液回收与再利用[63];Manda[92]建议利用丛式井场开发页岩气是减少土地占用的一种有效方法,丛式井场每口井的用水量比单井井场少 2~4 倍[63]。

尽管由于缺乏数据而存在不确定性,但一些与页岩气开采和利用的相关证据已经很充分。例如用水量、废水处理、POCP 的产生、土地占用和油气井泄漏是引起许多环境问题的主要原因,不过这些问题可以通过优化生产流程和 BAT[63]来解决。从页岩气开采早期就应进行全生命周期的环境影响评估,而不仅仅侧重于某一项问题的影响[63],制订长期的定期环境评价对评估页岩气如何引发环境问题(即气候变化和全球变暖)非常重要。可以在有或没有页岩气开采的情景下制订不同时间跨度的策略,以确定页岩气开采对能源供应和环境污染的影响。

参 考 文 献

[1] J. J. Sheng, B. L. Herd, Critical review of field EOR projects in shale and tight reservoirs, J. Pet. Sci. Eng. 159 (2017) 654-665.

[2] A. Bahadori, Fluid Phase Behavior for Conventional and Unconventional Oil and Gas Reservoirs, Gulf Professional Publishing, Amsterdam, NetherlandS, 2016.

[3] D. Gordon, Understanding Unconventional Oil, Carnegie Endowment for International Peace, Washington DC, United States, 2012.

[4] M. Ashraf, M. Satapathy, The global quest for light tight oil: myth or reality, Energy Perspect. (2013) 16-23.

[5] K. Brendow, Oil shale—a local asset under global constraint, Oil Shale 26 (3) (2009) 357-372. Available from: http://dx.doi.org/10.3176/oil.2009.3.02.

[6] U. EIA, Annual Energy Outlook 2010, US Energy Information Administration, Washington, DC, 2013, pp. 60-62.

[7] J. J. Sheng, Increase liquid oil production by huff-n-puff of produced gas in shale gas condensate reservoirs, J. Unconv. Oil Gas Res. 11 (2015) 19-26.

[8] Clark, A. J., 2009. Determination of recovery factor in the Bakken Formation, Mountrail County, ND. In: SPE Annual Technical Conference and Exhibition. Society of Petroleum Engineers.

[9] C. Jia, C. Zou, The evaluation standard, the main types, basic characteristics and resources prospect of tight oil in China, APS 33 (2012) 343-350.

[10] Z. Qingfan, Y. Guofeng, Definition and application of tight oil and shale oil terms, Oil Gas Geol. 33 (2012) 541-544.

[11] J. J. Sheng, K. Chen, Evaluation of the EOR potential of gas and water injection in shale oil reservoirs, J. Unconv. Oil Gas Res. 5 (2014) 1-9.

[12] Y. Yu, X. Meng, J. J. Sheng, Experimental and numerical evaluation of the potential of improving oil recovery from shale plugs by nitrogen gas flooding, J. Unconv. Oil Gas Res. 15 (2016) 56-65.

[13] Kovscek, A. R., Tang, G.-Q., Vega, B., 2008. Experimental investigation of oil recovery from siliceous shale by CO_2 injection. In: SPE Annual Technical Conference and Exhibition. Society of Petroleum Engineers.

[14] Vega, B., O'Brien, W. J., Kovscek, A. R., 2010. Experimental investigation of oil recovery from siliceous shale by miscible CO_2 injection. In: SPE Annual Technical Conference and Exhibition. Society of Petroleum Engineers.

[15] Wang, X., Luo, P., Er, V., Huang, S.-S. S., 2010. Assessment of CO_2 flooding potential for Bakken Formation, Saskatchewan. In: Canadian Unconventional Resources and International Petroleum Conference. Society of Petroleum Engineers.

[16] Joslin, K., Ghedan, S., Abraham, A., Pathak, V., 2017. EOR in tight reservoirs, technical and economical feasibility. In: SPE Unconventional Resources Conference. Society of Petroleum Engineers.

[17] Dong, C., Hoffman, B. T., 2013. Modeling gas injection into shale oil reservoirs in the Sanish Field, North Dakota. In: Unconventional Resources Technology Conference. Society of Exploration Geophysicists, American Association of Petroleum Geologists, Society of Petroleum Engineers, pp. 1824-1833.

[18] Wan, T., 2013. Evaluation of the EOR potential in shale oil reservoirs by cyclic gas injection.

[19] Gamadi, T. D., Sheng, J., Soliman, M., 2013. An experimental study of cyclic gas injection to improve shale oil recovery. In: SPE Annual Technical Conference and Exhibition. Society of Petroleum Engineers.

[20] Tovar, F. D., Eide, O., Graue, A., Schechter, D. S., 2014. Experimental investigation of enhanced recovery in unconventional liquid reservoirs using CO_2: a look ahead to the future of unconventional EOR. In: SPE Unconventional Resources Conference. Society of Petroleum Engineers.

[21] T. Wan, Y. Yu, J. J. Sheng, Experimental and numerical study of the EOR potential in liquid-rich shales by cyclic gas injection, J. Unconv. Oil Gas Res. 12 (2015) 56-67.

[22] Yu, Y., Sheng, J., Mody, F., 2015. Evaluation of cyclic gas injection EOR performance on shale core samples using X-ray CT scanner. In: AIChE 407411 Presented at the AIChE Annual Meeting, 8-13 November 2015, Salt Lake City, UT.

[23] Yu, Y., Sheng, J. J., 2015. An experimental investigation of the effect of pressure depletion rate on oil recovery from shale cores by cyclic N_2 injection. In: Unconventional Resources Technology Conference, 20-22 July 2015, San Antonio, TX. Society of Exploration Geophysicists, American Association of Petroleum Geologists, Society of Petroleum Engineers, pp. 548-557.

[24] L. Li, J. J. Sheng, Experimental study of core size effect on CH_4 huff–n–puff enhanced oil recovery in liquid–rich shale reservoirs, J. Nat. Gas Sci. Eng. 34 (2016) 1392–1402.

[25] Denoyelle, L., Lemonnier, P., 1987. Simulation of CO_2 huff 'n' puff using relative permeability hysteresis. In: SPE Annual Technical Conference and Exhibition. Society of Petroleum Engineers.

[26] Li, L., Sheng, J. J., Sheng, J., 2016. Optimization of huff–n–puff gas injection to enhance oil recovery in shale reservoirs. In: SPE Low Permeability Symposium. Society of Petroleum Engineers.

[27] X. Meng, J. J. Sheng, Optimization of huff–n–puff gas injection in a shale gas condensate reservoir, J. Unconv. Oil Gas Res. 16 (2016) 34–44.

[28] Gamadi, T., Sheng, J., Soliman, M., Menouar, H., Watson, M., Emadibaladehi, H., 2014. An experimental study of cyclic CO_2 injection to improve shale oil recovery. In: SPE Improved Oil Recovery Symposium. Society of Petroleum Engineers.

[29] Yu, Y., Li, L., Sheng, J. J., 2016. Further discuss the roles of soaking time and pressure depletion rate in gas Huff–n–Puff process in fractured liquid–rich shale reservoirs. In: SPE Annual Technical Conference and Exhibition. Society of Petroleum Engineers.

[30] Meng, X., Sheng, J. J., Yu, Y., 2015. Evaluation of enhanced condensate recovery potential in shale plays by huff–n–puff gas injection. In: SPE Eastern Regional Meeting. Society of Petroleum Engineers.

[31] Meng, X., Yu, Y., Sheng, J. J., 2015. An experimental study on huff–n–puff gas injection to enhance condensate recovery in shale gas reservoirs. In: Unconventional Resources Technology Conference, 20–22 July 2015, San Antonio, TX. Society of Exploration Geophysicists, American Association of Petroleum Geologists, Society of Petroleum Engineers, 853–863.

[32] Wan, T., Meng, X., Sheng, J. J., Watson, M., 2014. Compositional modeling of EOR process instimulated shale oil reservoirs by cyclic gas injection. In: SPE Improved Oil Recovery Symposium. Society of Petroleum Engineers.

[33] Wan, T., Yang, Y., Sheng, J., 2014. Comparative study of enhanced oil recovery efficiency by CO_2 injection and CO_2 huff–n–puff in stimulated shale oil reservoirs. In: AICHE Annual Meeting, Atlanta, GA, USA.

[34] Y. Yu, L. Li, J. J. Sheng, A comparative experimental study of gas injection in shale plugs by flooding and huff–n–puff processes, J. Nat. Gas Sci. Eng. 38 (2017) 195–202.

[35] X. Meng, J. J. Sheng, Y. Yu, Experimental and numerical study of enhanced condensate recovery by gas injection in shale gas–condensate reservoirs, SPE Reserv. Eval. Eng. 20 (2017) 471–477.

[36] Shoaib, S., Hoffman, B. T., 2009. CO_2 flooding the Elm Coulee Field. In: SPE Rocky Mountain Petroleum Technology Conference. Society of Petroleum Engineers.

[37] Kurtoglu, B., Sorensen, J. A., Braunberger, J., Smith, S., Kazemi, H., 2013. Geologic characterization of a Bakken reservoir for potential CO_2 EOR. In: Unconventional Resources Technology Conference (URTEC).

[38] Schmidt, M., Sekar, B., 2014. Innovative unconventional 2 EOR–A light EOR an unconvention altertiary recovery approach to an unconventional Bakken reservoir in Southeast Saskatchewan. In:21st World Petroleum Congress. World Petroleum Congress.

[39] D. Kohlruss, E. Nickel, Facies analysis of the Upper Devonian–Lower Mississippian Bakken Formation, southeastern Saskatchewan: summary of investigations 2009. Saskatchewan Geological Survey, Saskatchewan Ministry of Energy and Resources, Miscellaneous Report, 4, 2009.

[40] Todd, H. B., Evans, J. G., 2016. Improved oil recovery IOR pilot projects in the Bakken Formation. In: SPE Low Permeability Symposium. Society of Petroleum Engineers.

[41] Sorensen, J. A., Hamling, J. G., 2016. Historical Bakken test data provide critical insights on EOR in tight oil plays.

[42] H. Dehghanpour, Q. Lan, Y. Saeed, H. Fei, Z. Qi, Spontaneous imbibition of brine and oil in gas shales:

effect of water adsorption and resulting microfractures, Energy Fuels 27 (2013) 3039 – 3049.

[43] Morsy, S., Sheng, J., Gomaa, A. M., Soliman, M., 2013. Potential of improved waterflooding inacid – hydraulically – fractured shale formations. In: SPE Annual Technical Conference and Exhibition. Society of Petroleum Engineers.

[44] Morsy, S. S., Sheng, J., Soliman, M., 2013. Improving hydraulic fracturing of shale formations by acidizing. In: SPE Eastern Regional Meeting. Society of Petroleum Engineers.

[45] Morsy, S., Sheng, J., Ezewu, R. O., 2013. Potential of waterflooding in shale formations. In: SPE Nigeria Annual International Conference and Exhibition. Society of Petroleum Engineers.

[46] Morsy, S., Sheng, J., 2014. Imbibition characteristics of the Barnett Shale formation. In: SPE Unconventional Resources Conference. Society of Petroleum Engineers.

[47] J. Behnsen, D. Faulkner, Water and argon permeability of phyllosilicate powders under medium to high pressure, J. Geophy. Res.: Solid Earth 116 (B12) (2011) 1 – 13.

[48] Q. Duan, X. Yang, Experimental studies on gas and water permeability of fault rocks from the rupture of the 2008 Wenchuan earthquake, China, Sci. China Earth Sci. 57 (2014) 2825 – 2834.

[49] D. Faulkner, E. Rutter, Comparisons of water and argon permeability in natural clay – bearing faultgouge under high pressure at 20C, J. Geophy. Res.: Solid Earth 105 (2000) 16415 – 16426.

[50] Z. Chen, S. Narayan, Z. Yang, S. Rahman, An experimental investigation of hydraulic behaviour of fractures and joints in granitic rock, Int. J. Rock Mech. Min. Sci. 37 (2000) 1061 – 1071.

[51] Weng, X., Sesetty, V., Kresse, O., 2015. Investigation of shear – induced permeability in unconventional reservoirs. In: 49th US Rock Mechanics/Geomechanics Symposium, San Francisco, CA, USA.

[52] Zoback, M. D., Kohli, A., Das, I., Mcclure, M. W., 2012. The importance of slow slip on faults during hydraulic fracturing stimulation of shale gas reservoirs. In: SPE Americas Unconventional Resources Conference. Society of Petroleum Engineers.

[53] R. Wong, Swelling and softening behaviour of La Biche shale, Can. Geotech. J. 35 (1998) 206 – 221.

[54] A. – B. Talal, A novel experimental technique to monitor the time – dependent water and ions uptake when shale interacts with aqueous solutions, Rock Mech. Rock Eng. 46 (2013) 1145 – 1156.

[55] J. Cheng, Z. Wan, Y. Zhang, W. Li, S. S. Peng, P. Zhang, Experimental study on anisotropic strength and deformation behavior of a coal measure shale under room dried and water saturated conditions, Shock Vib. 2015 (2015) 1 – 13.

[56] Pedlow, J., Sharma, M., 2014. Changes in shale fracture conductivity due to interactions with water – based fluids. In: SPE Hydraulic Fracturing Technology Conference. Society of Petroleum Engineers.

[57] Jansen, T. A., Zhu, D., Hill, A. D., 2015. The effect of rock mechanical properties on fracture conductivity for shale formations. In: SPE Hydraulic Fracturing Technology Conference. Society of Petroleum Engineers.

[58] Yu, Y., Sheng, J. J., 2016. Experimental investigation of light oil recovery from fractured shale reservoirs by cyclic water injection. In: SPE Western Regional Meeting. Society of Petroleum Engineers.

[59] Altawati, F. S., 2016. An Experimental Study of the Effect of Water Saturation on Cyclic N_2 and CO_2 Injection in Shale Oil Reservoir, Master of Science Thesis, Texas Tech University.

[60] T. Wood, B. Milne, Waterflood Potential Could Unlock Billions of Barrels, Crescent Point Energy, 2011.

[61] Thomas, A., Kumar, A., Rodrigues, K., Sinclair, R. I., Lackie, C., Galipeault, A., et al., 2014. Understanding water flood response in tight oil formations: a case study of the Lower Shaunavon. In: SPE/CSUR Unconventional Resources Conference—Canada. Society of Petroleum Engineers.

[62] R. W. Howarth, R. Santoro, A. Ingraffea, Methane and the greenhouse – gas footprint of natural gas from shale formations, Clim. Change 106 (2011) 679.

[63] J. Cooper, L. Stamford, A. Azapagic, Shale gas: a review of the economic, environmental, and social sus-

tainability, Energy Technol. 4 (2016) 772-792.

[64] R. D. Vidic, S. L. Brantley, J. M. Vandenbossche, D. Yoxtheimer, J. D. Abad, Impact of shale gas developmenton regional water quality, Science 340 (2013) 1235009.

[65] J. G. Speight, Handbook of Hydraulic Fracturing, John Wiley & Sons, Hoboken, New Jersey, 2016.

[66] X. Zhang, A. Y. Sun, I. J. Duncan, Shale gas wastewater management under uncertainty, J. Environ. Manag. 165 (2016) 188-198.

[67] B. K. Sovacool, Cornucopia or curse? Reviewing the costs and benefits of shale gas hydraulic fracturing(fracking), Renewable Sustainable Energy Rev. 37 (2014) 249-264.

[68] Mair, R., Bickle, M., Goodman, D., Koppelman, B., Roberts, J., Selley, R., et al., 2012. Shale Gas-Extraction in the UK: A Review of Hydraulic Fracturing, The Royal Society and The Royal Academy of Engineering, London, United Kingdom.

[69] F. O'Sullivan, S. Paltsev, Shale gas production: potential versus actual greenhouse gas emissions, Environ. Res. Lett. 7 (2012) 044030.

[70] A. R. Brandt, G. Heath, E. Kort, F. O'sullivan, G. Pe′tron, S. Jordaan, et al., Methane leaks from North American natural gas systems, Science 343 (2014) 733-735.

[71] D. R. Caulton, P. B. Shepson, R. L. Santoro, J. P. Sparks, R. W. Howarth, A. R. Ingraffea, et al., Toward a better understanding and quantification of methane emissions from shale gas development, Proc. Natl. Acad. Sci. 111 (2014) 6237-6242.

[72] A. Karion, C. Sweeney, G. Pe′tron, G. Frost, R. Michael Hardesty, J. Kofler, et al., Methane emissions-estimate from airborne measurements over a western United States natural gas field, Geophys. Res. Lett. 40 (2013) 4393-4397.

[73] E. M. Thurman, I. Ferrer, J. Blotevogel, T. Borch, Analysis of hydraulic fracturing flowback and produced waters using accurate mass: identification of ethoxylated surfactants, Anal. Chem. 86(2014) 9653-9661.

[74] S. Gamper-Rabindran, Information collection, access, and dissemination to support evidence-based shale gas policies, Energy Technol. 2 (2014) 977-987.

[75] T. Colborn, C. Kwiatkowski, K. Schultz, M. Bachran, Natural gas operations from a public health perspective, Hum. Ecol. Risk Assess.: Int. J. 17 (2011) 1039-1056.

[76] B. C. Gordalla, U. Ewers, F. H. Frimmel, Hydraulic fracturing: a toxicological threat for groundwater and drinking-water? Environ. Earth Sci. 70 (2013) 3875-3893.

[77] I. J. Laurenzi, G. R. Jersey, Life cycle greenhouse gas emissions and freshwater consumption of Marcellus shale gas, Environ. Sci. Technol. 47 (2013) 4896-4903.

[78] V. Moore, A. Beresford, B. Gove, Hydraulic Fracturing for Shale Gas in the UK: Examining the Evidence for Potential Environmental Impacts, RSPB, Sandy, UK, 2014.

[79] A. Vengosh, R. B. Jackson, N. Warner, T. H. Darrah, A. Kondash, A critical review of the risks to water resources from unconventional shale gas development and hydraulic fracturing in the United States, Environ. Sci. Technol. 48 (2014) 8334-8348.

[80] J. Riedl, S. Rotter, S. Faetsch, M. Schmitt-Jansen, R. Altenburger, Proposal for applying acomponent-based mixture approach for ecotoxicological assessment of fracturing fluids, Environ. Earth Sci. 70 (2013) 3907-3920.

[81] E. W. Boyer, B. R. Swistock, J. Clark, M. Madden, D. E. Rizzo, The Impact of Marcellus Gas Drilling on Rural Drinking Water Supplies, Center for Rural Pennsylvania, United States, 2012.

[82] B. E. Fontenot, Z. L. Hildenbrand, D. D. Carlton Jr, J. L. Walton, K. A. Schug, Response to comment on "an evaluation of water quality in private drinking water wells near natural gas extraction sites in the Barnett Shale formation", Environ. Sci. Technol. 48 (2014) 3597-3599.

[83] B. E. Fontenot, L. R. Hunt, Z. L. Hildenbrand, D. D. Carlton Jr, H. Oka, J. L. Walton, et al., An evaluation of water quality in private drinking water wells near natural gas extraction sites in the Barnett Shale formation, Environ. Sci. Technol. 47 (2013) 10032-10040.

[84] T. McHugh, L. Molofsky, A. Daus, J. Connor, Comment on "an evaluation of water quality in private drinking water wells near natural gas extraction sites in the Barnett Shale formation", Environ. Sci. Technol. 48 (2014) 3595-3596.

[85] M. C. Brittingham, K. O. Maloney, A. M. Farag, D. D. Harper, Z. H. Bowen, Ecological risks of shale oil and gas development to wildlife, aquatic resources and their habitats, Environ. Sci. Technol. 48 (2014) 11034-11047.

[86] J. R. Barber, C. L. Burdett, S. E. Reed, K. A. Warner, C. Formichella, K. R. Crooks, et al., Anthropogenic noise exposure in protected natural areas: estimating the scale of ecological consequences, Landsc. Ecol. 26 (2011) 1281.

[87] J. R. Barber, K. R. Crooks, K. M. Fristrup, The costs of chronic noise exposure for terrestrial organisms, Trends Ecol. Evol. 25 (2010) 180-189.

[88] Johri, M., Zoback, M. D., 2013. The evolution of stimulated reservoir volume during hydraulic stimulation of shale gas formations. In: Unconventional Resources Technology Conference. Societyof Exploration Geophysicists, American Association of Petroleum Geologists, Society of Petroleum Engineers, pp. 1661-1671.

[89] R. Davies, G. Foulger, A. Bindley, P. Styles, Induced seismicity and hydraulic fracturing for the recovery of hydrocarbons, Mar. Pet. Geol. 45 (2013) 171-185.

[90] Q. Wang, X. Chen, A. N. Jha, H. Rogers, Natural gas from shale formation—the evolution, evidences and challenges of shale gas revolution in United States, Renewable Sustainable Energy Rev. 30 (2014) 1-28.

[91] B. G. Rahm, S. J. Riha, Toward strategic management of shale gas development: regional, collective impacts on water resources, Environ. Sci. Policy 17 (2012) 12-23.

[92] A. K. Manda, J. L. Heath, W. A. Klein, M. T. Griffin, B. E. Montz, Evolution of multi-well pad development and influence of well pads on environmental violations and wastewater volumes in the Marcellus shale (USA), J. Environ. Manag. 142 (2014) 36-45.

第 10 章 微生物采油:微生物学及机理

Afshin Tatar(伊朗德黑兰,伊斯兰阿扎德大学)

10.1 引言

到 2050 年,全球人口将增加到 95 亿[1]。人均能源消耗与人们日益希望提高的生活水平直接相关,这表明全球能源需求将不可避免地增加[2],到 2035 年,全球的能源需求量将比 2007 年增长 49%[3]。据美国能源信息署[4]数据,全球能源消耗将从 2015 年的 575×10^{12} Btu 增加到 2030 年的 663×10^{12} Btu,到 2040 年将增加到 736×10^{12} Btu。该报告[4]同时预测,尽管非化石燃料的消费增长速度将高于化石燃料(可再生能源和核能分别为每年 2.3% 和 1.5%),但到 2040 年,化石燃料仍将占能源使用总量的 77%,交通运输依然是主要的能源消费领域。尽管乙醇等非油气资源的贡献有所增加,但 2030 年非化石能源的供应量将不足需求量的 10%[5]。在不久的将来,原油将成为最有可能用于交通运输的能源类型[6]。

通常,一次采油[7]仅能采出约 10% 的原始地质储量,而二次采油将原油产量提高到原始地质储量的三分之一,但仍有三分之二的原油剩余在油藏中[8],即在常规开采技术达到其经济极限后,仍有大量石油无法采出,例如美国的剩余地质储量约 3000×10^{8} bbl[9]。寻找新油田已不能满足日益增长的石油需求,而且通过勘探获取新的石油资源越来越有限[10],最好的解决方案是设计新方法从已有油田采出更多的石油[11-14]。据估算,在 1994 年至 2003 年的 10 年间,美国由于废弃井或低产井(边际井)损失了近 17.5×10^{8} m^3 的石油[6],另外,石油价格的上涨和未来难以获取的油气资源会使三次采油技术更具有可行性。

10.2 基本定义

微生物采油(MEOR)是一种三次采油方法,任何利用微生物和(或)其代谢产物(包括生物表面活性剂、生物质、生物聚合物、生物酸、生物溶剂、生物气以及酶)来提高边际或枯竭油藏石油产量的技术都称为微生物采油[7,15-19],有利于延长油井寿命。微生物是自然界中(包括油气藏[15,20])无处不在的单细胞生物,对油气藏地球化学和流体相态以及油气流动[10,21]具有重要影响。微生物采油使用的微生物通常是非病原性的以碳氢化合物为营养的微生物[22],其代谢产生的生物产品改变了原油的物理化学性质,进而改变了油—水—岩石的相互作用,最终提高了石油采收率[22]。微生物也可用于清理井筒壁上积聚的原油,提高水井的注入能力和油井的产液能力,但这不属于微生物采油,因为微生物采油是应用生物技术提高石油采收率。

尽管还有其他的三次采油方法,但人们对这些方法的关注度并不高。大量的实验研究表明,某些微生物能够在高压、高温和高盐的油藏内生长,并代谢产生生物表面活性剂、生物聚合物、醇、酸和气体。上述代谢产物利用多种驱油机理采油,多种驱油机理的协同作用使微生物采油非常有效。

与合成表面活性剂相比,微生物采油的成本优势明显,可能会受到石油行业的特别关注。目前已经发现应用广泛的蒸汽驱、聚合物驱、表面活性剂驱和火烧油层等三次采油方法太复杂或成本很高[23]。提高采收率项目的主要成本支出发生在 EOR 化学品生产和运输环节,在油滴处原位生成 EOR 化学剂的成本明显降低[10]。微生物采油不需要额外投资[23],可以使用现有的注水设施和设备,并对其稍做改造[24]。尽管微生物的生长和发育需要大量的营养物质,但这些营养物质非常便宜,因此微生物采油的成本相对较低[25-27],图 10.1 展示了各种 EOR 方法的单桶增油成本。微生物以指数速度增长[28-29],使得从廉价和可再生资源中快速代谢产生所需的生物产品成为可能[6];此外,代谢产生的生物化学物质与原油价格无关,而大多数其他三次采油所使用的石油基化学品[6,15]往往与油价紧密相关。多种驱油机理协同作用极大地提高了微生物采油的有效性[30],而且微生物采油相对环保[30],所产生的大部分生物化学物质可以生物降解且无毒[24,31]。

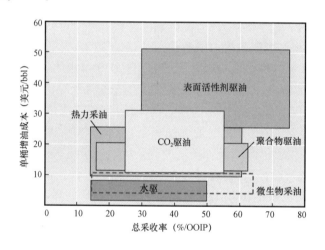

图 10.1　不同 EOR 方法的单桶增油成本[26]

但是,微生物采油也面临一些挑战。与其他三次采油方法相比,微生物采油还局限于实验室研究,矿场试验项目分散且试验规模很小[32]。尽管文献报道了许多成功的矿场试验,但在某些情况下,矿场试验结果的有效性仍然值得怀疑[32],而且微生物采油的最大不确定性在于技术的可靠性和重复性[32]。微生物采油已有几个成功的矿场试验,但也有一些无效的矿场试验。通过引入新化合物来改变油藏既有的微生物环境应格外小心[31],一些细菌种群如硫酸盐还原菌(SRB)的意外或不受控制的生长会增加额外成本,破坏设施,并产生一些安全隐患[15,16,33-36]。有氧 MEOR 试验注入的氧是一种腐蚀剂,会损坏地面设施和井下油套管;厌氧 MEOR 需要大量的糖作为营养物,使得该方法因物流问题而限制在海上平台上应用[24]。在需要细菌培养和在表面产生生化物质的情况下,MEOR 的主要缺点[24,31]是实验室设备、生物反应器维护、设施和提纯操作的成本高,而生成生物产品的产量低,而且 MEOR 代谢产生的硫化氢会腐蚀设备和管道,并且损坏严重[19,24,37-38]。但是相比之下,一些研究认为MEOR降低了储层的酸性[39],硝酸盐还原剂微生物有助于减小pH值[24]。

实验室结果与矿场试验效果不一致是MEOR没能成为主流三次采油技术的主要原因[23],阻碍MEOR成为一项常规和公认的提高采收率技术的另一个可能原因是缺乏对不同MEOR方法的基础性的和细节方面的科学理解和认识[32]。新的先进采油方法有助于解释MEOR并消除认识障碍。过去的几十年里,廉价的石油供应、低价的石油以及廉价而简单的CO_2驱油极大阻碍了对MEOR等三次采油方法研究的资金投入。Youssef[6]强调,约96%的MEOR项目取得了成功;不断开展的矿场试验和室内实验以及已颁发的专利表明,MEOR是一种潜在的重要的可靠的EOR方法。

10.3 采收率影响因素

采收率可以表示为[40]:

$$E_r = E_d \times E_v \tag{10.1}$$

式中:E_r为采收率;E_d为微观驱油效率,即从单位岩石体积中驱替出来的原油体积所占比例;E_v为体积波及系数或宏观波及系数,是驱替液接触体积与油藏体积的比值。

多孔介质中残余的原油受流体—岩石相互作用(如润湿性)、流体—流体相互作用(由界面张力表征)和孔隙结构[30]等影响。剩余油多位于小孔、死孔等难以驱替的空间,被毛细管力束缚而滞留[15,41-43]。多孔介质中的毛细管力受岩石和流体之间的界面张力、孔隙直径、几何形状以及润湿性的综合影响[44]。黏滞力表示与多孔介质内流体流动有关的压力梯度[30]。可以用无量纲的毛细管数(N_c)表示黏滞力和毛细管力对多孔介质中残余油的影响。毛细管数是黏滞力与毛细管力的比值[6,15,45-48]:

$$N_c = \frac{黏滞力}{毛细管力} = \frac{v\mu}{\sigma\cos\theta} \tag{10.2}$$

式中:v为驱替流体的速度;μ为驱替流体的动力黏度;σ为油水界面张力;θ为接触角。

毛细管数表示了黏滞力相对毛细管力的重要性,毛细管数越大,多孔介质中残余油饱和度越低,采收率越高[46]。通常,高速流动的毛细管数较大,而低速流动的毛细管数较小。油藏多孔介质中流体流动的毛细管数约为10^{-6},而井筒中流体流动的毛细管数约为1[49]。为了提高微观驱油效率,应通过增加驱替液黏度或降低油水界面张力来增大毛细管数;表面活性剂等化学试剂可以降低IFT,而聚合物则会增大水的黏度。Reed和Healy[50]指出,要想显著提高石油采收率就要求毛细管数增大100~1000倍。生物表面活性剂可能是增大毛细管数的合适试剂[51-54],详见第10.10.1节。一些学者研究了毛细管数对残余油饱和度的影响[55-59],二者的关系由毛细管数降低残余油饱和度的曲线表示。毛细管数和残余油饱和度分别位于x轴和y轴,在$N_c=10^{-6}$的低毛细管数下,残余油饱和度几乎不变,当毛细管数大于该值时,残余油饱和度随着毛细管数的增加而下降[60]。残余油饱和度开始下降的点称为临界毛细管数(N_{cc}),它受岩石孔隙结构、润湿性、流体类型以及试验条件等参数的影响[61]。水驱条件下的N_c约为

10^{-6}[62],远小于 N_{cc},此时 N_c 的适度增大并不会显著降低残余油饱和度[63]。

影响采收率的第二个重要参数是流度比。当驱替液和原油的黏度之间存在较大差异时,体积波及系数在采油过程中发挥主要作用[40],EOR 现场试验的采收率通常由体积波及系数决定[17,40]。如果二者的黏度之差很大,则水可能比油流动得快,并且很快到达采油井。流度比 M 表示水相和油相的相对流动性:

$$M = \frac{K_w \times \mu_o}{K_o \times \mu_w} \tag{10.3}$$

式中:M 为流度比;K_w,K_o 分别为注入水的水相对渗透率,含油区的油相对渗透率;μ_o,μ_w 分别为油相,水相的黏度。

油相和水相之间的流度差异是水驱油体积波及系数低的原因[17]。形成均匀驱油的有利条件是流度比小于1,而流度比大于1对驱替不利,会导致注入水发生指进。聚合物如黄原胶可用来增加注入水的黏度,降低流度比,提高体积波及系数(图10.2)。

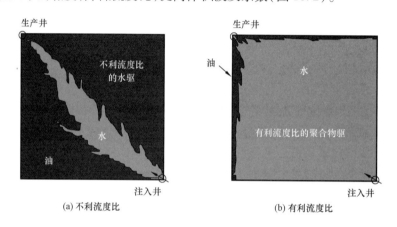

(a) 不利流度比   (b) 有利流度比

图 10.2 不利流度比引起的指进和通过聚合物增加水的黏度而形成的有利流度比[64]

另一个对体积波及系数产生不利影响的因素是层间渗透率差异[40,65]。一般而言,大多数油藏由多个渗透率各异的储层组成,渗透率变化往往是影响体积波及系数和整体采收率的最重要因素[17]。利用生物质封堵高渗透通道并调整渗透率分布是一种合适的解决途径。

还有一个影响体积波及系数的因素是驱替流体(水)和被驱替流体(油)之间的密度差异。巨大的流体密度差异会形成重力分异,从而使被驱替流体下沉或上浮,导致储层底部或顶部的流体未被驱替,降低了体积波及系数[60]。

10.4 发展历史

常规三次采油固有的风险,如经济成本、毒性和对环境的破坏,推动人们继续寻找经济可行、环境友好的新技术[31]。Bastin[67] 是第一个发现油田微生物生命的研究人员;Beckman 则在 1926 年首次提出了使用生物技术提高石油采收率的想法[68],他指出微生物可以从多孔介质中释放油滴;1926—1940 年微生物采油没有取得任何进展。二十年后,ZoBell[69-70] 成为微生物采油的先驱,通过室内实验评价了含油样品中的微生物采油,并获得了微生物采油的相关专利[71]。该专利是将脱硫弧菌和营养物注入井内提高石油采收率,包含了五种采油机理。此后,Beck[72]以 ZoBell 文献为基础设计了大量的实验,产生了与 Beck 不一致的结果,并认为 ZoBell 文献在微生物采油方面无法应用。ZoBell 继续从事微生物采油研究,并于 1953 年获得了一项新专利[73],该专利同时使用梭菌属微生物与其他产氢微生物,ZoBell 的两项授权专利都以实验室结果为基础。

Updegraff 和 Wren 于 1953 年获得了一项使用脱硫弧菌和共生细菌的微生物采油专利[74],他们观察发现微生物对原油的消耗太慢,考虑注入糖蜜加快细菌的生长速度。四年后,Updegraff 获得了另一项专利[75],建议将一种产气的兼性或专性厌氧菌与水溶性碳水化合物(如糖)一起注入油藏,该专利也是以室内实验为基础,缺乏矿场试验证实。

Socony Mobil 研究室于 1954 年在 Arkansas 州 Union 县 Lisbon 油田实施了第一个 MEOR 矿场试验,并报告说由于油井产量增加[16,31,76-88]而取得了微小成功,还分析说明了微生物提高采收率的复杂性;Volk 和 Liu[32]认为具有开创性的微生物采油矿场试验是 20 世纪 30—40 年代由 Claude ZoBell 及其团队在加利福尼亚州拉霍亚斯克里普斯海洋研究所进行的;苏联的 MEOR 矿场试验可以追溯到 20 世纪 60 年代,苏联科学家[89]指出油藏中存在一些细菌可以把石油降解为 CH_4、H_2、CO_2 和 N_2 等气体[16];受此鼓舞,捷克斯洛伐克、波兰、匈牙利和罗马尼亚等一些东欧国家也广泛开展了微生物采油实验室研究和矿场试验[31],详见文献[90-103];1971 年至 1982 年,罗马尼亚也实施了几次 MEOR 矿场试验,并报告了成功试验的结果[31,104]。上述国家进行的矿场试验都使用混合厌氧或兼性厌氧细菌,主要根据它们生产足量生化物质和生物质的能力进行选择[16]。Youssef[6]介绍了一种改进的 MEOR 技术,使用了适合营养物和油藏条件(如温度和压力)的混合培养物,并且增大了营养物质的用量[105-114]。直到 20 世纪末,MEOR 才被证实是一种科学的跨学科的提高采收率方法[16]。

2003 年,Van Hamme[19]指出仅在美国就已经完成了 400 多个 MEOR 矿场试验;据 Khire 和 Khan[43,115]的研究,美国已有 400 多口井实施了 MEOR;此外,微生物采油已在中国多个油田的 1000 多口井进行了试验[32]。根据 Thomas[116]研究,2007 年使用 EOR 方法每天生产约 250×10^4 bbl 石油,而 MEOR 的产量可以忽略不计;另据中国国土资源部报告,中国陆上油田约有 500×10^8 bbl 原油储量可能适合 MEOR[32]。Youssef[6]指出,许多 MEOR 矿场试验的剩余油采收率在 2~8 年内提高了 10%~340%[78,92,99,101,106,108,117]。

10.5 微生物生态学

微生物是自然界中(包括油气藏[20])无处不在的单细胞生物,即生物圈中随处可见的微生物[118],微生物可以将生物圈延伸至地表以下 4km 左右[118]。已从油田分离出了包括细菌和古菌群落在内的几类微生物,它们的生理代谢能力和系统发育关系各不相同[6]。油藏中的单细胞细菌生活在地层水中,并通过细胞膜吸收水分[63],水是单细胞细菌生存的最重要物质[63],占了细菌细胞的三分之二以上,并提供了细胞形成所必需的营养素和各种维生素;细菌利用水合作用去除不需要的废物[63]。油藏中发现的许多细菌属于异养类型,即它们自己不能生产食物,必须消耗有机物获取能量和碳源[63]。如前所述,微生物生活在水相中,是获取水相中营养物质的唯一途径;如果残余油是营养物,那么微生物将优先在油水界面处繁殖[63];在注入糖蜜等营养物质时,微生物会在油水界面处爆发式生长,但这并不是研究人员希望的结果。

影响地下微生物生命的参数包括[119-121]:

(1)化学因素,包括营养组分、电解质组分、氧化还原电位[电子活度(Eh)]、氢离子活度(pH值)等;

(2)物理因素,包括压力、温度、矿化度、孔隙直径和几何形状、孔隙度、渗透率和溶解的固体等;

(3)生物因素,如微生物代谢产物的细胞毒性及微生物的特定类型。

在研究深层生物圈内的微生物生命时,Jørgensen 和 Boetius[118]认为温度是影响微生物生命的主要因素,但是有证据表明细菌可以在120℃的极端高温下生存[122]。Youssef[6]则认为氧化还原电位、温度和矿化度是影响油藏微生物群落的三个最重要因素。氧化还原活性与电子受体和供体的可用性有关。通常,油藏与低氧化还原电位有关[6],油藏中的电子供体是氢和挥发性脂肪酸如丙酸盐、乙酸盐和苯甲酸盐[123],无机电子供体和电子受体包括硫酸盐和碳酸盐,还有一些三价铁盐[123];油藏本身不含硝酸盐和氧的电子受体,除非人为注入油藏[6]。Van Hamme[19]强调,考虑恶劣地下油藏条件对微生物尺寸和生长能力的要求,只有原核生物适合MEOR,而酵母、藻类、霉菌和原生动物都不适合微生物采油。MEOR 通常使用的非病原性的消耗碳氢化合物的微生物是可以在油藏中找到的[15,18-19,22,124],这些微生物可以在油藏中自然存在,也可以人为注入。

油藏缺少有氧环境。好氧微生物消耗了油藏含有的氧,油藏中常见的亚铁和硫也会消耗游离氧[22]。

适合 MEOR 的微生物可以从以下三个方面分类:

(1)微生物起源;

(2)微生物代谢过程;

(3)微生物作用类型。

分别在以下各节简要说明。

10.5.1 基于起源类型的微生物分类

根据起源类型,微生物可分为:

(1)本源的(本土的)。

(2)外源的(外来的)。

本源微生物最初就生活在油藏中,并非人工转移或注入。各种研究已揭示了可以从油藏中分离出不同的微生物,但在某些情况下,人们仍然怀疑油藏中的微生物可能来自外部,如海水注入[125]。如果不直接注入微生物,注水过程可能会将一些微生物注入油藏。即使将采出水回注,也可能将地表微生物注入储层[6]。除了受地表微生物影响以外,注入水(如海水)很可能甚至永久性地改变了油藏的地球化学特征,例如氧或硫酸盐可能会改变原始微生物群落的结构[6]。事实上,MEOR 总是应用于那些已经过了高峰产量且产量正在下降的成熟油田,这些油田中的微生物不太可能是真正的本源微生物,而本源微生物是指石油生产开始之前存在的生物群落[22]。即使油田没有注水开发,钻井或完井过程中仍然有可能向油藏中引入新的微生物物种,套损也可能是流体泄漏的途径。石油行业通常使用杀菌剂来消除细菌引起的酸化和腐蚀问题,虽然微生物菌落会在驱替区域再次生长繁殖,但这些已不再是本源微生物[22]。应采用严格的取样方法从油藏中分离细菌,虽然目前已经制订了一些详细的取样程序[126-128],但是这些取样程序太昂贵,不能经常对油藏细菌采样[6]。考虑到经济性,Magot[129]指出井口取样是从油藏采集细菌样品的唯一可行方法,该方法需要多取几个样品。为了对取样微生物的来源做出最佳判断,Magot[130]提出了两个关键标准:

(1)比较分离株的最佳生长参数与油藏原始条件;
(2)比较全球各油藏中菌株系统发育的分布特征。

Youssef[6]利用一些反面例子论证了第一个判断标准。据报道,存在最适温度远低于其生态系统的嗜热分离物[131],高温环境中具有低温最适温度的耐热分离物[132],盐度较低的盐晶体中含有嗜盐和耐盐微生物[133-135]。考虑原始油藏条件下长时间存活的参数范围(最小和最大生长条件)和能力,Youssef 修改了判断标准,认为评估生长缓慢的取样微生物的生长极限参数面临一定困难,因为延长的潜伏期可能会形成假阴性结果。

部分研究报道了从油藏中分离出来的微生物或有效降解石油的微生物。表 10.1 列举了文献中提到的一些微生物及其分类和分离来源,分类学细项源自 SILVA[136]。

表 10.1 从油藏中分离出来的或对石油降解有效的微生物

序号	界	门	纲	目	科	属	种	分离来源	参考文献
1	古生菌	深古菌					未培养的热变形菌古细菌	日本东北部新堀油田的在产油井 NR-6(39°43′N,139°53′E)	[137]
2	古生菌	YNPFFA门的候选者					未培养的热变形菌古细菌	日本东北部新堀油田的在产油井 NR-6(39°43′N,139°53′E)	[137]
3	古生菌	广古菌门	广古菌纲	古丸菌目	古丸菌科		未培养的广古菌门古细菌	日本东北部新堀油田的在产油井 NR-6(39°43′N,139°53′E)	[137]
4	古生菌	广古菌门	古丸菌纲	古丸菌目	古丸菌科	古球状菌属	古球状菌属的 sp. NStSRB-2	北海挪威海域的 Ekofisk 油田	[138]
5	古生菌	广古菌门	古丸菌纲	古丸菌目	古丸菌科	古球状菌属	古细菌富集培养克隆 EA8.1	斯塔万格西南约 320km 的北海挪威海域2/4 区块的高温裂缝性白垩系油藏 Ekofisk 油田的采出水	[139]
6	古生菌	广古菌门	古丸菌纲	古丸菌目	古丸菌科	古球状菌属	古细菌富集培养克隆 EA8.8	斯塔万格西南约 320km 的北海挪威海域2/4 区块的高温裂缝性白垩系油藏 Ekofisk 油田的采出水	[139]

续表

序号	界	门	纲	目	科	属	种	分离来源	参考文献
7	古生菌	广古菌门	古丸菌纲	古丸菌目	古丸菌科	古球状菌属	古细菌富集培养克隆 EA5.1	斯塔万格西南约320km的北海挪威海域2/4区块的高温裂缝性白垩系油藏 Ekofisk 油田的采出水	[139]
8	古生菌	广古菌门	嗜盐菌纲	嗜盐菌目	嗜盐菌科	嗜盐菌属	嗜盐菌属 sp. BO$_3$	五个高盐度区；玻利维亚乌尤尼盐湖的盐沼、智利和罗霍角（波多黎各）的结晶池，以及波斯湾（沙特阿拉伯）和死海（以色列和约旦）的 sabkhas（盐沼）	[140]
9	古生菌	广古菌门	甲烷杆菌纲	甲烷杆菌目	甲烷杆菌科		未培养的古细菌	中国黄河三角洲孤岛油田水驱区块	[141]
10	古生菌	广古菌门	甲烷杆菌纲	甲烷杆菌目	甲烷杆菌科	甲烷杆菌属	未培养的甲烷杆菌属 sp.	中国河北大港油田孔店层	[142]
11	古生菌	广古菌门	甲烷杆菌纲	甲烷杆菌目	甲烷杆菌科	甲烷杆菌属	未培养的细菌	中国海上某高温油田	[143]
12	古生菌	广古菌门	甲烷杆菌纲	甲烷杆菌目	甲烷杆菌科	甲烷杆菌属	未培养的甲烷杆菌属 sp.	日本东北部新堀油田的在产油井 NR-6(39°43′N, 139°53′E)	[137]
13	古生菌	广古菌门	甲烷杆菌纲	甲烷杆菌目	甲烷杆菌科	甲烷嗜热菌	未培养的细菌	中国海上某高温油田	[143]
14	古生菌	广古菌门	甲烷杆菌纲	甲烷杆菌目	甲烷杆菌科	甲烷嗜热菌	未培养的甲烷细菌纲古细菌	日本东北部新堀油田的在产油井 NR-6(39°43′N, 139°53′E)	[137]
15	古生菌	广古菌门	甲烷杆菌纲	甲烷杆菌目	甲烷杆菌科	甲烷嗜热菌	未培养的甲烷嗜热菌属 sp.	日本东北部新堀油田的在产油井 NR-6(39°43′N, 139°53′E)	[137]
16	古生菌	广古菌门	甲烷杆菌纲	甲烷杆菌目	甲烷杆菌科	甲烷嗜热菌	未培养的甲烷嗜热菌属 sp.	日本 Yabase 油田 2 口采油井（AR-80 井和 OR-79 井），储层为中新世—上新世的凝灰质砂岩，埋深 1293~1436m，油藏温度 40~82℃，油藏压力 5MPa	[144]
17	古生菌	广古菌门	甲烷杆菌纲	甲烷杆菌目	甲烷杆菌科	甲烷球菌属	未培养的细菌	中国海上某高温油田	[143]

续表

序号	界	门	纲	目	科	属	种	分离来源	参考文献
18	古生菌	广古菌门	甲烷杆菌纲	甲烷杆菌目	甲烷杆菌科	甲烷嗜热球菌	古细菌富集培养克隆 EA29.1	斯塔万格西南约320km的北海挪威海域2/4区块的高温裂缝性白垩系油藏Ekofisk油田的采出水	[139]
19	古生菌	广古菌门	甲烷微生物	D-C06			未培养的甲烷八叠球菌古细菌	日本东北部新堀油田的在产油井NR-6(39°43′N,139°53′E)	[137]
20	古生菌	广古菌门	甲烷杆菌纲	甲烷杆菌目	甲烷杆菌科	甲烷菌	未培养的甲烷菌属 sp.	日本东北部新堀油田的在产油井NR-6(39°43′N,139°53′E)	[137]
21	古生菌	广古菌门	甲烷杆菌纲	甲烷杆菌目	甲烷杆菌科	甲烷菌	未培养的甲烷菌属 sp.	日本Yabase油田2口采油井(AR-80井和OR-79井),储层为中新世—上新世的凝灰质砂岩,埋深1293~1436m,油藏温度40~82℃,油藏压力5MPa	[144]
22	古生菌	广古菌门	甲烷杆菌纲	甲烷杆菌目	甲烷杆菌科	未培养	未培养的甲烷扁平菌 sp.	日本东北部新堀油田的在产油井NR-6(39°43′N,139°53′E)	[137]
23	古生菌	广古菌门	甲烷杆菌纲	甲烷微生物	产甲烷菌	甲烷菌	未培养的甲烷菌属 sp.	日本东北部新堀油田的在产油井NR-6(39°43′N,139°53′E)	[137]
24	古生菌	广古菌门	甲烷杆菌纲	甲烷杆菌目	甲烷杆菌科	甲烷藻	未培养的古生物	未知	[145]
25	古生菌	广古菌门	甲烷杆菌纲	甲烷杆菌目	甲烷杆菌科	甲烷藻	未培养的甲烷菌属 sp.	美国阿拉斯加北坡地区中温、处于开发后期的Schrader Bluff油田采出水	[146]
26	古生菌	广古菌门	甲烷杆菌纲	甲烷杆菌目	甲烷杆菌科	甲烷藻	未培养的甲烷菌属 sp.	日本东北部新堀油田的在产油井NR-6(39°43′N,139°53′E)	[137]
27	古生菌	广古菌门	甲烷杆菌纲	甲烷杆菌目	甲烷杆菌科	甲烷叶菌属	古细菌富集培养克隆 EA17.1	斯塔万格西南约320km的北海挪威海域2/4区块的高温裂缝性白垩系油藏Ekofisk油田的采出水	[139]

续表

序号	界	门	纲	目	科	属	种	分离来源	参考文献
28	古生菌	广古菌门	甲烷杆菌纲	甲烷杆菌目	甲烷杆菌科	甲烷叶菌属	未培养的古生物	加拿大某低温低盐油藏	[147]
29	古生菌	广古菌门	甲烷杆菌纲	甲烷杆菌目	甲烷杆菌科	甲烷食甲基菌属	未培养的甲烷食甲基菌属 sp.	日本东北部新堀油田的在产油井 NR-6(39°43′N,139°53′E)	[137]
30	古生菌	广古菌门	甲烷杆菌纲	甲烷杆菌目	甲烷杆菌科	甲热球菌属	胜利油田热甲烷微球菌	中国胜利油田油井采出水	[148]
31	古生菌	广古菌门	热球菌纲	热球菌目	热球菌科	热球菌属	古细菌富集培养克隆 EA3.5	斯塔万格西南约 320km 的北海挪威海域 2/4 区块的高温裂缝性白垩系油藏 Ekofisk 油田的采出水	[139]
32	古生菌	广古菌门	热球菌纲	热球菌目	热球菌科	热球菌属	嗜碱热球菌	俄罗斯西西伯利亚下瓦尔托夫斯克萨莫特勒油田	[149]
33	古生菌	广古菌门	热球菌纲	热球菌目	热球菌科	热球菌属	嗜蛋白嗜热球菌	俄罗斯西西伯利亚下瓦尔托夫斯克萨莫特勒油田	[149]
34	古生菌	广古菌门	热球菌纲	热球菌目	热球菌科	热球菌属	西伯利亚热球菌	俄罗斯西西伯利亚下瓦尔托夫斯克萨莫特勒油田	[149]
35	古生菌	广古菌门	热球菌纲	热球菌目	热球菌科	热球菌属	嗜热球菌	俄罗斯西西伯利亚下瓦尔托夫斯克萨莫特勒油田	[149]
36	古生菌	广古菌门	热球菌纲	热球菌目	热球菌科	热球菌属	热球菌 sp. CKU-1	日本新泻县日本海沿岸附近的 Kubiki 油藏	[150]
37	古生菌	广古菌门	热球菌纲	热球菌目	热球菌科	热球菌属	热球菌 sp. CKU-199	日本新泻县日本海沿岸附近的 Kubiki 油藏	[150]
38	古生菌	广古菌门	热球菌纲	热球菌目	热球菌科	热球菌属	未培养的嗜热球菌属 sp.	日本东北部新堀油田的在产油井 NR-6(39°43′N,139°53′E)	[137]
39	古生菌	广古菌门	热原体纲	热原体目	Terrestrial Miscellaneous Gp(TMEG)		未培养的嗜热菌古菌	日本东北部新堀油田的在产油井 NR-6(39°43′N,139°53′E)	[137]

续表

序号	界	门	纲	目	科	属	种	分离来源	参考文献
40	古生菌	广古菌门	热原体纲	热原体目	Thermopl-asmatales incertaesedis	未培养的	未培养的嗜热古菌	日本东北部新堀油田的在产油井 NR-6(39°43′N,139°53′E)	[137]
41	古生菌	奇古菌门	海洋古菌组Ⅰ	未知	未知	亚硝酸盐候选者	古细菌富集培养克隆 EA3.3	斯塔万格西南约 320km 的北海挪威海域 2/4 区块的高温裂缝性白垩系油藏 Ekofisk 油田的采出水	[139]
42	细菌	放线菌门	放线菌纲	微球菌目	纤维单胞菌科	纤维单胞菌属	纤维单胞菌 sp. MIXRI54	奥地利奇斯特斯多夫采油井场原油污染土壤的垃圾填埋场的石油污染土壤（1kg 土壤中含 17.2g 烃）	[151]
43	细菌	AC1					古细菌富集培养克隆 B31149	中国胜利油田原油污染土壤和含油污泥混合物处理场	[152]
44	细菌	AC1					古细菌富集培养克隆 B312151	中国胜利油田原油污染土壤和含油污泥混合物处理场	[152]
45	细菌	Acetoth-ermia					未培养的古生物	日本东北部新堀油田的在产油井 NR-6(39°43′N,139°53′E)	[137]
46	细菌	酸杆菌门	亚纲 9				未培养的细菌	中国天津大港油田（39°32′N,117°38′E）板 876 油气田	[153]
47	细菌	酸杆菌门	酸微菌纲	酸微菌目	OM1 clade		未培养的细菌	中国天津大港油田（39°32′N,117°38′E）板 876 油气田	[153]
48	细菌	放线菌门	放线菌纲	棒状菌目	迪茨氏菌科	迪茨氏菌属	嗜碱迪茨氏菌	鱼卵加工厂排水池中的水样（6℃,pH 值=7）	[154]
49	细菌	放线菌门	放线菌纲	棒状菌目	迪茨氏菌科	迪茨氏菌属	迪茨氏菌属 sp. DQ12-45-1b	中国大庆油田深层油藏井口采出水	[155]
50	细菌	放线菌门	放线菌纲	棒状菌目	迪茨氏菌科	迪茨氏菌属	迪茨氏菌属 sp. SG-3	日本静冈县相良油藏	[156]
51	细菌	放线菌门	放线菌纲	棒状菌目	分枝杆菌科	分枝杆菌属	食香分枝杆菌	美国夏威夷土壤	[157]

续表

序号	界	门	纲	目	科	属	种	分离来源	参考文献
52	细菌	放线菌门	放线菌纲	棒状菌目	分枝杆菌科	分枝杆菌属	藏红花分枝杆菌	美国夏威夷土壤	[157]
53	细菌	放线菌门	放线菌纲	棒状菌目	分枝杆菌科	分枝杆菌属	弗雷德里克斯堡分枝杆菌	丹麦腓特烈斯贝的一座前处理天然气厂的煤焦油污染土壤	[158]
54	细菌	放线菌门	放线菌纲	棒状菌目	分枝杆菌科	分枝杆菌属	微黄分枝杆菌	德国汉堡五个不同的石油或重油污染土壤地点	[159]
55	细菌	放线菌门	放线菌纲	棒状菌目	分枝杆菌科	分枝杆菌属	弱黄色分枝杆菌	美国夏威夷土壤	[157]
56	细菌	放线菌门	放线菌纲	棒状菌目	分枝杆菌科	分枝杆菌属	淡黄分枝杆菌	美国夏威夷土壤	[157]
57	细菌	放线菌门	放线菌纲	棒状菌目	分枝杆菌科	分枝杆菌属	拟除虫分枝杆菌	德国 Ubach–Palenberg 一家前焦化厂多环芳烃（PAH）污染了的土壤	[160]
58	细菌	放线菌门	放线菌纲	棒状菌目	分枝杆菌科	分枝杆菌属	红色分枝杆菌	美国夏威夷土壤	[157]
59	细菌	放线菌门	放线菌纲	棒状菌目	分枝杆菌科	分枝杆菌属	金红分枝杆菌	美国夏威夷土壤	[157]
60	细菌	放线菌门	放线菌纲	棒状菌目	分枝杆菌科	分枝杆菌属	未培养的细菌	中国河北华北油田 J–12 组陆相高温水驱油藏	[161]
61	细菌	放线菌门	放线菌纲	棒状菌目	诺卡氏菌科	戈多尼亚	石蜡蚧	大庆油田一口采油井	[162]
62	细菌	放线菌门	放线菌纲	棒状菌目	诺卡氏菌科	红球菌	红球菌	德国	[163]
63	细菌	放线菌门	放线菌纲	棒状菌目	诺卡氏菌科	红球菌	红球菌 sp. ITRH42	奥地利奇斯特斯多夫采油井场原油污染土壤的垃圾填埋场的石油污染土壤（1kg 土壤含 17.2g 烃）	[151]
64	细菌	放线菌门	放线菌纲	微球菌	短杆菌科	短杆菌	未培养的细菌	中国天津大港油田（39°32′N, 117°38′E）板 876 油气田	[153]
65	细菌	放线菌门	放线菌纲	微球菌	孢子囊科		柠檬两面神菌	美国夏威夷土壤	[157]
66	细菌	放线菌门	放线菌纲	微球菌	微球菌科		萘利用菌 IS1	美国印第安纳州北部一个室外储煤堆周围土壤中的微生物群落	[164]

续表

序号	界	门	纲	目	科	属	种	分离来源	参考文献
67	细菌	放线菌门	放线菌纲	微球菌	微球菌科		放线菌 MIXRI55	奥地利奇斯特斯多夫采油井场原油污染土壤的垃圾填埋场的石油污染土壤（1kg 土壤含 17.2g 烃）	[151]
68	细菌	放线菌门	放线菌纲	微球菌	微球菌科	微杆菌	枯草芽孢杆菌	美国夏威夷土壤	[157]
69	细菌	放线菌门	放线菌纲	微球菌	微球菌科	微杆菌	氧化烃微杆菌	德国	[163]
70	细菌	放线菌门	放线菌纲	微球菌	微球菌科	微杆菌	食油微杆菌	德国	[163]
71	细菌	放线菌门	放线菌纲	微球菌	微球菌科	微杆菌	氧化微杆菌	美国夏威夷土壤	[157]
72	细菌	放线菌门	放线菌纲	微球菌	微球菌科	微杆菌	微杆菌 sp. ITRH47	奥地利奇斯特斯多夫采油井场原油污染土壤的垃圾填埋场的石油污染土壤（1kg 土壤含 17.2g 烃）	[151]
73	细菌	放线菌门	放线菌纲	微球菌	微球菌科	节杆菌	节杆菌 sp. ITRH48	奥地利奇斯特斯多夫采油井场原油污染土壤的垃圾填埋场的石油污染土壤（1kg 土壤含 17.2g 烃）	[151]
74	细菌	放线菌门	放线菌纲	微球菌	微球菌科	节杆菌	萘利用菌 IS13	美国印第安纳州北部一个室外储煤堆周围土壤中的微生物群落	[164]
75	细菌	放线菌门	放线菌纲	微球菌	微球菌科	节杆菌	萘利用菌 IS4	美国印第安纳州北部一个室外储煤堆周围土壤中的微生物群落	[164]
76	细菌	放线菌门	放线菌纲	微球菌	微球菌科	节杆菌	萘利用菌 IS5	美国印第安纳州北部一个室外储煤堆周围土壤中的微生物群落	[164]
77	细菌	放线菌门	放线菌纲	微球菌	微球菌科	微球菌	细菌富集培养克隆 57.8B	斯塔万格西南约 320km 的北海挪威海域 2/4 区块的高温裂缝性白垩系油藏 Ekofisk 油田的采出水	[139]
78	细菌	放线菌门	放线菌纲	微球菌	微球菌科	微球菌	藤黄微球菌	美国夏威夷土壤	[157]

续表

序号	界	门	纲	目	科	属	种	分离来源	参考文献
79	细菌	放线菌门	放线菌纲	微球菌目	微球菌科	微球菌属	微球菌 sp. BTSI50	奥地利奇斯特斯多夫采油井场原油污染土壤的垃圾填埋场的石油污染土壤(1kg 土壤含 17.2g 烃)	[151]
80	细菌	放线菌门	放线菌纲	微球菌目	微球菌科	假杆菌属	节杆菌 sp. ITRH49	奥地利奇斯特斯多夫采油井场原油污染土壤的垃圾填埋场的石油污染土壤(1kg 土壤含 17.2g 烃)	[151]
81	细菌	放线菌门	放线菌纲	微球菌目	微球菌科	假杆菌属	节杆菌 sp. P1-1	美国夏威夷土壤	[157]
82	细菌	放线菌门	放线菌纲	微球菌目	微球菌科	假杆菌属	氧化假杆菌	德国	[163]
83	细菌	放线菌门	放线菌纲	微球菌目	血杆菌科	血杆菌属	血杆菌	日本静冈县相良油藏	[156]
84	细菌	放线菌门	放线菌纲	丙酸杆菌目	诺卡氏菌科	诺卡氏菌属	食香诺卡氏菌	日本神奈川县比吉河受污染的地表水和沉积物	[165]
85	细菌	放线菌门	放线菌纲	丙酸杆菌目	诺卡氏菌科	诺卡氏菌属	食油诺卡氏菌	德国 Gifhorn Trough Oerrel 油田 19 号原油样品	[166]
86	细菌	放线菌门	放线菌纲	丙酸杆菌目	丙酸杆菌科	丙酸杆菌属	丙酸单胞菌水平. F6	加拿大某低温低盐油藏	[147]
87	细菌	放线菌门	放线菌纲	丙酸杆菌目	丙酸杆菌科	苔藓球菌属	油轮球菌	中国胜利油田原油污染的盐渍土	[167]
88	细菌	放线菌门	放线菌纲	链霉菌目	链霉菌科	链霉菌属	放线菌 ITRH51	奥地利奇斯特斯多夫采油井场原油污染土壤的垃圾填埋场的石油污染土壤(1kg 土壤含 17.2g 烃)	[151]
89	细菌	放线菌门	放线菌纲	链霉菌目	链霉菌科	链霉菌属	链霉菌 sp. ERICPDA-1	印度泰米尔纳德邦钦奈 Chetpet 的油罐泄漏区	[168]
90	细菌	放线菌门	放线菌纲	链霉菌目	链霉菌科	链霉菌属	未培养细菌	中国大庆油田	[169]
91	细菌	放线菌门	杆菌纲	杆菌目	杆菌科	未培养	杆菌科细菌富集培养克隆 B3113	中国胜利油田原油污染土壤和含油污泥混合物处理场	[152]
92	细菌	放线菌门	杆菌纲	杆菌目	杆菌科	未培养	未培养的放线菌	日本东北部新堀油田的在产油井 NR-6(39°43′N, 139°53′E)	[137]

续表

序号	界	门	纲	目	科	属	种	分离来源	参考文献
93	细菌	放线菌门	杆菌纲	杆菌目	杆菌科	未培养	未培养的放线菌	美国阿拉斯加北坡地区中温、处于开发后期的Schrader Bluff 油田采出水	[146]
94	细菌	放线菌门	嗜热菌纲	单核杆菌目	TM146		未培养细菌	中国天津大港油田(39°32′N,117°38′E)板876油气田	[153]
95	细菌	Aminice-nantes					未培养细菌	中国大庆油田	[169]
96	细菌	暗黑菌门					细菌富集培养克隆 B3111 的候选分类 JS1	中国胜利油田原油污染土壤和含油污泥混合物处理场	[152]
97	细菌	暗黑菌门					细菌富集培养克隆 B31137 的候选分类 JS1	中国胜利油田原油污染土壤和含油污泥混合物处理场	[152]
98	细菌	暗黑菌门					细菌富集培养克隆 B31141 的候选分类 JS1	中国胜利油田原油污染土壤和含油污泥混合物处理场	[152]
99	细菌	暗黑菌门					细菌富集培养克隆 B31147 的候选分类 JS1	中国胜利油田原油污染土壤和含油污泥混合物处理场	[152]
100	细菌	暗黑菌门					细菌富集培养克隆 B31158 的候选分类 JS1	中国胜利油田原油污染土壤和含油污泥混合物处理场	[152]
101	细菌	暗黑菌门					细菌富集培养克隆 B31162 的候选分类 JS1	中国胜利油田原油污染土壤和含油污泥混合物处理场	[152]
102	细菌	暗黑菌门					细菌富集培养克隆 B31164 的候选分类 JS1	中国胜利油田原油污染土壤和含油污泥混合物处理场	[152]
103	细菌	暗黑菌门					细菌富集培养克隆 B312103 的候选分类 JS1	中国胜利油田原油污染土壤和含油污泥混合物处理场	[152]
104	细菌	暗黑菌门					细菌富集培养克隆 B312119 的候选分类 JS1	中国胜利油田原油污染土壤和含油污泥混合物处理场	[152]

续表

序号	界	门	纲	目	科	属	种	分离来源	参考文献
105	细菌	暗黑菌门					细菌富集培养克隆B312128的候选分类JS1	中国胜利油田原油污染土壤和含油污泥混合物处理场	[152]
106	细菌	暗黑菌门					细菌富集培养克隆B312155的候选分类JS1	中国胜利油田原油污染土壤和含油污泥混合物处理场	[152]
107	细菌	暗黑菌门					细菌富集培养克隆B312156的候选分类JS1	中国胜利油田原油污染土壤和含油污泥混合物处理场	[152]
108	细菌	暗黑菌门					细菌富集培养克隆B312163的候选分类JS1	中国胜利油田原油污染土壤和含油污泥混合物处理场	[152]
109	细菌	暗黑菌门					细菌富集培养克隆B31283的候选分类JS1	中国胜利油田原油污染土壤和含油污泥混合物处理场	[152]
110	细菌	暗黑菌门					细菌富集培养克隆B31297的候选分类JS1	中国胜利油田原油污染土壤和含油污泥混合物处理场	[152]
111	细菌	暗黑菌门					未培养细菌	中国大庆油田	[169]
112	细菌	暗黑菌门	未确定细菌	未知目	未知科	念珠菌	细菌富集培养克隆B31288	中国胜利油田原油污染土壤和含油污泥混合物处理场	[152]
113	细菌	暗黑菌门	未确定细菌	未知目	未知科	念珠菌	未培养的念珠菌属细菌	日本东北部新堀油田的在产油井NR-6(39°43′N,139°53′E)	[137]
114	细菌	拟杆菌门	未确定细菌	门Ⅱ	快生嗜冷杆菌科	未培养	未培养细菌	中国天津大港油田(39°32′N,117°38′E)板876油气田	[153]
115	细菌	拟杆菌门	未确定细菌	门Ⅱ	快生嗜冷杆菌科	未培养	未培养细菌	中国天津大港油田(39°32′N,117°38′E)板876油气田	[153]
116	细菌	拟杆菌门	未确定细菌	门Ⅲ	未培养		未培养细菌	中国天津大港油田(39°32′N,117°38′E)板876油气田	[153]

续表

序号	界	门	纲	目	科	属	种	分离来源	参考文献
117	细菌	拟杆菌门	未确定细菌	门Ⅲ	未知科		未培养细菌	中国天津大港油田(39°32′N,117°38′E)板876油气田	[153]
118	细菌	拟杆菌门	拟杆菌VC2.1 Bac22				未定义	未知	[170]
119	细菌	拟杆菌门	拟杆菌纲	拟杆菌目	拟杆菌科	拟杆属	未培养细菌	加拿大某低温低盐油藏	[147]
120	细菌	拟杆菌门	拟杆菌纲	拟杆菌目	Dysgonomonadaceae	Petrimonas	Petrimonassulfuriphila	加拿大西部沉积盆地鹈鹕湖油田	[171]
121	细菌	拟杆菌门	拟杆菌纲	拟杆菌目	Marinilabiaceae	厌食菌	未培养的厌食菌 sp.	北海某高温油藏	[172]
122	细菌	拟杆菌门	拟杆菌纲	拟杆菌目	Marinilabiaceae	Marinifilum	细菌富集培养克隆 EB24.11	斯塔万格西南约320km的北海挪威海域2/4区块的高温裂缝性白亚系油藏 Ekofisk油田的采出水	[139]
123	细菌	拟杆菌门	拟杆菌纲	拟杆菌目	紫单胞菌科	Petrimonas	Petrimonassulfuriphila	加拿大某低温低盐油藏	[147]
124	细菌	拟杆菌门	拟杆菌纲	拟杆菌目	紫单胞菌科	嗜蛋白菌	卟啉单胞菌科细菌富集培养克隆B31181	中国胜利油田原油污染土壤和含油污泥混合物处理场	[152]
125	细菌	拟杆菌门	拟杆菌纲	拟杆菌目	紫单胞菌科	嗜蛋白菌	卟啉单胞菌科细菌富集培养克隆B312134	中国胜利油田原油污染土壤和含油污泥混合物处理场	[152]
126	细菌	拟杆菌门	拟杆菌纲	拟杆菌目	紫单胞菌科	嗜蛋白菌	未培养细菌	中国大庆油田	[169]
127	细菌	拟杆菌门	拟杆菌纲	拟杆菌目	紫单胞菌科	嗜蛋白菌	未培养的拟杆菌	日本东北部新堀油田的在产油井NR-6(39°43′N,139°53′E)	[137]
128	细菌	拟杆菌门	拟杆菌纲	拟杆菌目	紫单胞菌科	未培养	未培养细菌	中国山东胜利油田一口油井	[173]
129	细菌	拟杆菌门	拟杆菌纲	拟杆菌目	紫单胞菌科	未培养	未培养细菌	中国大庆油田	[169]

续表

序号	界	门	纲	目	科	属	种	分离来源	参考文献
130	细菌	拟杆菌门	拟杆菌纲	拟杆菌目	乳酸杆菌科	益生菌	细菌富集培养克隆 EB35.8	斯塔万格西南约 320km 的北海挪威海域 2/4 区块的高温裂缝性白垩系油藏 Ekofisk 油田的采出水	[139]
131	细菌	拟杆菌门	拟杆菌纲	噬纤维菌目	环杆菌科	环杆菌属	圆环杆菌	中国南海西江油田沉积物	[174]
132	细菌	拟杆菌门	拟杆菌纲	黄杆菌目	黄杆菌科	沙门氏菌	藻类杆菌	北海海洋硅藻 Skeletonemacostatum CCAP1077/1C 的非无菌实验室培养	[175]
133	细菌	拟杆菌门	拟杆菌纲	黄杆菌目	黄杆菌科	黄杆菌	细菌 ITRI59	奥地利奇斯特斯多夫采油井场原油污染土壤的垃圾填埋场的石油污染土壤（1kg 土壤含 17.2g 烃）	[151]
134	细菌	拟杆菌门	拟杆菌纲	黄杆菌目	周蝶菌科	金黄杆菌属	金黄杆菌属 sp. ITRH57	奥地利奇斯特斯多夫采油井场原油污染土壤的垃圾填埋场的石油污染土壤（1kg 土壤含 17.2g 烃）	[151]
135	细菌	拟杆菌门	拟杆菌纲	鞘氨醇杆菌目	慢菌科		未培养细菌	未知	[145]
136	细菌	拟杆菌门	拟杆菌纲	鞘氨醇杆菌目	鞘脂杆菌科	橄榄杆菌	油橄榄杆菌	匈牙利前空军基地的现场异地地下水生物净化过滤设施	[176]
137	细菌	拟杆菌门	黄杆菌纲	黄杆菌目	黄杆菌科	Actibacter	未培养细菌	中国天津大港油田（39°32′N,117°38′E）板 876 油气田	[153]
138	细菌	拟杆菌门	黄杆菌纲	黄杆菌目	黄杆菌科	金黄杆菌	细菌富集培养克隆 PW25.5B	斯塔万格西南约 320km 的北海挪威海域 2/4 区块的高温裂缝性白垩系油藏 Ekofisk 油田的采出水	[139]
139	细菌	拟杆菌门	黄杆菌纲	黄杆菌目	黄杆菌科	黄杆菌	细菌富集培养克隆 PW25.9B	斯塔万格西南约 320km 的北海挪威海域 2/4 区块的高温裂缝性白垩系油藏 Ekofisk 油田的采出水	[139]

续表

序号	界	门	纲	目	科	属	种	分离来源	参考文献
140	细菌	拟杆菌门	鞘氨醇杆菌	鞘氨醇杆菌目	慢菌科		细菌富集培养克隆B312120	中国胜利油田原油污染土壤和含油污泥混合物处理场	[152]
141	细菌	拟杆菌门	鞘氨醇杆菌	鞘氨醇杆菌目	慢菌科		未培养细菌	中国大庆油田	[169]
142	细菌	拟杆菌门	鞘氨醇杆菌	鞘氨醇杆菌目	慢菌科	慢菌	未培养细菌	加拿大某低温低盐油藏	[147]
143	细菌	嗜热丝菌门	嗜热丝菌纲	嗜热丝菌目	TTA-B1		未培养的嗜热丝菌门细菌	日本东北部新堀油田的在产油井NR-6(39°43′N,139°53′E)	[137]
144	细菌	嗜热丝菌门	嗜热丝菌纲	嗜热丝菌目	TTA-B15		未培养的细菌	中国大庆油田	[169]
145	细菌	嗜热丝菌门	嗜热丝菌纲	嗜热丝菌目	WCHB1-02		嗜热丝菌门细菌富集培养克隆B31168	中国胜利油田原油污染土壤和含油污泥混合物处理场	[152]
146	细菌	嗜热丝菌门	嗜热丝菌纲	嗜热丝菌目	WCHB1-02		嗜热丝菌门细菌富集培养克隆B31178	中国胜利油田原油污染土壤和含油污泥混合物处理场	[152]
147	细菌	嗜热丝菌门	嗜热丝菌纲	嗜热丝菌目	WCHB1-02		未培养的嗜热丝菌门细菌	日本东北部新堀油田的在产油井NR-6(39°43′N,139°53′E)	[137]
148	细菌	绿屈挠菌门	厌氧绳菌纲	厌氧绳菌目	厌氧菌科	纤绳菌属	厌氧绳菌门细菌富集培养克隆B312100	中国胜利油田原油污染土壤和含油污泥混合物处理场	[152]
149	细菌	绿屈挠菌门	厌氧绳菌纲	厌氧绳菌目	厌氧菌科	纤绳菌属	厌氧绳菌门细菌富集培养克隆B312136	中国胜利油田原油污染土壤和含油污泥混合物处理场	[152]
150	细菌	绿屈挠菌门	厌氧绳菌纲	厌氧绳菌目	厌氧菌科	Pelolinea	厌氧绳菌门细菌富集培养克隆B312139	中国胜利油田原油污染土壤和含油污泥混合物处理场	[152]
151	细菌	绿屈挠菌门	厌氧绳菌纲	厌氧绳菌目	厌氧菌科	未培养	厌氧绳菌门细菌富集培养克隆B31110	中国胜利油田原油污染土壤和含油污泥混合物处理场	[152]
152	细菌	绿屈挠菌门	厌氧绳菌纲	厌氧绳菌目	厌氧菌科	未培养	厌氧绳菌门细菌富集培养克隆B31112	中国胜利油田原油污染土壤和含油污泥混合物处理场	[152]

续表

序号	界	门	纲	目	科	属	种	分离来源	参考文献
153	细菌	绿屈挠菌门	厌氧绳菌纲	厌氧绳菌目	厌氧绳菌科	未培养	厌氧绳菌门细菌富集培养克隆B31113	中国胜利油田原油污染土壤和含油污泥混合物处理场	[152]
154	细菌	绿屈挠菌门	厌氧绳菌纲	厌氧绳菌目	厌氧绳菌科	未培养	厌氧绳菌门细菌富集培养克隆B31117	中国胜利油田原油污染土壤和含油污泥混合物处理场	[152]
155	细菌	绿屈挠菌门	厌氧绳菌纲	厌氧绳菌目	厌氧绳菌科	未培养	厌氧绳菌门细菌富集培养克隆B31120	中国胜利油田原油污染土壤和含油污泥混合物处理场	[152]
156	细菌	绿屈挠菌门	厌氧绳菌纲	厌氧绳菌目	厌氧绳菌科	未培养	厌氧绳菌门细菌富集培养克隆B31122	中国胜利油田原油污染土壤和含油污泥混合物处理场	[152]
157	细菌	绿屈挠菌门	厌氧绳菌纲	厌氧绳菌目	厌氧绳菌科	未培养	厌氧绳菌门细菌富集培养克隆B31126	中国胜利油田原油污染土壤和含油污泥混合物处理场	[152]
158	细菌	绿屈挠菌门	厌氧绳菌纲	厌氧绳菌目	厌氧绳菌科	未培养	厌氧绳菌门细菌富集培养克隆B31128	中国胜利油田原油污染土壤和含油污泥混合物处理场	[152]
159	细菌	绿屈挠菌门	厌氧绳菌纲	厌氧绳菌目	厌氧绳菌科	未培养	厌氧绳菌门细菌富集培养克隆B31129	中国胜利油田原油污染土壤和含油污泥混合物处理场	[152]
160	细菌	绿屈挠菌门	厌氧绳菌纲	厌氧绳菌目	厌氧绳菌科	未培养	厌氧绳菌门细菌富集培养克隆B31132	中国胜利油田原油污染土壤和含油污泥混合物处理场	[152]
161	细菌	绿屈挠菌门	厌氧绳菌纲	厌氧绳菌目	厌氧绳菌科	未培养	厌氧绳菌门细菌富集培养克隆B31133	中国胜利油田原油污染土壤和含油污泥混合物处理场	[152]
162	细菌	绿屈挠菌门	厌氧绳菌纲	厌氧绳菌目	厌氧绳菌科	未培养	厌氧绳菌门细菌富集培养克隆B31134	中国胜利油田原油污染土壤和含油污泥混合物处理场	[152]
163	细菌	绿屈挠菌门	厌氧绳菌纲	厌氧绳菌目	厌氧绳菌科	未培养	厌氧绳菌门细菌富集培养克隆B31138	中国胜利油田原油污染土壤和含油污泥混合物处理场	[152]
164	细菌	绿屈挠菌门	厌氧绳菌纲	厌氧绳菌目	厌氧绳菌科	未培养	厌氧绳菌门细菌富集培养克隆B31146	中国胜利油田原油污染土壤和含油污泥混合物处理场	[152]

续表

序号	界	门	纲	目	科	属	种	分离来源	参考文献
165	细菌	绿屈挠菌门	厌氧绳菌纲	厌氧绳菌目	厌氧绳菌科	未培养	厌氧绳菌门细菌富集培养克隆B31153	中国胜利油田原油污染土壤和含油污泥混合物处理场	[152]
166	细菌	绿屈挠菌门	厌氧绳菌纲	厌氧绳菌目	厌氧绳菌科	未培养	厌氧绳菌门细菌富集培养克隆B31165	中国胜利油田原油污染土壤和含油污泥混合物处理场	[152]
167	细菌	绿屈挠菌门	厌氧绳菌纲	厌氧绳菌目	厌氧绳菌科	未培养	厌氧绳菌门细菌富集培养克隆B312136	中国胜利油田原油污染土壤和含油污泥混合物处理场	[152]
168	细菌	绿屈挠菌门	厌氧绳菌纲	厌氧绳菌目	厌氧绳菌科	未培养	厌氧绳菌门细菌富集培养克隆B312104	中国胜利油田原油污染土壤和含油污泥混合物处理场	[152]
169	细菌	绿屈挠菌门	厌氧绳菌纲	厌氧绳菌目	厌氧绳菌科	未培养	厌氧绳菌门细菌富集培养克隆B312106	中国胜利油田原油污染土壤和含油污泥混合物处理场	[152]
170	细菌	绿屈挠菌门	厌氧绳菌纲	厌氧绳菌目	厌氧绳菌科	未培养	厌氧绳菌门细菌富集培养克隆B312107	中国胜利油田原油污染土壤和含油污泥混合物处理场	[152]
171	细菌	绿屈挠菌门	厌氧绳菌纲	厌氧绳菌目	厌氧绳菌科	未培养	厌氧绳菌门细菌富集培养克隆B312117	中国胜利油田原油污染土壤和含油污泥混合物处理场	[152]
172	细菌	绿屈挠菌门	厌氧绳菌纲	厌氧绳菌目	厌氧绳菌科	未培养	厌氧绳菌门细菌富集培养克隆B312124	中国胜利油田原油污染土壤和含油污泥混合物处理场	[152]
173	细菌	绿屈挠菌门	厌氧绳菌纲	厌氧绳菌目	厌氧绳菌科	未培养	厌氧绳菌门细菌富集培养克隆B312132	中国胜利油田原油污染土壤和含油污泥混合物处理场	[152]
174	细菌	绿屈挠菌门	厌氧绳菌纲	厌氧绳菌目	厌氧绳菌科	未培养	厌氧绳菌门细菌富集培养克隆B312144	中国胜利油田原油污染土壤和含油污泥混合物处理场	[152]
175	细菌	绿屈挠菌门	厌氧绳菌纲	厌氧绳菌目	厌氧绳菌科	未培养	厌氧绳菌门细菌富集培养克隆B312145	中国胜利油田原油污染土壤和含油污泥混合物处理场	[152]
176	细菌	绿屈挠菌门	厌氧绳菌纲	厌氧绳菌目	厌氧绳菌科	未培养	厌氧绳菌门细菌富集培养克隆B312146	中国胜利油田原油污染土壤和含油污泥混合物处理场	[152]

续表

序号	界	门	纲	目	科	属	种	分离来源	参考文献
177	细菌	绿屈挠菌门	厌氧绳菌纲	厌氧绳菌目	厌氧菌科	未培养	厌氧绳菌门细菌富集培养克隆 B312149	中国胜利油田原油污染土壤和含油污泥混合物处理场	[152]
178	细菌	绿屈挠菌门	厌氧绳菌纲	厌氧绳菌目	厌氧菌科	未培养	厌氧绳菌门细菌富集培养克隆 B312150	中国胜利油田原油污染土壤和含油污泥混合物处理场	[152]
179	细菌	绿屈挠菌门	厌氧绳菌纲	厌氧绳菌目	厌氧菌科	未培养	厌氧绳菌门细菌富集培养克隆 B312157	中国胜利油田原油污染土壤和含油污泥混合物处理场	[152]
180	细菌	绿屈挠菌门	厌氧绳菌纲	厌氧绳菌目	厌氧菌科	未培养	厌氧绳菌门细菌富集培养克隆 B312159	中国胜利油田原油污染土壤和含油污泥混合物处理场	[152]
181	细菌	绿屈挠菌门	厌氧绳菌纲	厌氧绳菌目	厌氧菌科	未培养	厌氧绳菌门细菌富集培养克隆 B31293	中国胜利油田原油污染土壤和含油污泥混合物处理场	[152]
182	细菌	绿屈挠菌门	厌氧绳菌纲	厌氧绳菌目	厌氧菌科	未培养	未培养细菌	中国天津大港油田(39°32′N,117°38′E)板876油气田	[153]
183	细菌	绿屈挠菌门	厌氧绳菌纲	厌氧绳菌目	厌氧菌科	未培养	未培养的绿屈曲杆菌	日本东北部新堀油田的在产油井 NR-6(39°43′N, 139°53′E)	[137]
184	细菌	绿屈挠菌门	热链菌纲	未培养			未培养细菌	中国天津大港油田(39°32′N,117°38′E)板876油气田	[153]
185	细菌	绿屈挠菌门	SAR202 clade				未培养细菌	中国天津大港油田(39°32′N,117°38′E)板876油气田	[153]
186	细菌	Cloacimonetes	LNR A2-18				细菌富集培养克隆 B312121	中国胜利油田原油污染土壤和含油污泥混合物处理场	[152]
187	细菌	Cloacimonetes	MSBL2				未培养的螺旋体细菌	日本东北部新堀油田的在产油井 NR-6(39°43′N, 139°53′E)	[137]
188	细菌	Cloacimonetes	W27				细菌富集培养克隆 B31160	中国胜利油田原油污染土壤和含油污泥混合物处理场	[152]

续表

序号	界	门	纲	目	科	属	种	分离来源	参考文献
189	细菌	Cloacimonetes	W27				细菌富集培养克隆 B312105	中国胜利油田原油污染土壤和含油污泥混合物处理场	[152]
190	细菌	Cloacimonetes	W27				细菌富集培养克隆 B312129	中国胜利油田原油污染土壤和含油污泥混合物处理场	[152]
191	细菌	Cloacimonetes	W27				细菌富集培养克隆 B312131	中国胜利油田原油污染土壤和含油污泥混合物处理场	[152]
192	细菌	Cloacimonetes	W27				细菌富集培养克隆 B312141	中国胜利油田原油污染土壤和含油污泥混合物处理场	[152]
193	细菌	Cloacimonetes	W27				细菌富集培养克隆 B312152	中国胜利油田原油污染土壤和含油污泥混合物处理场	[152]
194	细菌	Cloacimonetes	W27				细菌富集培养克隆 B312153	中国胜利油田原油污染土壤和含油污泥混合物处理场	[152]
195	细菌	Cloacimonetes	W27				细菌富集培养克隆 B312158	中国胜利油田原油污染土壤和含油污泥混合物处理场	[152]
196	细菌	Cloacimonetes	W27				细菌富集培养克隆 B312162	中国胜利油田原油污染土壤和含油污泥混合物处理场	[152]
197	细菌	蓝藻细菌门	蓝藻细菌纲	亚目Ⅰ	科Ⅰ	原绿球藻	未培养细菌	中国天津大港油田(39°32′N,117°38′E)板876油气田	[153]
198	细菌	脱铁杆菌门	脱铁杆菌纲	脱铁杆菌目	脱铁杆菌科	脱铁杆菌属	嗜热去铁杆菌	苏格兰 Beatrice 油田 AOl(07)井采出的地层水	[177]
199	细菌	脱铁杆菌门	脱铁杆菌纲	脱铁杆菌目	脱铁杆菌科	脱铁杆菌属	未确定	未知	[170]
200	细菌	异常球菌—栖热菌门	异常球菌纲	异常球菌目	异常球菌科	异常球菌属	细菌富集培养克隆 PW71.11B	斯塔万格西南约320km的北海挪威海域2/4区块的高温裂缝性白垩系油藏 Ekofisk 油田的采出水	[139]

续表

序号	界	门	纲	目	科	属	种	分离来源	参考文献
201	细菌	异常球菌—栖热菌门	异常球菌纲	KD3-62			未培养的细菌	中国天津大港油田(39°32′N,117°38′E)板876油气田	[153]
202	细菌	大肠杆菌门	大肠杆菌纲	谱系Ⅰ	未知科	内生菌念珠菌	未培养的细菌	中国大庆油田	[169]
203	细菌	大肠杆菌门	大肠杆菌纲	谱系Ⅳ			未培养的细菌	中国大庆油田	[169]
204	细菌	大肠杆菌群	弯曲菌纲	弯曲杆菌目	弓形杆菌科	弓形菌属	未培养的细菌	未知	[145]
205	细菌	纤维杆菌门	纤维杆菌纲	纤维杆菌目	FD035		细菌富集培养克隆B31144	中国胜利油田原油污染土壤和含油污泥混合物处理场	[152]
206	细菌	纤维杆菌门	纤维杆菌纲	纤维杆菌目	FD035		细菌富集培养克隆B31180	中国胜利油田原油污染土壤和含油污泥混合物处理场	[152]
207	细菌	纤维杆菌门	纤维杆菌纲	纤维杆菌目	FD035		细菌富集培养克隆B312118	中国胜利油田原油污染土壤和含油污泥混合物处理场	[152]
208	细菌	纤维杆菌门	纤维杆菌纲	纤维杆菌目	FD035		细菌富集培养克隆B312126	中国胜利油田原油污染土壤和含油污泥混合物处理场	[152]
209	细菌	纤维杆菌门	纤维杆菌纲	纤维杆菌目	FD035		细菌富集培养克隆B312135	中国胜利油田原油污染土壤和含油污泥混合物处理场	[152]
210	细菌	纤维杆菌门	纤维杆菌纲	纤维杆菌目	FD035		细菌富集培养克隆B312147	中国胜利油田原油污染土壤和含油污泥混合物处理场	[152]
211	细菌	纤维杆菌门	纤维杆菌纲	纤维杆菌目	FD035		细菌富集培养克隆B312161	中国胜利油田原油污染土壤和含油污泥混合物处理场	[152]
212	细菌	纤维杆菌门	纤维杆菌纲	纤维杆菌目	FD035		细菌富集培养克隆B31290	中国胜利油田原油污染土壤和含油污泥混合物处理场	[152]
213	细菌	纤维杆菌门	纤维杆菌纲	纤维杆菌目	FD035		细菌富集培养克隆B31299	中国胜利油田原油污染土壤和含油污泥混合物处理场	[152]

续表

序号	界	门	纲	目	科	属	种	分离来源	参考文献
214	细菌	纤维杆菌门	纤维杆菌纲	纤维杆菌目	MAT-CR-H6-H10		未培养细菌	中国天津大港油田(39°32′N,117°38′E)板876油气田	[153]
215	细菌	拟杆菌门	芽孢杆菌纲	芽孢杆菌目	芽孢杆菌科	Aeribacillus	苍白空气芽胞杆菌	突尼斯TPS(Thyna Petroleum Services)油田的采出水(油水混合物)	[178]
216	细菌	拟杆菌门	芽孢杆菌纲	芽孢杆菌目	芽孢杆菌科	Aeribacillus	苍白空气芽胞杆菌	中国玉门油田	[179]
217	细菌	拟杆菌门	芽孢杆菌纲	芽孢杆菌目	芽孢杆菌科	芽孢杆菌属	蜡样芽胞杆菌	巴西里约热内卢大西洋的一个新发现油田	[180]
218	细菌	拟杆菌门	芽孢杆菌纲	芽孢杆菌目	芽孢杆菌科	芽孢杆菌属	蜡样芽胞杆菌	中国大庆油田某油藏	[181]
219	细菌	拟杆菌门	芽孢杆菌纲	芽孢杆菌目	芽孢杆菌科	芽孢杆菌属	鸡芽孢杆菌	德国	[163]
220	细菌	拟杆菌门	芽孢杆菌纲	芽孢杆菌目	芽孢杆菌科	芽孢杆菌属	地衣芽孢杆菌	突尼斯TPS(Thyna Petroleum Services)油田的采出水(油水混合物)	[178]
221	细菌	拟杆菌门	芽孢杆菌纲	芽孢杆菌目	芽孢杆菌科	芽孢杆菌属	地衣芽孢杆菌	巴西里约热内卢大西洋的一个新发现油田	[180]
222	细菌	拟杆菌门	芽孢杆菌纲	芽孢杆菌目	芽孢杆菌科	芽孢杆菌属	地衣芽孢杆菌	中国大庆油田某油藏	[181]
223	细菌	拟杆菌门	芽孢杆菌纲	芽孢杆菌目	芽孢杆菌科	芽孢杆菌属	地衣芽孢杆菌	伊朗胡泽斯坦Ahvaz和Masjid Suleiman油田	[182]
224	细菌	拟杆菌门	芽孢杆菌纲	芽孢杆菌目	芽孢杆菌科	芽孢杆菌属	地衣芽孢杆菌	伊朗胡泽斯坦Ahvaz和Masjid Suleiman油田	[182]
225	细菌	拟杆菌门	芽孢杆菌纲	芽孢杆菌目	芽孢杆菌科	芽孢杆菌属	嗜冷芽胞杆菌	德国	[163]
226	细菌	拟杆菌门	芽孢杆菌纲	芽孢杆菌目	芽孢杆菌科	芽孢杆菌属	芽孢杆菌属 sp. BTSI34	奥地利奇斯特斯多夫采油井场原油污染土壤的垃圾填埋场的石油污染土壤(1kg土壤含17.2g烃)	[151]
227	细菌	拟杆菌门	芽孢杆菌纲	芽孢杆菌目	芽孢杆菌科	芽孢杆菌属	芽孢杆菌属 sp. ITRI46	奥地利奇斯特斯多夫采油井场原油污染土壤的垃圾填埋场的石油污染土壤(1kg土壤含17.2g烃)	[151]

续表

序号	界	门	纲	目	科	属	种	分离来源	参考文献
228	细菌	拟杆菌门	芽孢杆菌纲	芽孢杆菌目	芽孢杆菌科	芽孢杆菌属	芽孢杆菌属 sp. T4.3	巴西里约热内卢大西洋的一个新发现油田	[180]
229	细菌	拟杆菌门	芽孢杆菌纲	芽孢杆菌目	芽孢杆菌科	芽孢杆菌属	细菌富集培养克隆 DT1-8	中国大庆油田	[169]
230	细菌	拟杆菌门	芽孢杆菌纲	芽孢杆菌目	芽孢杆菌科	芽孢杆菌属	细菌富集培养克隆 DT2-1	中国大庆油田	[169]
231	细菌	拟杆菌门	芽孢杆菌纲	芽孢杆菌目	芽孢杆菌科	芽孢杆菌属	细菌富集培养克隆 DT2-39	中国大庆油田	[169]
232	细菌	拟杆菌门	芽孢杆菌纲	芽孢杆菌目	芽孢杆菌科	芽孢杆菌属	未培养细菌	中国海上某高温油田	[143]
233	细菌	拟杆菌门	芽孢杆菌纲	芽孢杆菌目	芽孢杆菌科	地芽孢杆菌属	侏罗地芽孢杆菌	中国天津大港油田(孔店地区)地层水	[183]
234	细菌	拟杆菌门	芽孢杆菌纲	芽孢杆菌目	芽孢杆菌科	地芽孢杆菌属	侏罗地芽孢杆菌	中国天津大港油田(孔店地区)地层水	[183]
235	细菌	拟杆菌门	芽孢杆菌纲	芽孢杆菌目	芽孢杆菌科	地芽孢杆菌属	立陶宛地芽孢杆菌	立陶宛 Girkaliai 油田的原油	[184]
236	细菌	拟杆菌门	芽孢杆菌纲	芽孢杆菌目	芽孢杆菌科	地芽孢杆菌属	地芽孢杆菌 sp. SH-1	中国胜利油田一口深层油井	[185]
237	细菌	拟杆菌门	芽孢杆菌纲	芽孢杆菌目	芽孢杆菌科	地芽孢杆菌属	嗜热脂肪地芽孢杆菌	中国天津大港油田(孔店地区)地层水	[183]
238	细菌	拟杆菌门	芽孢杆菌纲	芽孢杆菌目	芽孢杆菌科	地芽孢杆菌属	嗜热脂肪地芽孢杆菌	中国天津大港油田(孔店地区)地层水	[183]
239	细菌	拟杆菌门	芽孢杆菌纲	芽孢杆菌目	芽孢杆菌科	地芽孢杆菌属	地芽孢杆菌亚种	俄罗斯西西伯利亚萨莫特勒油田;中国辽河油田	[186]
240	细菌	拟杆菌门	芽孢杆菌纲	芽孢杆菌目	芽孢杆菌科	地芽孢杆菌属	热脱氮地芽孢杆菌 NG80-2	中国北方某深层油藏	[187]
241	细菌	拟杆菌门	芽孢杆菌纲	芽孢杆菌目	芽孢杆菌科	地芽孢杆菌属	嗜热地芽孢杆菌	日本 Minamiaga(Niigata)油田 AA-5 和 Yabase(Akita)油田 S-114 的深层油藏	[188]
242	细菌	拟杆菌门	芽孢杆菌纲	芽孢杆菌目	芽孢杆菌科	地芽孢杆菌属	乌津地芽孢杆菌	哈萨克斯坦乌津油田	[186]
243	细菌	拟杆菌门	芽孢杆菌纲	芽孢杆菌目	芽孢杆菌科	地芽孢杆菌属	未培养细菌	中国海上某高温油田	[143]
244	细菌	拟杆菌门	芽孢杆菌纲	芽孢杆菌目	芽孢杆菌科	海洋杆菌属	massiliensis 海洋杆菌	德国	[163]

续表

序号	界	门	纲	目	科	属	种	分离来源	参考文献
245	细菌	拟杆菌门	芽孢杆菌纲	芽孢杆菌目	芽孢杆菌科	Salibacterium	芽孢杆菌属 sp. B21(2010)	阿尔及利亚撒哈拉南部的四个不同油田	[189]
246	细菌	拟杆菌门	芽孢杆菌纲	芽孢杆菌目	芽孢杆菌科	脲杆菌属	未培养细菌	中国天津大港油田(39°32′N,117°38′E)板876油气田	[153]
247	细菌	拟杆菌门	芽孢杆菌纲	芽孢杆菌目	科Ⅱ	微小杆菌属	墨西哥微小杆菌	德国	[163]
248	细菌	拟杆菌门	芽孢杆菌纲	芽孢杆菌目	类芽孢杆菌科	短杆菌属	细菌富集培养克隆 DT1-3	中国大庆油田	[169]
249	细菌	拟杆菌门	芽孢杆菌纲	芽孢杆菌目	类芽孢杆菌科	短杆菌属	细菌富集培养克隆 DT3-1	中国大庆油田	[169]
250	细菌	拟杆菌门	芽孢杆菌纲	芽孢杆菌目	类芽孢杆菌科	短杆菌属	细菌富集培养克隆 DT3-10	中国大庆油田	[169]
251	细菌	拟杆菌门	芽孢杆菌纲	芽孢杆菌目	类芽孢杆菌科	短杆菌属	细菌富集培养克隆 DT3-5	中国大庆油田	[169]
252	细菌	拟杆菌门	芽孢杆菌纲	芽孢杆菌目	类芽孢杆菌科	短杆菌属	热红色短杆菌	突尼斯 TPS(Thyna Petroleum Services)油田的采出水(油水混合物)	[178]
253	细菌	拟杆菌门	芽孢杆菌纲	芽孢杆菌目	类芽孢杆菌科	科恩菌属	类芽孢杆菌 sp. czh-CC13	美国夏威夷土壤	[157]
254	细菌	拟杆菌门	芽孢杆菌纲	芽孢杆菌目	类芽胞杆菌科	类芽孢杆菌属	类芽孢杆菌 sp. MIXRH44	奥地利奇斯特斯多夫采油井场原油污染土壤的垃圾填埋场的石油污染土壤(1kg 土壤含 17.2g 烃)	[151]
255	细菌	拟杆菌门	芽孢杆菌纲	芽孢杆菌目	类芽孢杆菌科	梭形杆菌属	梭形杆菌 sp. C250R	突尼斯 TPS(Thyna Petroleum Services)油田的采出水(油水混合物)	[178]
256	细菌	拟杆菌门	芽孢杆菌纲	芽孢杆菌目	类芽孢杆菌科	动性球菌	动性球菌 sp. ZD22	中国大庆油田	[190]
257	细菌	拟杆菌门	芽孢杆菌纲	芽孢杆菌目	类芽孢杆菌科	游动球菌属	链球菌	英国萨默塞特布里奇沃特湾 Stert Flats 潮间带细砂质沉积物(80%的沉积物颗粒在 125~180μm 范围内)	[191]
258	细菌	拟杆菌门	芽孢杆菌纲	芽孢杆菌目	类芽孢杆菌科	游动球菌属	Planomicrobium-chinense	印度恰蒂斯加尔邦比拉斯布尔不同加油站的柴油污染区	[192]

续表

序号	界	门	纲	目	科	属	种	分离来源	参考文献
259	细菌	拟杆菌门	芽孢杆菌纲	乳杆菌目	肉杆菌科	Marinilactibacillus属	细菌富集培养克隆 PW32.7	斯塔万格西南约 320km 的北海挪威海域 2/4 区块的高温裂缝性白垩系油藏 Ekofisk 油田的采出水	[139]
260	细菌	拟杆菌门	芽孢杆菌纲	乳杆菌目	肉杆菌科	明串珠菌属	细菌 sp. A15	加拿大某低温低盐油藏	[147]
261	细菌	拟杆菌门	梭菌纲	梭菌目	钙杆菌科	钙杆菌	未培养的厚壁菌	日本东北部新堀油田的在产油井 NR－6(39°43′N,139°53′E)	[137]
262	细菌	拟杆菌门	梭菌纲	梭菌目	梭菌科 1	Proteiniclasticum属	未培养的梭状芽孢杆菌	日本东北部新堀油田的在产油井 NR－6(39°43′N,139°53′E)	[137]
263	细菌	拟杆菌门	梭菌纲	梭菌目	梭菌科 1	Proteiniclasticum属	未确定	未知	[170]
264	细菌	拟杆菌门	梭菌纲	梭菌目	梭菌科 1	未培养	未培养的厚壁菌	日本东北部新堀油田的在产油井 NR－6(39°43′N,139°53′E)	[137]
265	细菌	拟杆菌门	梭菌纲	梭菌目	梭菌科 1	未培养	未培养的莫氏菌群细菌	日本 Yabase 油田 2 口采油井(AR－80 井和 OR－79 井),储层为中新世—上新世的凝灰质砂岩,埋深 1293～1436m,油藏温度 40～82℃,油藏压力 5MPa	[144]
266	细菌	拟杆菌门	梭菌纲	梭菌目	梭菌科 1	未培养	未确定	未知	[170]
267	细菌	拟杆菌门	梭菌纲	梭菌目	梭菌科 4	Caminicella	细菌富集培养克隆 PW10.10B	斯塔万格西南约 320km 的北海挪威海域 2/4 区块的高温裂缝性白垩系油藏 Ekofisk 油田的采出水	[139]
268	细菌	拟杆菌门	梭菌纲	梭菌目	梭菌科 4	Caminicella	细菌富集培养克隆 PW32.3B	斯塔万格西南约 320km 的北海挪威海域 2/4 区块的高温裂缝性白垩系油藏 Ekofisk 油田的采出水	[139]

续表

序号	界	门	纲	目	科	属	种	分离来源	参考文献
269	细菌	拟杆菌门	梭菌纲	梭菌目	梭菌科4	梭状芽胞杆菌属	细菌富集培养克隆EB35.5	斯塔万格西南约320km的北海挪威海域2/4区块的高温裂缝性白垩系油藏Ekofisk油田的采出水	[139]
270	细菌	拟杆菌门	梭菌纲	梭菌目	不定梭菌	Dethiosulfatibacter	未培养的厚壁菌	日本东北部新堀油田的在产油井NR-6(39°43′N,139°53′E)	[137]
271	细菌	拟杆菌门	梭菌纲	梭菌目	Defluviitaleaceae	Defluviitaleaceae UCG-011	未培养的梭菌科细菌	北海某高温油藏	[172]
272	细菌	拟杆菌门	梭菌纲	梭菌目	Defluviitaleaceae	Defluviitaleaceae UCG-011	未培养的厚壁菌	日本东北部新堀油田的在产油井NR-6(39°43′N,139°53′E)	[137]
273	细菌	拟杆菌门	梭菌纲	梭菌目	真杆菌科	醋杆菌属	醋杆菌属Ha4	加拿大某低温低盐油藏	[147]
274	细菌	拟杆菌门	梭菌纲	梭菌目	真杆菌科	醋杆菌属	未培养的醋杆菌属	日本东北部新堀油田的在产油井NR-6(39°43′N,139°53′E)	[137]
275	细菌	拟杆菌门	梭菌纲	梭菌目	真杆菌科	醋杆菌属	未培养的细菌	加拿大某低温低盐油藏	[147]
276	细菌	拟杆菌门	梭菌纲	梭菌目	真杆菌科	醋杆菌属	未培养的脱盐杆菌属	日本东北部新堀油田的在产油井NR-6(39°43′N,139°53′E)	[137]
277	细菌	拟杆菌门	梭菌纲	梭菌目	真杆菌科	碱杆菌属	未培养的碱杆菌属	日本东北部新堀油田的在产油井NR-6(39°43′N,139°53′E)	[137]
278	细菌	拟杆菌门	梭菌纲	梭菌目	真杆菌科	梭菌属	Garciaella sp. "TERI MEOR 02"	印度西海岸被称为孟买乌兰干线(MUT)的海底石油管道	[193]
279	细菌	拟杆菌门	梭菌纲	梭菌目	科XI	Soehngenia	Soehngenia属富集培养克隆B31151	中国胜利油田原油污染土壤和含油污泥混合物处理场	[152]
280	细菌	拟杆菌门	梭菌纲	梭菌目	科XI	Soehngenia	Soehngenia属富集培养克隆B31154	中国胜利油田原油污染土壤和含油污泥混合物处理场	[152]

续表

序号	界	门	纲	目	科	属	种	分离来源	参考文献
281	细菌	拟杆菌门	梭菌纲	梭菌目	科XI	Soehngenia	Soehngenia属富集培养克隆B31161	中国胜利油田原油污染土壤和含油污泥混合物处理场	[152]
282	细菌	拟杆菌门	梭菌纲	梭菌目	科XI	Soehngenia	Soehngenia属富集培养克隆B3118	中国胜利油田原油污染土壤和含油污泥混合物处理场	[152]
283	细菌	拟杆菌门	梭菌纲	梭菌目	科XI	Soehngenia	Soehngenia属富集培养克隆B312143	中国胜利油田原油污染土壤和含油污泥混合物处理场	[152]
284	细菌	拟杆菌门	梭菌纲	梭菌目	科XI	Soehngenia	Soehngenia属富集培养克隆B31284	中国胜利油田原油污染土壤和含油污泥混合物处理场	[152]
285	细菌	拟杆菌门	梭菌纲	梭菌目	科XI	Soehngenia	未培养的Soehngenia属	日本Yabase油田2口采油井(AR-80井和OR-79井),储层为中新世—上新世的凝灰质砂岩,埋深1293~1436m,油藏温度40~82℃,油藏压力5MPa	[144]
286	细菌	拟杆菌门	梭菌纲	梭菌目	科XI	Soehngenia	未确定	未知	[170]
287	细菌	拟杆菌门	梭菌纲	梭菌目	科XI	未培养	Soehngenia属富集培养克隆B31136	中国胜利油田原油污染土壤和含油污泥混合物处理场	[152]
288	细菌	拟杆菌门	梭菌纲	梭菌目	科XI	未培养	Soehngenia属富集培养克隆B31145	中国胜利油田原油污染土壤和含油污泥混合物处理场	[152]
289	细菌	拟杆菌门	梭菌纲	梭菌目	科XI	未培养	Soehngenia属富集培养克隆B31170	中国胜利油田原油污染土壤和含油污泥混合物处理场	[152]
290	细菌	拟杆菌门	梭菌纲	梭菌目	科XI	未培养	Soehngenia属富集培养克隆B312123	中国大庆油田深层油藏井口采出水	[155]
291	细菌	拟杆菌门	梭菌纲	梭菌目	科XI	未培养	Soehngenia属富集培养克隆B312138	中国胜利油田原油污染土壤和含油污泥混合物处理场	[152]

续表

序号	界	门	纲	目	科	属	种	分离来源	参考文献
292	细菌	拟杆菌门	梭菌纲	梭菌目	科XI	未培养	Soehngenia属富集培养克隆B312140	中国胜利油田原油污染土壤和含油污泥混合物处理场	[152]
293	细菌	拟杆菌门	梭菌纲	梭菌目	科XI	未培养	Soehngenia属富集培养克隆B31289	中国胜利油田原油污染土壤和含油污泥混合物处理场	[152]
294	细菌	拟杆菌门	梭菌纲	梭菌目	科XI	未培养	未培养的厚壁菌	日本东北部新堀油田的在产油井NR-6(39°43′N,139°53′E)	[137]
295	细菌	拟杆菌门	梭菌纲	梭菌目	科XI	未培养	未确定	未知	[170]
296	细菌	拟杆菌门	梭菌纲	梭菌目	科XII	梭菌	嗜食梭菌	刚果海上Emeraude油田采油井的地层水	[194]
297	细菌	拟杆菌门	梭菌纲	梭菌目	科XII	梭菌	未培养的厚壁菌	北海挪威部分的Tampen Spur地区的Statfjord Weld	[195]
298	细菌	拟杆菌门	梭菌纲	梭菌目	科XII	梭菌	未培养的厚壁菌	日本东北部新堀油田的在产油井NR-6(39°43′N,139°53′E)	[137]
299	细菌	拟杆菌门	梭菌纲	梭菌目	科XIII	厌氧菌	未确定	未知	[170]
300	细菌	拟杆菌门	梭菌纲	梭菌目	科XVIII	未培养	未培养的细菌	中国天津大港油田(39°32′N,117°38′E)板876油气田	[153]
301	细菌	拟杆菌门	梭菌纲	梭菌目	毛螺菌科	未培养	未培养的细菌	北海挪威部分的Tampen Spur地区的Statfjord Weld	[195]
302	细菌	拟杆菌门	梭菌纲	梭菌目	毛螺菌科	未培养	未培养的厚壁菌	日本东北部新堀油田的在产油井NR-6(39°43′N,139°53′E)	[137]
303	细菌	拟杆菌门	梭菌纲	梭菌目	消化球菌科	脱硫杆菌	未培养的厚壁菌	日本东北部新堀油田的在产油井NR-6(39°43′N,139°53′E)	[137]
304	细菌	拟杆菌门	梭菌纲	梭菌目	消化球菌科	脱硫肠状菌属	食芳香脱硫杆菌UKTL	波兰格利维原煤气化厂的土壤	[196]
305	细菌	拟杆菌门	梭菌纲	梭菌目	消化球菌科	脱硫孢子菌	脱硫孢子菌 youngiae DSM 17734	利用地层构造接收酸性矿山废物的湿地	[197]

续表

序号	界	门	纲	目	科	属	种	分离来源	参考文献
306	细菌	拟杆菌门	梭菌纲	梭菌目	消化球菌科	脱硫肠状菌属	脱硫黄斑菌属	北海挪威海域的 Statfjord A 平台上的井口样品	[198]
307	细菌	拟杆菌门	梭菌纲	梭菌目	消化球菌科	脱硫肠状菌属	嗜热脱硫肠状菌	北海挪威海域的 Statfjord A 平台上的井口样品	[198]
308	细菌	拟杆菌门	梭菌纲	梭菌目	消化球菌科	脱硫菌属	脱硫黄斑菌属 Ox39	德国斯图加特附近的一家前煤气厂的钻芯沉积物	[199]
309	细菌	拟杆菌门	梭菌纲	梭菌目	消化球菌科	未培养	未培养的厚壁菌	日本东北部新堀油田的在产油井 NR-6(39°43′N,139°53′E)	[137]
310	细菌	拟杆菌门	梭菌纲	梭菌目	瘤胃球菌科	瘤胃梭菌属	未培养的细菌	中国天津大港油田(39°32′N,117°38′E)板876油气田	[153]
311	细菌	拟杆菌门	梭菌纲	梭菌目	共养单胞菌科		未培养的厚壁菌	日本东北部新堀油田的在产油井 NR-6(39°43′N,139°53′E)	[137]
312	细菌	拟杆菌门	梭菌纲	梭菌目	共养单胞菌科	互营热菌属	未培养的合成单胞菌科细菌	日本 Yabase 油田 2 口采油井(AR-80 井和 OR-79 井),储层为中新世—上新世的凝灰质砂岩,埋深 1293～1436m,油藏温度 40～82℃,油藏压力 5MPa	[144]
313	细菌	拟杆菌门	梭菌纲	梭菌目	TTA-B61		未培养的厚壁菌	日本 Yabase 油田 2 口采油井(AR-80 井和 OR-79 井),储层为中新世—上新世的凝灰质砂岩,埋深 1293～1436m,油藏温度 40～82℃,油藏压力 5MPa	[144]
314	细菌	拟杆菌门	梭菌纲	厌氧菌目	盐厌氧菌科	盐厌氧菌属	未培养的细菌	中国天津大港油田(39°32′N,117°38′E)板876油气田	[153]
315	细菌	拟杆菌门	梭菌纲	厌氧菌目	盐拟杆菌科	盐拟杆菌科	未培养的盐杆菌科细菌	北海某高温油藏	[172]
316	细菌	拟杆菌门	梭菌纲	厌氧菌目	ODP1230 B8.23		厚壁菌富集培养克隆 B31179	中国胜利油田原油污染土壤和含油污泥混合物处理场	[152]

续表

序号	界	门	纲	目	科	属	种	分离来源	参考文献
317	细菌	拟杆菌门	梭菌纲	NRB23			未培养的厚壁菌	日本东北部新堀油田的在产油井 NR-6(39°43′N, 139°53′E)	[137]
318	细菌	拟杆菌门	梭菌纲	热厌氧菌目	门Ⅲ	热厌氧菌属	未培养的热厌氧菌属	日本 Yabase 油田 2 口采油井(AR-80 井和 OR-79 井),储层为中新世—上新世的凝灰质砂岩,埋深 1293~1436m,油藏温度 40~82℃,油藏压力 5MPa	[144]
319	细菌	拟杆菌门	梭菌纲	热厌氧菌目	门Ⅲ	热厌氧菌属	未培养的细菌	中国海上某高温油田	[143]
320	细菌	拟杆菌门	梭菌纲	热厌氧菌目	门Ⅲ	未培养	未培养的细菌	中国河北华北油田 J-12 组陆相高温水驱油藏	[161]
321	细菌	拟杆菌门	梭菌纲	热厌氧菌目	门Ⅳ	马氏菌属	澳大利亚马氏菌属	澳大利亚昆士兰 Bowen-Surat 盆地的 Riverslea 油田	[200]
322	细菌	拟杆菌门	梭菌纲	热厌氧菌目	热厌氧菌科		富集培养克隆 PW54.9B	斯塔万格西南约 320km 的北海挪威海域 2/4 区块的高温裂缝性白垩系油藏 Ekofisk 油田的采出水	[139]
323	细菌	拟杆菌门	梭菌纲	热厌氧菌目	热厌氧菌科		未培养的厚壁菌	北海北部坦彭 Spur 地区的两个平台 Statfjord A 和 Statfjord C 上的两口注入井和一个采出水水箱	[201]
324	细菌	拟杆菌门	梭菌纲	热厌氧菌目	热厌氧菌科	地下热厌氧杆形菌属	地下热厌氧杆形菌属 subterraneus sub sp. subterraneus	法国西南部 Lacq Superieur 油田	[202]
325	细菌	拟杆菌门	梭菌纲	热厌氧菌目	热厌氧菌科	地下热厌氧杆形菌	未培养的细菌	中国海上某高温油田	[143]
326	细菌	拟杆菌门	梭菌纲	热厌氧菌目	热厌氧菌科	地下热厌氧杆形菌	未培养的细菌	中国河北华北油田 J-12 组陆相高温水驱油藏	[161]
327	细菌	拟杆菌门	梭菌纲	热厌氧菌目	热厌氧菌科	Gelria	未培养的厚壁菌	日本东北部新堀油田的在产油井 NR-6(39°43′N, 139°53′E)	[137]

续表

序号	界	门	纲	目	科	属	种	分离来源	参考文献
328	细菌	拟杆菌门	梭菌纲	热厌氧菌目	热厌氧菌科	Gelria	未培养的厚壁菌	日本Yabase油田2口采油井(AR-80井和OR-79井),储层为中新世—上新世的凝灰质砂岩,埋深1293~1436m,油藏温度40~82℃,油藏压力5MPa	[144]
329	细菌	拟杆菌门	梭菌纲	热厌氧菌目	热厌氧菌科	热厌氧单胞菌属	未培养的热厌氧单胞菌属	日本Yabase油田2口采油井(AR-80井和OR-79井),储层为中新世—上新世的凝灰质砂岩,埋深1293~1436m,油藏温度40~82℃,油藏压力5MPa	[144]
330	细菌	拟杆菌门	梭菌纲	热厌氧菌目	热厌氧菌科	高温厌氧杆菌属	高温厌氧杆菌属布罗基亚种乳酸菌	法国某油田	[203]
331	细菌	拟杆菌门	梭菌纲	热厌氧菌目	脱硫菌科	粪热杆菌属	脱硫菌科富集培养克隆B312109	中国胜利油田原油污染土壤和含油污泥混合物处理场	[152]
332	细菌	拟杆菌门	梭菌纲	热厌氧菌目	脱硫菌科	粪热杆菌属	未培养细菌	中国大庆油田	[169]
333	细菌	拟杆菌门	梭菌纲	热厌氧菌目	脱硫菌科	粪热杆菌属	未培养粪热杆菌属	日本Yabase油田2口采油井(AR-80井和OR-79井),储层为中新世—上新世的凝灰质砂岩,埋深1293~1436m,油藏温度40~82℃,油藏压力5MPa	[144]
334	细菌	芽单胞菌门	BD2-11陆地群				未培养细菌	中国天津大港油田(39°32′N,117°38′E)板876油气田	[153]
335	细菌	芽单胞菌门	芽单胞菌纲	芽单胞菌目	芽单胞菌科		未培养细菌	中国天津大港油田(39°32′N,117°38′E)板876油气田	[153]
336	细菌	芽单胞菌门	PAUC43f海洋底栖生物群				未培养细菌	中国天津大港油田(39°32′N,117°38′E)板876油气田	[153]

续表

序号	界	门	纲	目	科	属	种	分离来源	参考文献
337	细菌	盐厌氧菌门	盐厌氧菌纲	盐厌氧菌目	盐厌氧菌科	盐厌氧菌属	刚果盐厌氧菌	刚果(金)近海某油田	[204]
338	细菌	伊格纳维杆菌门	伊格纳维杆菌纲	伊格纳维杆菌目	伊格纳维杆菌科	伊格纳维杆菌属	未培养细菌	中国大庆油田	[169]
339	细菌	伊格纳维杆菌门	伊格纳维杆菌纲	伊格纳维杆菌目	伊格纳维杆菌科	伊格纳维杆菌属	未培养细菌	中国大庆油田	[169]
340	细菌	Marinimicrobia 门 (SAR406 clade)					未培养细菌	中国大庆油田	[169]
341	细菌	Marinimicrobia 门 (SAR406 clade)					Wolinella 属富集培养克隆 B31166	中国胜利油田原油污染土壤和含油污泥混合物处理场	[152]
342	细菌	Microgenomates	念珠菌				变形杆菌富集培养克隆 B31148	中国胜利油田原油污染土壤和含油污泥混合物处理场	[152]
343	细菌	硝化螺旋菌门	硝化螺旋菌纲	硝化螺旋菌目	硝化螺旋科	高温脱硫弧菌属	未培养细菌	中国海上某高温油田	[143]
344	细菌	硝化螺旋菌门	硝化螺旋菌纲	硝化螺旋菌目	硝化螺旋科	高温脱硫弧菌属	未培养细菌	中国河北华北油田 J-12 组陆相高温水驱油藏	[161]
345	细菌	Omnitrophica 门					未培养细菌	中国天津大港油田(39°32′N,117°38′E)板 876 油气田	[153]
346	细菌	Parcubacteria 门					未培养细菌	中国天津大港油田(39°32′N,117°38′E)板 876 油气田	[153]
347	细菌	Parcubacteria 门					未培养细菌	中国大庆油田	[169]
348	细菌	Parcubacteria 门	坎贝尔念珠菌				未培养细菌	北海挪威部分的 Tampen Spur 地区的 Statfjord Weld	[195]
349	细菌	Parcubacteria 门	Candidatus Falkowbacteria				富集培养克隆 B31152	中国胜利油田原油污染土壤和含油污泥混合物处理场	[152]
350	细菌	Parcubacteria 门	Candidatus Falkowbacteria				富集培养克隆 B312133	中国胜利油田原油污染土壤和含油污泥混合物处理场	[152]

续表

序号	界	门	纲	目	科	属	种	分离来源	参考文献
351	细菌	浮霉菌门	Phycisp-haerae	MSBL9			未培养细菌	中国天津大港油田(39°32′N,117°38′E)板876油气田	[153]
352	细菌	浮霉菌门	浮霉菌纲	Brocadi-ales	Brocadi-aceae	Candidatus Brocadia	未培养的厌氧氨氧化菌	加拿大阿尔伯塔东南部的Enermark Medicine Hat Glauconitic C 油田(Enermark油田)	[205]
353	细菌	变形菌门	变形菌纲	醋酸杆菌目	醋酸杆菌科	酸菌属	酸菌属 IS10	美国印第安纳州北部一个室外储煤堆周围土壤中的微生物群落	[164]
354	细菌	变形菌门	变形菌纲	柄杆菌目	柄杆菌科	短链单胞菌属	缺陷假单胞菌	德国	[163]
355	细菌	变形菌门	变形菌纲	柄杆菌目	柄杆菌科	短链单胞菌属	未培养细菌	中国大庆油田	[169]
356	细菌	变形菌门	变形菌纲	柄杆菌目	生丝单胞菌科	生丝单胞菌属	未培养细菌	中国大庆油田	[169]
357	细菌	变形菌门	变形菌纲	柄杆菌目	生丝单胞菌科	木洞菌属	未培养细菌	中国大庆油田	[169]
358	细菌	变形菌门	变形菌纲	根瘤菌目	枳壳科		未培养细菌	中国大庆油田	[169]
359	细菌	变形菌门	变形菌纲	根瘤菌目	布鲁杆菌科	苍白杆菌属	未确定	未知	[170]
360	细菌	变形菌门	变形菌纲	根瘤菌目	生丝微菌科	Devosia属	未培养细菌	中国大庆油田	[169]
361	细菌	变形菌门	变形菌纲	根瘤菌目	甲基杆菌科	甲基杆菌属	富集培养克隆PW71.2B	斯塔万格西南约320km的北海挪威海域2/4区块的高温裂缝性白垩系油藏Ekofisk油田的采出水	[139]
362	细菌	变形菌门	变形菌纲	根瘤菌目	叶杆菌科	中慢生根瘤菌属	未确定	未知	[170]
363	细菌	变形菌门	变形菌纲	根瘤菌目	根瘤菌科	Allorhizo-bium – Neorhizo-bium – Pararhizo-bium – Rhizobium	放射形土壤杆菌	美国夏威夷土壤	[157]

续表

序号	界	门	纲	目	科	属	种	分离来源	参考文献
364	细菌	变形菌门	变形菌纲	根瘤菌目	根瘤菌科	Allorhizobium-Neorhizobium-Pararhizobium-Rhizobium	根瘤菌属 ITRH$_2$	奥地利奇斯特斯多夫采油井场原油污染土壤的垃圾填埋场的石油污染土壤（1kg 土壤含 17.2g 烃）	[151]
365	细菌	变形菌门	变形菌纲	根瘤菌目	根瘤菌科	橙单胞菌属	珊瑚橙单胞菌	德国	[163]
366	细菌	变形菌门	变形菌纲	根瘤菌目	根瘤菌科	剑菌属	中华根瘤菌 C4-2005	美国夏威夷土壤	[157]
367	细菌	变形菌门	变形菌纲	根瘤菌目	根瘤菌科	中慢生根瘤菌属	Phyllobacterium-myrsinacearum	美国夏威夷土壤	[157]
368	细菌	变形菌门	变形菌纲	根瘤菌目	根瘤菌科	新根瘤菌属	未培养细菌	中国大庆油田	[169]
369	细菌	变形菌门	变形菌纲	根瘤菌目	根瘤菌科	硝酸盐还原菌属	胜利硝酸盐还原菌	中国胜利油田原油污染的盐渍土	[206]
370	细菌	变形菌门	变形菌纲	根瘤菌目	根瘤菌科	苍白杆菌属	人类红杆菌	美国夏威夷土壤	[157]
371	细菌	变形菌门	变形菌纲	根瘤菌目	根瘤菌科	苍白杆菌属	赭杆菌属 itrh1	奥地利奇斯特斯多夫采油井场原油污染土壤的垃圾填埋场的石油污染土壤（1kg 土壤含 17.2g 烃）	[151]
372	细菌	变形菌门	变形菌纲	根瘤菌目	根瘤菌科	假根瘤菌	亚硒酸根瘤菌	德国	[163]
373	细菌	变形菌门	变形菌纲	根瘤菌目	根瘤菌科	根瘤菌属	细菌富集培养克隆 PW30.6B	斯塔万格西南约 320km 的北海挪威海域 2/4 区块的高温裂缝性白垩系油藏 Ekofisk 油田的采出水	[139]
374	细菌	变形菌门	变形菌纲	根瘤菌目	根瘤菌科	根瘤菌属	未培养细菌	中国大庆油田	[169]
375	细菌	变形菌门	变形菌纲	根瘤菌目	根瘤菌科	根瘤菌属	未培养细菌	中国海上某高温油田	[143]
376	细菌	变形菌门	变形菌纲	红细菌目	红杆菌科	速生杆菌	细菌富集培养克隆 EB27.11	斯塔万格西南约 320km 的北海挪威海域 2/4 区块的高温裂缝性白垩系油藏 Ekofisk 油田的采出水	[139]

续表

序号	界	门	纲	目	科	属	种	分离来源	参考文献
377	细菌	变形菌门	变形菌纲	红细菌目	红杆菌科	副球菌属	Paracoccuscarotinifaciens	德国	[163]
378	细菌	变形菌门	变形菌纲	红细菌目	红杆菌科	浮游杆菌属	细菌富集培养克隆 EB39.6	斯塔万格西南约320km的北海挪威海域2/4区块的高温裂缝性白垩系油藏 Ekofisk 油田的采出水	[139]
379	细菌	变形菌门	变形菌纲	红细菌目	红杆菌科	多形梭杆菌属	Polymorphumgilvum	中国胜利油田原油污染的盐渍土	[207]
380	细菌	变形菌门	变形菌纲	红细菌目	红杆菌科	多形梭杆菌属	Polymorphumgilvum SL003B-26A1	中国胜利油田原油污染的盐渍土	[207]
381	细菌	变形菌门	变形菌纲	红细菌目	红杆菌科	红单胞菌属	胜利红单胞菌	中国胜利油田原油污染的盐渍土	[207]
382	细菌	变形菌门	变形菌纲	红细菌目	红杆菌科	亚硫酸杆菌属	可疑亚硫酸盐杆菌	德国	[163]
383	细菌	变形菌门	变形菌纲	红细菌目	红杆菌科	亚硫酸杆菌属	庞蒂亚克斯硫杆菌	德国	[163]
384	细菌	变形菌门	变形菌纲	红细菌目	红杆菌科	热带杆菌属	食萘热带细菌	印度尼西亚三宝垄港海水样品	[208]
385	细菌	变形菌门	变形菌纲	红细菌目	红杆菌科	热带单胞菌属	异嗜热带单胞菌	印度尼西亚三宝垄港海水样品	[209]
386	细菌	变形菌门	变形菌纲	红细菌目	红杆菌科	未培养	未培养α-变形菌	北海挪威部分的 Tampen Spur 地区的 Statfjord Weld	[195]
387	细菌	变形菌门	变形菌纲	红细菌目	红杆菌科	未培养	未培养细菌	中国河北华北油田 J-12 组陆相高温水驱油藏	[161]
388	细菌	变形菌门	变形菌纲	红细菌目	红杆菌科	陈文新氏菌属	海陈文新氏菌	中国南海西江油田沉积物	[210]
389	细菌	变形菌门	变形菌纲	红螺菌目	红螺菌科	黄球菌属	未培养细菌	中国天津大港油田(39°32′N,117°38′E)板876油气田	[153]
390	细菌	变形菌门	变形菌纲	红螺菌目	红螺菌科	磁螺菌属	未培养细菌	加拿大阿尔伯塔东南部的 Enermark Medicine Hat Glauconitic C 油田(Enermark 油田)	[205]
391	细菌	变形菌门	变形菌纲	红螺菌目	红螺菌科	寺崎菌属	未培养的α-变形菌	北海挪威部分的 Tampen Spur 地区的 Statfjord Weld	[195]

续表

序号	界	门	纲	目	科	属	种	分离来源	参考文献
392	细菌	变形菌门	变形菌纲	红螺菌目	红螺菌科	海旋菌	细菌富集培养克隆 EB25.2	斯塔万格西南约320km的北海挪威海域2/4区块的高温裂缝性白垩系油藏Ekofisk油田的采出水	[139]
393	细菌	变形菌门	变形菌纲	红螺菌目	红螺菌科	未培养	未培养的α-变形菌	北海北部坦彭Spur地区的两个平台Statfjord A和Statfjord C上的两口注入井和一个采出水水箱	[201]
394	细菌	变形菌门	变形菌纲	红螺菌目	Thalassospiraceae	海旋菌	嗜中温深海螺旋菌	原油污染的海水	[211]
395	细菌	变形菌门	变形菌纲	红螺菌目	Thalassospiraceae	海旋菌	现河海旋菌	中国山东现河油田污染盐土	[212]
396	细菌	变形菌门	变形菌纲	Sneathiellales	雪藤科	斯奈瑟氏菌属	未培养的α-变形菌	北海挪威部分的Tampen Spur地区的Statfjord Weld	[195]
397	细菌	变形菌门	变形菌纲	鞘脂单胞菌目	鞘脂单胞菌科	芽单胞菌属	芽单胞菌属"SMCC B0477"	中国山东现河油田原油污染的盐渍土	[213]
398	细菌	变形菌门	变形菌纲	鞘脂单胞菌目	鞘脂单胞菌科	赤细菌属	柠檬红杆菌	德国	[163]
399	细菌	变形菌门	变形菌纲	鞘脂单胞菌目	鞘脂单胞菌科	赤细菌属	环氏黏液杆菌	美国缅因州Lowes Cove潮间带底栖大型动物(软体动物)的洞穴壁沉积物	[214]
400	细菌	变形菌门	变形菌纲	鞘脂单胞菌目	鞘脂单胞菌科	新鞘氨醇杆菌	嗜芳烃新鞘氨醇菌	深层含有大西洋沿岸平原沉积物	[213]
401	细菌	变形菌门	变形菌纲	鞘脂单胞菌目	鞘脂单胞菌科	新鞘氨醇杆菌	嗜芳烃新鞘氨醇菌	深层含有大西洋沿岸平原沉积物	[213]
402	细菌	变形菌门	变形菌纲	鞘脂单胞菌目	鞘脂单胞菌科	新鞘氨醇杆菌	印度洋新鞘氨醇菌	印度洋西南印度洋脊上的深部海水(地表以下4546m)	[215]
403	细菌	变形菌门	变形菌纲	鞘脂单胞菌目	鞘脂单胞菌科	新鞘氨醇杆菌	萘代新鞘氨醇	日本受污染的农田土壤和沉积物	[216]
404	细菌	变形菌门	变形菌纲	鞘脂单胞菌目	鞘脂单胞菌科	新鞘氨醇杆菌	五食性新鞘氨醇	韩国蔚山湾河口沉积物	[217]
405	细菌	变形菌门	变形菌纲	鞘脂单胞菌目	鞘脂单胞菌科	新鞘氨醇杆菌	苯乙烯新鞘氨醇菌	深层含有大西洋沿岸平原沉积物	[213]

续表

序号	界	门	纲	目	科	属	种	分离来源	参考文献
406	细菌	变形菌门	变形菌纲	鞘脂单胞菌目	鞘脂单胞菌科	新鞘氨醇杆菌	地下新鞘氨醇菌	深层含有大西洋沿岸平原沉积物	[213]
407	细菌	变形菌门	变形菌纲	鞘脂单胞菌目	鞘脂单胞菌科	鞘脂菌属	细菌富集培养克隆 PW45.4B	斯塔万格西南约 320km 的北海挪威海域 2/4 区块的高温裂缝性白垩系油藏 Ekofisk 油田的采出水	[139]
408	细菌	变形菌门	变形菌纲	鞘脂单胞菌目	鞘脂单胞菌科	鞘脂菌属	鞘脂菌属 spBA2	德国汉堡五个不同的石油或重油污染土壤地点	[159]
409	细菌	变形菌门	变形菌纲	鞘脂单胞菌目	鞘脂单胞菌科	鞘脂菌属	未培养细菌	中国大庆油田	[169]
410	细菌	变形菌门	变形菌纲	鞘脂单胞菌目	鞘脂单胞菌科	鞘脂单胞菌属	鞘脂单胞菌属 spITRI4	奥地利奇斯特斯多夫采油井场原油污染土壤的垃圾填埋场的石油污染土壤（1kg 土壤含 17.2g 烃）	[151]
411	细菌	变形菌门	变形菌纲	鞘脂单胞菌目	鞘脂单胞菌科	鞘脂单胞菌属	未培养细菌	中国大庆油田	[169]
412	细菌	变形菌门	变形菌纲	鞘脂单胞菌目	鞘脂单胞菌科	鞘氨醇杆菌	细菌富集培养克隆 EB27.2	斯塔万格西南约 320km 的北海挪威海域 2/4 区块的高温裂缝性白垩系油藏 Ekofisk 油田的采出水	[139]
413	细菌	变形菌门	β-变形菌纲	伯克氏菌目	丛毛单胞菌科	丛毛单胞菌	未培养细菌	中国海上某高温油田	[143]
414	细菌	变形菌门	β-变形菌纲	嗜氢菌目	嗜氢菌科	嗜温热菌	未培养细菌	中国大庆油田	[169]
415	细菌	变形菌门	β-变形菌纲	噬甲基菌目	嗜甲基菌科	嗜甲基菌	嗜甲基菌科细菌富集培养克隆 B31285	中国胜利油田原油污染土壤和含油污泥混合物处理场	[152]
416	细菌	变形菌门	β-变形菌纲	红环菌目	红环菌科	固氮弧菌属	未确定	未知	[170]
417	细菌	变形菌门	β-变形菌纲	红环菌目	红环菌科	索氏菌属	索氏菌属 AI7	加拿大某低温低盐油藏	[147]
418	细菌	变形菌门	β-变形菌纲	红环菌目	红环菌科	索氏菌属	未培养细菌	中国大庆油田	[169]
419	细菌	变形菌门	β-变形菌纲	红环菌目	红环菌科	索氏菌属	未确定	未知	[170]

续表

序号	界	门	纲	目	科	属	种	分离来源	参考文献
420	细菌	变形菌门	β-变形菌纲	红环菌目	红环菌科	未培养	未确定	未知	[170]
421	细菌	变形菌门	δ-变形菌纲	不确定δ-变形菌目	合胞菌科	嗜血杆菌属	细菌富集培养克隆 B31175	中国胜利油田原油污染土壤和含油污泥混合物处理场	[152]
422	细菌	变形菌门	δ-变形菌纲	脱硫菌	脱硫盒菌科	Desulfatiglans	硫酸盐还原菌 mXyS1	嗜温富集培养物在海水培养基中与原油和硫酸盐一起厌氧生长。富集培养物来源于德国威廉港北海油田的地层水	[218]
423	细菌	变形菌门	δ-变形菌纲	脱硫菌	脱硫盒菌科	Desulfatiglans	未培养细菌	中国天津大港油田(39°32′N,117°38′E)板876油气田	[153]
424	细菌	变形菌门	δ-变形菌纲	脱硫杆菌目	脱硫杆菌科	脱硫杆菌属	脂肪酸脱硫杆菌	法国福斯湾拉韦拉被炼油厂泄漏污染15年的Canal Vieil海湾海洋沉积物	[219]
425	细菌	变形菌门	δ-变形菌纲	脱硫杆菌目	脱硫杆菌科	脱硫杆菌属	烷烃脱硫杆菌	法国福斯港的原油污染沉积物	[220]
426	细菌	变形菌门	δ-变形菌纲	脱硫杆菌目	脱硫杆菌科	脱硫杆菌属	嗜烯烃脱硫菌	法国Berre潟湖地区炼油厂废水倾析设施的咸水沉积物	[221]
427	细菌	变形菌门	δ-变形菌纲	脱硫杆菌目	脱硫杆菌科	脱硫杆菌属	弧菌脱硫菌	嗜温富集培养物在海水培养基中与原油和硫酸盐一起厌氧生长。富集培养物来源于德国威廉港北海油田的地层水	[222]
428	细菌	变形菌门	δ-变形菌纲	脱硫杆菌目	脱硫杆菌科	二硫杆菌菌	甲苯基脱硫杆菌	美国马萨诸塞州伍兹霍尔的海水池塘Eel Pond的缺氧、富含硫化物的海洋沉积物	[223]
429	细菌	变形菌门	δ-变形菌纲	脱硫杆菌目	脱硫杆菌科	脱硫八叠球菌属	Desulfosarcina ovata	嗜温富集培养物在海水培养基中与原油和硫酸盐一起厌氧生长。富集培养物来源于德国威廉港北海油田的地层水	[218]
430	细菌	变形菌门	δ-变形菌纲	脱硫杆菌目	脱硫杆菌科	脱硫杆菌属	甲苯脱硫菌	一个油藏岩心柱	[224]

续表

序号	界	门	纲	目	科	属	种	分离来源	参考文献
431	细菌	变形菌门	δ-变形菌纲	脱硫杆菌目	脱硫杆菌科	脱硫杆菌属	甲苯脱硫菌	一个油藏岩心柱	[224]
432	细菌	变形菌门	δ-变形菌纲	脱硫杆菌目	脱硫杆菌科	SEEP-SRB1	脱硫杆菌科细菌富集培养克隆B31150	中国胜利油田原油污染土壤和含油污泥混合物处理场	[152]
433	细菌	变形菌门	δ-变形菌纲	脱硫杆菌目	脱硫杆菌科	SEEP-SRB1	脱硫杆菌科细菌富集培养克隆B31157	中国胜利油田原油污染土壤和含油污泥混合物处理场	[152]
434	细菌	变形菌门	δ-变形菌纲	脱硫杆菌目	脱硫杆菌科	SEEP-SRB1	脱硫杆菌科细菌富集培养克隆B312115	中国胜利油田原油污染土壤和含油污泥混合物处理场	[152]
435	细菌	变形菌门	δ-变形菌纲	脱硫杆菌目	脱硫杆菌科	Sva0081	未培养细菌	中国天津大港油田(39°32′N,117°38′E)板876油气田	[153]
436	细菌	变形菌门	δ-变形菌纲	脱硫杆菌目	脱硫杆菌科	未培养	脱硫杆菌科细菌富集培养克隆B31172	中国胜利油田原油污染土壤和含油污泥混合物处理场	[152]
437	细菌	变形菌门	δ-变形菌纲	脱硫杆菌目	脱硫杆菌科	未培养	脱硫杆菌科细菌富集培养克隆B31294	中国胜利油田原油污染土壤和含油污泥混合物处理场	[152]
438	细菌	变形菌门	δ-变形菌纲	脱硫杆菌目	脱硫杆菌科	脱硫球茎菌属	丙酸脱硫洋葱状菌	北海挪威海域的Statijord A平台的油水分离系统	[225]
439	细菌	变形菌门	δ-变形菌纲	脱硫杆菌目	脱硫杆菌科	脱硫球茎菌属	未培养细菌	未知	[145]
440	细菌	变形菌门	δ-变形菌纲	脱硫杆菌目	脱硫杆菌科	MSBL7	未培养细菌	中国天津大港油田(39°32′N,117°38′E)板876油气田	[153]
441	细菌	变形菌门	δ-变形菌纲	脱硫杆菌目	Desulfohalobiaceae	脱硫卤化物	脱硫卤化盐	非洲某连接海上生产平台和陆上处理设施的石油管道中采集的水样	[226]
442	细菌	变形菌门	δ-变形菌纲	脱硫杆菌目	Desulfohalobiaceae	脱硫热菌属	未培养的δ-变形杆菌	北海北部坦彭Spur地区的两个平台Statfjord A和Statfjord C上的两口注入井和一个采出水水箱	[201]

续表

序号	界	门	纲	目	科	属	种	分离来源	参考文献
443	细菌	变形菌门	δ-变形菌纲	脱硫杆菌目	Desulfoha-lobiaceae	脱硫热菌属	石脑油脱硫菌	德国下萨克森州威廉沙文的瓜伊马斯盆地沉积物和一个北海油罐中的水样	[227]
444	细菌	变形菌门	δ-变形菌纲	脱硫杆菌目	脱硫微菌科		未培养的脱硫菌属	美国阿拉斯加北坡地区中温、处于开发后期的 Schrader Bluff 油田采出水	[146]
445	细菌	变形菌门	δ-变形菌纲	脱硫杆菌目	脱硫微菌科	脱硫微生物	脱硫微生物 Bsl6	加拿大某低温低盐油藏	[147]
446	细菌	变形菌门	δ-变形菌纲	脱硫杆菌目	脱硫微菌科	脱硫弧菌	未培养的脱硫菌	北海某高温油藏	[172]
447	细菌	变形菌门	δ-变形菌纲	脱硫杆菌目	脱硫弧菌科	脱硫弧菌属	bastinii 脱硫弧菌	刚果埃默罗德油田管道	[228]
448	细菌	变形菌门	δ-变形菌纲	脱硫杆菌目	脱硫弧菌科	脱硫弧菌属	加蓬脱硫弧菌	非洲某连接海上生产平台和陆上处理设施的石油管道中采集的水样	[226]
449	细菌	变形菌门	δ-变形菌纲	脱硫杆菌目	脱硫弧菌科	脱硫弧菌属	纤细脱硫弧菌	刚果埃默罗德油田管道	[228]
450	细菌	变形菌门	δ-变形菌纲	脱硫杆菌目	脱硫弧菌科	脱硫弧菌属	嗜盐脱硫弧菌	非洲某连接海上生产平台和陆上处理设施的石油管道中采集的水样	[226]
451	细菌	变形菌门	δ-变形菌纲	脱硫杆菌目	脱硫弧菌科	脱硫弧菌属	长脱硫弧菌	刚果埃默罗德油田管道	[228]
452	细菌	变形菌门	δ-变形菌纲	脱硫杆菌目	脱硫弧菌科	脱硫弧菌属	脱硫弧菌属 Bsl2	加拿大某低温低盐油藏	[147]
453	细菌	变形菌门	δ-变形菌纲	脱硫杆菌目	脱硫弧菌科	脱硫弧菌属	未培养细菌	北海挪威部分的 Tampen Spur 地区的 Statfjord Weld	[195]
454	细菌	变形菌门	δ-变形菌纲	脱硫菌目	硫还原菌科	H16	未培养细菌	中国天津大港油田(39°32′N,117°38′E)板 876 油气田	[153]
455	细菌	变形菌门	δ-变形菌纲	脱硫单胞菌目	脱硫单胞菌科	脱硫单胞菌属	脱硫单胞菌科细菌富集培养克隆 B31212	中国胜利油田原油污染土壤和含油泥混合物处理场	[152]
456	细菌	变形菌门	δ-变形菌纲	脱硫单胞菌目	脱硫单胞菌科	暗杆菌属	未培养的暗杆菌属	北海某高温油藏	[172]
457	细菌	变形菌门	δ-变形菌纲	脱硫单胞菌目	地杆菌科	地碱菌属	地碱杆菌	美国犹他州陆上 Red Wash 油田的 41-21B 井	[229]

续表

序号	界	门	纲	目	科	属	种	分离来源	参考文献
458	细菌	变形菌门	δ-变形菌纲	脱硫单胞菌目	地杆菌科	地杆菌属	地杆菌	美国弗吉尼亚州波托马克河河口收集的淡水水生沉积物	[230]
459	细菌	变形菌门	δ-变形菌纲	脱硫单胞菌目	地杆菌科	地杆菌属	金属地杆菌	美国马里兰州波托马克河的一个淡水点	[231]
460	细菌	变形菌门	δ-变形菌纲	脱硫单胞菌目	地杆菌科	地杆菌属	甲苯氧化地杆菌	波兰格利维原煤气化厂的土壤	[196]
461	细菌	变形菌门	δ-变形菌纲	互营杆菌目	互营菌科	Smithella	Smithella属富集培养克隆B312125	中国天津大港油田(39°32′N,117°38′E)板876油气田	[153]
462	细菌	变形菌门	δ-变形菌纲	互营杆菌目	互营菌科	Smithella	未培养细菌	中国大庆油田	[169]
463	细菌	变形菌门	δ-变形菌纲	互营杆菌目	互营杆菌科			北海北部坦彭Spur地区的两个平台Statfjord A和Statfjord C上的两口注入井和一个采出水水箱	[201]
464	细菌	变形菌门	δ-变形菌纲	互营杆菌目	互营杆菌科	Desulfoglaeba	未培养的脱硫簇杆菌	日本东北部新堀油田的在产油井NR-6(39°43′N,139°53′E)	[137]
465	细菌	变形菌门	δ-变形菌纲	互营杆菌目	互营杆菌科	Desulfoglaeba	解烷烃脱硫簇杆菌	美国俄克拉荷马州Bebee-Konawa油田的油水分离罐	[232]
466	细菌	变形菌门	δ-变形菌纲	互营杆菌目	互营杆菌科	Desulfoglaeba	Desulfoglaeba属湖	美国俄克拉荷马州Bebee-Konawa油田的油水分离罐	[232]
467	细菌	变形菌门	δ-变形菌纲	互营杆菌目	互营杆菌科	嗜热脱硫杆菌属	挪威嗜硫杆菌	挪威石油平台的北海油田水	[233]
468	细菌	变形菌门	δ-变形菌纲	互营杆菌目	互营杆菌科	嗜热脱硫杆菌属	嗜热脱硫杆菌属NS-tSRB-1	北海挪威海域的Ekofisk油田	[138]
469	细菌	变形菌门	ε-变形菌纲	弯曲菌目	弯曲菌科	弓形菌属	细菌富集培养克隆EB24.3	斯塔万格西南约320km的北海挪威海域2/4区块的高温裂缝性白垩系油藏Ekofisk油田的采出水	[139]
470	细菌	变形菌门	ε-变形菌纲	弯曲菌目	弯曲菌科	弓形菌属	未培养的ε-变形细菌	北海挪威部分的Tampen Spur地区的Statfjord Weld	[195]

续表

序号	界	门	纲	目	科	属	种	分离来源	参考文献
471	细菌	变形菌门	ε-变形菌纲	弯曲菌目	弯曲菌科	硫单胞菌属	未培养细菌	加拿大某低温低盐油藏	[147]
472	细菌	变形菌门	ε-变形菌纲	弯曲菌目	弯曲菌科	硫单胞菌属	未培养细菌	中国河北华北油田 J-12 组陆相高温水驱油藏	[161]
473	细菌	变形菌门	ε-变形菌纲	弯曲菌目	螺杆菌科	硫单胞菌属	未培养细菌	中国大庆油田	[169]
474	细菌	变形菌门	ε-变形菌纲	弯曲菌目	螺杆菌科	硫单胞菌属	未培养的ε-变形细菌	北海北部坦彭 Spur 地区的两个平台 Statfjord A 和 Statfjord C 上的两口注入井和一个采出水水箱	[201]
475	细菌	变形菌门	ε-变形菌纲	弯曲菌目	鹦鹉螺科	Sulfurovum	未培养细菌	中国天津大港油田(39°32′N,117°38′E)板 876 油气田	[153]
476	细菌	变形菌门	ε-变形菌纲	Nautiliales	气单胞菌科	Nitratifractor	未培养的ε-变形细菌	北海北部坦彭 Spur 地区的两个平台 Statfjord A 和 Statfjord C 上的两口注入井和一个采出水水箱	[201]
477	细菌	变形菌门	γ-变形菌纲	气单胞菌目	秋葵科	气单胞菌属	气单胞菌属 MIXRI63	奥地利奇斯特斯多夫采油井场原油污染土壤的垃圾填埋场的石油污染土壤(1kg 土壤含 17.2g 烃)	[151]
478	细菌	变形菌门	γ-变形菌纲	气单胞菌目	五倍子科	Thalassotalea	未培养细菌	北海挪威部分的 Tampen Spur 地区的 Statfjord Weld	[195]
479	细菌	变形菌门	γ-变形菌纲	气单胞菌目	海洋杆菌科	五倍子属	Gallaecimonaspentaromativorans	从西班牙 Cee,A Coruna, Corcubion Ria 的潮间带沉积物中分离出来	[234]
480	细菌	变形菌门	γ-变形菌纲	气单胞菌目	交替假单胞菌科	海藻杆菌	碳氢化合海藻杆菌	法国马赛以北 50km 的地中海海岸 Fos 湾收集的沉积物,该沉积物长期受到炼油厂出口处的碳氢化合物污染物	[235]
481	细菌	变形菌门	γ-变形菌纲	气单胞菌目	交替假单胞菌科	假交替单胞菌	食果假交替单胞菌	德国	[163]
482	细菌	变形菌门	γ-变形菌纲	气单胞菌目	交替假单胞菌科	假交替单胞菌	假交替单胞菌	德国	[163]

续表

序号	界	门	纲	目	科	属	种	分离来源	参考文献
483	细菌	变形菌门	γ-变形菌纲	气单胞菌目	交替假单胞菌科	假交替单胞菌	浮游假交替单胞菌	法国马赛以北50km的地中海海岸Fos湾收集的沉积物,该沉积物长期受到炼油厂出口处的碳氢化合物污染物	[235]
484	细菌	变形菌门	γ-变形菌纲	气单胞菌目	交替假单胞菌科	假交替单胞菌	浮游假交替单胞菌	德国	[163]
485	细菌	变形菌门	γ-变形菌纲	气单胞菌目	交替假单胞菌科	假交替单胞菌	半透明假交替单胞菌	德国	[163]
486	细菌	变形菌门	γ-变形菌纲	气单胞菌目	希瓦氏菌科	希瓦氏菌属	Shewanella arctica Kim,2012年	德国	[163]
487	细菌	变形菌门	γ-变形菌纲	气单胞菌目	希瓦氏菌科	希瓦氏菌属	Shewanella basaltis	德国	[163]
488	细菌	变形菌门	γ-变形菌纲	气单胞菌目	希瓦氏菌科	希瓦氏菌属	Shewanella putrefacien	德国	[163]
489	细菌	变形菌门	γ-变形菌纲	气单胞菌目	希瓦氏菌科	希瓦氏菌属	希瓦氏菌	德国	[163]
490	细菌	变形菌门	γ-变形菌纲	气单胞菌目	希瓦氏菌科	希瓦氏菌属	未培养的细菌	中国海上某高温油田	[143]
491	细菌	变形菌门	γ-变形菌纲	气单胞菌目	希瓦氏菌科	希瓦氏菌属	未培养的希瓦氏菌属	日本东北部新堀油田的在产油井NR-6(39°43′N,139°53′E)	[137]
492	细菌	变形菌门	γ-变形菌纲	气单胞菌目	希瓦氏菌科	希瓦氏菌属	未培养的希瓦氏菌科	美国阿拉斯加北坡地区中温、处于开发后期的Schrader Bluff油田采出水	[146]
493	细菌	变形菌门	γ-变形菌纲	β-变形菌目	伯克氏菌科		碱杆菌科细菌BTRH65	奥地利奇斯特斯多夫采油井场原油污染土壤的垃圾填埋场的石油污染土壤(1kg土壤含17.2g烃)	[151]
494	细菌	变形菌门	γ-变形菌纲	β-变形菌目	伯克氏菌科	无色杆菌	无色杆菌属C350R	突尼斯TPS(Thyna Petroleum Services)油田的采出水(油水混合物)	[178]
495	细菌	变形菌门	γ-变形菌纲	β-变形菌目	伯克氏菌科	无色杆菌	木糖氧化无色杆菌亚种木糖氧化酶	美国夏威夷土壤	[157]

续表

序号	界	门	纲	目	科	属	种	分离来源	参考文献
496	细菌	变形菌门	γ-变形菌纲	β-变形菌目	伯克氏菌科	无色杆菌	碱杆菌科细菌 BTRH5	奥地利奇斯特斯多夫采油井场原油污染土壤的垃圾填埋场的石油污染土壤（1kg土壤含17.2g烃）	[151]
497	细菌	变形菌门	γ-变形菌纲	β-变形菌目	伯克氏菌科	无色杆菌	伯克霍尔德氏菌 ITSI70	奥地利奇斯特斯多夫采油井场原油污染土壤的垃圾填埋场的石油污染土壤（1kg土壤含17.2g烃）	[151]
498	细菌	变形菌门	γ-变形菌纲	β-变形菌目	伯克氏菌科	Burkholderia-Caballeronia-Paraburkholderia	伯克霍尔德菌属 C3	美国夏威夷土壤	[157]
499	细菌	变形菌门	γ-变形菌纲	β-变形菌目	嗜氢菌科	Tepidiphilus	琥珀嗜温热菌	澳大利亚昆士兰州鲍文—苏拉特盆地的Riverslea油田	[236]
500	细菌	变形菌门	γ-变形菌纲	β-变形菌目	红环菌科	固氮弧菌属	固氮弧菌属 EbN1	德国不来梅渠和威悉河泥浆样品的均匀混合物	[237]
501	细菌	变形菌门	γ-变形菌纲	细胞弧菌目	红环菌科	固氮弧菌属	固氮弧菌 PbN1	德国不来梅渠和威悉河泥浆样品的均匀混合物	[237]
502	细菌	变形菌门	γ-变形菌纲	着色菌目	红环菌科	固氮弧菌属	固氮弧菌	美国加利福尼亚州莫菲特油田的含水层	[238]
503	细菌	变形菌门	γ-变形菌纲	肠杆菌目	红环菌科	固氮弧菌属	β-变形杆菌 pCyN1	嗜温富集培养物在海水培养基中与原油和硫酸盐一起厌氧生长。富集培养物来源于德国威廉港北海油田的地层水	[218]
504	细菌	变形菌门	γ-变形菌纲	肠杆菌目	红环菌科	脱氯单胞菌属	脱氯单胞菌属 JJ	从美国马里兰州波托马克河收集的沉积物	[239]
505	细菌	变形菌门	γ-变形菌纲	肠杆菌目	红环菌科	铁杆菌属	芳香脱氯单胞菌	从美国马里兰州波托马克河收集的沉积物	[239]
506	细菌	变形菌门	γ-变形菌纲	肠杆菌目	红环菌科	Georgfuchsia	Georgfuchsiatoluolica	荷兰波斯特附近的一个含BTEX的Banisveld垃圾渗滤液污染的减铁含水层	[240]
507	细菌	变形菌门	γ-变形菌纲	肠杆菌目	红环菌科	索氏菌属	固氮弧菌 mXyN1	德国不来梅渠和威悉河泥浆样品的均匀混合物	[237]

续表

序号	界	门	纲	目	科	属	种	分离来源	参考文献
508	细菌	变形菌门	γ-变形菌纲	肠杆菌目	红环菌科	索氏菌属	β-变形杆菌pCyN2	嗜温富集培养物在海水培养基中与原油和硫酸盐一起厌氧生长。富集培养物来源于德国威廉港北海油田的地层水	[218]
509	细菌	变形菌门	γ-变形菌纲	肠杆菌目	红环菌科	索氏菌属	芳香索氏菌		[241]
510	细菌	变形菌门	γ-变形菌纲	肠杆菌目	红环菌科	索氏菌属	索氏菌属DNT-1	某废水处理厂	[242]
511	细菌	变形菌门	γ-变形菌纲	肠杆菌目	Porticoccaceae	门球菌	烃裂门球菌	海洋甲藻 Lingulodinium polyedrum CCAP1121/2 的非无菌实验室培养	[243]
512	细菌	变形菌门	γ-变形菌纲	肠杆菌目	外硫红螺旋菌科	硫碱螺旋菌属	未培养细菌	中国天津大港油田（39°32′N,117°38′E）板876油气田	[153]
513	细菌	变形菌门	γ-变形菌纲	肠杆菌目	肠杆菌科		肠杆菌科细菌ITSI61	奥地利奇斯特斯多夫采油井场原油污染土壤的垃圾填埋场的石油污染土壤（1kg土壤含17.2g烃）	[151]
514	细菌	变形菌门	γ-变形菌纲	肠杆菌目	肠杆菌科		泛菌属BTRH79	奥地利奇斯特斯多夫采油井场原油污染土壤的垃圾填埋场的石油污染土壤（1kg土壤含17.2g烃）	[151]
515	细菌	变形菌门	γ-变形菌纲	肠杆菌目	肠杆菌科		泛菌属MIXSI9	奥地利奇斯特斯多夫采油井场原油污染土壤的垃圾填埋场的石油污染土壤（1kg土壤含17.2g烃）	[151]
516	细菌	变形菌门	γ-变形菌纲	肠杆菌目	肠杆菌科	枸橼酸杆菌属	未培养细菌	中国海上某高温油田	[143]
517	细菌	变形菌门	γ-变形菌纲	肠杆菌目	肠杆菌科	肠杆菌属	肠杆菌科细菌BTR $H_2$8	奥地利奇斯特斯多夫采油井场原油污染土壤的垃圾填埋场的石油污染土壤（1kg土壤含17.2g烃）	[151]
518	细菌	变形菌门	γ-变形菌纲	肠杆菌目	肠杆菌科	肠杆菌属	非脱羧勒克菌	从印度Digboi炼油厂的油泥储存坑收集的土壤	[244]

续表

序号	界	门	纲	目	科	属	种	分离来源	参考文献
519	细菌	变形菌门	γ-变形菌纲	肠杆菌目	肠杆菌科	Kosakonia属	肠杆菌科细菌BTRH72	奥地利奇斯特斯多夫采油井场原油污染土壤的垃圾填埋场的石油污染土壤（1kg土壤含17.2g烃）	[151]
520	细菌	变形菌门	γ-变形菌纲	肠杆菌目	肠杆菌科	Kosakonia属	产酸克雷伯氏菌	突尼斯凯尔肯纳岛附近的海上"塞尔西纳"油田	[245]
521	细菌	变形菌门	γ-变形菌纲	肠杆菌目	肠杆菌科	Kosakonia属	肠杆菌属ITSI60	奥地利奇斯特斯多夫采油井场原油污染土壤的垃圾填埋场的石油污染土壤（1kg土壤含17.2g烃）	[151]
522	细菌	变形菌门	γ-变形菌纲	肠杆菌目	肠杆菌科	泛菌属	泛菌属ITSI8	奥地利奇斯特斯多夫采油井场原油污染土壤的垃圾填埋场的石油污染土壤（1kg土壤含17.2g烃）	[151]
523	细菌	变形菌门	γ-变形菌纲	肠杆菌目	肠杆菌科	沙雷氏菌属	未培养的细菌	中国河北华北油田J-12组陆相高温水驱油藏	[161]
524	细菌	变形菌门	γ-变形菌纲	肠杆菌目	肠杆菌科	干燥杆菌属	肠杆菌科细菌MIXRH30	奥地利奇斯特斯多夫采油井场原油污染土壤的垃圾填埋场的石油污染土壤（1kg土壤含17.2g烃）	[151]
525	细菌	变形菌门	γ-变形菌纲	甲基球菌目	Cycloclasti-caceae	解环菌属	Cycloclasticuspugetii	美国华盛顿州布雷默顿普吉特海湾和辛克莱湾的表层沉积物	[246]
526	细菌	变形菌门	γ-变形菌纲	甲基球菌目	Cycloclasti-caceae	解环菌属	解环菌属N3-PA321	美国华盛顿普吉特海湾鹰港PAH污染的海洋沉积物	[247]
527	细菌	变形菌门	γ-变形菌纲	甲基球菌目	Cycloclasti-caceae	解环菌属	螺旋解环菌	美国缅因州Lowes Cove潮间带底栖大型动物（软体动物）的洞穴壁沉积物	[214]
528	细菌	变形菌门	γ-变形菌纲	海洋螺菌目	食碱菌科	食烷菌属	海洋烷烃降解菌	菌株：中国胜利油田附近石油污染的渤海地表水和东太平洋深海沉积物（太平洋结核区）	[248]
529	细菌	变形菌门	γ-变形菌纲	海洋螺菌目	食碱菌科	食烷菌属	亚德食烷菌	德国北海沿岸潮间带（Jadebusen）的含泥悬浮液好氧连续培养	[249]
530	细菌	变形菌门	γ-变形菌纲	海洋螺菌目	盐单胞菌科	Cobetia	Cobetiacrustatorum	德国	[163]

续表

序号	界	门	纲	目	科	属	种	分离来源	参考文献
531	细菌	变形菌门	γ-变形菌纲	海洋螺菌目	盐单胞菌科	盐单胞菌属	大庆盐单胞菌	中国大庆油田原油污染的土壤	[250]
532	细菌	变形菌门	γ-变形菌纲	海洋螺菌目	盐单胞菌科	盐单胞菌属	长盐单胞菌	法国马赛以北50km的地中海海岸Fos湾收集的沉积物,该沉积物长期受到炼油厂出口处的碳氢化合物污染物	[235]
533	细菌	变形菌门	γ-变形菌纲	海洋螺菌目	盐单胞菌科	盐单胞菌属	铁达尼细菌	德国	[163]
534	细菌	变形菌门	γ-变形菌纲	海洋螺菌目	盐单胞菌科	盐杆菌属	突尼斯盐杆菌属	在突尼斯Sfax附近的Sidi Litayem地区采集的油田注水	[251]
535	细菌	变形菌门	γ-变形菌纲	海洋螺菌目	Marinomonadaceae	海单胞菌属	漫游海洋螺菌	法国马赛以北50km的地中海海岸Fos湾收集的沉积物,该沉积物长期受到炼油厂出口处的碳氢化合物污染物	[235]
536	细菌	变形菌门	γ-变形菌纲	海洋螺菌目	Nitrincolaceae	海神单胞菌属	Neptunomonas-naphthovorans	美国华盛顿普吉特海湾鹰港的杂酚油污染沉积物	[252]
537	细菌	变形菌门	γ-变形菌纲	海洋螺菌目	洋螺菌科	海细菌属	细菌富集培养克隆EB1.12	斯塔万格西南约320km的北海挪威海域2/4区块的高温裂缝性白垩系油藏Ekofisk油田的采出水	[139]
538	细菌	变形菌门	γ-变形菌纲	海洋螺菌目	洋螺菌科	海细菌属	未培养的海细菌属	日本东北部新堀油田的在产油井NR-6(39°43′N,139°53′E)	[137]
539	细菌	变形菌门	γ-变形菌纲	海洋螺菌目	洋螺菌科	深海弯曲菌属	未培养的深海弯曲菌属	日本东北部新堀油田的在产油井NR-6(39°43′N,139°53′E)	[137]
540	细菌	变形菌门	γ-变形菌纲	海洋螺菌目	OM182 clade		未培养细菌	中国天津大港油田(39°32′N,117°38′E)板876油气田	[153]
541	细菌	变形菌门	γ-变形菌纲	海洋螺菌目	糖螺菌科	Oleibacter	海洋油杆菌	在印度尼西亚雅加达附近的帕里岛(5.86uS,106.62uE)收集的海水	[253]

续表

序号	界	门	纲	目	科	属	种	分离来源	参考文献
542	细菌	变形菌门	γ-变形菌纲	海洋螺菌目	糖螺菌科	油螺旋菌属	Oleispira antarctica	在南极洲罗斯海罗德湾入口采集的浅表海水	[254]
543	细菌	变形菌门	γ-变形菌纲	海洋螺菌目	糖螺菌科	深海弯曲菌属	食油深海弯曲菌属	在意大利西西里岛米拉佐港收集的海水和沉积物	[255]
544	细菌	变形菌门	γ-变形菌纲	假单胞菌目	莫拉菌科	不动杆菌属	未培养细菌	中国大庆油田	[169]
545	细菌	变形菌门	γ-变形菌纲	假单胞菌目	莫拉菌科	不动杆菌属	未培养细菌	中国海上某高温油田	[143]
546	细菌	变形菌门	γ-变形菌纲	假单胞菌目	莫拉菌科	不动杆菌属	未培养细菌	中国河北华北油田J-12组陆相高温水驱油藏	[161]
547	细菌	变形菌门	γ-变形菌纲	假单胞菌目	莫拉菌科	Alkanindiges	Alkanindigesillinoisensis	美国伊利诺伊州南部油田的长期原油污染土壤	[256]
548	细菌	变形菌门	γ-变形菌纲	假单胞菌目	莫拉菌科	Alkanindiges	Alkanindigesillinoisensis	美国伊利诺伊州南部油田的长期原油污染土壤	[256]
549	细菌	变形菌门	γ-变形菌纲	假单胞菌目	莫拉菌科	嗜冷杆菌属	海雪嗜冷杆菌	德国	[163]
550	细菌	变形菌门	γ-变形菌纲	假单胞菌目	莫拉菌科	嗜冷杆菌属	鄂霍次克海嗜冷杆菌	德国	[163]
551	细菌	变形菌门	γ-变形菌纲	假单胞菌目	假单胞菌科		未培养细菌	未知	[145]
552	细菌	变形菌门	γ-变形菌纲	假单胞菌目	假单胞菌科		未培养细菌	中国海上某高温油田	[143]
553	细菌	变形菌门	γ-变形菌纲	假单胞菌目	假单胞菌科	假单胞菌属	细菌富集培养克隆DT-12	中国大庆油田	[169]
554	细菌	变形菌门	γ-变形菌纲	假单胞菌目	假单胞菌科	假单胞菌属	细菌富集培养克隆DT-61	中国大庆油田	[169]
555	细菌	变形菌门	γ-变形菌纲	假单胞菌目	假单胞菌科	假单胞菌属	绿脓杆菌	突尼斯TPS(Thyna Petroleum Services)油田的采出水(油水混合物)	[178]
556	细菌	变形菌门	γ-变形菌纲	假单胞菌目	假单胞菌科	假单胞菌属	海假单胞菌	德国	[163]
557	细菌	变形菌门	γ-变形菌纲	假单胞菌目	假单胞菌科	假单胞菌属	假单胞菌属C2SS10	突尼斯TPS(Thyna Petroleum Services)油田的采出水(油水混合物)	[178]

续表

序号	界	门	纲	目	科	属	种	分离来源	参考文献
558	细菌	变形菌门	γ-变形菌纲	假单胞菌目	假单胞菌科	假单胞菌属	假单胞菌属 Da2	加拿大某低温低盐油藏	[147]
559	细菌	变形菌门	γ-变形菌纲	假单胞菌目	假单胞菌科	假单胞菌属	假单胞菌属 MIXRH13	奥地利奇斯特斯多夫采油井场原油污染土壤的垃圾填埋场的石油污染土壤（1kg 土壤含 17.2g 烃）	[151]
560	细菌	变形菌门	γ-变形菌纲	假单胞菌目	假单胞菌科	假单胞菌属	假单胞菌属 SG-2	日本静冈县相良油藏	[156]
561	细菌	变形菌门	γ-变形菌纲	假单胞菌目	假单胞菌科	假单胞菌属	施氏假单胞菌	日本静冈县相良油藏	[156]
562	细菌	变形菌门	γ-变形菌纲	假单胞菌目	假单胞菌科	假单胞菌属	未培养细菌	中国大庆油田	[169]
563	细菌	变形菌门	γ-变形菌纲	假单胞菌目	假单胞菌科	假单胞菌属	未培养细菌	中国河北华北油田 J-12 组陆相高温水驱油藏	[161]
564	细菌	变形菌门	γ-变形菌纲	假单胞菌目	假单胞菌科	假单胞菌属	未确定	未知	[170]
565	细菌	变形菌门	γ-变形菌纲	PYR10d3	华杆菌科	假单胞菌属	未培养细菌	中国大庆油田	[169]
566	细菌	变形菌门	γ-变形菌纲	咸水球形菌目	H_2-104-2	Polycyclovorans	Polycyclovoransalgicola	北海海洋硅藻 Skeletonemacostatum CCAP1077/1C 的非无菌实验室培养	[175]
567	细菌	变形菌门	γ-变形菌纲	硫发菌目			未培养细菌	中国天津大港油田（39°32′N,117°38′E）板 876 油气田	[153]
568	细菌	变形菌门	γ-变形菌纲	未培养的			未培养细菌	中国天津大港油田（39°32′N,117°38′E）板 876 油气田	[153]
569	细菌	变形菌门	γ-变形菌纲	未培养的			未培养的 γ 变形杆菌	北海挪威部分的 Tampen Spur 地区的 Statfjord Weld	[195]
570	细菌	变形菌门	γ-变形菌纲	弧菌目	弧菌科	弧菌属	弧菌环养菌	美国华盛顿普吉特海湾鹰港 PAH 污染的海洋沉积物	[247]
571	细菌	变形菌门	γ-变形菌纲	黄色单胞菌目	涅瓦河菌科	Hydrocarboniphaga	未培养细菌	中国海上某高温油田	[143]

续表

序号	界	门	纲	目	科	属	种	分离来源	参考文献
572	细菌	变形菌门	γ-变形菌纲	黄色单胞菌目	涅瓦河菌科	Hydrocarboniphaga	未培养细菌	中国海上某高温油田	[143]
573	细菌	变形菌门	γ-变形菌纲	黄色单胞菌目	罗丹诺杆菌科	红丹酸杆菌属	林丹红丹酸杆菌	美国夏威夷土壤	[157]
574	细菌	变形菌门	γ-变形菌纲	黄色单胞菌目	黄色单胞菌科	假黄单胞菌属	寡养单胞菌属 ITRH31	奥地利奇斯特斯多夫采油井场原油污染土壤的垃圾填埋场的石油污染土壤（1kg 土壤含 17.2g 烃）	[151]
575	细菌	变形菌门	γ-变形菌纲	黄色单胞菌目	黄色单胞菌科	假黄单胞菌属	寡养单胞菌属 MIXRI12	奥地利奇斯特斯多夫采油井场原油污染土壤的垃圾填埋场的石油污染土壤（1kg 土壤含 17.2g 烃）	[151]
576	细菌	变形菌门	γ-变形菌纲	黄色单胞菌目	黄色单胞菌科	假黄单胞菌属	寡养单胞菌属 MIXRI12	奥地利奇斯特斯多夫采油井场原油污染土壤的垃圾填埋场的石油污染土壤（1kg 土壤含 17.2g 烃）	[151]
577	细菌	变形菌门	γ-变形菌纲	黄色单胞菌目	黄色单胞菌科	寡养单胞菌属	嗜麦寡养食单胞菌	美国夏威夷土壤	[157]
578	细菌	变形菌门	γ-变形菌纲	黄色单胞菌目	黄色单胞菌科	Xylella	假单胞菌属 ITRI124	奥地利奇斯特斯多夫采油井场原油污染土壤的垃圾填埋场的石油污染土壤（1kg 土壤含 17.2g 烃）	[151]
579	细菌	RBG-1(Zixibacteria)					未确定的细菌	中国天津大港油田（39°32′N,117°38′E）板876油气田	[153]
580	细菌	Saccharibacteria					未确定的细菌	中国天津大港油田（39°32′N,117°38′E）板876油气田	[153]
581	细菌	螺旋菌门	螺旋菌纲	螺旋菌目	螺旋菌科	鳞球菌属	未确定的鳞球菌属	日本东北部新堀油田的在产油井 NR-6（39°43′N,139°53′E）	[137]
582	细菌	螺旋菌门	螺旋菌纲	螺旋菌目	螺旋菌科	鳞球菌属	未确定	未知	[170]
583	细菌	螺旋菌门	螺旋菌纲	螺旋菌目	螺旋菌科	未培养	细菌富集培养克隆 B312154	中国胜利油田原油污染土壤和含油污泥混合物处理场	[152]

续表

序号	界	门	纲	目	科	属	种	分离来源	参考文献
584	细菌	螺旋菌门	螺旋菌纲	螺旋菌目	螺旋菌科	未培养	螺旋藻科细菌富集培养克隆B31131	中国胜利油田原油污染土壤和含油污泥混合物处理场	[152]
585	细菌	螺旋菌门	螺旋菌纲	螺旋菌目	螺旋菌科	未培养	螺旋藻科细菌富集培养克隆B31135	中国胜利油田原油污染土壤和含油污泥混合物处理场	[152]
586	细菌	螺旋菌门	螺旋菌纲	螺旋菌目	螺旋菌科	未培养	螺旋藻科细菌富集培养克隆B31155	中国胜利油田原油污染土壤和含油污泥混合物处理场	[152]
587	细菌	螺旋菌门	螺旋菌纲	螺旋菌目	螺旋菌科	未培养	螺旋藻科细菌富集培养克隆B31159	中国胜利油田原油污染土壤和含油污泥混合物处理场	[152]
588	细菌	螺旋菌门	螺旋菌纲	螺旋菌目	螺旋菌科	未培养	螺旋藻科细菌富集培养克隆B3116	中国胜利油田原油污染土壤和含油污泥混合物处理场	[152]
589	细菌	螺旋菌门	螺旋菌纲	螺旋菌目	螺旋菌科	未培养	螺旋藻科细菌富集培养克隆B31169	中国胜利油田原油污染土壤和含油污泥混合物处理场	[152]
590	细菌	螺旋菌门	螺旋菌纲	螺旋菌目	螺旋菌科	未培养	螺旋藻科细菌富集培养克隆B312137	中国胜利油田原油污染土壤和含油污泥混合物处理场	[152]
591	细菌	螺旋菌门	螺旋菌纲	螺旋菌目	螺旋菌科	未培养	螺旋藻科细菌富集培养克隆B31296	中国胜利油田原油污染土壤和含油污泥混合物处理场	[152]
592	细菌	螺旋菌门	螺旋菌纲	螺旋菌目	螺旋菌科	未培养	螺旋藻科细菌富集培养克隆B31298	中国胜利油田原油污染土壤和含油污泥混合物处理场	[152]
593	细菌	螺旋菌门	螺旋菌纲	螺旋菌目	螺旋菌科	Sediminispirochaeta	Sediminispirochaetasmaragdinae	刚果 Emeraude 油田的采出水	[257]
594	细菌	互养菌门	互养菌纲	互养菌目	互养菌科	醋酸微生物属	恒温醋酸微生物	美国犹他州 Red Wash 油田的采出水	[258]
595	细菌	互养菌门	互养菌纲	互养菌目	互养菌科	微弧菌属	未培养的细菌	未知	[145]

续表

序号	界	门	纲	目	科	属	种	分离来源	参考文献
596	细菌	互养菌门	互养菌纲	互养菌目	互养菌科	微弧菌属	未培养的Synergistes sp.	美国阿拉斯加北坡地区中温、处于开发后期的Schrader Bluff油田采出水	[146]
597	细菌	互养菌门	互养菌纲	互养菌目	互养菌科	厌氧杆菌属	细菌富集培养克隆EB32.1	斯塔万格西南约320km的北海挪威海域2/4区块的高温裂缝性白垩系油藏Ekofisk油田的采出水	[139]
598	细菌	互养菌门	互养菌纲	互养菌目	互养菌科	厌氧杆菌属	未培养的厌氧杆菌属	日本Yabase油田2口采油井(AR-80井和OR-79井),储层为中新世—上新世的凝灰质砂岩,埋深1293~1436m,油藏温度40~82℃,油藏压力5MPa	[144]
599	细菌	互养菌门	互养菌纲	互养菌目	互养菌科	Syner-01	未培养的细菌	未知	[145]
600	细菌	互养菌门	互养菌纲	互养菌目	互养菌科	Thermovirga	细菌富集培养克隆EB14.9	斯塔万格西南约320km的北海挪威海域2/4区块的高温裂缝性白垩系油藏Ekofisk油田的采出水	[139]
601	细菌	互养菌门	互养菌纲	互养菌目	互养菌科	Thermovirga	细菌富集培养克隆PW20.10B	斯塔万格西南约320km的北海挪威海域2/4区块的高温裂缝性白垩系油藏Ekofisk油田的采出水	[139]
602	细菌	互养菌门	互养菌纲	互养菌目	互养菌科	Thermovirga	Thermovirgalienii	北海某油田	[259]
603	细菌	互养菌门	互养菌纲	互养菌目	互养菌科	Thermovirga	未培养的细菌	未知	[145]
604	细菌	互养菌门	互养菌纲	互养菌目	互养菌科	Thermovirga	未培养的协同细菌	日本东北部新堀油田的在产油井NR-6(39°43′N,139°53′E)	[137]
605	细菌	互养菌门	互养菌纲	互养菌目	互养菌科	Thermovirga	未培养的Thermovirga属	北海某高温油藏	[172]
606	细菌	互养菌门	互养菌纲	互养菌目	互养菌科	Thermovirga	未培养的Thermovirga属	北海某高温油藏	[172]

续表

序号	界	门	纲	目	科	属	种	分离来源	参考文献
607	细菌	互养菌门	互养菌纲	互养菌目	互养菌科	Thermovirga	未培养的Thermovirga属	日本东北部新堀油田的在产油井NR-6(39°43′N,139°53′E)	[137]
608	细菌	互养菌门	互养菌纲	互养菌目	互养菌科	未培养	增菌科细菌富集培养克隆B31171	中国胜利油田原油污染土壤和含油污泥混合物处理场	[152]
609	细菌	软壁菌门		NB1-n			丹参科细菌富集培养克隆B312101	中国胜利油田原油污染土壤和含油污泥混合物处理场	[152]
610	细菌	热脱硫杆菌门		热脱硫细菌目	脱硫杆菌科	脱硫杆菌属	未培养的脱硫杆菌属	日本东北部新堀油田的在产油井NR-6(39°43′N,139°53′E)	[137]
611	细菌	热袍菌门	热袍菌纲				未培养的嗜热菌	日本东北部新堀油田的在产油井NR-6(39°43′N,139°53′E)	[137]
612	细菌	热袍菌门	热袍菌纲	EM3			未培养的细菌	中国河北华北油田J-12组陆相高温水驱油藏	[161]
613	细菌	热袍菌门	热袍菌纲	EM3			未培养的嗜热菌	日本东北部新堀油田的在产油井NR-6(39°43′N,139°53′E)	[137]
614	细菌	热袍菌门	热袍菌纲	Kosmotogales	Kosmotogaceae	Kosmotoga	Kosmotoga olearia TBF 19.5.1	北海Troll B平台	[260]
615	细菌	热袍菌门	热袍菌纲	Kosmotogales	Kosmotogaceae	Kosmotoga	胜利Kosmotoga	中国胜利油田油井采出液	[261]
616	细菌	热袍菌门	热袍菌纲	Kosmotogales	Kosmotogaceae	Mesotoga	嗜热菌科细菌富集培养克隆B31121	中国胜利油田原油污染土壤和含油污泥混合物处理场	[152]
617	细菌	热袍菌门	热袍菌纲	Kosmotogales	Kosmotogaceae	Mesotoga	嗜热菌科细菌富集培养克隆B31176	中国胜利油田原油污染土壤和含油污泥混合物处理场	[152]
618	细菌	热袍菌门	热袍菌纲	Kosmotogales	Kosmotogaceae	Mesotoga	嗜热菌科细菌富集培养克隆B312111	中国胜利油田原油污染土壤和含油污泥混合物处理场	[152]
619	细菌	热袍菌门	热袍菌纲	Kosmotogales	Kosmotogaceae	Mesotoga	嗜热菌科细菌富集培养克隆B312114	中国胜利油田原油污染土壤和含油污泥混合物处理场	[152]

续表

序号	界	门	纲	目	科	属	种	分离来源	参考文献
620	细菌	热袍菌门	热袍菌纲	Kosmotogales	Kosmotogaceae	Mesotoga	嗜热菌科细菌富集培养克隆B312116	中国胜利油田原油污染土壤和含油污泥混合物处理场	[152]
621	细菌	热袍菌门	热袍菌纲	Kosmotogales	Kosmotogaceae	Mesotoga	嗜热菌科细菌富集培养克隆B312127	中国胜利油田原油污染土壤和含油污泥混合物处理场	[152]
622	细菌	热袍菌门	热袍菌纲	Kosmotogales	Kosmotogaceae	Mesotoga	嗜热菌科细菌富集培养克隆B312130	中国胜利油田原油污染土壤和含油污泥混合物处理场	[152]
623	细菌	热袍菌门	热袍菌纲	岩藻目	岩藻科	Defluviitoga	未培养的嗜热菌科细菌	日本 Yabase 油田 2 口采油井（AR-80 井和 OR-79 井），储层为中新世—上新世的凝灰质砂岩，埋深 1293~1436m，油藏温度 40~82℃，油藏压力 5MPa	[144]
624	细菌	热袍菌门	热袍菌纲	岩藻目	岩藻科	Oceanotoga	Oceanotogateriensis		[262]
625	细菌	热袍菌门	热袍菌纲	岩藻目	岩藻科	Petrotoga	细菌富集培养克隆 EB4.2	斯塔万格西南约 320km 的北海挪威海域 2/4 区块的高温裂缝性白垩系油藏 Ekofisk 油田的采出水	[139]
626	细菌	热袍菌门	热袍菌纲	岩藻目	岩藻科	Petrotoga	细菌富集培养克隆 PW20.3	斯塔万格西南约 320km 的北海挪威海域 2/4 区块的高温裂缝性白垩系油藏 Ekofisk 油田的采出水	[139]
627	细菌	热袍菌门	热袍菌纲	岩藻目	岩藻科	Petrotoga	Petrotoga halophila	刚果 Tchibouella 油田 TBM111 井	[263]
628	细菌	热袍菌门	热袍菌纲	岩藻目	岩藻科	Petrotoga	Petrotogamexicana	墨西哥墨西哥湾塔巴斯科油田采油井（21-D 井）油水混合物	[264]
629	细菌	热袍菌门	热袍菌纲	岩藻目	岩藻科	Petrotoga	Petrotogamobilis	北海海上石油平台的油水分离罐中提取的采出水	[265]
630	细菌	热袍菌门	热袍菌纲	岩藻目	岩藻科	Petrotoga	Petrotoga 属 AR80	日本秋田谷基地油藏（39°43′N,140°06′E）	[266]

续表

序号	界	门	纲	目	科	属	种	分离来源	参考文献
631	细菌	热袍菌门	热袍菌纲	岩藻目	岩藻科	Petrotoga	未培养的 Petrotoga 属	日本东北部新堀油田的在产油井 NR-6(39°43′N,139°53′E)	[137]
632	细菌	热袍菌门	热袍菌纲	岩藻目	岩藻科	Petrotoga	未培养的 Petrotoga 属	日本 Yabase 油田 2 口采油井(AR-80 井和 OR-79 井),储层为中新世—上新世的凝灰质砂岩,埋深 1293~1436m,油藏温度 40~82℃,油藏压力 5MPa	[144]
633	细菌	热袍菌门	热袍菌纲	热袍菌目	Fervidobacteriaceae	闪烁杆菌属	嗜热菌科细菌富集培养克隆 B3112	中国胜利油田原油污染土壤和含油污泥混合物处理场	[152]
634	细菌	热袍菌门	热袍菌纲	热袍菌目	Fervidobacteriaceae	闪烁杆菌属	未培养细菌	中国海上某高温油田	[143]
635	细菌	热袍菌门	热袍菌纲	热袍菌目	Fervidobacteriaceae	闪烁杆菌属	未培养细菌	中国海上某高温油田	[143]
636	细菌	热袍菌门	热袍菌纲	热袍菌目	Fervidobacteriaceae	闪烁杆菌属	未培养细菌	中国河北华北油田 J-12 组陆相高温水驱油藏	[161]
637	细菌	热袍菌门	热袍菌纲	热袍菌目	Fervidobacteriaceae	热袍菌属	未培养的嗜热菌属	日本东北部新堀油田的在产油井 NR-6(39°43′N,139°53′E)	[137]
638	细菌	热袍菌门	热袍菌纲	热袍菌目	栖热袍菌科	Pseudothermotoga	未培养细菌	中国海上某高温油田	[143]
639	细菌	热袍菌门	热袍菌纲	热袍菌目	栖热袍菌科	Pseudothermotoga	未培养的嗜热菌属	日本东北部新堀油田的在产油井 NR-6(39°43′N,139°53′E)	[137]
640	细菌	热袍菌门	热袍菌纲	热袍菌目	栖热袍菌科	Pseudothermotoga	未培养的嗜热菌属	日本 Yabase 油田 2 口采油井(AR-80 井和 OR-79 井),储层为中新世—上新世的凝灰质砂岩,埋深 1293~1436m,油藏温度 40~82℃,油藏压力 5MPa	[144]
641	细菌	热袍菌门	热袍菌纲	热袍菌目	栖热袍菌科	栖热孢菌属	细菌富集培养克隆 PW40.9	斯塔万格西南约 320km 的北海挪威海域 2/4 区块的高温裂缝性白垩系油藏 Ekofisk 油田的采出水	[139]

续表

序号	界	门	纲	目	科	属	种	分离来源	参考文献
642	细菌	热袍菌门	热袍菌纲	热袍菌目	栖热袍菌科	栖热孢菌属	细菌富集培养克隆 PW30.2B	斯塔万格西南约 320km 的北海挪威海域 2/4 区块的高温裂缝性白垩系油藏 Ekofisk 油田的采出水	[139]
643	细菌	热袍菌门	热袍菌纲	热袍菌目	栖热袍菌科	栖热孢菌属	嗜热衣藻	日本新泻 Kubiki 油藏采出液	[267]
644	细菌	热袍菌门	热袍菌纲	热袍菌目	栖热袍菌科	栖热孢菌属	嗜热衣原体	日本新泻县日本海沿岸附近的 Kubiki 油藏	[150]
645	细菌	热袍菌门	热袍菌纲	热袍菌目	栖热袍菌科	栖热孢菌属	未培养细菌	中国海上某高温油田	[143]
646	细菌	热袍菌门	热袍菌纲	热袍菌目	栖热袍菌科	栖热孢菌属	未培养的嗜热菌属	北海某高温油藏	[172]
647	细菌	WS1					未培养的待分类 WS1 细菌	日本东北部新堀油田的在产油井 NR-6(39°43′N, 139°53′E)	[137]
648	细菌	WS2					未培养细菌	日本东北部新堀油田的在产油井 NR-6(39°43′N, 139°53′E)	[137]
649	细菌	WS2					未培养细菌	中国大庆油田	[169]
650	细菌	WS6					未培养的待分类 WS6 细菌	日本东北部新堀油田的在产油井 NR-6(39°43′N, 139°53′E)	[137]
651	细菌	WS6					未培养的待分类 WS6 细菌	美国阿拉斯加北坡地区中温、处于开发后期的 Schrader Bluff 油田采出水	[146]
652	细菌	WWE3					细菌富集培养克隆 B31295	中国胜利油田原油污染土壤和含油污泥混合物处理场	[152]
653	细菌	WWE3					未培养细菌	中国天津大港油田(39°32′N,117°38′E)板 876 油气田	[153]

10.5.2 基于作用类型的微生物分类

根据微生物的作用类型,将 MEOR 使用的微生物分为以下几类:(1)甲烷菌;(2)硫酸盐还原菌(SRB);(3)发酵微生物;(4)硝酸盐还原菌(NRB);(5)铁还原菌(IRB)。下面将简要介绍上述几类微生物。

10.5.2.1 甲烷菌

甲烷菌通过微生物代谢生成甲烷(油田常见的代谢过程),首个甲烷菌微生物代谢研究是在20世纪50年代初期完成的[268-269],然后由俄罗斯科学家进一步阐述[270-277]该代谢过程。通过产甲烷作用,甲烷菌代谢氢和二氧化碳的基础物、甲胺、酯酸盐和二甲硫醚,并生成生物气——甲烷[6]。所有的甲烷菌都属于古细菌,广古菌门[278],分布在甲烷菌目、甲烷球菌目、甲烷微生物菌目、甲烷八叠球菌目和甲烷吡咯菌目等四纲五目中[278],而且甲烷菌的生态环境分布广泛。除了甲烷吡咯[6]以外,表10.1中涉及的其他所有细菌都已从油藏中分离出来;根据油田分离物所利用的基础物,甲烷菌主要包括以下三类[6]:

(1)氢营养型甲烷菌[277,279-288];
(2)甲基营养型甲烷菌[148,289-293];
(3)乙酸营养型甲烷菌[147,171,271,283,294-300]。

有关油田分离出来的甲烷菌的更多信息详见文献[6-7],有关甲烷菌作用的详细信息随处可得[301]。

10.5.2.2 硫酸盐还原菌

硫酸盐还原菌(SRB)是原核微生物,它们通过厌氧呼吸以非同化方式利用还原硫酸盐(SO_4^{2-})或部分氧化的化合物如亚硫酸盐(SO_3^{2-})和硫代硫酸盐(SO_3^{2-})获得能量[302](图10.3),即这些微生物(被称为原核生物的细菌和古细菌)利用硫酸盐作为终端电子受体(而不是氧)进行呼吸[303-304],研究表明SRB能够短暂地耐氧[305-310]。大多数能够还原硫酸盐的原核生物属于细菌[310],因此这些细菌的名字叫作"硫酸盐还原细菌"而不是"硫酸盐还原原核生物"。SRB能够减少大多数的末端电子受体,包括无机硫化物和各种其他无机和有机化合物[311-316]。研究表明,SRB可以利用各种小分子有机化合物生长,如乳酸盐、丙酸盐、乙酸盐、丙酮酸盐、琥珀酸盐、糖类、乙醇等,SO_4^{2-}被还原为H_2S[304,317]。但是,Barton和Fauque[310]指出适合SRB潜在电子供体的化合物超过100种[313,316],包括糖类(如果糖、葡萄糖等)、单羧酸(如乙酸盐、丙酸盐、丁酸盐等)、二羧酸(富马酸盐、琥珀酸盐、苹果酸盐等)、氨基酸(甘氨酸、丝氨酸、丙氨酸等)、醇类(如甲醇、乙醇等)和芳香族化合物(如苯甲酸酯、苯酚等),此外,原油中的碳氢化合物也可以作为SRB的电子供体[304,318]。

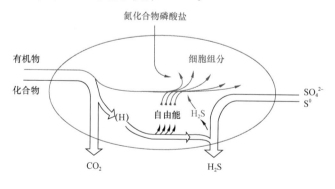

图10.3 SRB作用示意图[319]

SRB 被认为是地球上最古老的细菌,它们的活动可以追溯到 35 亿多年前[310,320],这些原核生物通过自身调节适应了地球上包括油田环境[310]在内的所有生态系统。SRB 是由 Bastin[67]从油藏取样分离出的第一种微生物。

2009 年,Barton 和 Fauque[310]指出 SRB 已被详细分为 60 属 220 种,分别属于细菌的四个门和古细菌的两个门[315,321-325]。四个细菌门:(1)变形菌门;(2)厚壁菌门;(3)脱硫杆菌门;(4)硝化螺旋菌门。两个古细菌门:(1)广古菌门;(2)泉古菌门。

10.5.2.3 发酵微生物

发酵是一种还原碳源的厌氧分解代谢,在苛刻的内部氧化还原平衡环境中产生 ATP[326]。微生物通过发酵生成多种终端产物,例如 CO_2、乙醇、乳酸盐、丁酸盐、乙酸盐和丙酸盐[326]。微生物分解代谢包括发酵和呼吸[301]等两种主要形式,在发酵分解代谢过程中,来自有机底物的所有电子被放回到有机产物上,而在呼吸分解代谢过程中,被去除的电子最终转移到无机电子受体上,如氧或硝酸盐[301]。已从油田分离得到了多种呼吸型微生物[177,226,228,286,327-334]。发酵型和呼吸型(依赖于电子传递链的过程)微生物的主要区别在于前者的能量效率较低,其大多数最终产物保留了大量的化学势能[326]。由于大分子分解成了一些更稳定的小分子产物,发酵分解代谢与 ΔG 负相关[301]。

Youssef 的研究[6]提到一些从油藏中分离出来的发酵微生物,详细说明了双重代谢能力,即该组的许多微生物同时具有发酵和呼吸能力。从油田分离出的大多数嗜热发酵微生物属于嗜热菌门[263-265,267,335-338]和梭菌纲厚壁菌门[6]嗜热厌氧杆菌目[125,200,202-203,339-340],乙酸盐和氢是嗜热袍菌门的最终产物。Youssef[6]还提到了其他能够发酵有机酸[258]和氨基酸[259]的分离物种,已从油田中分离出来的其他发酵细菌[147,171,194,204,341-344]详见文献[6,345]。

10.5.2.4 硝酸盐还原菌

众所周知,硝酸盐或亚硝酸盐可有效控制酸化作用[138,346-360],这引起了油田企业对硝酸盐或亚硝酸盐还原菌(NRB)的兴趣[345-346,361-362]。NRB 又分为:异养 NRB(hNRB)和硫化物氧化 NRB(SO-NRB)[361]。已从油田分离出各种 NRB[186,333-334,350,363-367]。有关 NRB 及其作用的更多信息详见第 10.12.14 节和文献[6,345]。

10.5.2.5 铁还原细菌

已从几个油藏中分离出铁还原细菌(IRB)[177,286,334,368-369],有关 IRB 的更多详细信息,请参阅文献[6,345]。

10.5.3 基于代谢过程的微生物分类

根据代谢过程,将微生物分为好氧型和厌氧型。生物体通过新陈代谢获得能量和营养以继续生存[63]。好氧菌使用氧作为终端电子受体,而厌氧菌则使用无机化合物,如硫酸盐、硝酸盐或 CO_2[63]。这四种化合物几乎满足了所有油藏微生物的代谢需求[63]。

考虑到油田地层水的特殊微生物学特征,厌氧微生物更适合油田环境,Volk[22]认为厌氧代谢在 MEOR 中的潜力更大。例如对加拿大西部油田的研究表明,没有一个油田的地层水含有大量好氧微生物[370-371]。油藏中的有氧环境并不常见,好氧微生物已经消耗了氧,而且油藏中常见的铁和硫也会消耗游离氧[22]。

10.5.3.1 好氧微生物

好氧菌代谢是四种代谢过程中能量效率最高的,并且可以快速生长繁殖[63],其化学过程可以表示为式(10.4):

$$\text{oil} + O_2 + \text{好氧菌} \longrightarrow CO_2 + H_2O + \text{更多的好氧菌} \tag{10.4}$$

早期的一些微生物采油矿场试验使用好氧细菌,向油藏注入氧气和营养物质加快碳氢化合物代谢提高产油量[24,372,373],部分学者提供了微生物代谢与石油采收率相关的证据[18,275,276,374-386]。大多数油井处于缺氧环境,向井内注氧气可能会腐蚀金属,损坏设备、套管和油管[24];氧是一种电子受体化合物,还可能引起微生物环境失衡[31]。注空气对油藏的不利影响以及人们对其有效性的质疑阻碍了好氧 MEOR 的广泛应用[23],但是仍然有学者支持应用好氧 MEOR[18,387]。

10.5.3.2 厌氧微生物

油藏中可用的大部分厌氧菌利用 CO_2、硫酸盐(SO_4^{2-})或硝酸盐(NO_3^-)[63]进行厌氧代谢。产甲烷菌在代谢过程中吸入 CO_2 生成 CH_4,具体见式(10.5):

$$\text{oil} + O_2 + \text{厌氧菌} \longrightarrow CH_4 + \text{更多的厌氧菌} \tag{10.5}$$

厌氧生物降解过程是四种代谢过程中能源效率最低的[63]。

SRB 使用硫酸盐(SO_4^{2-})作为终端电子受体,而硫酸盐则通过厌氧生物降解过程还原为对设备和管道造成腐蚀的硫化氢。

$$\text{oil} + SO_4^{2-} + \text{厌氧菌} \longrightarrow CO_2 + H_2S + \text{更多的厌氧菌} \tag{10.6}$$

硝酸盐还原菌(NRB)使用硝酸盐(NO_3^-)作为代谢过程的终端电子受体,被称为反硝化作用[63],是厌氧过程中能源效率最高的代谢,将硝酸盐(NO_3^-)逐步还原为亚硝酸盐(NO_2^-)、一氧化氮(NO)和氮气(N_2)[63]:

$$\text{oil} + NO_3^- + \text{厌氧菌} \longrightarrow CO_2 + N_2 + \text{更多的厌氧菌} \tag{10.7}$$

在注入足量硝酸盐的条件下,微生物代谢转向反硝化作用。由于硝酸盐还原的能源效率更高,NRB 与 SRB 产生竞争,减少了 H_2S,详见第 10.12.14 节。

直到 20 世纪 80 年代末,人们才发现某些细菌具有微生物厌氧代谢碳氢化合物的能力[388],但在此之前,已有学者发现微生物可以厌氧降解石油[389-390];大多数成功的 MEOR 矿场试验都使用了厌氧微生物[24]。厌氧极端微生物是研究的热点,如耐受极端矿化度(嗜盐微生物)、压力(嗜压微生物或嗜气压微生物)和温度(嗜热微生物)的微生物能够更好地适应油藏的恶劣条件[391-394]。

10.6 MEOR 微生物筛选

要想获得成功的 MEOR,必须选择合适的微生物,然后通过生产大量的目标生物产物来实现预期目标,不同微生物的生化产物详见第 10.1 节至 10.5 节。全面认识油藏的物理化学环境对选择正确的微生物种类非常重要。合适的微生物不仅能适应油藏条件,还应该能够生产足量的生物产物,大多数成功的 MEOR 矿场试验都使用厌氧微生物[23]。Lazar[108] 提出了对 MEOR 有益且适合微生物分离的四种微生物来源:(1)地层水;(2)地层水净化厂里的沉积物;(3)沼气池产生的污泥;(4)糖类废水。

纯培养和混合培养都已用于油田矿场试验。Youssef[6] 提出了改进的 MEOR 技术,该技术可以使用适合营养物和油藏条件(如温度和压力)的混合培养物,并且还加入了更多的营养物[105-108,110-111,113-114];Adetunji[84] 强调混合培养具有更好地提高石油采收率效果。微生物采油矿场试验已经使用了几种微生物,部分微生物如下:

(1)芽孢杆菌。通常会产生生物表面活性剂、生物醇和沼气[395-396]。

(2)梭状杆菌。通常生成生物酸和沼气。生成甲烷的过程称为产甲烷[25,395-396]。已证明梭状杆菌在砂岩和碳酸盐岩油藏中都有效[25,395,397]。对于碳酸盐岩油藏,梭状杆菌生成的生物酸可以酸化基质,提高渗透率,生成的生物气可以驱油,以上是梭状杆菌提高采收率试验取得成功的主要机理。对于砂岩油藏,梭状杆菌可以降低原油黏度。

(3)假单胞菌。通常生成生物表面活性剂和生物聚合物,可以有效改变相渗曲线[396]。

(4)硫酸盐还原菌:对原油中的大分子生物降解,降低原油黏度;通过产甲烷作用生成甲烷[25]。

在上述四种微生物中,芽孢杆菌和梭状杆菌是最常见的微生物,在油田矿场试验中表现出更高的成功率[24]。

10.7 营养物质

为 MEOR 矿场试验提供营养物质是主要的成本开支,合适的营养物质组合及用量对 MEOR 的成功起着关键作用。营养物质的选择主要考虑预期的提高采收率效果及其生物产物[6]。可以通过外源的(通常是糖)或本源的(原油本身)营养物质满足微生物对碳源的需求。由于糖蜜可以广泛获取,注入过程简单,并含有必需的矿物质和维生素[24,84],因此糖蜜(或黑糖蜜,是将甘蔗或甜菜精炼成糖所产生的一种黏性产品)是最常用的碳源。Updegraff 和 Wren[398] 最早提出使用糖蜜作为营养基。虽然使用外源碳源可以诱导更多的微生物活动,但外源碳源的价格昂贵。从经济角度来看,利用消耗残余油作为碳源的微生物更受油田关注[22],这种微生物对重油开采非常有利,缩短了重油的碳链长度,提升了原油品质[84,399-400]。但是在使用原油作为碳源的情况下,微生物生成副产品的时间明显延迟并且微生物生长非常缓慢[25,84]。其他必需的营养物质包括无机硝酸盐和磷盐,通常由化肥提供,例如磷酸铵[$(NH_4)_3PO_4$]、过磷酸钙[$Ca(H_2PO_4)_2$]、硝酸铵(NH_4NO_3)和硝酸钠($NaNO_3$)[25]。

MEOR 的主要作用是生成生物质产物,以便对储层选择性封堵和调整储层纵向渗透率。而作为电子受体的硝酸盐可以最大限度地生成生物质[6]。营养物质影响微生物如明串珠菌的活性,它只在提供蔗糖时才会产生葡聚糖(一种生物聚合物)[401-402]。在准备生成生物表面活性剂时,碳源和氮源之间存在微妙的平衡关系[6]。据报道,控制硝酸盐用量可以促进芽孢杆菌和热带念珠菌生成生物表面活性剂,促进假单胞菌生成鼠李糖脂[403-405]。室内实验表明,玉米浆(碳源)和磷酸二铵(氮和磷源)是促进微生物生长的有效营养物质[406],进而能有效封堵高渗透通道。寻找一种能够促进目标细菌生长的最佳营养混合物非常重要。对于好氧微生物,氧是另一种必需的营养物,但是注氧会对设备和管道产生不利影响,而且氧在水中的溶解度也很有限[407]。

10.8 微生物采油的矿场应用

10.8.1 微生物驱

微生物驱油是利用微生物的代谢作用来提高石油采收率。将营养物添加到注入水中,本源微生物受到刺激后生成所需的生物产物,推动残余油流动或改变注入水的流动路径(图10.4)。在不含有目标微生物的情况下,将筛选出的微生物与营养物一起注入油藏,驱替原油流入采油井。研究表明,微生物驱油操作可行[11,76,108,408-410]并且经济有效[108,409]。

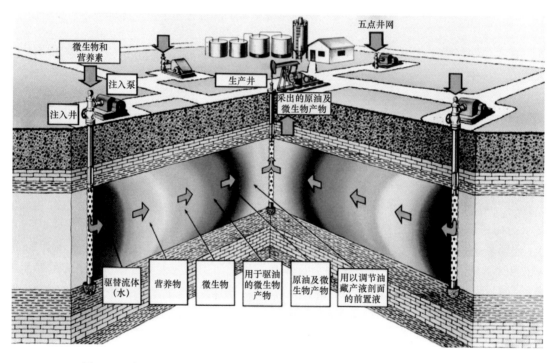

图10.4 微生物采油示意图(由美国国家能源技术实验室和美国能源部提供)

10.8.2 微生物吞吐

在微生物吞吐采油过程中,将含有营养物(如糖蜜等可发酵的碳水化合物)和微生物(在不含本源微生物的情况下)的溶液注入近边际的油井中。根据油藏的渗透率和埋藏深度,设计不同的注入时间,然后焖井数天或数周,直到可以生产原油为止,这段时间被称为焖井时间。与此同时,微生物会生成所需的代谢产物,驱替原油在多孔介质中流动,从而提高采收率。焖井结束后,将油井恢复生产,采出石油和微生物的生化产物。注入速度和微生物代谢的动力学机制会影响微生物吞吐范围[407],可以重复进行注入—焖井—开井过程以最大限度地提高石油采收率[411]。

McInenery[412]把微生物吞吐采油分为两类:(1)油井增产,(2)微生物发酵代谢提高水驱效果,后者将营养物和微生物(在不存在本源微生物的情况下)注入油藏深处,而非近井区域。由于操作简单[78,413-414],早期的微生物吞吐矿场试验主要是油井增产。Hitzman[78]认为微生物吞吐在温度354℃、原油密度875~965kg/m³、矿化度小于100g/L的碳酸盐岩油藏中的应用效果最好。不过也有几次矿场试验的增油效果不太好,而且砂岩油藏矿场试验的石油产量几乎没有增加[78,87](图10.5)。

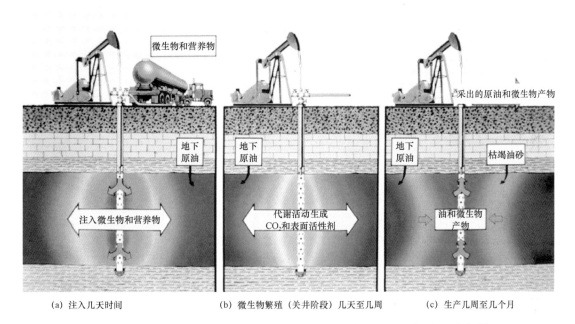

图10.5 微生物吞吐采油示意图(由美国国家能源技术实验室和美国能源部提供)

10.9 微生物提高采收率方法

目前已有三种常用的MEOR方法,具体如下。

10.9.1 注入微生物代谢产物

如果目的储层中没有合适的本源微生物,并且由于储层普遍的恶劣条件而无法注入外源微生物,那么可以直接注入异地生产的微生物代谢产物。在这种方法中,代谢的生化产物由实验室生产,然后与一些合成化学剂一起注入油藏。这种方法的优点是操作员能够直接控制微生物代谢过程;可以直接将所需要的微生物代谢产物注入井中,只是在水驱之前应将微生物代谢产物与水混合。简而言之,这种方法是将微生物代谢产物注入井中而不是直接注入微生物或营养物,但是人们担心这种方法会损失微生物代谢产物[6]。这种方法的缺点是实验室设备、生物反应器维护、设施和提纯操作的成本很高,而代谢产物的产量很低[24,31]。因此,直接向油藏注入微生物代谢产物不具有经济性。

10.9.2　本源微生物的增产作用

在本源微生物的增产作用中,油藏中的本源微生物将受到刺激以便生成所需的微生物代谢产物,为此,必须充分发挥微生物的最佳作用(生物封堵或生成生物化学物质)。如果已经存在合适的本源微生物,下一步就应该分析采出液和岩样(如果有)以激活它们[6]。标准流程例如特殊的岩心采样对评价微生物活性至关重要[415],有一些流程可以最大限度地减少岩心取样过程中的污染[416]。Youssef[6]提出可以用分子技术和微生物技术来确认是否存在合适的本源微生物,然后利用更多的实验来验证是否含有所需生化产物及其活性[6]。外源微生物可能无法适应油藏条件,而本源微生物在油藏条件下会有更好的生长繁殖机会[23]。从经济角度来看,本源微生物只需要提供营养物,更符合油藏开发的需要,寻找一种选择性激活目标微生物的方法也非常重要。注入氧或化学剂可以有效激活好氧微生物,氧和化学剂会转化为氧化剂[如过氧化氢(H_2O_2)][6]。

10.9.3　外源微生物的注入与激活

在不含本源微生物的情况下,可以向油藏中注入并激活外源微生物。在这种方法中,向油藏注入外源微生物和营养物,然后在油藏内生成所需的生化物质[31],要求注入水中的微生物数量应在$10^5 \sim 10^6$个/mL[417]。这种方法的优点在于可以设计特定的营养物组合促进外源微生物生长繁殖[418],与此同时,外源微生物在储层中的运移能力面临挑战[6]。至于使用非饥饿细胞还是使用饥饿细胞,目前尚无定论[419-420]。Youssef[6]强调只有在储层岩石吸附量最小的微生物才能注入油藏。饥饿微生物相对较小,而较小细胞不太可能滞留在储层岩石表面,因此饥饿细胞具有更有效的运移能力[421];实验室研究也证明饥饿细胞在多孔介质中具有更高的渗透能力[422-423],因此,可以利用微生物孢子[424-425]作为本源微生物(孢子的细胞壁较厚,在不利的环境条件下具有很强的生存能力,当生存条件合适时,微生物孢子的数量会再次增长)[6,426]。应用外源微生物的前提是,注入的外源微生物在储层已在微生物群中占主导地位,已经适应了储层条件并具有更好的适应性,但实际情况并非如此[31]。应用外源微生物的缺点是不能同时注入营养物和微生物。在小孔喉储层中,注入的营养物可以培养和激活储层中的本源微生物,使其繁殖速度更快,这使得同步注入的外源微生物很难在本源微生物群落中占主导地位[22]。

10.10　生化物的生成及其在 MEOR 中的作用

有利于 MEOR 的微生物代谢所产生的主要生化物包括:(1)生物表面活性剂和生物乳化剂;(2)生物聚合物;(3)生物酸;(4)生物溶剂;(5)沼气;(6)生物质。

10.10.1 生物表面活性剂和生物乳化剂

生物表面活性剂或生物乳化剂(高分子生物表面活性剂)是一组异质的两亲分子,它们同时具有亲水基团和疏水基团[6,22,427-428]。在二次采油末期,油滴被强大的毛细管力束缚在岩石基质的微小孔隙中。为了释放滞留的原油,必须大幅度降低油水之间的界面张力[17](详见第10.3节)。除了改变表面张力和界面张力以外,这些生化物质还可以形成微乳液,使所包裹的烃溶解在水中,反之亦然[22](图10.6)。McInerney[17]认为生物表面活性剂是提高原油采收率的一种机理,该作用机理增加了碳氢化合物的表观水溶性[429-438]或增强了微生物细胞与碳氢化合物的相互作用,提升了碳氢化合物的生物降解能力[435,439]。

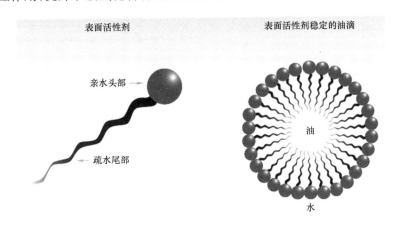

图10.6 表面活性剂的结构[440]

生物表面活性剂非常有可能替代石油工业中常用的典型化学合成表面活性剂。与化学敏化剂相比,生物表面活性剂的主要优点是耐温、可生物降解、对人体无毒、耐酸碱、可在油藏中原位生成、成本更低且更环保[22,31]。此外,生物表面活性剂可以耐受高达10%的含盐量,而仅2%的NaCl溶液就足以让常规合成表面活性剂失活[441-442]。与常规的合成表面活性剂相比,生物表面活性剂另一个令人感兴趣的方面是其较低的浓度也能产生同样的结果[15,443],即相对低浓度的生物表面活性剂可以达到预期的降低界面张力和乳化效果[31]。所以,生物表面活性剂往往表现出比合成表面活性剂更好的性能[444]。

向溶液中加入足量的表面活性剂时,可以形成被称为胶束的表面活性剂单体的聚集体。在低浓度下,胶束呈球形,含有数百种表面活性剂单体;分子的头部带电且面朝水相,而疏水端面向胶束中心形成疏水环境[445];在较高的表面活性剂浓度下则形成柱状胶束。球状胶束和柱状胶束如图10.7所示。

胶束开始形成的阈值浓度称为临界胶束浓度(CMC)。当浓度高于CMC时,向水溶液中添加表面活性剂不会增加单体的数量,但会额外生成胶束[48]。

通常,形成胶束所需的表面活性剂浓度很小,为10~2000mg/L[445],取决于温度、水硬度以及表面活性剂类型等。此外,随着表面活性剂疏水性能的增强,其CMC也会降低[60]。相比之下,生物表面活性剂的CMC远低于合成表面活性剂[51,52,446-449]。因此,生物表面活性剂[54]的使用浓度相对较低,为20~50mg/L[17]。例如,从芽孢杆菌MTCC1427培养物中纯化的非常低

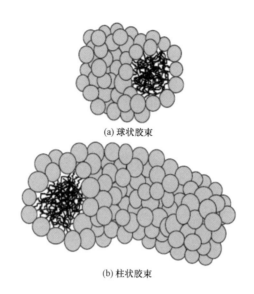

图 10.7 球状和柱状[60]的胶束结构

浓度的脂肽从填砂管中采出 65% 的残留煤油[450],这表明生物表面活性剂在很低浓度条件下依然有效。

生物表面活性剂的主要功能是降低界面张力和表面张力,从而提高驱油效率[444]。生物表面活性剂的主要作用是:(1)改变表面张力和界面张力,(2)吸附在不能混相的界面上,(3)乳化原油,(4)提高细菌细胞的流动性[15,31,451]。此外,生物表面活性还可以改变储层的润湿性,清洁土壤污染,并加速长烷基链降解[15,443-444,451]。生成生物表面活性剂的标志是原油的一些性质发生变化,如黏度、浊点和倾点[6,452-455]。在 MEOR 试验中,有时还会把其他化合物(如各种金属离子)与生物表面活性剂混合,生物表面活性剂和金属离子之间的极性作用也能改善生物表面活性剂的性能[456]。

除了上述优点以外,生物表面活性在 MEOR 项目中也存在缺点。事实上,生物表面活性剂的用量和质量都受营养物供应和油藏环境的影响[457]。代谢物的生物细胞毒性,如具有抗菌活性的表面活性素[458],都会抑制油藏中微生物的生长繁殖[22]。已发现几种微生物(包括不适合原位 MEOR 的好氧菌[412])会生成生物表面活性剂,但只有少数适合 MEOR 的生物表面活性剂能有效降低油水界面张力[22]。在发酵、好氧、硝酸盐还原和硫酸盐还原条件下,生物表面活性剂可能会被混合培养基中的其他微生物生物降解[459-460],因此生物表面活性剂的有效性面临挑战;与原油相比,可溶性生物表面活性剂是其他微生物更容易获得的营养物质[66]。生物表面活性剂的活性和溶解度会受盐度和 pH 值的影响[461-462],合适的 pH 值为 4~10;当 pH 值小于 4 时,许多生物表面活性剂开始沉淀[461-462],因为它们的等电点接近 pH 值等于 4[121]。据研究,当 NaCl 浓度从 0 逐渐增加到 8%[462-463]时,生物表面活性剂的活性也会逐渐增加,但也有学者认为 NaCl 对生物表面活性剂的活性没有明显影响[464-465]。

微生物可以生成几种特殊的生物表面活性剂[4],Neu[466]将生物表面活性化合物分为:(1)生物表面活性剂;(2)两亲聚合物(如脂多糖和脂磷壁酸);(3)多亲聚合物(例如疏水多糖和乳液)。

生物表面活性剂主要包括(表10.2):(1)糖脂;(2)脂肽和脂蛋白;(3)脂肪酸、中性脂质和磷脂;(4)高分子表面活性剂;(5)颗粒表面活性剂[441,467-469]。

表10.2 典型微生物及其生物表面活性剂的类型

生物表面活性剂类型	菌株	参考文献
糖酯		
鼠李糖脂假单胞菌	Pseudomonas aeruginosa, Acinetobacter calcoaceticus, Enterobacter asburiae, Pseudomonas fluorescens	[473-477]
槐糖脂	Candida bombicola, Candida apicola, Candida bogoriensis, Wickerhamielladomericqiae, Candida riodocensis, Candida stellata, Candida batistae, Candida lipolytica	[478-486]
海藻脂	Rhodococcuserythropolis, Mycobacterium fortuitum, Mycobacterium tuberculosis, Mycobacterium smegmatis, Corynebacterium matruchotii, Pseudomonas fluorescence, Arthrobacter parafineus, Brevibacteria sp., Arthrobacter sp., Corynebacterium spp., Nocardia spp., Rhodococcusfascians, Rhodococcus sp. H13-A, Rhodococcusopacus, Rhodococcuswratislaviensis, Micrococcus luteus.	[487-507]
葡萄糖脂	Alcanyvoraxborkumensis, Alcaligenes sp.	[508-509]
脂肽和脂蛋白		
肽—脂质	Bacillus licheniformis	[441,510]
黏胶	Pseudomonas fluorescens	[441,510]
色拉维丁	Serratia marcenscens	[441,510]
表面活性素	Bacillus subtilis	[441,510,526-529]
枯草杆菌蛋白酶	Bacillus subtilis	[441,510]
短杆菌肽	Bacillus brevis	[441,510]
多黏菌素	Bacillus polymyxia	[441,510]
地衣素	Bacillus licheniformis, Bacillus mojavensis	[527,530-532]
脂肪酸、中性脂质和磷脂		
脂肪酸	麻风棒状杆菌 Capnoytophaga sp. 棘孢青霉 石蜡节杆菌 Talaramycestrachyspermus 红城诺卡迪亚	[441,510]
中性脂质	红城诺卡氏菌	[441,510]
磷脂	氧化硫硫杆菌 不动杆菌属 兔棒状杆菌	[486,511]
高分子表面活性剂		
乳化剂	醋酸钙不动杆菌	[514,533-534]

续表

生物表面活性剂类型	菌株	参考文献
Alasan	抗辐射不动杆菌	[452,486,512-513]
生物分散剂	醋酸钙不动杆菌	[464,514-515]
脂质体	解脂念珠菌	[516-518]
碳水化合物— 脂质—蛋白质	荧光假单胞菌、解脂耶氏酵母、航海假单胞菌	[441,519-520]
甘露聚糖脂蛋白	热带念珠菌	[521-524]
颗粒表面活性剂		
囊泡	醋酸钙不动杆菌	[441,468,525]
细胞	各种细菌	[441,510]

注:数据来自不同文献[441,464,468,470-525]。

按照分子量大小,生物表面活性剂可分为低分子和高分子等两大类[19,524]。前者通常是糖脂或脂肽,而后者包括两亲性多糖、蛋白质、脂多糖、脂蛋白或这些生物聚合物的复杂混合物。低分子量生物表面活性剂和高分子量生物表面活性剂在 MEOR 中的主要作用是降低表面张力和界面张力以及形成稳定的水包油乳液,又被称为乳化剂[404,457,524,535-537]。许多微生物,如酵母、细菌和一些丝状真菌,都能生成具有不同表面活性和分子结构的生物表面活性剂[538]。

Van Hamme[19]列出了低分子量和高分子量微生物所生成的主要生物表面活性剂。

Youssef[6]列举了 MEOR 常用的低分子量生物表面活性剂:[427,457,541-546]

(1)芽孢杆菌属和一些假单胞菌属生成的脂肽;

(2)假单胞菌生成的糖脂(鼠李糖脂);

(3)红球菌属生成的海藻糖脂质。

高分子量生物乳化剂[182,524,547-549]包括:

(1)不动杆菌属生成的乳化剂;

(2)盐单胞菌 eurihalina 和假单胞菌 tralucida 生成的杂多糖;

(3)嗜热自养甲烷杆菌生成的蛋白质复合体;

(4)嗜热脂肪芽孢杆菌生成的蛋白质多糖脂质复合体;

(5)解脂念珠菌生成的脂聚糖类碳水化合物蛋白复合体;

(6)酿酒酵母生成的甘露聚糖蛋白。

原油和水的界面张力通常在 $35 \sim 60 \text{mN/m}$[60]。鼠李糖脂和脂肽类生物表面活性剂可以把油水界面张力降低至 0.1mN/m,甚至更低[51-53,433,524,536,539,550-551]。与人工合成表面活性剂相比,鼠李糖脂在十六烷[436]中的溶解度提高了 20 倍,并且可以从填砂管[430,552]中采出 75% 的残留十六烷,但是要注入 $40 \sim 70$ 倍孔隙体积的鼠李糖脂才能达到上述条件。糖脂生物表面活性剂在恶劣条件下表现出很强的适应性,并且在高温 120℃、pH 值 $2 \sim 12$ 和盐度 10% 的情况下仍然具有很好的稳定性[553]。与鼠李糖脂相比,脂肽的有效浓度要低很多[17,554];脂肽能够在 0.017g/L 的临界胶束浓度下把水的表面张力从 72mN/m 降低到 27.9mN/m[555],Banat[556]的研究表明填砂管中的脂肽驱油石油采收率高达 95%。McInerney[17]的研究表明在填砂管中注入少于1个孔隙体积的由莫海威芽孢杆菌菌株JF-2生成的脂肽低浓度溶液(含有约900mg/L生物表面活性剂)可以有效采出大量原油；脂肽可以在100℃高温、pH值6~10和盐浓度高达8%的苛刻条件下发挥降低界面张力的作用[404,450,557-558]。目前已经进行了许多室内实验来评价生物表面活性剂对残余油的影响[124,387,393,412,444,450-451,457,462,467,531,540,543,545,550,553,556-584]，还获得了多项相关专利，见表10.3。

表10.3 应用在提高采收率方面的部分已获专利的生物表面活性剂

年份	发明者	受让人	专利名称	美国专利号	参考文献
1985	Michael J. McInerney, Gary E. Jenneman, Roy M. Knapp, Donald E. Menzie	The Board of Regents for the University of Oklahoma	Biosurfactant and enhanced oil recovery	4522261	[531]
1989	David L. Gutnick, Eirik Nestaas, Eugene Rosenberg, Nechemia Sar	Petroleum Fermentations N. V.	Bioemulsifier production by Acinetobactercalcoaceticusstrains	4883757	[585]
1990	Alan Sheehy	B. W. N. Live-Oil Pty. Ltd.	Recovery of oil from oil reservoirs	4971151	[586]
1990	Rebecca S. Bryant	IIT Research Institute	Microbial enhanced oil recovery and compositions therefore	4905761	[77]
1991	Catherine N. Mulligan, Terry Y. Chow	Her Majesty the Queen in right of Canada, as represented by the National	Enhanced production of biosurfactant through the use of a mutated B. subtilis strain	5037758	[587]
1992	James B. Clark, Gary E. Jenneman	Phillips Petroleum Company	Nutrient injection method for subterranean microbial processes	5083611	[588]
1992	Alan Sheehy	B. W. N. Live-Oil Pty. Ltd.	Recovery of oil from oil reservoirs	5083610	[571]
1993	Paolo Carrera, Paola Cosmina, Guido Grandi	Eniricerche S. P. A.	Method of producing surfactin with the use of mutant of Bacillus subtilis	5227294	[589]
1994	Tadayuki Imanaka, Shoji Sakurai	Nikko Bio Technica Co., Ltd.	Biosurfactant cyclopeptide compound produced by culturing a specific Arthrobacter microorganism	5344913	[590]
1998	Eugene Rosenberg, Eliora Z. Ron	RAMOT University Authority for Applied Research & Indfustrial	Bioemulsifier	5840547	[591]
1999	Willem P. C. Duyvesteyn, Julia Rose Budden, Merijn Amilcare Picavet	BHP Minerals International Inc	Extraction of bitumen from bitumen froth and biotreatment of bitumen froth tailings generated from tar sands	5968349	[592]

续表

年份	发明者	受让人	专利名称	美国专利号	参考文献
1999	Carlos Ali Rocha, Dosinda Gonzalez, Maria Lourdes Iturralde, Ulises Leonardo Lacoa, Fernando Antonio Morales	Universidad Simon Bolivar	Production of oily emulsions mediated by a microbial tenso – active agent	5866376	[593]
2000	Willem P. C. Duyvesteyn, Julia Rose Budden, Bernardus Josephus Huls	BHP Minerals International Inc.	Biochemical treatment of bitumen froth tailings	6074558	[594]
2000	Giulio Prosperi, Marcello Camilli, Francesco Crescenzi, Eugenio Fascetti, Filippo Porcelli, Pasquale Sacceddu	Eni Tecnologie S. P. A	Lipopolysaccharide biosurfactant	6063602	[595]
2000	Carlos Ali Rocha, Dosinda Gonzalez, Maria Lourdes Iturralde, Ulises Leonardo Lacoa, Fernando Antonio Morales	Universidad Simon Bolivar	Production of oily emulsions mediated by a microbial tenso – active agent	6060287	[596]
2003	David R. Converse, Stephen M. Hinton, Glenn B. Hieshima, Robert S. Barnum, Mohankumar R. Sowlay	ExxonMobil Upstream Research Company	Process for stimulating microbial activity in a hydrocarbon – bearing, subterranean formation	6543535	[597]
2006	JamesB. Crews	Baker Hughes Incorporated	Bacteria – based and enzyme – based mechanisms and products for viscosity reduction breaking of viscoelastic fluids	7052901	[598]
2009	Robin L. Brigmon, Christopher J. Berry	Savannah River Nuclear Solutions, LLC	Biological enhancement of hydrocarbon extraction	7472747	[599]
2009	Banwari Lal, Mula Ramajaneya Varaprasada Reddy, Anil Agnihotri, Ashok Kumar, Munish Prasad Sarbhai, Nimmi Singh, Raj Karan Khurana, Shinben Kishen Khazanchi, Tilak Ram Misra	The Energy And Resource Institute, Institute Of Reservoir Studies	Process for enhanced recovery of crude oil from oil wells using novel microbial consortium	7484560	[562]
2011	Fallon; Robert D	E. I. du Pontde Nemoursand Company (Wilmington, DE)	Methods for improved hydrocarbon and water compatibility	7992639	[600]

续表

年份	发明者	受让人	专利名称	美国专利号	参考文献
2011	Frederick D. Busche, John B. Rollins, Harold J. Noyes, James G. Bush	International Business Machines Corporation	System and method for preparing near-surface heavy oil for extraction using microbial degradation	7922893	[601]
2013	Sharon Jo Keeler, Robert D. Fallon, Edwin R. Hendrickson, Linda L. Hnatow, Scott Christopher Jackson, Michael P. Perry	E. I. Du Pont De Nemours and Company	Identification, characterization, and application of Pseudomonas stutzeri (LH4:15), useful in microbially enhanced oil release	8357526	[602]
2014	Michael Raymond Pavia, Thomas Ishoey, Stuart Mark Page, Egil Sunde	Glori Energy Inc	Systems and methods of microbial-enhanced oil recovery	8826975	[603]
2016	Edwin R Hendrickson, Abigail K Luckring, Michael P Perry	E I Du Pont De Nemours and Company	Altering the interface of hydrocarbon-coated surfaces	9499842	[604]
2016	William J. Kohr, Zhaoduo Zhang, David J. Galgoczy	Geo Fossil Fuels, Llc	Alkaline microbial enhanced oil recovery	9290688	[605]

生物乳化剂是由不同微生物生成的高分子两亲化合物[182,606],其作用是与烃类形成稳定的水包油乳化液[6,182]。不管是低分子生物表面活性剂还是高分子生物表面活性剂即生物乳化剂,都不能降低界面张力[182,607]。与生物表面活性剂一样,生物乳化剂在低浓度条件下也可以发挥乳化作用[182]。Emulsan 是最常见的生物乳化剂,它是一种阴离子型的杂多糖和蛋白质复合体[6];研究表明,Emulsan 只能乳化烃类混合物而不能乳化纯烃[547-548]。

生物表面活性剂还有其他作用[441,608],包括从罐底清理油污[609-610]和生物修复土壤污染(如从原油污染的土壤中去除原油[541,611-612])。除了应用在 MEOR,生物乳化剂在石油工业中有着许多不同的作用,如乳化燃料、乳化提升石油运输、油罐清理、防止石蜡沉积以及环境保护和环境修复[17,182,457,540,607,613],这些都不是本章研究的重点。

10.10.2 生物聚合物

油藏中的细菌更容易于生成生物聚合物[31],这些生物聚合物大部分是胞外多糖,可以促进细胞黏附在岩石表面并防止细菌干燥和被捕食[17,43,391,409,614-618]。

生物聚合物可以作为生物膜的生物封堵剂。通常,生物膜是由胞外多糖结合的细胞簇组成,可形成封堵效应[22]。生物聚合物可用于选择性封堵和改变油藏渗透率分布,还可以减弱水驱的黏性指进现象[17,19,21,42,124,391,422,616-617,619-635]。除了室内实验以外,也进行了生物聚合物调剖矿场试验[617,619-620,636-638],把水驱从高渗透区调整到低渗透区。微生物封堵通常与微生物(注入的或外源的)的营养液有关[15,21,616,628,639]。注入的微生物和(或)营养物更容易流经高渗透通道,所提供的营养物能促进微生物生长繁殖,降低高渗透区的渗透性,从而改变渗透率分布。原位生成的生物聚合物也可能堵塞孔隙,造成储层伤害。与生物表面活性剂一样,生成生物乳化剂的标志是原油的某些特性发生改变,例如黏度、浊点和倾点[6,452-455]。

表 10.4 列出了 MEOR 主要使用的生物聚合物类型及其微生物母体。两种重要的生物聚合物是黄原胶[624,640-642]和效果相对较差的凝胶多糖[643](一种高分子葡萄糖聚合物)[4]。其他的生物聚合物还有左聚糖[621]、支链淀粉[622]、葡聚糖[617]、硬葡聚糖[24,617,619,634-644]。黄原胶等多糖在水驱中具有增稠作用(增加水的黏度),这种热稳定的杂多糖由几种黄单胞菌通过碳水化合物发酵而生成[15,24],它的增稠效果已在室内实验得到了验证[626,637,645-646]。黄原胶已成为 EOR 应用的理想聚合物,其优势在于能形成合适的黏度、耐温耐盐性、抗剪切性[15,623-624,647],缺点是成本较高且容易被细菌降解[15,619,644]。凝胶多糖可以在碱性[620,632,648-650]条件下溶解,在较低 pH 值条件下则形成不溶性凝胶。Khachatoorian[651]研究了许多生物聚合物降低填砂管中岩心渗透率的效果,实验表明,聚-β-羟基丁酸酯比其他生物聚合物(黄原胶、瓜尔胶、聚谷氨酸和壳聚糖)的封堵效果更好。有关 MEOR 使用的生物聚合物更多细节详见文献[16-19,21,24,617,619,622,624,634,640,643-644]。

表10.4 重要的生物聚合物及生产菌株

生物聚合物	生产菌株	参考文献
黄原胶	Xanthomonas comprestris sp.	[652-655]
热凝多糖	Agrobacterium sp., Paenibacillus sp., Pseudomonas sp. QL212, Alcaligenes faecalis	[656-663]
果聚糖	Lactobacillus reuteri, Zymomonasmobilis., streptococcus salivarius, Serratia sp., Bacillus subtilis	[664-669]
普鲁兰糖	Aureobasidium pullulans, Pullularia pullulans	[670-672]
葡聚糖	Leuconostoc mesenteroides, cariogenic streptococcus, Pediococcus pentosaceus, Weissellacibaria	[673-677]
小核菌多糖	Sclerotium rolfsii	[678-680]
聚-β-羟基丁酸酯	Azotobacter vinelandii, Bacillus spp., Alcaligenes eutrophus	[651,681-682]
聚谷氨酸	Bacillus licheniformis., Bacillus subtilis	[651,683-684]

注:此表仅限于 MEOR 使用的生物聚合物。

除了表 10.4 中列出的微生物以外,可生成生物聚合物的细菌还有黄单胞菌、金芽孢杆菌、芽孢杆菌、产碱菌、明串珠菌、菌核、短杆菌和肠杆菌[15,24]。

10.10.3 生物酸

微生物代谢生成的生物酸可以溶解碳酸盐岩(以及由碳酸盐矿物胶结而成的砂岩[66]),增大孔隙度和渗透率,改善原油流动能力[566,685]。研究表明,微生物生成的生物酸可以使铁垢在含有磁铁矿和针铁矿的介质中溶解[686];酸化作用会产生气体及其他有益的效果(如原油膨胀),降低原油黏度,提高驱油效率;生物酸可以引发黏土运移,降低储层渗透率[24]。生物酸还具有辅助乳化作用[24]。在微生物原位发酵生成大量生物酸的情况下,生物酸有可能成为常规酸化的替代方案[686]。芽孢杆菌属和梭菌属的微生物是生成生物酸、沼气和生物溶剂的最常见微生物[6,22,24,88,114,397,408,567,685,687];梭菌属可以生成乙酸和丁酸,而芽孢杆菌属可以生成乙酸、甲酸、乳酸等[6];乳酸菌(LAB)也可以生成乳酸[6];梭菌、混合产酸菌、脱硫弧菌和杆菌等微生物也会生成生物酸,如各种分子量的羧酸、低分子脂肪酸、甲酸、丙酸、(异)丁酸等[22,24];梭菌等细菌会产生醋酸盐和丁酸盐,进而生成相应的生物酸[688];乳酸菌属和片球菌属的细菌[686]也可以生成生物酸。此外,微生物代谢产物如 CO_2 和 H_2S 等生物气也可以溶解在水中形成酸性溶液[22]。不同学者的研究表明,好氧碳氢化合物降解剂可以生成生物酸和生物醇的混合物,进而被产甲烷菌群转化为甲烷[275,276,375,689-690]。

10.10.4 生物溶剂

可能存在一种微生物作用能将碳氢化合物部分氧化成生物溶剂,如醇、醛和脂肪酸等[691]。如前所述,生物溶剂可以部分溶解碳酸盐岩,提高储层渗透率和孔隙度。生物溶剂的另一个作用是溶解孔喉中的原油重质组分如沥青质等来降低原油黏度,而且生物溶剂在原油中的溶解也可以降低原油黏度[17]。生物溶剂还有一个优点是协同表面活性剂发挥作用,降低油水和油岩之间的界面张力[22,24];生物溶剂还可以改变岩石—油界面处的岩石润湿性[17]。有利于 MEOR 应用良好的生物溶剂主要包括低级醇(甲醇、乙醇、1-丙醇、丙-2-二醇、1-丁醇,均为水溶性的)、挥发性脂肪酸和酮,如丙酮和丁酮[15,22,692]。芽孢杆菌属和梭菌属微生物常用于生成生物酸、生物气和生物溶剂[6,88,114,397,408,567,685,687]。梭菌属的微生物可以生成乙醇、丁醇和丙酮等生物溶剂。芽孢杆菌属的微生物则生成乙醇和2,3-丁二醇[6]。此外,LAB也会生成 CO_2 [6]。一些重要的能生成生物溶剂的细菌还有运动发酵单胞菌、丙酮丁醇梭菌、克雷伯菌、节杆菌和巴氏梭菌[24,77]。

Patel[31]认为生物溶剂不太可能大量生产而直接注入井筒。鉴于目前的技术成熟情况,最可行的做法可能是激活内源微生物或注入外源微生物以生成的生物溶剂,而不是将实验室生成的生物溶剂注入油藏。

10.10.5 生物气

微生物可以通过发酵碳水化合物而生成 H_2(然后被后续的微生物活动迅速消耗)、H_2S、N_2、CH_4 和 CO_2 等生物气[15,22,24]。H_2 可以在厌氧环境中大量生成,随后会被产甲烷菌(将 CO_2 还原为 CH_4)、SRB(将硫酸盐还原为硫化物)、同型乙酸菌(将 CO_2 还原为乙酸)和 NRB(将硝酸盐还原为 N_2)迅速消耗[6,17]。CO_2 还可以由生物酸与岩石矿物反应而生成。生物气提高采收率的作用机理如下:

(1)降低原油黏度;
(2)增加油藏压力[144,407];
(3)原油膨胀[693];
(4)改变地层水的 pH 值[694];
(5)改变界面张力[22];
(6)溶解碳酸盐岩提高渗透率[24];
(7)利用代谢产物 CO_2 形成无机矿物质如碳酸钙($CaCO_3$)沉淀进行生物封堵[22,695-696];
(8)改变原油的倾点[22]。

生物气是提高原油采收率的重要机理[697]。室内实验室研究表明,不同微生物,如肠杆菌属[697]、梭菌菌株[698]、弧菌属和多黏芽孢杆菌[124]、链球菌属[699]、葡萄球菌属[699]、丙酮丁醇梭菌[114,408]所生成的生物气都有利于提高原油采收率。生物气可以溶解于原油,降低黏度,而较低的原油黏度有利于驱油。生物气还能提高油藏压力[144,407],有利于把原油从孔隙中驱替出来[23,700]。生物气还能使原油发生膨胀,驱替原本不能流动的原油,并通过溶解碳酸盐岩提高储层渗透率[24]。微生物生成的CO_2溶解在地层水中会降低其pH值,进而提高原油生产能力,尤其是提高裂缝性碳酸盐岩油藏的原油生产能力[694]。但是由于微生物所生成的气体量有限,不可能通过混相驱提高石油采收率[24,407]。当气体膨胀到足够大时,生物气的生成可能会在某个时候停止,然后让产甲烷过程生成更有价值的组分[10]。如前所述,芽孢杆菌属和梭菌属微生物最常用于生成生物酸、生物气和生物溶剂[6,88,114,397,408,567,685,687];梭菌属微生物可以生成CO_2和H_2,芽孢杆菌属微生物可生成CO_2,此外,异源发酵乳酸菌也会生成CO_2[6],还有几种产甲烷菌也会生成甲烷。微生物生成的生物气还会形成矿物沉淀,封堵高渗透区,也是一种提高石油采收率的机理[17]。CO_2会使方解石($CaCO_3$)溶液过饱和,从而形成沉淀,降低储层孔隙度和渗透率,从而改变流体流动通道[701]。例如,在高矿化度油藏中注入营养物后,可以观察到流体流动通道发生变化[702],这就可以利用上述机理来解释。

产生甲烷的过程被称为甲烷生成[25,395-396],是在严格的厌氧环境下发生的[22]。如文献[703]所述,实验室研究可以详细观察到甲烷生成的微观过程。产甲烷作用是提高采收率的最简单方法,而且所产生的甲烷相对便宜[10]。因此,当原油已经充分膨胀后,可以停止产甲烷过程以便生成更多有价值的组分。为了抑制甲烷生成,可以使用抑制剂,如2-溴乙磺酸和甲基氟化物,分别用于普通甲烷生产过程和乙酸发酵型甲烷生成过程[704]。此外,产生1kW·h的能量需要甲烷生成0.569kg CO_2,比石油(0.881kg)和煤(0.963kg)产生的CO_2都要少[705];在产生相同能量的情况下,生物甲烷可以减少35%以上的CO_2排放量。简而言之,从重油和油砂中以气体而不是较重碳氢化合物的形式获取能量更加经济环保[22]。

10.10.6 生物质

通常,微生物更喜欢以生物质的形式形成簇和菌落,这对储层封堵效果非常有利。生物质由细菌及其产生的胞外多糖和水通道所组成[15]。确切地说,生物质含有27%的微生物体,其余的(73%~98%)是细胞外产物(如胞外多糖)和孔隙空间[618,636-637]。微生物的质量以指数速度增加[17]。微生物封堵通常与含有外源微生物或营养物的注入流体有关[15,21,616,628,639],含有微生物和(或)营养物的注入流体更倾向于流经高渗透通道[706-707]。营养物会促进微生物生长繁殖,降低高渗区的渗透性,从而改变渗透率分布。即大多数注入的营养物会促进高渗区内微生物的生长。生物质可以积聚在被称为贼层的高渗透区,然后将水驱通道调整到含油区[636]。首先,生物质从井筒沿着高渗透通道积聚,使流体转向低渗透区,该过程应注意生物质的快速增长可能会对注入井的注入能力产生不利影响[24]。生物质在多孔介质中以网状结构出现,因此,它们在某个生长阶段也被称为生物网[708]。大量的实验室结果[423,425,639,709-713]和一些矿场应用效果[646,708,714]表明,细菌原位生长和生物质生成可以显著降低储层渗透率。

当微生物在油藏中生长时,油藏孔隙表面上的分子使微生物附着在它们进食位置附近的基质上,形成生物膜,防止原油吸入多孔区[715]。生物膜被认为是细菌细胞群,它附着在孔隙表面,形成了有机聚合物基质[715-718],胞外多糖结合的细胞簇通常包含生物膜[22]。

生物质的生长可以驱替原油流动。从微观波及系数角度来讲,大孔隙充满了大部分的营养物质[6],大孔隙中的生物繁殖把驱替流体推向较小的孔隙,上述作用机理已通过分析熔融玻璃柱[719]和砂岩岩心[720]的孔径分布得到证实。此外,生物质可以作为封堵剂,有助于改变储层渗透率分布。另外,除了生物质生长以外,还需要生成生物聚合物,以显著降低熔融玻璃和填砂管的渗透率[6,401,719,721-729],生物聚合物还能降低原油黏度和倾点[24]。研究表明,生物质还有乳化和脱硫作用[24]。实际上,微生物往往附着在孔隙表面上[715,730],生物膜能够改变孔隙表面的物理化学特性[731-732],进而改善储层岩石的润湿性。已经完成了一些细菌饥饿实验,以减小细菌大小,增加在储层中的渗透深度,然后提供养分用于细菌菌落生长并充当生物质[420]。与液相中悬浮的细菌相比,生物膜对生物杀菌剂表现出更强的抵抗力[733-735]。

10.11 微生物采油机理

首先应该认识到 MEOR 是多种作用机理和多种生物化学反应的组合而不是单一机理或反应[21,43,392,736],但是只有其中的一种机理起主要作用。Youssef[6]指出利用具有不同特性的微生物群落和多种提高采收率机理是一种有效的提高采收率策略[77,88,693,737]。微生物可以生成各种生化产物,包括生物表面活性剂、生物乳化剂、生物聚合物、生物质、生物酸、生物溶剂和生物气。影响地下微生物生命的主要参数包括[119-121]:

(1)化学因素,如营养组分、电解质组分、氧化还原电位[电子活度(Eh)]、氢离子活度(pH值)等;

(2)物理因素,如压力、温度、矿化度、孔径和孔隙几何形状、孔隙度、渗透率、溶解的固体类型;

(3)生物因素,如微生物代谢产物的细胞毒性以及微生物的特定类型。

10.11.1 碳氢化合物代谢和生物降解

碳氢化合物因结构特征表现出低化学反应特性,它们的生物降解需要特殊的生化反应[738]。氧在好氧烃降解中发挥主要作用,它是末端电子受体并提供高活性氧。20 世纪初以来,学者们一直在研究烷烃和其他脂肪族原油组分的微生物降解[739-742]。19 世纪 90 年代,研究发现了厌氧烷烃降解[743]。事实上,包括油藏在内的许多自然环境以缺氧或厌氧环境占主导地位[443,744]。缺氧条件下的烃的生物降解可能是微生物的一种进化代谢特征[738]。在厌氧条件下,微生物降解长链正构烷烃似乎更现实且与 MEOR 相关[121],厌氧烃生物降解会影响油藏的地球化学特征,也适用于污染场地的生物修复[738]。

原油中的石蜡可能会造成储层伤害。包括化学(如使用溶剂、分散剂、表面活性剂和蜡晶抑制剂)和物理(如物理刮除、井下电加热、热油或热水)方法都可以解除石蜡对储层的伤害,保障油井正常生产[453,745-751],只是这些方法的成本昂贵[6]。如前所述,消除石蜡沉积的最常见微生物方法是促进原位烃代谢[6]。根据文献,采用烃类降解微生物处理的油井在抽油杆等采油设备上沉积的石蜡较少,无须经常用热油除蜡[615,691,752-753],这显著降低了采油成本并延长了油井的经济寿命[412];但也有研究表明烃类降解微生物除蜡方法无效或获得了难以让人信服的结果[748,754]。

有证据表明,许多微生物能够在有氧和厌氧条件下降解碳氢化合物[19,388,691,755-757]。一些商业矿场试验使用特殊的碳氢生物降解剂混合物防止石蜡和沥青质沉积[81,615,691,748,753,758-759]。一些微生物可以附着在长链烃上并把它们分解成链长较短的烃(增大低碳烷烃与高碳烷烃的比值),而短链烃通常具有较低的黏度和更好的流动性[6,81,759-766]。Youssef[6]认为长链烷烃向短链烷烃的转化过程尚不清楚,也没有明确的微生物催化反应。据推测,烃类生物降解的另一种机理是部分烃转化为醛、醇和脂肪酸,并充当生物溶剂或生物表面活性剂[691]。大部分油藏的温度高于80℃,可抑制原油的厌氧降解[10,119,129]。

Head对油藏中的生物降解给出了独特评述,详见文献[119]。有氧[743]和厌氧[738]生物降解烃的文献非常多。

10.11.2 降低残余油的黏度

微生物降低原油黏度的两种主要作用机理[121,767]:
(1)微生物生成的代谢物如生物气,改变原油的物理性质[119,351,443,768];
(2)微生物把重油组分生物降解为轻烃组分[24,338,443,757,760,769-770]。

微生物代谢可以生成CO_2、H_2、N_2和CH_4等气体[24],代谢生成的酸还能与碳酸盐岩反应生成CO_2。微生物能生成足量的生物气,它们在原油中溶解并降低原油黏度。一些微生物还可以附着在长链烃上并把它降解为较短的链烃,而短链烃通常具有较低的黏度和更好的流动性[6,81,759-766]。微生物生成的生物溶剂通过溶解原油中的沥青质和重质组分来降低原油的黏度[24]。总之,生物溶剂如醇、酮和短链烃,与生物酸和生物气一样能降低原油黏度[771]。

10.11.3 增加水的黏度

增大水的黏度可以提高体积波及系数,还有助于残余油与水形成混溶。能够增大水的黏度的生物代谢产物有生物膜、生物聚合物、长链醇和脂肪酸[771]。已有多项研究表明微生物代谢产物能够增大水的黏度[15,24,768,772]。

10.11.4 选择性封堵

部分油藏存在高渗透条带,降低了总体水驱体积波及系数。生物质优先封堵大孔隙[719-720],降低高渗透区的渗透率,使注入流体流向更小孔隙。根据选择性封堵概念,微生物可以封堵高渗透通道(贼层),并使注入水流入低渗透区。改善渗透率分布有利于提高体积波及系数,采出更多的石油,从而提高石油采收率。室内实验证明,与低渗透通道相比,高渗透通道的渗透率降低得更多[773-774]。渗透率降低幅度仅取决于微生物的生长速度,与微生物类型无关,但有学者认为生物聚合物的生成比微生物集聚更有效[15]。此外,乳状液可以变得足够厚,有效封堵高渗透通道,增加低渗透区的渗流通道[775]。事实上,由于细菌细胞堵塞导致的孔喉堵塞和生物膜的形成,降低了储层渗透率,阻碍了流体流动[17]。根据微生物的作用特点,可能存在三种不同的封堵机制。

(1)物理封堵：大量生成高黏性有机物，如生物聚合物、生物膜[22,31,776]和生物乳液[31,775]。
(2)微生物封堵：利用生物质封堵[22,777]。
(3)化学封堵：代谢产物CO_2与无机物（如碳酸钙）生成化学沉淀[22,695-696]。

大量的研究表明微生物可以形成选择性封堵[629,639,695-696,712,714,778-783]。根据Fink[783]的实验，将含有生物聚合物和生物产酸细菌的混合物注入Berea砂岩岩心，渗透率分别从850mD、904mD降低至2.99mD、4.86mD。也有文献提出了生物质选择性有效封堵的4条标准[777]，如下：

(1)微生物细胞必须通过岩石基质运移；
(2)提供微生物生长所需的营养物；
(3)微生物群落应充分生长繁殖和(或)生成用于选择性封堵的生物产物；
(4)微生物繁殖速度必须可控，不能繁殖太快而堵塞井筒。

研究表明，地衣芽孢杆菌BNP29是一种合适的选择性封堵菌株，能够满足上述四条标准[545]，反之，SRB只能非选择性地封堵多孔介质并对采油产生不利影响，这说明了促进合适细菌生长对选择性封堵的重要性。另一种可能的封堵剂是无机生物质，微生物能够增强固体硫化物[784-785]的生成和碳酸盐[786,789]的沉淀，上述反应过程会受到水化学、表面电荷、营养物、pH值、流体流速和微生物生理学的影响[17,618-619]。

10.11.5 溶解部分矿物

生物酸和生物溶剂（如丙酮和乙醇等）可以溶解碳酸盐岩的某些组分，增大孔隙度和渗透率，更容易采出滞留的原油[31,391]，碳酸盐矿物溶解是孔隙度增大的原因[76,685]。微生物代谢可以生成生物酸和生物溶剂，而乙酸和丙酸等生物酸特别适合溶解碳酸盐岩的某些组分[15]，Siegert[10]认为微生物生成的生物酸可以水解碳酸盐。岩心驱替实验表明，碳酸盐岩溶解可促进碳酸盐岩中残余油的采出[8]，这种方法对碳酸盐矿物胶结的砂岩也很有效[66]。

10.11.6 改变润湿性

润湿性在控制储层流体的位置、流动和分布以及多相流（如原油在烃源岩和EOR中的运移）等方面发挥了关键作用[790,791]。有利的润湿性改变可以促进水的自发渗吸，提高水驱开发效果，最终提高石油采收率。微生物活动通过不同的作用机制形成预期的润湿性改变，通过这些作用机理可以生成生物表面活性剂、生物聚合物、生物质甚至酶，实例如下[66]：

(1)微生物直接附着在岩石基质表面。在这种情况下，接触角由非均质的矿物混合物和细菌表面特征综合决定。这种作用机理仅适用于细菌可以进入的大孔隙，孔隙直径至少应为$1\mu m$。

(2)生物化学物质吸附在矿物表面。微生物代谢产物（如生物表面活性剂）可以吸附在矿物表面上，并通过改变矿物表面的疏水性来改变润湿性。这种作用机理没有孔隙直径的限制。

(3)生物聚合物或胞外多糖包覆矿物质。这种机制在某种程度上类似于微生物直接附着在矿物表面。由于生物聚合物与微生物细胞息息相关，因此这种作用机制与细胞附着相对应。即使在细胞死亡的情况下，生物聚合物也会留下[792]。

裂缝性碳酸盐岩油藏蕴含了世界上大部分的石油储量[793]。这类油藏的基质表现为混合润湿或油湿,造成基质很难吸水,降低了驱替波及系数。事实上,这类油藏的残余油也不受水驱的影响[15],但可以把基质表面改变为亲水性来提高石油采收率[16]。微生物代谢产生的表面活性剂、酶或微生物可以在岩石表面形成生物膜来改变润湿性,而润湿性改变在碳酸盐与黏土中的油和表面活性剂吸附过程中起着非常重要的作用[10],但是碳酸盐和矿物表面的润湿性在砂岩储层的水驱油过程中起着次要作用。因此,微生物作用形成的润湿性反转不会在砂岩油藏提高采收率机理方面表现出乐观前景[66]。当碳氢化合物的降解微生物用生物膜包裹油滴时,润湿性的作用变得微不足道[771,794]。Karimi[715]的实验表明,与包括生物表面活性剂在内的许多其他微生物产物相比,生物膜在增强润湿性方面具有更显著的影响;也有研究表明盐水组分也会影响润湿性变化[795-797](图10.8)。

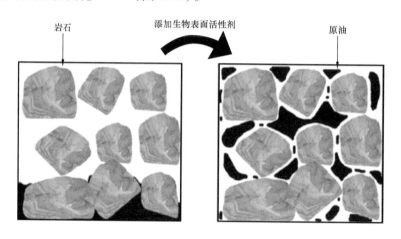

图10.8 依靠润湿性改变的 MEOR[31]

10.11.7 乳化作用

微生物能够生成生物乳化剂(高分子生物表面活性剂),形成微乳液,使水溶解在碳氢化合物中或碳氢化合物溶解在水中,更多信息详见第10.10.1节。

10.11.8 改变表面张力和界面张力

降低油和水之间的表面张力可以提高水驱采收率[31],表面活性剂是为了提高采收率而注入的化学物质。决定最佳生物表面活性剂特性的是较强的界面活性、低 CMC、良好的溶解性、耐 pH 值和耐温以及高乳化能力[798]。有关表面张力和界面张力改变的更多信息详见第10.10.1节。

10.11.9 提高储层压力

提高储层压力是提高石油采收率的常用方法[799]。增大驱替压力可以排出小孔隙中的剩余油[23,700]。微生物可以在油藏中就地生成生物气体,提高油藏压力,形成气驱。细菌通过碳氢化合物发酵生成 CH_4、H_2 和 CO_2 等气体[15],NRB 产生的 N_2 也可以提高油藏压力[18]。这些微生物代谢产生的气体都可以通过增加油藏压力来提高石油采收率,更多细节详见第10.10.5节。

10.11.10 原油膨胀

生物气体在原油中的溶解可以增大原油体积,降低原油密度,该过程称为原油膨胀,有助于原油驱替[66],更多细节详见第 10.10.5 节。

10.11.11 解除井筒伤害

清除井筒内的石蜡和沥青质沉积可以增大采油指数和提高采油速度,但不会提高采收率[23]。此外,微生物产生的生物酸、生物溶剂和生物气体可以溶解注入井中的岩屑和水垢,提高注入能力[6],虽然该过程不属于 EOR,但可以降低生产成本或增加日常收入,延长油田的生产周期[11,800]。已有文献证实了微生物除蜡在单井中的成功应用[81,691,801-802]。

10.12 微生物采油的限制条件及筛选标准

MEOR 最重要的工作是对储层特征的筛选,储层特征对微生物采油能否达到预期效果的影响非常大。Sheehy[803]指出,MEOR 矿场试验失败的主要原因是没有充分考虑微生物能够茁壮成长的储层特征和微生物的生理学特性。油藏的物理化学条件,如温度、压力、矿化度、pH 值、氧化还原电位等都会影响微生物的活动,如微生物的生长、繁殖、存活、代谢以及生成足量的所需生化物质的能力[84]。要想 MEOR 矿场试验取得成功必须事先进行适当的设计规划,不同学者提出的微生物采油筛选标准可能有所不同。

Maudgalya[23]仔细分析了 407 项 MEOR 矿场试验,然后指出 MEOR 最合适的条件是储层渗透率要大于 75mD、油藏温度低于 93℃。最近,Sheng[24]提出的 MEOR 筛选标准,见表 10.5。关于 MEOR 及其筛选标准的更多细节将在下文讨论。

表 10.5 Sheng 提出的 MEOR 筛选标准[24]

参数	适用范围
油藏温度	<98℃,最好<80℃
压力	10.5~20MPa
埋深	<3500m
孔隙度	>15%
渗透率	>50mD
地层水总溶解固体(TDS)	NaCl<15%
pH 值	4~9
原油密度	<0.966g/cm^3
原油黏度	5~50mPa·s
剩余油饱和度	>0.25
元素	砷、汞<15mg/L
井距	40acre/井

10.12.1 油藏工程研究

规划 MEOR 项目的第一步是清楚认识制约油藏生产的因素,并解决该问题[17,22]。在明确问题后,就可确定哪种微生物技术或微生物是最佳方案。油藏工程师必须从工程角度考虑 MEOR 实施过程中面临的问题[66,407]。例如,可以利用微生物(如生成表面活性剂的微生物)从多孔介质中驱替残余油。另外,为了矿堵水驱形成的贼层,采用原位生物聚合物可能是最好的 MEOR 解决方案。表 10.6 展示了 MEOR 现场应用中常见的生产问题及其可能的解决方案。在明确了制约石油生产的问题后,即可制订最佳的 MEOR 方案。为此,Volk 和 Hendry[22]建议必须进行 MEOR 参数优化,包括微生物生长速度、消耗和添加的单位质量底物的目标产物质量,以及生物产物的浓度和成分。

表 10.6 Bryant 和 Rhonda[392] 以及 Volk 和 Hendry[22] 修订后的 MEOR 生产问题及其合适的工艺

生产问题	MEOR 工艺	有益的微生物群落
储层伤害,低渗透油藏	井筒增产	通常是表面活性剂、气体、酸和醇
毛细管力形成的残余油	水驱	通常是表面活性剂、气体、酸和醇
波及系数低,高渗透通道	调整渗透率分布	生成聚合物和(或)大量生物质的微生物
析蜡、结垢	井筒清理	生成乳化剂、表面活性剂和酸的微生物。降解碳氢化合物的微生物
不利的流度比降低波及系数	聚合物驱	生成聚合物的微生物
水脊或气窜	大幅度减缓脊进	生成聚合物和(或)大量生物质的微生物

10.12.2 微生物学原理研究

MEOR 项目获得较好效果的另一个重要步骤是全面了解目的储层已有的微生物群落。微生物生命和生化循环的多样性对 MEOR 非常重要。如前所述,原油产量下降以后,原始微生物的多样性不会保留下来,因此,在实施 MEOR 之前了解微生物聚生体的状态比油藏生产之前了解要更重要[22]。在利用微生物生化活动提高石油采收率时,至少应该了解油藏中存在的微生物种类以及影响它们生长和生化活动的参数[17];应用原位提高采收率方法时,即使在极高盐度和嗜热油藏,也必须确定微生物生命的多样性[17,125,804-805]。油藏中已经存在的微生物很可能具有 MEOR 所需的生化活动;如果缺乏能够进行特定代谢的微生物,可以把特定微生物和营养物一起注入油藏,只是外源微生物的优势很难超越本源微生物。同时,所提供的营养物可能会引发不利的微生物活动,如酸化和腐蚀,因此向油藏注入营养物应格外小心[17]。

全球各油田表现出复杂的生物系统,在实验室精确模拟生物系统面临巨大挑战[15]。Maudgalya[23]在分析几个油田的 MEOR 试验后表示,大多数情况下的实验室研究结果不能在油田推广应用。例如,利用实验室岩心驱替和现场试验[88,687]分别测试了生成脂肽的芽孢杆菌菌株 JF-2[806]的性能,但二者的结果不一致。采用新的先进技术分析 MEOR 实验或试验数据,可以获得可接受的解释。通常,室内实验和矿场试验观察到的微生物行为是不一致的,使用特定的细菌类型有时会成功,有时也会失败[23-24],原因在于实验室不能完全模拟储层的动态环境[84];而且实验室岩心长度仅有几英寸到几英尺,不能真正代表含油气储层的特征[736];另外,不断繁殖的微生物还会与多孔介质发生一些化学和物理作用,这也是实验室无法模拟的[84]。因此,室内实验所用的岩心必须从含油气储层中获得,很多 MEOR 专利也都是以室内实验研究[736]为基础。

10.12.3 储层温度

温度是深层微生物生命的最重要影响因素[118],也是实施 MEOR 最重要的指标[24]。油藏深度和温度之间存在正相关关系,温度随着深度的增加而升高[25,807]。例如北海的温度梯度约为 2.5℃/100m[808],深度 3000m 储层的温度高达 90℃;温度高于 80℃ 的油藏很常见[119]。Bachman[121]研究表明,油藏温度介于 10℃(加拿大阿萨巴斯卡油砂[688])到 124℃[8],大部分处于 40~80℃[561,809-811];Donaldson[25]的研究表明,最高的油藏温度达到 404.4℃(怀俄明州),最低温度为 -5.6℃(密西西比州)。油藏温度高于 80℃ 可以防止原油发生厌氧降解[129],而且高温会阻碍微生物生成生化产物[25]。此外,酶是在化学反应中充当催化剂的蛋白质,温度对酶的功能有很大影响[24]。根据微生物可以生存的温度范围,可以分为嗜冷菌($<25℃$)、嗜温菌($20~45℃$)、嗜热菌($45~80℃$)和超嗜热菌($>80℃$),微生物嗜热的更多详情详见文献[812-814]。例如,肠系膜明串珠菌的耐热温度上限为 40℃[4],部分微生物的耐热温度上限达到 80℃[24],有些可以达到 115℃[24],还有一些甚至可以达到 121℃[122]。Maudgalya[23]和 Zahner[39]的研究都表明 MEOR 项目的最佳温度低于 93℃。在极端储层温度条件下,可能存在某些超嗜热菌[125,150,339,815],但是它们的内源特性却值得怀疑[6,339,815]。

10.12.4 储层压力

不同地理位置的地层压力梯度介于 $0.43~1.0$ psig/ft($0.973~2.262$ MPa/100m),某些区域的压力梯度会随着深度的增加而增大[816]。几十兆帕的静水压力不会阻止微生物的生存,但会对适应大气压的微生物生长产生不利影响[817-819]。Donaldson[25]认为极端压力会对微生物的生长和代谢产生很不利的影响。据 Schwarz[820]的研究,与大气压条件相比,在同样环境温度下增加压力将显著降低烃类代谢速度。EOR 最合适的压力范围为 $20~30$ MPa[84],当压力低于 $10~20$ MPa 时,通常不会对微生物代谢产生巨大影响[25]。对于许多嗜温微生物而言,几十兆帕的静水压力会阻碍细胞生长,并且在 50MPa 左右会完全阻止生长[821];一些细菌只能在 20MPa 的压力下存活[24]。压力效应可能取决于其他物理化学因素,如 pH 值、储层温度、培养基成分和氧供应[818,821-822];微生物的最大耐压值可能会受到数十兆帕的[823]营养物注入压力的影响,还会受压力持续时间的影响[821]。另外,上覆压力的增大也会降低砂岩渗透率[824],3000psig 的上覆压力把储层渗透率降低至无上覆压力情况下的 $59\%~89\%$,当上覆压力大于某个压力时,砂岩的渗透率不会因压力的进一步增加而降低[25]。Donaldson[25]认为,大多数 MEOR 需要耐压微生物,而不是嗜压微生物。耐压微生物可以在高压环境下生长,但它们的最佳生长并不依赖于高压环境,压力耐受性主要取决于生物物理条件[825]。高压环境下的微生物生长取决于所提供的能量资源、无机物、Eh(氧化还原电位)、pH 值和温度[25]。油藏中常见的盐类如 NaCl 以及二价阳离子如 Mg^{2+} 和 Ca^{2+},可以让一些海洋微生物具有更大的耐压性[25,826-828]。

10.12.5 地层水矿化度

第 10.5 节论述了水对微生物生长和代谢的重要性,而水主要来自海洋,把水注入油藏可以提高原油采收率。

地层水可能含有高溶解度的盐,其浓度从 0.1% 至饱和浓度[829],其中 NaCl 占地层水中总溶解固体的 90%[84]。微生物耐受 NaCl 的能力是 MEOR 的重要关键参数[25]。Donaldson[25]强调那些能够在较宽矿化度范围内生长的细菌最可能用于 MEOR,通常被称为中度嗜盐菌。Zahner 的研究[39]证明 MEOR 可以在地层水矿化度高达 140000mg/L TDS 下获得成功。但是,大多数用于 MEOR 的微生物并不能在地层水矿化度大于 100000mg/L 条件下发挥作用[23]。Grula[698]认为质量浓度为 5% NaCl 会显著减少梭菌属产生的溶剂量和气体量。但是,也有一些关于分离嗜盐产甲烷菌的研究表明,某些微生物可以在质量浓度为 15% 的 NaCl 下获得最佳的生长速度[272,830-831]。中等嗜盐菌也可以在高矿化度和有限的营养浓度条件下影响极端嗜盐菌,该条件通常也是 MEOR 的实施条件[25,832]。Fujiwara[833]强调,矿化度和 pH 值会影响酶的活性并改变微生物膜的厚度和细胞表面。油田地层水矿化度从几千 mg/L 到463000mg/L TDS[834],同一储层不同区域的地层水很可能存在不同的矿化度梯度[84]。Donaldson[25]认为微生物在高矿化度下的生长能力与其在高温下的生长能力之间存在正相关关系,而这种高温高盐油藏很普遍[835-838]。向高矿化度油藏大规模注入低矿化度水可以降低油藏整体矿化度,因此高矿化度油藏也适合MEOR。

10.12.6 地层水 pH 值

地层水的 pH 值范围很广,pH 值也被认为是影响微生物生长的主要环境因素之一[84]。微生物在弱碱环境下生长良好[10],在低 pH 值下微生物活性会受到不利影响[84]。通常,微生物生长的最佳 pH 值范围是 4.0~9.0[84,839],也有证据表明硫化叶菌在高温条件下可以承受 pH 值低于 2.0 的极端条件[840]。此外,Donaldson[25]分析了微生物在 pH 值从 1.0 到 12.0 的生长能力界限。在注入微生物之前,应利用实验[559-560,841]确定微生物在储层条件(如 pH 值)下的生长能力。pH 值会影响酶的活性,而且许多酶对 pH 值很敏感[84,833]。Jenneman 和 Clark[842]认为,油藏的主要 pH 值范围不会阻碍微生物的生长,但 pH 梯度会影响某些 MEOR 所需要的特定代谢过程,pH 值还通过影响有毒物质的溶解度来间接影响微生物的生长和代谢[25]。

10.12.7 储层岩性

MEOR 必须把营养物质(在某些情况下还包括微生物)注入储层,在驱替过程中,岩石和黏土对微生物细胞和营养物的吸附影响具有重要影响[25,629,843-844]。几种不同的矿物构成了油藏岩石,最常见的是沉积岩,但是在火成岩和变质岩中也可能发现碳氢化合物[25,816]。砂岩和碳酸盐岩(包括石灰岩和白云岩)是主要的沉积岩类型,并在其中发现了大量的碳氢化合物[25]。裂缝性碳酸盐岩油藏拥有世界上大部分的石油资源[793],其基质为混合润湿或油湿。碳酸盐和硅酸盐不会明显阻碍微生物活动,但储层岩石中的黏土和一些矿物质的吸附作用会影响微生物采油[25]。岩石表面带有的电荷可以吸附微生物并阻止其移动,黏土中的蒙脱石和高岭石分别具有最大和最小的离子交换能力,伊利石则表现出中等离子交换能力[25]。黏土吸水发生膨胀,也会影响了微生物的运移[25]。

10.12.8 多孔介质和微生物的尺寸

在仔细分析了几个矿场试验数据以后,Maudgalya[23]指出,适合 MEOR 的最小储层渗透率为75mD,也有研究[842]表明微生物能够有效运移的储层渗透率下限为75~100mD,还有一些研究表明微生物运移的渗透率可以小于75mD[646,845],此外,有证据显示微生物可以在渗透率为30mD的储层中运移[417]。不过,一些早期的MEOR室内实验出现了堵塞问题[72,846]。Davis和Updegraff[847]指出,为了避免微生物堵塞问题,孔隙的入口直径应至少是注入微生物细胞直径的两倍;Hitzman[848]的专利建议使用尺寸较小的孢子代替营养细胞。后来,有学者研究认为孢子也会造成储层堵塞,并建议注入尺寸更小的UMB[422]。Jack[849]的研究表明,注入的微生物尺寸应该很小,理想的微生物尺寸应小于目的储层孔喉直径的五分之一。在油藏中可以找到不同形态的细菌,例如杆状、弯曲杆状、球菌、四分体、链状等,它们的典型尺寸为长0.5~10.0μm、宽0.5~2.0μm[25],这也说明直径小于0.5μm的孔隙会严重阻碍微生物运移;不过还有学者在孔径小于0.2μm的连通孔隙中发现了大量的细菌活动[850]。根据Stiles[851]的渗透率计算结果,Gray[66]认为孔隙度小于6%的储层很容易造成微生物封堵。对比页岩与砂岩可以发现,前者的孔喉直径要小得多(小于0.2μm,而砂岩可达13μm)[852],因此微生物可能无法在页岩油藏基质中运移,而且营养物质的扩散速度也会很慢。Sheng[24]指出,储层孔隙的几何形状和尺寸确实会影响微生物的趋化作用,只是尚未在储层条件下得到证实。多孔介质的孔隙度、渗透率和孔径尺寸不仅影响微生物的运移,还会影响微生物的生长和代谢以及细菌细胞的大小和数量[25,853-855]。

10.12.9　原油重度

成功的MEOR试验适用于原油密度为0.82~0.96g/cm³的油藏[39],Pautz和Thomas[856]指出世界各地执行的MEOR项目的API度为34~40。

10.12.10　油藏埋深

深层油藏通常具有高温、高压、高盐以及低渗透特征,会对MEOR效果产生不利影响[23-24],因此深层油藏并不是实施MEOR的有利目标。油藏深度本身不会影响微生物的生长,只是油藏深度所对应的温度和压力会影响微生物的生长和代谢[25]。据美国国家石油能源研究所(NIPER)数据,世界各地MEOR项目的平均深度和最大深度分别为550m和800m[856]。

10.12.11　注采井距

矿场试验表明注入井附近的采油井中可以观察到微生物[857],即微生物可以在多孔介质中生长和运移。微生物在向采油井运移时会消耗所有营养物质[23,407],因此注采井距对MEOR取得成功非常重要。微生物在培养区内停留的时间称为停留时间,应比生物代谢产物达到既定浓度所经历的时间要长[407]。在注采井距较小的情况下,为了达到所需的生物代谢产物浓度,要求代谢率更高或使用浓度更高的微生物和营养物质。Sheng[24]认为MEOR的合理注采井距为40acre。

10.12.12　残余油饱和度

在大规模水驱以后,油藏中仍然残留着大量的石油,称为残余油[6]。为了应用MEOR,残余油饱和度应足够高以确保项目的经济性,Sheng[24]建议适合MEOR的残余油饱和度应大于0.25。

10.12.13 重金属

作为营养物质的重金属,其浓度通常介于 $10^{-3} \sim 10^{-4}$ mol/L[25],当实际浓度远高于该浓度范围时,重金属会对微生物产生非常强的毒性。通常,重金属浓度超过 10^{-3} mol/L 就会对许多微生物产生毒性,而高浓度的轻金属阳离子可能会形成抑制作用或促进作用[25,858]。pH 值、温度、压力和矿化度等参数会影响金属的溶解度,因此,确定储层条件下的金属毒性非常复杂[25]。例如,Bubela[859]研究表明,将温度从 53℃ 升高到 63℃ 会使铜对嗜热脂肪芽孢杆菌的毒性更大。储层中的铜、锌、三价铁等重金属的浓度可能高于微生物所需的浓度水平。Hitzman[860]认为砷和铅等重金属会对微生物生长产生不利影响,它们的浓度不应超过石油中或待实施 MEOR 储层中的重金属浓度。事实上,微生物受重金属影响的方式各不相同,有些微生物可以耐受非常高浓度的任何重金属[861]。Sheng[24]认为微生物适宜的砷和汞浓度应小于 15mg/L。

10.12.14 硫酸盐还原菌引起的酸化

之前的研究表明,硫酸盐还原菌(SRB)不利于 MEOR[15,21,129],但最近的研究显示 SRB 能降低原油黏度,补充油藏压力,产生的酸和气体(H_2S)可以把重质油转化为轻质油,而且它们还广泛分布在全球各个油藏中[304],因此 SRB 对 MEOR 有一定的积极作用[304,862]。此外,SRB 不能选择性封堵多孔介质[31],也对 MEOR 产生了不利影响。

利用含有高浓度硫酸盐的海水或卤水驱油是硫化物生成并形成酸化的原因[6,37,352]。在油藏温度和地表温度条件下,SRB 可以在海水中长期处于饥饿状态并存活下来[15]。有利于 SRB 生成硫化氢的条件包括:

(1)通过注水供给氮、硫酸盐和磷;

(2)通过注水(水温低于油藏)降低储层温度;

(3)储层中含有电子供体(有机酸和碳氢化合物)。

硫化氢(或酸)的危害包括[318,354,362,370,864-866]:

(1)腐蚀管道和设备;

(2)增加炼油和天然气处理成本;

(3)H_2S 剧毒,增加健康风险;

(4)硫化物沉积堵塞储层。

微生物引起的腐蚀可能是 SRB 产生的最重要的不利影响因素。与微生物腐蚀相关的成本约每年数亿美元[867-868],部分学者研究了 SRB 对黑色金属的腐蚀作用[310,315,554,867,869-871]。

常用杀菌剂如溴硝醇、甲醛、戊二醛、苯扎氯铵、椰油二胺和四羟甲基硫酸磷等常用来控制 H_2S 浓度[6,872],但使用杀菌剂也会带来一些其他问题,例如只有高浓度杀菌剂才能达到预期效果[863,873-874],同时也会危害操作人员的身体健康[6],造成环境污染。目前正在努力研发绿色可生物降解的杀菌剂来解决 SRB 存在的问题[875],例如把硝酸盐、亚硝酸盐、钼酸盐和无机营养物注入油藏,作为抑制硫酸盐还原、促进本源微生物生成 CO_2 的替代方法[876];硝酸盐或亚硝酸盐可以有效抑制酸化作用[138,346-360],也提高了 NRB 在油田的应用前景[345-346,361-362]。作为细菌电子受体,硝酸盐比硫酸盐能提供更多的能量,促进 NRB 生长,从而超过 SRB 的提高采收率作用[37,354,877]。添加硝酸盐抑制酸化的机理如下[6,863,878-882]：

（1）SRB 和 NRB 竞争电子供体；

（2）提高氧化还原电位，抑制 SRB；

（3）NRB 氧化 H_2S；

（4）生成不完全还原的氮化合物如 NO_2，阻止硫酸盐还原途径。

在不同情况下，一种作用机理可能会占主导地位或多种机理协同发挥作用[863]。NRB 包括 hNRB 和 SO-NRB，硝酸盐或亚硝酸盐还原比硫酸盐还原在能量方面更有利，前者在常见电子供体方面比 SRB 有竞争优势，即硝酸盐还原为氮或氨比硫酸盐还原能提供更多的自由能[688]，因此，NRB 比 SRB[37] 具有更高的摩尔生长效果。而 SO-NRB 的作用机理不同于 hNRB，它是以硝酸盐或亚硝酸盐作为电子受体，把硫化氢氧化成硫酸盐或硫，不会影响 SRB 的生长[6,874,881]。Youssef[6] 系统分析了相关的几个室内实验报告[318,865,881,883-884]，指出了 SO-NRB 降低硫化物浓度的重要性。

硫螺菌属能进行 hNRB 和 SO-NRB 代谢[885]。硫微螺菌株 CVO 和弓形菌菌株 FWKO 都属于 SO-NRB[363]，能够还原硝酸盐的其他微生物还有嗜乙酸反硝化弧菌、变形杆菌、弯曲杆菌属的 NO_3A/NO_2B/KW、Garciellanitroreducens 菌、Clostridiales 的第 XII 簇、土芽孢杆菌属的中等嗜热微生物[333,361,364,878,886]。Gittel[887] 认为，虽然没有专门评估 hNRB 和 SO-NRB 的活性，但与两种典型硝酸盐还原剂相关的微生物[包括变形菌（硫磺单胞菌属，弓形菌）和脱铁杆菌（脱铁杆菌属）]，对研究 MEOR 具有很好的前景。

10.13 矿场试验

1954 年，SoconyMobil 实验室在阿肯色州联合县 Lisbon 油田开展了第一次 MEOR 矿场试验，油井产量小幅增加，试验取得了小小成功[16,31,76-88]，并且分析了微生物采油的复杂性。但是 Volk 和 Liu[32] 认为，ClaudeZoBell 于 20 世纪 30 年代和 40 年代就已在美国进行了开创性的 MEOR 先导试验，该试验由加利福尼亚州拉霍亚的斯克里普斯海洋研究所负责实施；Premuzic 和 Woodhead[86] 也全面回顾了早期的 MEOR 实验。

苏联的 MEOR 矿场试验可以追溯到 20 世纪 60 年代，捷克斯洛伐克、波兰、匈牙利和罗马尼亚等东欧国家也进行了一些 MEOR 矿场试验[31]。例如，1971 年至 1982 年，罗马尼亚在这期间也实施了几次 MEOR 矿场试验，并报告了成功试验的结果[31,104]。Youssef[6] 介绍了一种改进的 MEOR 技术，采用了一种适合营养物和油藏条件（如温度和压力）的混合培养物，并且加大了营养物质的用量[105-114]。

2003 年，Van Hamme[19] 指出仅在美国已经完成了 400 多个 MEOR 矿场试验项目；Khire 和 Khan[43,115] 的研究表明美国已有 400 多口井实施了 MEOR；此外，微生物采油已在中国多个油田的 1000 多口井中进行了试验[32]。根据 Thomas[116] 研究，2007 年 EOR 方法每天生产约 250×10^4 bbl 石油，而 MEOR 的产量可以忽略不计；另据中国国土资源部报告，中国陆上油田约 500×10^8 bbl 原油储量可能适合 MEOR[32]。Youssef[6] 指出，许多 MEOR 矿场试验的采收率在 2~8 年内提高了 10%~340%[78,92,99,101,106,108,117]。2007 年，Maudgalya[23] 总结了 407 项矿场试验信息[11,76,78,87,108-110,114,351,392,408,410,702,763,766,780,800,803,849,888-904]，研究认为调整渗透率分布是 EOR 最成功的提高采收率机理。表 10.7 列举了部分 MEOR 矿场试验信息。

表 10.7 部分 MEOR 现场试验信息

国家	技术名称	油田实例	油田参数	微生物群落	营养物质	试验效果	参考文献
阿根廷	Batch, Squeeze	彼德拉斯科罗拉多油田 6 口井	两个独立的油藏。目标区块在产油井 85 口，日产石蜡基原油 430m³，平均单井日产油 5.8m³	烃类降解厌氧兼性微生物	营养来自直链烃	单井原油产量分别增加了 25.8%~110%，含水率分别下降 39.1%，59.5%，55.6%，72.8%，58.7%，40%，原油黏度也降低	[905]
阿根廷	MSPR	Vizcacheras 油田（Papagayos 储层）	两个主力油藏（Papagayos 和 Barrancas），60% 的原油产自 Papagayos 层，油藏温度 198℃，平均渗透率 1000mD，剩余油饱和度 25%	烃类降解厌氧兼性微生物	无机营养物（氮磷钾和微量元素）	提高原油采收率；降低含水率；改变了分流方程	[410]
阿根廷	APAC-Flow	Diadema 油田	绝对渗透率 500mD，埋深 900m，原油 21°API，束缚水饱和度 37%，原始地层压力 70kg/cm²，饱和压力 590kg/cm²，原油黏度 55mPa·s，体积系数 1.068m³/m³	通常为 160L 的微生物制剂和 28m³ 营养液	地层水	除了石油产量增加外，CO_2 的存在、乳状液减少、碳酸盐和碳酸氢盐浓度增加都证明了微生物作用	[902]
阿根廷	MIT[a]	彼德拉斯科罗拉多油田	目标区块在产油井 85 口，日产石蜡基原油 430m³，平均单井日产油 5.8m³	烃类降解厌氧兼性微生物	营养来自直链烃	该技术具有成本优势，易于实施且非常符合当地环境法规和生物安全问题	[905]
阿根廷	MEOR	Vizcacheras 油田	60% 的原油产自 Papagayos 层，油藏温度 198℃，平均渗透率 1000mD，有效孔隙度 25%，剩余油饱和度 25%	烃类降解厌氧兼性微生物	含有氮磷钾和微量元素的盐	通过低界面张力的原位生物表面活性剂改善油在短链溶剂中的流动性，注入井周边采油井的产油量增加、产水量减少，降低残余油饱和度	[410]
阿根廷	MEOR	La Ventana 油田		烃类降解厌氧兼性微生物	注入水	MEOR 在第一年增加原油总产量为 7893~21000bbl，第二年为 22358~40371bbl。未来五年保守估计新增石油产量为 138000~256000bbl	[894]

续表

国家	技术名称	油田实例	油田参数	微生物群落	营养物质	试验效果	参考文献
澳大利亚	BOS[b] system	昆士兰的Alton油田		具有表面活性特性的超微细菌	配制合适的基础培养基	积极影响	[42,571]
澳大利亚	MCF	昆士兰的Alton油田	油藏温度76℃,渗透率11~884mD,孔隙度15.4%~19.8%	产生生物代谢物的物种与油藏常驻微生物群之间的相互作用	地层水	石油产量增加了40%	[803]
巴西	CMR	巴西东北部的陆上油田	地层水矿化度2% NaCl	油藏本源微生物	适应的营养物	封堵高渗透条带;提高纵向波及系数;生成生物聚合物	[906]
保加利亚	CMR, ASMR[c]	全部		来自注入水和地层水中的本源石油氧化细菌	含有空气、铵离子和磷酸根离子的水;糖蜜2%	积极影响	[689]
加拿大	MSPR	高渗透重质油藏	硫松砂岩,埋深650m,油藏温度21℃,渗透率1500mD,孔隙度30%,重油,15°API	产生生物聚合物的细菌(肠膜明串珠菌)	干蔗糖;甜菜;糖蜜;淡水	表面张力从66.5mN/m降低至59.6mN/m;恢复了良好的流体流动性;pH值从6.4降低至6;生成的生物产品有乙酸、乳酸、乙醇和丙醇	[729,910]
加拿大	MEOR	试验油田位于Saskatchewan	平均孔隙度15.2%~21.5%,平均渗透率53~567mD,油藏温度47℃,埋深1200m,平均采收率29%,原油重度22~24°API	化学营养液与注入水混合	未知	油井产量增加200%,同时含水率降低10%	[911]
中国	微生物吞吐	扶余油藏	温度28℃,渗透率240mD,孔隙度27%,原油密度0.87g/cm³,油藏条件下的原油黏度40mPa·s	产生不溶性聚合物的微生物CJF-002	糖蜜	含水率从99%降至75%,石油产量从0.25t/d提高到2.0t/d	[779,896]

续表

国家	技术名称	油田实例	油田参数	微生物群落	营养物质	试验效果	参考文献
中国	微生物吞吐	大庆油田	五点井网,6口注入井,11口采油井,原油地质储量 175×10^4 t,油藏温度45℃	铜绿假单胞菌、油菜黄单胞菌、地衣芽孢杆菌和拟杆菌属一类的5GA	KH_2PO_4,NaH_2PO_4,$CaCl_2\cdot7H_2O$,$FeSO_4\cdot7H_2O$,$(NH_4)_2SO_4$,$MgSO_4\cdot7H_2O$;糖蜜5%;残糖4%;原油5%	原油采收率增加至34.3%,剩余油采收率为69.8%	[897,898]
中国	MEOR	新疆油田	含水饱和度80%,油藏温度约42℃,平均孔隙度29.9%,平均渗透率522mD	烃降解菌(HDB),硝酸盐还原菌(NRB),硫酸盐还原菌(SRB),产甲烷菌	碳氢化合物作为碳源	大量的微生物种群,包括HDB、NRB、SRB和产甲烷菌,在注水油藏中无处不在。该油藏通过促进NRB具有MEOR和SRB繁殖的生物控制潜力	[912,913]
中国	MEOR	扶余油田	砂岩油藏,埋深300~400m,温度30℃,平均渗透率240mD,平均孔隙度29%,含水率90%	生成不溶性聚合物的菌株CJF-002	糖蜜	MEOR可有效提高石油采收率,有望成为一种经济可行的技术	[833]
中国	MEOR	大庆低渗透油藏	6个油组,埋深500~2200m,渗透率0.1~200mD,黏度8~100mPa·s,含蜡量20%~30%	短芽孢杆菌和蜡状芽孢杆菌	碳氢化合物作为碳源	MEOR能够将石油采收率比水驱提高6.5%;原油黏度下降40%,蜡含量、胶质含量不同程度下降,改善原油流变性;MEOR和压裂组合开发低渗透油藏值得考虑;微生物处理后IFT降低50%;含水率下降45.2%~38.6%	[762,914]

续表

国家	技术名称	油田实例	油田参数	微生物群落	营养物质	试验效果	参考文献
中国	MEOR	大庆油田	砂岩油藏,2个油层;油藏温度70℃和73℃,孔隙度27.6%和24.9%,渗透率468mD和259mD,黏度75.8mPa·s和42.5mPa·s,密度0.8787g/cm³和0.8841g/cm³	节杆菌属、假单胞菌属和芽孢杆菌	原油(20g/L),$Na_2HPO_4·12H_2O$(0.8g/L),KH_2PO_4(0.45g/L),酵母抽提物(0.25g/L),蛋白胨(0.1g/L),NH_4Cl(2g/L),Na_2EDTA(0.25g/L)	含微生物的水驱技术具有提高高温油藏采收率的潜力;微生物可以在高温储层基质中茁壮生长、繁殖和运移;微生物采油的积极影响首先出现在那些与注入井连通性好的油井中	[915]
中国	MF	文明寨油田	孔隙度20%~30%,渗透率60~726mD,含油饱和度72.2%,平均有效厚度35.7m,原油密度0.88~0.92g/cm³,黏度36~200mPa·s,饱和压力7~9.6MPa	发酵菌、硫酸盐还原菌、铁还原菌、甲烷菌	地层水	微生物采油的井筒压力稳定,注水剖面更均匀;相应油井控水增油,总增油9536t;微生物驱油工艺具有巨大的经济效益和良好的应用前景	[916]
中国	MEOR	大庆油田	埋深427m,孔隙度16%,有效厚度9.2m,含蜡量20%,温度45℃,黏度6.7mPa·s	铜绿假单胞菌(P-1)(从被原油污染的水中分离)	葡萄糖20g/L;蛋白胨2g/L;Na_2HPO_4 2g/L;$(NH_4)_2SO_4$ 2g/L;KH_2PO_4 3g/L;$MgSO_4$ 2g/L;$CaCl_2$ 0.05g/L	铜绿假单胞菌(P-1)及其代谢产物(PIMP)浓度10%可使模拟油藏的采收率提高11.2%,同时注入压力降低40.1%。PIMP(10%)可使原油黏度降低38.5%	[169,561,626]

续表

国家	技术名称	油田实例	油田参数	微生物群落	营养物质	试验效果	参考文献
中国	MEOR	孔店油田	砂岩油藏,埋深1206~1435m,温度59℃,孔隙度33%,渗透率1.878D,原油密度0.9g/cm³,含油饱和度53%,原油含20%芳香族化合物,21.15%胶质和沥青质	厌氧嗜热微生物,包括发酵微生物(102~105个细胞/mL)、硫酸盐还原微生物(0~102个细胞/mL)和产甲烷微生物(0~103个细胞/mL)	Bacto胰蛋白胨(0.5g/L)、酵母提取物(2.5g/L)和葡萄糖(1.0g/L)	基于地层内源微生物激活的提高采收率方法适用于孔店油田	[917,918]
中国	MEOR	辽河油田	储层温度40~90℃,含水饱和度<80%,储层渗透率>50mD,含蜡量15%~25%,倾点25~35℃	芽孢杆菌(LWH 1);芽孢杆菌(LWH 2);和假单胞菌(LWH 3)	蜡是唯一碳源	试验井经混合微生物处理后的生产效果良好:石油产量增加561t;在4个月的试验过程中,4口井减少了16个周期的热洗处理和44个周期的添加剂;取得了可观的经济效益	[765]
中国	CMR[d], MFR[e], MSPR[f]	胜利油田(先导试验)		各种微生物。形成黏液的细菌:黄单胞菌、野油菜菌、黏菌短杆菌、胶状棒状杆菌;混合富集细菌培养物;假单胞菌、欧洲杆菌、梭菌、芽孢杆菌、拟杆菌;蜡样芽孢杆菌、短芽孢杆菌;烃降解菌株	水驱营养液如下:糖蜜4%~6%;糖蜜5%;残糖4%;原油5%;黄原胶3%	不同情况下的增油量为2001~122800t;降低含水率;延缓自然递减率	[16,762,915,921-930]

续表

国家	技术名称	油田实例	油田参数	微生物群落	营养物质	试验效果	参考文献
中国、丹麦	CMR[d], MFR[e], MSPR[f], MEOR	大庆孔店油田、新疆油田、吉林油田、华北宝利格油田、长庆靖安油田Y9、大庆油田（聚合物驱后）、8篇文献主要致力于利用不同的化学和物理实验室方法进行实验，分析和解释		各种微生物。形成黏液的细菌：黄单胞菌、野油菜菌、黏菌短杆菌、胶状棒状杆菌；含有芽孢杆菌、假单胞菌、欧洲杆菌、梭杆菌的混合的富集细菌培养物；酪丁酸梭菌的适应株；拟杆菌；蜡样芽孢杆菌；短芽孢杆菌；烃降解菌株	水驱营养液如下：糖蜜4%~6%；糖蜜5%；残糖4%；原油5%；黄胞胶3%	原油黏度降低7.7%；提高生产效果；调整井间渗透率剖面；降低表面张力；原油乳化；改善乳液稳定性；降低含水率；提高油井产量；改善注水剖面；运动黏度进一步降低；封堵高渗透条带；提高波及系数；提高石油产量；解除聚合物堵塞；石油产量增加了165%；原油黏度降低；烷烃组分改变；在90g/L矿化度下，应用糖蜜和适应菌株接种物对砂岩和碳酸盐岩心进行微生物提高石油采收率实验，结果表明，砂岩的采收率提高了38%，碳酸盐岩的采收率提高了25%	[16,762, 915, 918-927] [84]
英国	MHAF[g], MSPR	案例1		天然的厌氧菌株（高产酸剂）；特殊的饥饿细菌（细胞外聚合物的良好生产者）	可溶性碳水化合物；合适的生长培养基	有利和不利的效果都有	[901]
捷克斯洛伐克	CMR, MFR, ASMR	在油藏中进行初步试验		硫酸盐还原菌和假单胞菌SD的混合培养物	糖蜜	检测到微生物生长繁殖；降低原油黏度；硫酸还原菌发挥作用	[109,928]

续表

国家	技术名称	油田实例	油田参数	微生物群落	营养物质	试验效果	参考文献
东德	MFR, ASMR	碳酸盐岩油藏		嗜热混合培养物：芽孢杆菌和梭状芽孢杆菌；本土卤水微生物区系	添加氮和磷源的糖蜜2%~4%	提高石油产量；水油比从88%降低到34%	[929]
匈牙利	MFR	Demjen油田	砂岩和石灰岩，埋深198~2457m，温度207°F，渗透率10~700mD	混合污水污泥培养物；厌氧嗜热混合培养物（主要为梭菌、脱硫菌和假单胞菌）	蜜糖；蔗糖；KNO_3；Na_3PO_4	在几周至18个月的时间内，石油产量增加了12%~60%；产生了CO_2；pH值、原油黏度和水油比均降低	[101]
印度	CMR, MSPR	印度油田		多菌群：梭状芽孢杆菌型热厌氧菌和热球菌属	蜜糖3%	原油产量增加	[31]
印度尼西亚	MCF[h] Huff & Puff	Ledok油田	埋深186m，孔隙度26.6%，渗透率300mD，温度29℃	富含地衣芽孢杆菌的本土微生物	蜜糖	原油产量从8.18bbl/d增加至12.27bbl/d	[899]
马来西亚	CMR	Bokor陆上油田3口井	孔隙度15%~32%，渗透率50~4000mD，原油重度：190~220°API（浅层：457~915m）、370°API（深层:1920m）	适应性微生物	适应性营养物	降低含水率；石油产量分别增加15%、36%和120%；降低储层渗透率；2口井的表皮系数减小	[904,930,931]
马来西亚	MCP[i]	油田		分离和组合多种微生物以形成新型混合物	有机营养物	降低界面张力、原油黏度，提高水驱的微观驱油效率，石油产量提高20%~50%	[932]
中国		长庆油田27口	砂岩油藏，温度43~54℃，孔隙度11%~17.8%	兼性厌氧菌的混合培养物	兼性厌氧菌能运移，能够将正构烷烃作为唯一的碳食物来源	产量增加了17.5t/d或18%；单井原油产量增加0~48%；在3~6个月内增加原油2950m³。在另外20口井实施微生物提高采收率试验；15~30d的石油产量增加了18%；原油的含蜡量发生变化	[6,766]

续表

国家	技术名称	油田实例	油田参数	微生物群落	营养物质	试验效果	参考文献
中国	MEOR	长庆油田	砂岩油藏,有效厚度 2.6~29.6m,渗透率 1.66~149.2mD,温度 43~54℃,黏度(50℃) 4.29~6.58mPa·s,含蜡量 4.4%~12.98%,含水率 4%~76%,矿化度 17.13~104.4g/L	兼性厌氧菌的混合培养	将正构烷烃作为唯一的碳食物来源	产量增加 17.5t/d 或 18%;降低界面张力;改善原油流动性和油水关系	[766]
挪威		北海 MEOR 项目	深海油藏温度 60~100℃,压力 20~40MPa,平均采收率 30%~40%,	存在于北海水中的天然硝酸盐还原菌	在注入的海水中添加硝酸盐和 1% 的碳水化合物	开发效果不好	[415,933]
秘鲁		Talara 油田	原油重度 32~36°API			石油产量增加 36%~46%;增油量 2200~3080m³	[760]
波兰	MFR	在 Carpathian 油田进行了 16 次试验	油藏埋深 404~1144m,孔隙度 13%~25%	混合需氧菌和厌氧菌属:节杆菌属、梭菌属、分枝杆菌属、假单胞菌属和消化球菌属	蜜糖 4%	2~8 年显著增加石油产量 300%~360%;流体物性发生变化	[102]
罗马尼亚	CMR	罗马尼亚油田	埋深 102~475m,温度 27~55℃,渗透率 100~1500mD,原油黏度 6~53mPa·s,原油密度 0.85~0.91g/cm³	适应性混合浓缩营养液,梭状芽孢杆菌、芽孢杆菌和革兰氏阴性杆菌	蜜糖 4%	连续 5 个月的石油产量提高 100%~200%;降低了注水压力	[16,87,106,937]
罗马尼亚	CMR	罗马尼亚油田	埋深 102~475m,温度 27~55℃,渗透率 100~1500mD,原油黏度 6~53mPa·s,原油密度 0.85~0.91g/cm³	以梭状芽孢杆菌、芽孢杆菌和革兰氏阴性杆菌为主的适应性混合富集培养物	蜜糖 2%~4%	2 口油井的原油产量提高了 200%	[16,87,106,935,936]

续表

国家	技术名称	油田实例	油田参数	微生物群落	营养物质	试验效果	参考文献
罗马尼亚		Bragadiru油田	埋深780m，渗透率150~300mD，矿化度0.06%~0.3%，原油黏度9mPa·s	芽孢杆菌、梭菌、节杆菌、假单胞菌、微球菌	蜜糖	微生物吞吐采油，清洁井筒	[15]
罗马尼亚	MWS^j，MEW^k，MWC^l	罗马尼亚的油田	温度55℃，矿化度100~150g/L，埋深1000~1500m，原油黏度50mPa·s	适应性混合富集培养物	蜜糖	有效	[110]
俄罗斯	MSPR	Bashkiria油田		好氧和厌氧活性污泥菌	添加了部分生物促进剂和化学添加剂的废水	600口油井每年增加原油1000~2000t/井	[938]
俄罗斯	NF^m	位于西西伯利亚的Vyngapour油田		本源细菌；乳酸菌	当地工业废物；含氮磷钾的营养物	增油量为2268.6t，含水率降低	[939]
俄罗斯	MFR	在Romash-kino油田进行3个先导试验	砂岩和粉砂岩，埋深1500~1700m，孔隙度21.8%，渗透率500mD，原油密度0.871~0.876 g/cm³，温度30~40℃	水驱后的内源微生物（好氧和厌氧）	添加矿物盐的碳酸淡水	原油产量增加32.9%；井口产出物含有有机酸、表面活性剂、多糖、甲烷和碳酸	[377]
俄罗斯	MSPR	案例4		厌氧和好氧细菌如硫酸盐还原反硝化、腐败和酸丁酸发酵、纤维素消化	可水解基质中的泥煤生物量和淤泥	原油产量从180t/d增加到200~300t/d	[940]
俄罗斯	MFR	案例5		混合好氧和厌氧细菌	蜜糖4%	4个月内的原油产量增加了8%	[103]
沙特阿拉伯	CMF，CMR，MFR，MSPR	阿拉伯酋长国的7个油田	沙特阿拉伯的石油地质储量约为7000×10⁸bbl，占总石油储量的35%可通过常规方法生产	根据每种技术的要求提供足够的菌种	每种技术都有足够的营养	开采效果不佳	[31,83,941]
荷兰	MSPR	案例1		Betacocus-dextranicus（黏液形成菌）	蔗糖；糖蜜10%	石油产量显著增加；水油比由1/20降低至1/50	[87,942]

续表

国家	技术名称	油田实例	油田参数	微生物群落	营养物质	试验效果	参考文献
特立尼达和多巴哥	CMF	特立尼达油井			糖蜜2%~4%	开采效果不佳	[943]
阿联酋	MEOR	UAE油藏	灰岩岩心，孔隙度6%~26%，渗透率0.5~64mD，温度22℃	芽孢杆菌和梭状芽孢杆菌	无机粉状营养物	通过三次注入嗜热细菌提高石油采收率，提高采收率的机制似乎是通过细菌产生生物表面活性剂、沼气和生物质。生物表面活性剂降低了IFT，MEOR即使在致密的灰岩岩心中也能成功获得	[543]
英国	MHAF^n	Lidsey油田	水湿浅海灰岩，从埋深1020~1029m处获取7块岩心，孔隙度16.5%~19.8%，渗透率0.62~4.3mD	一种能够生成有机酸的天然厌氧菌	合适的碳水化合物来源	未造成井筒损坏；使用无腐蚀性、无害且环保的原料增加了裂缝长度	[779,901]
英国	MPPM^o	North Blowhorn Creek Unit油田	砂岩储层，埋深701m，原油地质储量1600×10^4bbl，原油产量3000bbl/d，20口注入井，32口采油井	在注入水中添加含氮磷微生物养分	钾、硝酸盐、磷酸二氢钠和糖蜜	前42个月增加原油产量6.9×10^4bbl，预计增加$40\sim60\times10^4$bbl，将油田的经济寿命延长60~137个月	[11]
美国	CMR	俄克拉荷马州塔尔萨单井增产注水试验		混合培养物：梭状芽孢杆菌、芽孢杆菌、地衣芽孢杆菌和革兰氏阴性棒状菌	糖蜜4%	原油产量增加79%	[889]
美国	CMR	进行单井的微生物增产试验		高发酵蔗糖蜜培养基的厌氧和兼性厌氧菌	蔗糖；糖蜜；磷酸盐；硝酸盐；酵母抽提物	显著增加原油产量	[944]
美国	CMR	Univ油田（俄克拉荷马州）		梭菌	糖蜜4%~8%；奶粉0.09%	石油产量连续30d增加100%；pH值降低；生成了气体、酸和溶剂	[413]

续表

国家	技术名称	油田实例	油田参数	微生物群落	营养物质	试验效果	参考文献
美国	CMR	单井增产试验		混合厌氧微生物培养	糖蜜	7个月内原油产量增加230%	[108]
美国	CMR	案例5		芽孢杆菌和梭菌的混合培养物液	糖蜜4%和可溶的矿物营养素$(NH_4)_3PE_4$	原油产量增加350%	[945]
美国	CMR	案例6		梭菌类型的培养液	糖蜜4%~10%。盐类：尿素、硝酸铵、醋酸乙醇酸	5个月的原油产量显著增加	[16]
美国	MFR	得克萨斯州阿尔法环境现场测试		烃类降解菌的混合培养液	无机氮；磷酸盐营养素；生物催化剂	由于生成了表面活性剂和二氧化碳而提高了石油采收率；pH值和石蜡降低；API重度增加	[900]
美国	MFR	Loco油田先导试验（重油油藏21°API）		梭状芽孢杆菌的特殊适应菌株	水；玉米糖浆；一些矿物盐	生成的CO_2降低石油黏度；生成丁醇和表面活性剂；改善流度，提高波及系数	[890]
美国	MFR	俄克拉荷马州塔尔萨进行单井增产增注试验		梭菌、地衣芽孢杆菌和革兰氏阴性杆菌的混合培养物	糖蜜2%~4%	10个月后，石油产量提高13%，水油比降低30%	[889]
美国	MFR	阿肯色州白垩系Na-catoch储层	埋深585m，温度90~105℃，渗透率5770mD，孔隙度30.5%，原油黏度4.48mPa·s，36°API	丙酮丁醇梭菌	糖蜜2%	原油产量增加了250%	[76]
美国	MFR	案例11			蜜糖，矿物盐	平均单井产量增加42%	[108]
美国	MSPR	案例12		表面活性剂和助表面活性剂产气培养液；聚合物多糖产气培养液	注射介质（未提及成分）	在有限时间内，原油产量有所增加	[108]

续表

国家	技术名称	油田实例	油田参数	微生物群落	营养物质	试验效果	参考文献
美国	MSPR	案例13		烃脱硫弧菌	乳酸钙或钠；抗坏血酸；酵母抽提物；K_2HPO_4；氯化钠；琼脂凝胶剂	原油产量增加66%	[108]
美国	MFFR^p	案例14		混合海洋源微生物的培养液	控制石蜡沉积的营养盐溶液	3个月内原油产量增加166%	[108]
美国	PRT^q	Chelsea-Alluwe油田的Bartlesville砂岩储层	埋深122m，渗透率16mD，矿化度2.9%，原油黏度6mPa·s	芽孢杆菌、梭状芽孢杆菌	甘蔗糖蜜	原油产量增加20%	[15]
美国		SE Vasser Vertz 砂岩油田 Vertz 砂岩储层	埋深550m，渗透率60~181mD，矿化度11~19%，原油黏度2.9mPa·s	本源微生物	糖蜜，NH_4NO_3	渗透率降低	[15,702]
美国		Permian 盆地的72口油井	39.4°API，原油黏度25mPa·s	天然存在、非致病性和非基因工程的兼性厌氧菌微生物混合物	未知	重度增加2.5°API，在100°F时黏度降低10mPa·s，倾点降低17°F，溶剂组分增加12%	[615]
美国	CMR，MFR，MSPR，ASMR，MCSC，MSDR，MPR			芽孢杆菌、梭状芽孢杆菌、假单胞菌、革兰氏阴性杆菌的纯培养液或混合培养物，烃类降解菌的混合培养液，海洋源细菌的混合培养液，梭菌孢子悬浮液，本土地层微生物，形成黏液的细菌，超微细菌	糖蜜2%~4%，含糖蜜和硝酸铵的添加剂，玉米糖浆矿物盐，麦芽糊精和OPE，盐溶液，蔗糖10%，蛋白胨1%，NaCl 0.5%~30%，含有氮和磷以及硝酸盐的盐水，可生物降解的石蜡馏分+矿物盐，天然含有无机和有机N、P的物质	增加原油产量	[16]

续表

国家	技术名称	油田实例	油田参数	微生物群落	营养物质	试验效果	参考文献
美国		2000 多口油井	70%砂岩,30%碳酸盐岩			单井增产效果持续14~44个月;单井增油 340~4110m³	[6,800]
美国		Prudhoe Bay 油田	试验井均位于 Zulu 储层。构造顶部的平均垂深(TVD)2736m,平均砂层厚度24m。油藏温度196℉,而油藏压力估计3400psi				[754]
美国	MEW^u	Delaware-Childers 油田	砂岩油藏,21口注入井,15口采油井,裸眼完井,平均含油饱和度30%,埋深183m,油藏温度80℉,渗透率52mD,原油黏度7mPa·s,35°API	梭菌属,地衣芽孢杆菌,芽孢杆菌属,革兰氏阴性棒	糖蜜	原油产量提高约13%,所有监测的采油井的水油比下降了35%,微生物试验对注入能力没有不利影响	[409]
美国	RMA^r	7个先导试验区	有效厚度2.27m,孔隙度18.7%,原始含油饱和度0.784,气测渗透率328mD	多孔介质中形成的碳氢化合物的微生物降解	添加了氮和磷矿物盐的注入水	原油产量增加7×10⁴bbl	[892]
美国	MEOR	成功试验研究	埋深1356~2103m,有效厚度5~18m,孔隙度7.9%~23.2%,渗透率1.7~300mD,温度110~180℃,矿化度8000~18000mg/L,氯化物	能够产生营养的兼性厌氧菌	盐水	降低原油黏度和残余油饱和度可提高石油采收率,单井产量提高10%~500%,平均39%,到目前为止,石油采收率平均增加了32%	[895]
美国	MMEOR^s	微生物采油现场试验	先导试验包含1口注入井和3口采油井	厌氧、兼性和见氧嗜盐细菌的种群	含盐15%~19%的糖蜜	渗透率显著降低;已增加原油产量13.1m³,CO₂含量增加	[888]
美国	MEOR	NBU 油田	砂岩储层,埋深914m,温度40~45℃,井底压力800psi,40°API,原油黏度3mPa·s	本源微生物的原位生长	麦芽糊精(碳源)和磷酸乙酯(磷酸盐源)	注入流体的相对渗透率下降33%,油井表皮因子为负值	[780]
委内瑞拉	MFR	委内瑞拉的油井	温度65~70℃,压力1400psi	混合培养液	糖蜜	有利和不利的效果均有	[16,31]

续表

国家	技术名称	油田实例	油田参数	微生物群落	营养物质	试验效果	参考文献
委内瑞拉		马拉开波湖的25口油井	10～19°API	Para-Bac/S 用于控制石蜡，Ben-Bac 用于防止沥青质沉积和改善原油流动性，Corroso-Bac 通过隔离、成膜和去除固体保护井下和地面设备免受腐蚀	未知	微生物减少了井筒和储层中的石蜡沉积、沥青质结块和其他问题。在增产过程中，微生物产生的表面活性剂和溶剂降低油水界面张力，通过改变润湿性和降低表面张力来改变油相渗透率	[764]

IR—增加的可采储量	a—微生物改良技术	m—营养物驱油
SRB—硫酸盐还原菌	b—油井生物增产技术	n—微生物水力酸化压裂
HDB—碳氢化合物降解菌	c—本源微生物采油	o—微生物调剖
NRB—硝酸盐还原菌	d—微生物吞吐采油	p—微生物压裂液
PIMP—铜绿假单胞菌（P-1）及代谢产物	e—微生物驱油	q—清蜡处理
OPE—有机磷酸酯	f—微生物选择性封堵	r—本源微生物激活
MEOR—微生物提高采油率	g—微生物碳氢化合物厌氧发酵	s—多井微生物提高采收率
IFT—界面张力	h—微生物岩心驱油	t—清蜡处理
	i—微生物培养液产品	u—微生物强化水驱
	j—微生物增产	v—本源微生物激活
	k—微生物强化水驱	w—多井微生物提高采收率
	l—微生物清洁井筒	

10.14 生物酶采油

1998年，Harris 和 Mckay[946]首次建议注入生物酶采油，原因如下：

（1）生物聚合物的酶预处理可以提高生物聚合物采油效果；

（2）在钻井过程中发挥处理特性和破胶作用，破坏滤饼的形成；

（3）碳氢化合物脱硫；

（4）利用生物酶生成酸液，用于地层伤害处理、碳酸盐基质酸化等。

利用生物酶采油是一种新的 MEOR 概念。一般而言，在水驱过程中添加生物酶可以提高砂岩和碳酸盐岩心的原油采收率[60]。酶是由活细胞合成的一组特定蛋白质，能够催化多种生化反应[947]。作为催化剂，酶可以降低反应的活化能，显著提高反应速度[948-949]，而且生物酶还可以降解不需要的化学物质或生成所需的化学物质[946]。一些具有提高采收率潜力的生物酶如下[60]：

（1）Greenzyme 是一种具有商业价值的 EOR 生物酶，由酶和稳定剂（表面活性剂）组成；

（2）Zonase 群落包括 Zonase1 和 Zonase2 等两种纯酶，均为蛋白酶，其催化作用是水解（分解）肽键；

(3) Novozyme 群落包括 NZ2、NZ3 和 NZ6 等三种纯酶,均为酯酶,其催化作用是水解酯键;

(4) α-乳清蛋白是一种重要的乳清蛋白。

促进生物酶提高原油采收率的主要机理是酶蛋白的吸附能力和水湿性的增强[950]。酶蛋白可以把润湿性转变为亲水性来提高水驱油效率,尤其在油湿储层中的效果更好[60,951-952]。生物酶可以改变流体与岩石的界面张力,影响润湿性和毛细管力作用,还可以形成乳液,有利于提高采收率[60,953]。此外,生物酶可以降解发酵过程中生成的不溶性细菌细胞以及分子聚集体或微凝胶来提高封堵效果,进而提高生物聚合物的驱油效率[954]。生物酶催化反应过程中的产物可以提高封堵效果,因此酶也可以改善储层渗透率分布[955],已有学者提出了应用生物酶改变常规储层和裂缝储层的渗透率分布[955,956],例如 Nemati 和 Voordouw[955] 成功地利用酶催化 $CaCO_3$ 储层,降低了储层渗透率。已有几种水解酶(催化化学键水解的酶)可以分解原油组分[60],例如,水解酶通过水来催化键的断裂,可能把原油组分分解成小分子或更多极性分子,前者可以增强水溶性、降低界面活性,后者如水解酯可以生成酸和醇[60]。上述催化过程可能会影响润湿性和界面张力(图 10.9)。Khusainova[957] 指出原油中可能含有游离化合物(如邻苯二甲酸二辛酯)[958] 或高分子化合物中的结合元素的酯[959];部分学者研究了酶在解除钻井造成储层损害方面的应用[960-964];Nasiri[60] 指出,相比对油—水—固性质的影响,酶对油—水性质的影响微不足道。

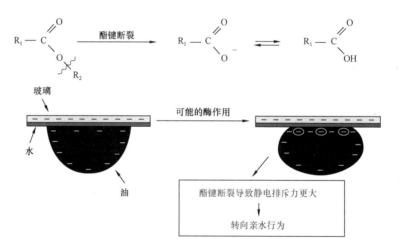

图 10.9 酶分解酯键并改变固体润湿性的行为[60]

生物酶的性能受温度影响[24],地层水的矿化度和 pH 值也是影响生物酶活性并改变膜厚度和细胞厚度的因素[833]。某些酶可以耐受极端的 pH 值、矿化度和压力条件[965]。

10.15 基因工程菌采油

常规的 MEOR 方法是把可用的本源微生物和有限的适用性状组合结合起来。每种细菌类型都有其特有的特征,这些特征与某些限制条件有关[4]。例如能够大量生成所需生物酸的某种细菌类型可能无法在油藏苛刻的 pH 值条件下存活。这些限制和约束条件激发了一种石油工业生物技术即基因工程 MEOR(GEMEOR)。GEMEOR 利用诱变、重组和原生质体融合等基因工程方法,结合不同微生物的有利性状,制造出更有效的菌株来提高原油采收率[6,966-967]。这种方法可以使基因工程细菌菌株生成具有良好特性的生化物质[31]。GEMEOR 可以使提高采收技术具有更好的经济可行性。设计基因工程菌株的主要优点是[31]:

(1)耐受恶劣环境条件;
(2)选择性地大量生成生化产物;
(3)能够在更便宜的基材上生长。

利用基因工程方法,可以通过原生质体融合把生物体的 DNA 序列插入宿主中或把重组质粒 DNA 掺入感受态细胞[968],也可以使用原生质体融合开发杂交菌株[31]。

参 考 文 献

[1] World Population, in: International Programs, Census Bureau, International Data Base, US, 2017.
[2] C. Hall, et al., Hydrocarbons and the evolution of human culture, Nature 426 (2003) 318-322.
[3] International Energy Outlook DOE/EIA-0484, Energy Information Administration, U.S. Department of Energy, Washington, D. C., 2010. 2010.
[4] International Energy Outlook DOE/EIA-0484, Energy Information Administration, U.S. Department of Energy, Washington, D. C., 2017. 2017.
[5] Annual Energy Outlook DOE/EIA-0383, Energy Information Administration, U.S. Department of Energy, Washington, D. C., 2007. 2007.
[6] N. Youssef, et al., Microbial processes in oil fields: culprits, problems, and opportunities, Adv. Appl. Microbiol. 66 (2009) 141-251.
[7] B. Ollivier, M. Magot, Petroleum Microbiology, ASM Press, Washington, D. C., 2005.
[8] L. R. Brown, Microbial enhanced oil recovery (MEOR), Curr. Opin. Microbiol. 13 (2010)316-320.
[9] A. Lundquist, et al., Energy for a new century: increasing domestic energy supplies, National Energy Policy, Report of the National Energy Policy Development Group, 2001, pp. 69-90.
[10] M. Siegert, et al., Starting up microbial enhanced oil recovery, in: A. Schippers, F. Glombitza,W. Sand (Eds.), Geobiotechnology II. Advances in Biochemical Engineering/Biotechnology,Springer, Berlin, Heidelberg, 2013, pp. 1-94.
[11] L. Brown, et al., Slowing production decline and extending the economic life of an oil field: new MEOR technology, SPE/DOE Improved Oil Recovery Symposium, Society of Petroleum Engineers, Tulsa, Oklahoma, 2000.
[12] R. A. Kerr, USGS optimistic on world oil prospects, Science 289 (2000). 237-237.
[13] M. D. Mehta, J. J. Gair, Social, political, legal and ethical areas of inquiry in biotechnology and genetic engineering, Technol. Soc. 23 (2001) 241-264.
[14] J. Giles, Oil exploration: every last drop, Nature 429 (2004) 694-695.
[15] R. Sen, Biotechnology in petroleum recovery: the microbial EOR, Prog. Energy Combust. Sci. 34(2008) 714-724.
[16] I. Lazar, et al., Microbial enhanced oil recovery (MEOR), Pet. Sci. Technol. 25 (2007) 1353-1366.
[17] M. J. McInerney, et al., Microbially enhanced oil recovery: past, present, and future, in: B. Ollivier, M. Magot (Eds.), Petroleum Microbiology, ASM Press, Washington, DC, 2005, pp. 215-238.
[18] S. Belyaev, et al., Use of microorganisms in the biotechnology for the enhancement of oil recovery, Microbiology 73 (2004) 590-598.

[19] J. D. Van Hamme, et al., Recent advances in petroleum microbiology, Microbiol. Mol. Biol. Rev. 67 (2003) 503–549.

[20] B. Govreau, et al., Field applications of organic oil recovery – a new MEOR method – Chapter 21, in: J. Sheng (Ed.), Chapter 21 – Enhanced Oil Recovery Field Case Studies, Gulf Professional Publishing, Bostan, Massachusetts, 2013, pp. 572–605.

[21] C. Bass, H. Lappin – Scott, The bad guys and the good guys in petroleum microbiology, Oil field Rev. 9 (1997) 17–25.

[22] H. Volk, P. Hendry, 3 – Oil recovery: fundamental approaches and principles of microbially enhanced oil recovery, in: K. N. Timmis (Ed.), Handbook of Hydrocarbon and Lipid Microbiology, Springer, Berlin, Heidelberg, 2010, pp. 2727–2738.

[23] S. Maudgalya, et al., Microbially enhanced oil recovery technologies: a review of the past, presentand future, Production and Operations Symposium, Society of Petroleum Engineers, Oklahoma City, Oklahoma, 2007.

[24] J. J. Sheng, Introduction to MEOR and its field applications in China, in: J. J. Sheng (Ed.), Enhanced Oil Recovery Field Case Studies, Gulf Professional Publishing, Bostan, Massachusetts, 2013, pp. 543–559.

[25] E. C. Donaldson, et al., Microbial Enhanced Oil Recovery, Elsevier, Amsterdam, Netherlands, 1989.

[26] P. Simandoux, et al., Managing the cost of enhanced oil recovery, Revue de l'Institut Français duPétrole 45 (1990) 131–139.

[27] B. Shibulal, et al., Microbial enhanced heavy oil recovery by the aid of inhabitant spore – forming bacteria: an insight review, Sci. World J. 2014 (2014) 1–12.

[28] R. S. Bryant, et al., Chapter 14 Microbial enhanced oil recovery, in: E. C. Donaldson, G. V. Chilingarian, T. F. Yen (Eds.), Developments in Petroleum Science, Elsevier, Amsterdam, Netherlands, 1989, pp. 423–450.

[29] J. Monod, La technique de culture continue: theorie et applications, Ann. l' Inst. Pasteur 79 (1950) 390–410.

[30] D. W. Green, G. P. Willhite, Enhanced Oil Recovery, Society of Petroleum Engineers, Richardson, Texas, 1998.

[31] J. Patel, et al., Recent developments in microbial enhanced oil recovery, Renewable Sustainable Energy Rev. 52 (2015) 1539–1558.

[32] H. Volk, K. Liu, 3 – Oil recovery: experiences and economics of microbially enhanced oil recovery (MEOR), in: K. N. Timmis (Ed.), Handbook of Hydrocarbon and Lipid Microbiology, Springer, Berlin, Heidelberg, 2010, pp. 2739–2751.

[33] M. Bao, et al., Laboratory study on activating indigenous microorganisms to enhance oil recovery in Shengli Oilfield, J. Pet. Sci. Eng. 66 (2009) 42–46.

[34] O. J. Hao, et al., Sulfate – reducing bacteria, Crit. Rev. Environ. Sci. Technol. 26 (1996) 155–187.

[35] R. Cord – Ruwisch, et al., Sulfate – reducing bacteria and their activities in oil production, J. Pet. Technol. 39 (1987) 97–106.

[36] W. Lee, et al., Role of sulfate – reducing bacteria in corrosion of mild steel: a review, Biofouling 8 (1995) 165–194.

[37] E. Sunde, T. Torsvik, Microbial control of hydrogen sulfide production in oil reservoirs, in: B. Ollivier, M. Magot (Eds.), Petroleum Microbiology, ASM Press, Washington, DC, 2005, pp. 201–214.

[38] J. Odom, Industrial and environmental activities of sulfate – reducing bacteria, in: J. M. Odom, R. Singleton (Eds.), The Sulfate – Reducing Bacteria: Contemporary Perspectives, Springer, New York, NY, 1993, pp. 189–210.

[39] R. L. Zahner, et al., What has been learned from a hundred MEOR applications, SPE Enhanced Oil Recovery

Conference, Society of Petroleum Engineers, Kuala Lumpur, Malaysia, 2011.
[40] F. F. Craig, The Reservoir Engineering Aspects of Waterflooding, HL Doherty Memorial Fund of AIME, New York, NY, 1971.
[41] T. Jack, Microbially enhanced oil recovery, Biorecovery 1 (1988) 59 – 73.
[42] E. C. Donaldson, Microbial Enhancement of Oil Recovery – Recent Advances, Elsevier, Amsterdam, Netherlands, 1991.
[43] J. Khire, M. Khan, Microbially enhanced oil recovery (MEOR). Part 1. Importance and mechanism of MEOR, Enzyme Microb. Technol. 16 (1994) 170 – 172.
[44] A. Tarek, Reservoir Engineering Handbook, Butterworth – Heinemann, US, 2000.
[45] S. C. Ayirala, Surfactant – induced relative permeability modifications for oil recovery enhancement, in: The Department of Petroleum Engineering, Louisiana State University, Baton Rouge, Louisiana, 2002.
[46] W. Xu, Experimental investigation of dynamic interfacial interactions at reservoir conditions, in: The Craft and Hawkins Department of Petroleum Engineering Louisiana State University, BatonRouge, Louisiana, 2005.
[47] J. Taber, Dynamic and static forces required to remove a discontinuous oil phase from porous media containing both oil and water, Soc. Pet. Eng. J. 9 (1969) 3 – 12.
[48] L. Lake, Enhanced Oil Recovery, Prentice Hall, Englewood Cliffs, New Jersey, 1989.
[49] Schlumberger, Capillary number, in: Oil field Glossary, Schlumberger, 2017.
[50] R. L. Reed, R. N. Healy, Some physicochemical aspects of microemulsion flooding: a review, in: D. O. Shah, R. S. Schechter (Eds.), Improved Oil Recovery by Surfactant and Polymer Flooding, Academic Press, New York, NY, 1977, pp. 383 – 437.
[51] S. – C. Lin, et al., Structural and immunological characterization of a biosurfactant produced by Bacillus licheniformis JF – 2, Appl. Environ. Microbiol. 60 (1994) 31 – 38.
[52] M. J. McInerney, et al., Properties of the biosurfactant produced by Bacillus licheniformis strain JF – 2, J. Ind. Microbiol. 5 (1990) 95 – 101.
[53] T. T. Nguyen, et al., Rhamnolipid biosurfactant mixtures for environmental remediation, WaterRes. 42 (2008) 1735 – 1743.
[54] N. H. Youssef, et al., Basis for formulating biosurfactant mixtures to achieve ultra low interfacial tension values against hydrocarbons, J. Ind. Microbiol. Biotechnol. 34 (2007) 497 – 507.
[55] J. O. Amaefule, L. L. Handy, The effect of interfacial tensions on relative oil/water permeabilities of consolidated porous media, Soc. Pet. Eng. J. 22 (1982) 371 – 381.
[56] S. Kumar, et al., Relative permeability functions for high – and low – tension systems at elevated temperatures, SPE California Regional Meeting, Society of Petroleum Engineers, Bakersfield, California, 1985.
[57] T. Maldal, et al., Correlation of capillary number curves and remaining oil saturations for reservoir and model sandstones, In Situ 21 (1997) 239 – 269.
[58] P. Shen, et al., The influence of interfacial tension on water – oil two – phase relative permeability, SPE/DOE Symposium on Improved Oil Recovery, Society of Petroleum Engineers, Tulsa, Oklahoma, 2006.
[59] A. A. Hamouda, O. Karoussi, Effect of temperature, wettability and relative permeability on oil recovery from oil – wet chalk, Energies 1 (2008) 19 – 34.
[60] H. Nasiri, Enzymes for enhanced oil recovery (EOR), in: Centre for Integrated Petroleum Research, Department of Chemistry, University of Bergen, Bergen, Norway, 2011.
[61] S. M. Skjæveland, J. Kleppe, SPOR Monograph, Recent advances in improved oil recovery methods for north sea sandstone reservoirs, Norwegian Petroleum Directorate, Norway, 1992.
[62] P. Berger, C. Lee, Ultra – low concentration surfactants for sandstone and limestone floods, SPE/DOE Improved Oil Recovery Symposium, Society of Petroleum Engineers, Tulsa, Oklahoma, 2002.

[63] A. Cui, Experimental study of microbial enhanced oil recovery and its impact on residual oil in sandstones, in: Petroleum and Geosystems Engineering, The University of Texas at Austin, Austin, Texas 2016.

[64] R. D. Sydansk, L. Romero – Zerón, Reservoir Conformance Improvement, Society of Petroleum Engineers, Richardson, Texas, 2011.

[65] C. Hutchinson, Reservoir in homogeneity assessment and control, Pet. Eng. 31 (1959) 19 – 26.

[66] M. Gray, et al., Potential microbial enhanced oil recovery processes: a critical analysis, SPE Annual Technical Conference and Exhibition, Society of Petroleum Engineers, Denver, Colorado, 2008.

[67] E. S. Bastin, The problem of the natural reduction of sulphates, Am. Assoc. Pet. Geol. Bull. 10 (1926) 1270 – 1299.

[68] J. Beckman, Action of bacteria on mineral oil, J. Ind. Eng. Chem. 4 (1926) 21 – 22.

[69] C. E. ZoBell, Bacterial release of oil from oil – bearing materials, Part I, World Oil 126 (1947) 1 – 11.

[70] C. E. ZoBell, Bacterial release of oil from oil – bearing materials, Part II, World Oil 127 (1947) 1 – 11.

[71] C. E. Zobell, Bacteriological process for treatment of fluid – bearing earth formations, in American Petroleum Inst US, 1946.

[72] J. V. Beck, Use of bacteria for releasing oil from sands, Prod. Mon. 11 (1947) 13 – 19.

[73] C. E. Zobell, Recovery of hydrocarbons, in Texaco Development Corp US, 1953.

[74] D. M. Updegraff, G. B. Wren, Secondary recovery of petroleum oil by Desulfovibrio, in Exxon Mobil Oil Corp US, 1953.

[75] D. M. Updegraff, Recovery of petroleum oil, in Exxon Mobil Oil Corp US, 1957.

[76] H. Yarbrough, V. Coty, Microbially enhanced oil recovery from the upper cretaceous nacatoch formation, Union County, Arkansas, in: E. C. Donaldson, J. B. Clark (Eds.), International Conferenceon Microbial Enhancement of Oil Recovery, NTIS, Afton, Oklahoma, 1982, pp. 149 – 153.

[77] R. S. Bryant, Microbial enhanced oil recovery and compositions therefor, in US Department of Energy ITT Research Institute US, 1990.

[78] D. Hitzman, Petroleum microbiology and the history of its role in enhanced oil recovery, in: E. C. Donaldson, J. B. Clark (Eds.), Proceedings of the International Conference on Microbial Enhancement of Oil Recovery, Afton, Oklahoma, 1982.

[79] M. M. Grula, H. Russell, Isolation and screening of anaerobic Clostridia for characteristics useful in enhanced oil recovery. Final report, October 1983 February 1985, in Oklahoma State University, Department of Botany and Microbiology, Stillwater, Oklahoma, 1985.

[80] J. Zajic, S. Smith, Oil separation relating to hydrophobicity and microbes, in: N. Kosaric, W. L. Cairns, N. C. C. Gray (Eds.), Surfactant Science Series: Biosurfactants and Biotechnology, Marcel Dekker, New York, NY, 1987, p. 133.

[81] L. Nelson, D. R. Schneider, Six years of paraffin control and enhanced oil recovery with the microbial product, Para – Bact, in: E. T. Premuzic, A. Woodhead (Eds.), Developments in Petroleum Science, Elsevier, Amsterdam, Netherlands, 1993, pp. 355 – 362.

[82] G. E. Jenneman, et al., A nutrient control process for microbially enhanced oil recovery applications, in: E. T. Premuzic, A. Woodhead (Eds.), Developments in Petroleum Science, Elsevier, Amsterdam, Netherlands, 1993, pp. 319 – 333.

[83] H. Al – Sulaimani, et al., Microbial biotechnology for enhancing oil recovery: current developments and future prospects, Biotechnol. Bioinf. Bioeng. 1 (2011) 147 – 158.

[84] J. I. Adetunji, Microbial enhanced oil recovery, Department of Chemistry, Biotechnology and Environment, Aalborg University, Esbjerg, Denmark, 2012.

[85] M. Safdel, et al., Microbial enhanced oil recovery, a critical review on worldwide implemented field trials in

different countries, Renewable Sustainable Energy Rev. 74 (2017) 159-172.

[86] E. T. Premuzic, A. Woodhead, Microbial Enhancement of Oil Recovery - Recent Advances, Elsevier, Amsterdam, Netherlands, 1993.

[87] D. Hitzman, Review of microbial enhanced oil recovery field tests, in: T. E. Burchfield, R. S. Bryant (Eds.), Proceedings of the Applications of Microorganisms to Petroleum Technology, Bartlesville Project Office, US Department of Energy, Bartlesville, Oklahoma, 1988.

[88] R. S. Bryant, J. Douglas, Evaluation of microbial systems in porous media for EOR, SPE Reservoir Eng. 3 (1988) 489-495.

[89] S. Kuznetsov, et al., Introduction to Geological Microbiology, McGraw-Hill, New York, NY, 1963.

[90] M. Spurny, et al., A method of quantitative determination of sulphate reducing bacteria, Folia Biol. 3 (1957) 202-211.

[91] M. Dostálek, et al., The action of microorganisms on petroleum hydro-carbons, Č eskoslov. Mikrobiol. 2 (1957) 43-47.

[92] M. Dostalek, M. Spurny, Release of oil through the action of microorganisms. II: Effect of physical and physical-chemical conditions in oil-bearing rock, Cechoslov. Mikrobiol. 2 (1957) 307-317.

[93] M. Dostalek, Bacterial release of Oil. 3. A real distribution of effect of nutrient injection into deposit, Folia. Microbiol. 6 (1961) 10-16.

[94] M. Dostalek, M. Spurný, Geomicrobiological oil prospection, Folia. Microbiol. 7 (1962) 141-150.

[95] M. Dostalek, et al., Action of bacteria on petroleum loosening in collectors, Pr. UstavuNaft. Výzk. 9 (1958) 29.

[96] M. Dostalek, Hydrocarbon bacteria in soils of oil-bearing regions, Chekhoslov. Biol. 2 (1953) 347.

[97] M. Spurny, M. Dostalek, Mikrobiologienaftovychpoli, Pr. UstavuNaft. Výzk. 59 (1956) 26-30.

[98] M. Dostalek, Characteristics of growth of hydrocarbons assimilating bacteria, Chekhoslov. Biol. 3 (1954) 99-107.

[99] I. Jaranyi, Beszamolo a nagylengyelterzegebenelvegzettKoolajmikrobiologiaiKiserletkrol. M. All. Foldtani-IntezetEviJelentese A, Evrol, (1968) 423-426.

[100] M. Dienes, I. Jaranyi, Increasing recovery of oil in Demjen field by populating formation with anaerobic bacteria, Int. Chem. Eng. 15 (1975) 240-244.

[101] M. Dienes, I. Yaranyi, Increase of oil recovery by introducing anaerobic bacteria into the formation Demjen field, kőoolaj és földgáz, 106 (1973) 205-208.

[102] I. Karaskiewicz, Application des méthodesmicrobiologiques pour l'intensification de l'exploitationdes gisementspétrolifères de la region des Carpathes, Śla̧Ask, Kraków, Poland, 1974.

[103] V. Senyukov, et al., Microbial method of treating a petroleum deposit containing highly mineralized stratal waters, Mikrobiologiya 39 (1970) 705-710.

[104] I. Lazar, International MEOR applications for marginal wells, Pak. J. Hydrocarbon Res. 10 (1998) 11-30.

[105] I. Lazar, P. Constantinescu, Field trial results of microbial enhanced oil recovery, in: J. E. Zajic, E. C. Donaldson (Eds.), Microbes and Oil Recovery, Bioresearch Publications, El Paso, Texas, 1985, pp. 122-143.

[106] I. Lazar, Research on the microbiology of MEOR in Romania, in: J. King, D. Stevens (Eds.), Proceedings of the First International MEOR Workshop, Bartlesville, Oklahoma, 1987, pp. 124-153.

[107] I. Lazar, et al., Some considerations concerning nutrient support injected into reservoirs subjected to microbiological treatment, in: T. E. Burchfield, R. S. Bryant (Eds.), Proceedings of the Symposium on the Application of Microorganisms to Petroleum Technology, National Technical Information Service, Bartlesville, Oklahoma, 1987, pp. XIV 1-XIV 6.

[108] I. Lazar, Ch. A-1 MEOR field trials carried out over the world during the last 35 years, in: E. C. Donaldson (Ed.), Developments in Petroleum Science, Elsevier, Amsterdam, Netherlands, 1991, pp. 485-530.

[109] I. Lazar, et al., Ch. F-2 Preliminary results of some recent MEOR field trials in Romania, in: E. C. Donaldson (Ed.), Developments in Petroleum Science, Elsevier, Amsterdam, Netherlands, 1991, pp. 365-385.

[110] I. Lazar, et al., MEOR, the suitable bacterial inoculum according to the kind of technology used: results from Romania's last 20 years' experience, SPE/DOE Enhanced Oil Recovery Symposium, Society of Petroleum Engineers, Tulsa, Oklahoma, 1992.

[111] I. Lazar, The microbiology of MEOR, practical experience in Europe, International Biohydrometallurgy Symposium, Vol 2; Fossil Energy Materials Bioremediation, Microbial Physiology, The Minerals, Metals & Materials Society, Jackson Hole, Wyoming, 1993, pp. 329-338.

[112] I. Lazar, et al., MEOR, recent field trials in Romania: reservoir selection, type of inoculum, protocol for well treatment and line monitoring, in: E. T. Premuzic, A. Woodhead (Eds.), Developments in Petroleum Science, Elsevier, Amsterdam, Netherlands, 1993, pp. 265-287.

[113] I. Lazar, Microbial systems for enhancement of oil recovery used in Romanian oil fields, Miner. Process. Extr. Metall. Rev. 19 (1998) 379-393.

[114] M. Wagner, Microbial enhancement of oil recovery from carbonate reservoir with complex formation characteristics, in: E. C. Donaldson (Ed.), Micobial Enhancement of Oil Recovery - Recent Advances, Elsevier, Amsterdam, Netherlands, 1991, pp. 387-398.

[115] J. Khire, M. Khan, Microbially enhanced oil recovery (MEOR). Part 2. Microbes and the subsurface environment for MEOR, Enzyme Microb. Technol. 16 (1994) 258-259.

[116] S. Thomas, Enhanced oil recovery - an overview, Oil Gas Sci. Technol. - Rev. l'IFP 63 (2008) 9-19.

[117] J. Karaskiewicz, Studies on increasing petroleum oil recovery from Carpathian deposits using bacteria, Nafta (Pet.) 21 (1975) 144-149.

[118] B. B. Jørgensen, A. Boetius, Feast and famine—microbial life in the deep-sea bed, Nat. Rev. Microbiol. 5 (2007) 770-781.

[119] I. M. Head, et al., Biological activity in the deep subsurface and the origin of heavy oil, Nature 426 (2003) 344-352.

[120] J. Wang, et al., Monitoring exogenous and indigenous bacteria by PCR-DGGE technology during the process of microbial enhanced oil recovery, J. Ind. Microbiol. Biotechnol. 35 (2008) 619628.

[121] R. T. Bachmann, et al., Biotechnology in the petroleum industry: an overview, Int. Biodeterior. Biodegrad. 86 (2014) 225-237.

[122] K. Kashefi, D. R. Lovley, Extending the upper temperature limit for life, Science 301 (2003). 934-934.

[123] J. B. Fisher, Distribution and occurrence of aliphatic acid anions in deep subsurface waters, Geochim. Cosmochim. Acta 51 (1987) 2459-2468.

[124] P. Fd Almeida, et al., Selection and application of microorganisms to improve oil recovery, Eng. Life Sci. 4 (2004) 319-325.

[125] G. S. Grassia, et al., A systematic survey for thermophilic fermentative bacteria and archaea in high temperature petroleum reservoirs, FEMS Microbiol. Ecol. 21 (1996) 47-58.

[126] W. Griffin, et al., Methods for obtaining deep subsurface microbiological samples by drilling, in: P. S. Amy, D. L. Haldeman (Eds.), The microbiology of the terrestrial deep subsurface, CRC Press, Boca Raton, Florida, 1997, pp. 23-44.

[127] L. R. Krumholz, et al., Confined subsurface microbial communities in Cretaceous rock, Nature 386 (1997) 64-66.

[128] L.-H. Lin, et al., Long-term sustainability of a high-energy, low-diversity crustal biome, Science 314 (2006) 479-482.

[129] M. Magot, et al., Microbiology of petroleum reservoirs, Antonie van Leeuwenhoek 77 (2000) 103-116.

[130] M. Magot, Indigenous microbial communities in oil fields, in: B. Ollivier, M. Magot (Eds.), Petroleum Microbiology, ASM Press, Washington, D. C., 2005, pp. 21-34.

[131] C. Vetriani, et al., Thermovibrio ammonificans sp. nov., a thermophilic, chemolithotrophic, nitrate-ammonifying bacterium from deep-sea hydrothermal vents, Int. J. Syst. Evol. Microbiol. 54 (2004) 175-181.

[132] K. Takai, et al., Thiomicrospira thermophila sp. nov., a novel microaerobic, thermotolerant, sulfur-oxidizing chemolithomixotroph isolated from a deep-sea hydrothermal fumarole in the TOTO caldera, Mariana Arc, Western Pacific, Int. J. Syst. Evol. Microbiol. 54 (2004) 2325-2333.

[133] M. R. Mormile, et al., Isolation of Halobacterium salinarum retrieved directly from halite brine inclusions, Environ. Microbiol. 5 (2003) 1094-1102.

[134] R. H. Vreeland, et al., Halosimplex carlsbadense gen. nov., sp. nov., a unique halophilic archaeon, with three 16S rRNA genes, that grows only in defined medium with glycerol and acetate orpyruvate, Extremophiles 6 (2002) 445-452.

[135] R. Vreeland, et al., Isolation of live Cretaceous (121112 million years old) halophilic Archaeafrom primary salt crystals, Geomicrobiol. J. 24 (2007) 275-282.

[136] P. Yilmaz, et al., The SILVA and "All-species Living Tree Project (LTP)" taxonomic frameworks, Nucleic Acids Res. 42 (2014) D643-D648.

[137] H. Kobayashi, et al., Phylogenetic diversity of microbial communities associated with the crudeoil, large-insoluble-particle and formation-water components of the reservoir fluid from a nonflooded high-temperature petroleum reservoir, J. Biosci. Bioeng. 113 (2012) 204-210.

[138] K. M. Kaster, et al., Effect of nitrate and nitrite on sulfide production by two thermophilic, sulfate reducing enrichments from an oil field in the North Sea, Appl. Microbiol. Biotechnol. 75 (2007) 195-203.

[139] K. M. Kaster, et al., Characterisation of culture-independent and-dependent microbial communitiesin a high-temperature offshore chalk petroleum reservoir, Antonie van Leeuwenhoek 96 (2009) 423-439.

[140] M. R. Bonfá, et al., Biodegradation of aromatic hydrocarbons by Haloarchaea and their use for the reduction of the chemical oxygen demand of hypersaline petroleum produced water, Chemosphere 84 (2011) 1671-1676.

[141] H.-Y. Ren, et al., Comparison of microbial community compositions of injection and production well samples in a long-term water-flooded petroleum reservoir, PLoS One 6 (2011) e23258.

[142] T. Nazina, et al., Phylogenetic diversity and activity of anaerobic microorganisms of high temperature horizons of the Dagang Oilfield (China), Mikrobiologiia 75 (2006) 70-81.

[143] H. Li, et al., Molecular phylogenetic diversity of the microbial community associated with a high temperature petroleum reservoir at an offshore oil field, FEMS Microbiol. Ecol. 60 (2007) 74-84.

[144] H. Kobayashi, et al., Analysis of methane production by microorganisms indigenous to a depletedoil reservoir for application in microbial enhanced oil recovery, J. Biosci. Bioeng. 113 (2012) 84-87.

[145] C. M. Callbeck, et al., Microbial community succession in a bioreactor modeling a souring low temperature oil reservoir subjected to nitrate injection, Appl. Microbiol. Biotechnol. 91 (2011) 799-810.

[146] V. D. Pham, et al., Characterizing microbial diversity in production water from an Alaskan mesothermic petroleum reservoir with two independent molecular methods, Environ. Microbiol. 11 (2009) 176-187.

[147] A. Grabowski, et al., Microbial diversity in production waters of a low-temperature biodegraded oil reservoir, FEMS Microbiol. Ecol. 54 (2005) 427-443.

[148] L. Cheng, et al., Methermicoccus shengliensis gen. nov., sp. nov., a thermophilic, methylotrophic meth-

anogen isolated from oil – production water, and proposal of Methermicoccaceae fam. nov, Int. J. Syst. Evol. Microbiol. 57 (2007) 2964 – 2969.

[149] M. L. Miroshnichenko, et al., Isolation and characterization of Thermococcus sibiricus sp. nov. from a Western Siberia high – temperature oil reservoir, Extremophiles 5 (2001) 85 – 91.

[150] Y. Takahata, et al., Distribution and physiological characteristics of hyperthermophiles in the Kubiki oil reservoir in Niigata, Japan, Appl. Environ. Microbiol. 66 (2000) 73 – 79.

[151] S. Yousaf, et al., Phylogenetic and functional diversity of alkane degrading bacteria associated with Italian ryegrass (Lolium multiflorum) and Birdsfoot trefoil (Lotus corniculatus) in a petroleum oil contaminated environment, J. Hazard. Mater. 184 (2010) 523 – 532.

[152] L. Cheng, et al., Enrichment and dynamics of novel syntrophs in a methanogenic hexadecane – degrading – culture from a Chinese oilfield, FEMS Microbiol. Ecol. 83 (2013) 757 – 766.

[153] F. Zhang, et al., Molecular biologic techniques applied to the microbial prospecting of oil and gasin the Ban 876 gas and oil field in China, Appl. Microbiol. Biotechnol. 86 (2010) 1183 – 1194.

[154] I. Yumoto, et al., Dietzia psychralcaliphila sp. nov., a novel, facultatively psychrophilic alkaliphile that grows on hydrocarbons, Int. J. Syst. Evol. Microbiol. 52 (2002) 85 – 90.

[155] X. – B. Wang, et al., Degradation of petroleum hydrocarbons (C6 – C40) and crude oil by a novel Dietzia strain, Bioresour. Technol. 102 (2011) 7755 – 7761.

[156] T. Nunoura, et al., Vertical distribution of the subsurface microorganisms in Sagara oil reservoir, in: AGU 2002 Fall Meeting, American Geophysical Union, San Francisco, California, 2002.

[157] C. T. Hennessee, et al., Polycyclic aromatic hydrocarbon – degrading species isolated from Hawaiiansoils: Mycobacterium crocinum sp. nov., Mycobacterium pallens sp. nov., Mycobacterium rutilum sp. nov., Mycobacterium rufum sp. nov. and Mycobacterium aromaticivorans sp. nov, Int. J. Syst. Evol. Microbiol. 59 (2009) 378 – 387.

[158] P. Willumsen, et al., Mycobacterium frederiksbergense sp. nov., a novel polycyclic aromatic hydrocarbon – degrading Mycobacterium species, Int. J. Syst. Evol. Microbiol. 51 (2001)1715 – 1722.

[159] M. Kästner, et al., Enumeration and characterization of the soil microflora from hydrocarbon contaminated soil sites able to mineralize polycyclic aromatic hydrocarbons (PAH), Appl. Microbiol. Biotechnol. 41 (1994) 267 – 273.

[160] K. Derz, et al., Mycobacterium pyrenivorans sp. nov., a novel polycyclic – aromatic – hydrocarbon degrading species, Int. J. Syst. Evol. Microbiol. 54 (2004) 2313 – 2317.

[161] H. Li, et al., Molecular analysis of the bacterial community in a continental high – temperature and water – flooded petroleum reservoir, FEMS Microbiol. Lett. 257 (2006) 92 – 98.

[162] Y. Xue, et al., Gordonia paraffinivorans sp. nov., a hydrocarbon – degrading actinomycete isolated from an oil – producing well, Int. J. Syst. Evol. Microbiol. 53 (2003) 1643 – 1646.

[163] A. Schippers, et al., Microbacterium oleivorans sp. nov. and Microbacterium hydrocarbon oxydans sp. nov., novel crude – oil – degrading Gram – positive bacteria, Int. J. Syst. Evol. Microbiol. 55 (2005)655 – 660.

[164] S. Dore, et al., Naphthalene – utilizing and mercury – resistant bacteria isolated from an acidic environment, Appl. Microbiol. Biotechnol. 63 (2003) 194 – 199.

[165] M. Kubota, et al., Nocardioides aromaticivorans sp. nov., a dibenzofuran – degrading bacterium isolated from dioxin – polluted environments, Syst. Appl. Microbiol. 28 (2005) 165 – 174.

[166] A. Schippers, et al., Nocardioides oleivorans sp. nov., a novel crude – oil – degrading bacterium, Int. J. Syst. Evol. Microbiol. 55 (2005) 1501 – 1504.

[167] M. Cai, et al., Salinarimonas ramus sp. nov. and Tessaracoccus oleiagri sp. nov., isolated from a crudeoil –

contaminated saline soil, Int. J. Syst. Evol. Microbiol. 61 (2011) 1767 – 1775.

[168] C. Balachandran, et al., Petroleum and polycyclic aromatic hydrocarbons (PAHs) degradation and naphthalene metabolism in Streptomyces sp. (ERI – CPDA – 1) isolated from oil contaminated soil, Bioresour. Technol. 112 (2012) 83 – 90.

[169] F. Zhang, et al., Response of microbial community structure to microbial plugging in a mesothermic petroleum reservoir in China, Appl. Microbiol. Biotechnol. 88 (2010) 1413 – 1422.

[170] E. R. Hendrickson, et al., Method of improving oil recovery from an oil reservoir using an enriched anaerobic steady state microbial consortium, in E I du Pont de Nemours and Co US, 2013.

[171] A. Grabowski, et al., Petrimonassulfuriphila gen. nov., sp. nov., a mesophilic fermentative bacterium isolated from a biodegraded oil reservoir, Int. J. Syst. Evol. Microbiol. 55 (2005) 1113 – 1121.

[172] H. Dahle, et al., Microbial community structure analysis of produced water from a high temperature North Sea oil – field, Antonie van Leeuwenhoek 93 (2008) 37 – 49.

[173] L. – Y. Wang, et al., Characterization of an alkane – degrading methanogenic enrichment culture from production water of an oil reservoir after 274 days of incubation, Int. Biodeterior. Biodegrad. 65 (2011) 444 – 450.

[174] J. – Y. Ying, et al., Cyclobacterium lianum sp. nov., a marine bacterium isolated from sediment of an oilfield in the South China Sea, and emended description of the genus Cyclobacterium, Int. J. Syst. Evol. Microbiol. 56 (2006) 2927 – 2930.

[175] T. Gutierrez, et al., Polycyclovoransalgicola gen. nov., sp. nov., an aromatic – hydrocarbon – degrading marine bacterium found associated with laboratory cultures of marine phytoplankton, Appl. Environ. Microbiol. 79 (2013) 205 – 214.

[176] I. Szabó, et al., Olivibacteroleidegradans sp. nov., a hydrocarbon – degrading bacterium isolated from abiofilter clean – up facility on a hydrocarbon – contaminated site, Int. J. Syst. Evol. Microbiol. 61 (2011) 2861 – 2865.

[177] A. C. Greene, et al., Deferribacter thermophilus gen. nov., sp. nov., a novel thermophilic manganese andiron – reducing bacterium isolated from a petroleum reservoir, Int. J. Syst. Evol. Microbiol. 47 (1997) 505 – 509.

[178] S. Mnif, et al., Simultaneous hydrocarbon biodegradation and biosurfactant production by oilfield selected bacteria, J. Appl. Microbiol. 111 (2011) 525 – 536.

[179] C. Zheng, et al., Hydrocarbon degradation and bioemulsifier production by thermophilic Geobacillus pallidus strains, Bioresour. Technol. 102 (2011) 9155 – 9161.

[180] C. D. Da Cunha, et al., Oil biodegradation by Bacillus strains isolated from the rock of an oil reservoir located in a deep – water production basin in Brazil, Appl. Microbiol. Biotechnol. 73 (2006) 949 – 959.

[181] Y. – H. She, et al., Investigation of biosurfactant – producing indigenous microorganisms that enhance residue oil recovery in an oil reservoir after polymer flooding, Appl. Biochem. Biotechnol. 163 (2011) 223 – 234.

[182] S. Dastgheib, et al., Bioemulsifier production by a halothermophilic Bacillus strain with potential applications in microbially enhanced oil recovery, Biotechnol. Lett. 30 (2008) 263 – 270.

[183] T. N. Nazina, et al., Geobacillus jurassicus sp. nov., a new thermophilic bacterium isolated from a high – temperature petroleum reservoir, and the validation of the Geobacillus species, Syst. Appl. Microbiol. 28 (2005) 43 – 53.

[184] N. Kuisiene, et al., Geobacillus lituanicus sp. nov, Int. J. Syst. Evol. Microbiol. 54 (2004) 1991 – 1995.

[185] J. Zhang, et al., Isolation of a thermophilic bacterium, Geobacillus sp. SH – 1, capable of degrading aliphatic hydrocarbons and naphthalene simultaneously, and identification of its naphthalene degrading pathway,

Bioresour. Technol. 124 (2012) 83 – 89.

[186] T. Nazina, et al., Taxonomic study of aerobic thermophilic bacilli: descriptions of Geobacillus subterraneus gen. nov., sp. nov. and Geobacillus uzenensis sp. nov. from petroleum reservoirs and transfer of Bacillus stearothermophilus, Bacillus thermocatenulatus, Bacillus thermoleovorans, Bacillus kaustophilus, Bacillus thermodenitrificans to Geobacillus as the new combinations G. stearothermophilus, G. th, Int. J. Syst. Evol. Microbiol. 51 (2001) 433 – 446.

[187] L. Feng, et al., Genome and proteome of long-chain alkane degrading Geobacillus thermodenitrificans NG80-2 isolated from a deep-subsurface oil reservoir, Proc. Natl. Acad. Sci. USA 104 (2007) 5602 – 5607.

[188] T. Kato, et al., Isolation and characterization of long-chain-alkane degrading Bacillus thermoleovorans from deep subterranean petroleum reservoirs, J. Biosci. Bioeng. 91 (2001) 64 – 70.

[189] M. L. Gana, et al., Antagonistic activity of Bacillus sp. obtained from an Algerian oilfield and chemical biocide THPS against sulfate-reducing bacteria consortium inducing corrosion in the oil industry, J. Ind. Microbiol. Biotechnol. 38 (2011) 391 – 404.

[190] H. Li, et al., Biodegradation of benzene and its derivatives by a psychrotolerant and moderately haloalkaliphilic Planococcus sp. strain ZD22, Res. Microbiol. 157 (2006) 629 – 636.

[191] M. Engelhardt, et al., Isolation and characterization of a novel hydrocarbon-degrading, Gram-positive bacterium, isolated from intertidal beach sediment, and description of Planococcus alkanoclasticus sp. nov, J. Appl. Microbiol. 90 (2001) 237 – 247.

[192] R. Das, B. N. Tiwary, Isolation of a novel strain of Planomicrobium chinense from diesel contaminated soil of tropical environment, J. Basic Microbiol. 53 (2013) 723 – 732.

[193] M. Lavania, et al., Biodegradation of asphalt by Garciaella petrolearia TERIG02 for viscosity reduction of heavy oil, Biodegradation 23 (2012) 15 – 24.

[194] G. Ravot, et al., Fusibacter paucivorans gen. nov., sp. nov., an anaerobic, thiosulfate-reducing bacteriumfrom an oil-producing well, Int. J. Syst. Evol. Microbiol. 49 (1999) 1141 – 1147.

[195] G. Bødtker, et al., Microbial analysis of backflowed injection water from a nitrate-treated North Sea oil reservoir, J. Ind Microbiol. Biotechnol. 36 (2009) 439 – 450.

[196] U. Kunapuli, et al., Desulfitobacterium aromaticivorans sp. nov. and Geobacter toluenoxydans sp. nov., iron-reducing bacteria capable of anaerobic degradation of monoaromatic hydrocarbons, Int. J. Syst. Evol. Microbiol. 60 (2010) 686 – 695.

[197] Y.-J. Lee, et al., Desulfosporosinus youngiae sp. nov., a spore-forming, sulfate-reducing bacterium isolated from a constructed wetland treating acid mine drainage, Int. J. Syst. Evol. Microbiol. 59 (2009) 2743 – 2746.

[198] R. K. Nilsen, et al., Desulfotomaculum thermocisternum sp. nov., a sulfate reducer isolated from a hot North Sea oil reservoir, Int. J. Syst. Evol. Microbiol. 46 (1996) 397 – 402.

[199] B. Morasch, et al., Degradation of o-xylene and m-xylene by a novel sulfate-reducer belonging to the genus Desulfotomaculum, Arch. Microbiol. 181 (2004) 407 – 417.

[200] M. B. Salinas, et al., Mahella australiensis gen. nov., sp. nov., a moderately thermophilic anaerobic bacterium isolated from an Australian oil well, Int. J. Syst. Evol. Microbiol. 54 (2004) 2169 – 2173.

[201] K. Lysnes, et al., Microbial response to reinjection of produced water in an oil reservoir, Appl. Microbiol. Biotechnol. 83 (2009) 1143 – 1157.

[202] M.-L. Fardeau, et al., Thermoanaerobacter subterraneus sp. nov., a novel thermophile isolated from oil-fieldwater, Int. J. Syst. Evol. Microbiol. 50 (2000) 2141 – 2149.

[203] J.-L. Cayol, et al., Description of Thermoanaerobacter brockii subsp. lactiethylicus subsp. nov., isolated-

from a deep subsur face French oil well, a proposal to reclassify Thermoanaerobacter finnii as Thermoanaerobacter brockii subsp. finnii comb. nov., and an emended description of Thermoanaerobacter brockii, Int. J. Syst. Evol. Microbiol. 45 (1995) 783 – 789.

[204] G. Ravot, et al., Haloanaerobium congolense sp. nov., an anaerobic, moderately halophilic, thiosulfate – and sulfur – reducing bacterium from an African oil field, FEMS Microbiol. Lett. 147(1997) 81 – 88.

[205] S. L. C. Shartau, et al., Ammonium concentrations in produced waters from a mesothermic oil field subjected to nitrate injection decrease through formation of denitrifying biomass and anammox activity, Appl. Environ. Microbiol. 76 (2010) 4977 – 4987.

[206] X. – C. Pan, et al., Nitratireductor shengliensis sp. nov., isolated from an oil – polluted saline soil, Curr. Microbiol. 69 (2014) 561 – 566.

[207] M. Cai, et al., Rubrimonas shengliensis sp. nov. and Polymorphum gilvum gen. nov., sp. nov., novel members of Alphaproteobacteria from crude oil contaminated saline soil, Syst. Appl. Microbiol. 34 (2011) 321 – 327.

[208] T. U. Harwati, et al., Tropicibacter naphthalenivorans gen. nov., sp. nov., a polycyclic aromatic hydrocarbon – degrading bacterium isolated from Semarang Port in Indonesia, Int. J. Syst. Evol. Microbiol. 59 (2009) 392 – 396.

[209] T. U. Harwati, et al., Tropicimon asisoalkanivorans gen. nov., sp. nov., a branched – alkane – degrading bacterium isolated from Semarang Port in Indonesia, Int. J. Syst. Evol. Microbiol. 59 (2009) 388 – 391.

[210] J. – Y. Ying, et al., Wenxinia marina gen. nov., sp. nov., a novel member of the Roseobacter clade isolated from oilfield sediments of the South China Sea, Int. J. Syst. Evol. Microbiol. 57 (2007) 1711 – 1716.

[211] Y. Kodama, et al., Thalassospiratepidiphila sp. nov., a polycyclic aromatic hydrocarbon – degrading bacterium isolated from seawater, Int. J. Syst. Evol. Microbiol. 58 (2008) 711 – 715.

[212] B. Zhao, et al., Thalassospiraxianhensis sp. nov., a polycyclic aromatic hydrocarbon – degrading marine bacterium, Int. J. Syst. Evol. Microbiol. 60 (2010) 1125 – 1129.

[213] D. L. Balkwill, et al., Taxonomic study of aromatic – degrading bacteria from deep – terrestrial subsurface sediments and description of Sphingomonas aromaticivorans sp. nov., Sphingomonas subterranean sp. nov., and Sphingomonas stygia sp. nov, Int. J. Syst. Evol. Microbiol. 47 (1997) 191 – 201.

[214] W. Chung, G. King, Isolation, characterization, and polyaromatic hydrocarbon degradation potential of aerobic bacteria from marine macrofaunal burrow sediments and description of Lutibacterium anuloederans gen. nov., sp. nov., and Cycloclasticus spirillensus sp. nov, Appl. Environ. Microbiol. 67 (2001) 5585 – 5592.

[215] J. Yuan, et al., Novosphingobium indicum sp. nov., a polycyclic aromatic hydrocarbon – degrading bacterium isolated from a deep – sea environment, Int. J. Syst. Evol. Microbiol. 59 (2009) 2084 – 2088.

[216] S. Suzuki, A. Hiraishi, Novosphingobium naphthalenivorans sp. nov., a naphthalene – degrading bacterium isolated from polychlorinated – dioxin – contaminated environments, J. Gen. Appl. Microbiol. 53 (2007) 221 – 228.

[217] J. H. Sohn, et al., Novosphingobium pentaromativorans sp. nov., a high – molecular – mass polycyclic aromatic hydrocarbon – degrading bacterium isolated from estuarine sediment, Int. J. Syst. Evol. Microbiol. 54 (2004) 1483 – 1487.

[218] G. Harms, et al., Anaerobic oxidation of o – xylene, m – xylene, and homologous alkylbenzenes by new types of sulfate – reducing bacteria, Appl. Environ. Microbiol. 65 (1999) 999 – 1004.

[219] C. Cravo – Laureau, et al., Desulfatibacillum aliphaticivorans gen. nov., sp. nov., an n – alkane – and nalkene – degrading, sulfate – reducing bacterium, Int. J. Syst. Evol. Microbiol. 54 (2004) 77 – 83.

[220] C. Cravo – Laureau, et al., Desulfatibacillum alkenivorans sp. nov., a novel n – alkene – degrading, sulfate

reducing bacterium, and emended description of the genus Desulfatibacillum, Int. J. Syst. Evol. Microbiol. 54 (2004) 1639 – 1642.

[221] C. Cravo – Laureau, et al., Desulfatiferulaole finivorans gen. nov., sp. nov., a long – chain n – alkene degrading, sulfate – reducing bacterium, Int. J. Syst. Evol. Microbiol. 57 (2007) 2699 – 2702.

[222] T. Lien, J. Beeder, Desulfobacter vibrioformis sp. nov., a sulfate reducer from a water – oil separation system, Int. J. Syst. Evol. Microbiol. 47 (1997) 1124 – 1128.

[223] R. Rabus, et al., Complete oxidation of toluene under strictly anoxic conditions by a new sulfate reducing bacterium, Appl. Environ. Microbiol. 59 (1993) 1444 – 1451.

[224] H. Ommedal, T. Torsvik, Desulfotignum toluenicum sp. nov., a novel toluene – degrading, sulphate reducing bacterium isolated from an oil – reservoir model column, Int. J. Syst. Evol. Microbiol. 57 (2007) 2865 – 2869.

[225] T. Lien, et al., Desulfobulbus rhabdoformis sp. nov., a sulfate reducer from a water – oil separation system, Int. J. Syst. Evol. Microbiol. 48 (1998) 469 – 474.

[226] C. Tardy – Jacquenod, et al., Desulfovibrio gabonensis sp. nov., a new moderately halophilic sulfate reducing bacterium isolated from an oil pipeline, Int. J. Syst. Evol. Microbiol. 46 (1996) 710 – 715.

[227] P. Rueter, et al., Anaerobic oxidation of hydrocarbons in crude oil by new types of sulphate reducing bacteria, Nature 372 (1994) 455 – 458.

[228] M. Magot, et al., Desulfovibrio bastinii sp. nov. and Desulfovibrio gracilis sp. nov., moderately halophilic, sulfate – reducing bacteria isolated from deep subsurface oilfield water, Int. J. Syst. Evol. Microbiol. 54 (2004) 1693 – 1697.

[229] A. C. Greene, et al., Geoalkalibacter subterraneus sp. nov., an anaerobic Fe (Ⅲ) – and Mn (Ⅳ) – reducing bacterium from a petroleum reservoir, and emended descriptions of the family Desulfuromonadaceae and the genus Geoalkalibacter, Int. J. Syst. Evol. Microbiol. 59 (2009)781 – 785.

[230] J. D. Coates, et al., Geobacter hydrogenophilus, Geobacter chapellei and Geobacter grbiciae, three new, strictly anaerobic, dissimilatory Fe (Ⅲ) – reducers, Int. J. Syst. Evol. Microbiol. 51 (2001) 581 – 588.

[231] D. R. Lovley, et al., Geobacter metallireducens gen. nov. sp. nov., a microorganism capable of coupling the complete oxidation of organic compounds to the reduction of iron and other metals, Arch. Microbiol. 159 (1993) 336 – 344.

[232] I. A. Davidova, et al., Desulfoglaeba alkanexedens gen. nov., sp. nov., an n – alkane – degrading, sulfate reducing bacterium, Int. J. Syst. Evol. Microbiol. 56 (2006) 2737 – 2742.

[233] J. Beeder, et al., Thermodesulforhabdus norvegicus gen. nov., sp. nov., a novel thermophilic sulfate reducing bacterium from oil field water, Arch. Microbiol. 164 (1995) 331 – 336.

[234] A. Rodríguez – Blanco, et al., Gallaecimonas pentaromativorans gen. nov., sp. nov., a bacterium carrying 16S rRNA gene heterogeneity and able to degrade high – molecular – mass polycyclic aromatic hydrocarbons, Int. J. Syst. Evol. Microbiol. 60 (2010) 504 – 509.

[235] M. J. Gauthier, et al., Marinobacter hydrocarbonoclasticus gen. nov., sp. nov., a new, extremely halotolerant, hydrocarbon – degrading marine bacterium, Int. J. Syst. Evol. Microbiol. 42 (1992)568 – 576.

[236] M. B. Salinas, et al., Petrobacter succinatimandens gen. nov., sp. nov., a moderately thermophilic, nitrate – reducing bacterium isolated from an Australian oil well, Int. J. Syst. Evol. Microbiol. 54(2004) 645 – 649.

[237] R. Rabus, F. Widdel, Anaerobic degradation of ethylbenzene and other aromatic hydrocarbons by new denitrifying bacteria, Arch. Microbiol. 163 (1995) 96 – 103.

[238] B. Song, et al., Taxonomic characterization of denitrifying bacteria that degrade aromatic compounds and description of Azoarcustoluvorans sp. nov. and Azoarcustoluclasticus sp. nov, Int. J. Syst. Evol. Microbiol. 49 (1999) 1129 – 1140.

[239] J. D. Coates, et al., Anaerobic benzene oxidation coupled to nitrate reduction in pure culture by two strains of Dechloromonas, Nature 411 (2001) 1039-1043.

[240] S. A. Weelink, et al., A strictly anaerobic beta proteobacterium Georgfuchsiatoluolica gen. nov., sp. nov. degrades aromatic compounds with Fe (III), Mn (IV) or nitrate as an electron acceptor, FEMS Microbiol. Ecol. 70 (2009) 575-585.

[241] B. Song, et al., Identification of denitrifier strain T1 as Thaueraaromatica and proposal for emendation of the genus Thauera definition, Int. J. Syst. Evol. Microbiol. 48 (1998) 889-894.

[242] Y. Shinoda, et al., Aerobic and anaerobic toluene degradation by a newly isolated denitrifying bacterium, Thauera sp. strain DNT-1, Appl. Environ. Microbiol. 70 (2004) 1385-1392.

[243] T. Gutierrez, et al., Porticoccus hydrocarbonoclasticus sp. nov., an aromatic hydrocarbon-degrading bacterium identified in laboratory cultures of marine phytoplankton, Appl. Environ. Microbiol. 78 (2012) 628-637.

[244] P. M. Sarma, et al., Degradation of polycyclic aromatic hydrocarbons by a newly discovered enteric bacterium, Leclercia adecarboxylata, Appl. Environ. Microbiol. 70 (2004) 3163-3166.

[245] M. Chamkha, et al., Isolation and characterization of Klebsiella oxytoca strain degrading crude oil from a Tunisian off-shore oil field, J. Basic Microbiol. 51 (2011) 580-589.

[246] S. E. Dyksterhouse, et al., Cycloclasticuspugetii gen. nov., sp. nov., an aromatic hydrocarbon degrading-bacterium from marine sediments, Int. J. Syst. Evol. Microbiol. 45 (1995) 116-123.

[247] A. D. Geiselbrecht, et al., Enumeration and phylogenetic analysis of polycyclic aromatic hydrocarbon-degrading marine bacteria from Puget sound sediments, Appl. Environ. Microbiol. 62 (1996) 3344-3349.

[248] C. Liu, Z. Shao, Alcanivoraxdieselolei sp. nov., a novel alkane-degrading bacterium isolated from sea water and deep-sea sediment, Int. J. Syst. Evol. Microbiol. 55 (2005) 1181-1186.

[249] A. Bruns, L. Berthe-Corti, Fundibacter jadensis gen. nov., sp. nov., a new slightly halophilic bacterium, isolated from intertidal sediment, Int. J. Syst. Evol. Microbiol. 49 (1999) 441-448.

[250] G. Wu, et al., Halomonas daqingensis sp. nov., a moderately halophilic bacterium isolated from an oilfield soil, Int. J. Syst. Evol. Microbiol. 58 (2008) 2859-2865.

[251] Z. B. A. Gam, et al., Modicisalibacter tunisiensis gen. nov., sp. nov., an aerobic, moderately halophilic bacterium isolated from an oilfield-water injection sample, and emended description of the family Halomonadaceae Franzmann et al. 1989 emend Dobson and Franzmann 1996 emend. Ntougiaset al. 2007, Int. J. Syst. Evol. Microbiol. 57 (2007) 2307-2313.

[252] B. P. Hedlund, et al., Polycyclic aromatic hydrocarbon degradation by a new marine bacterium, Neptunomonas naphthovorans gen. nov., sp. nov, Appl. Environ. Microbiol. 65 (1999) 251-259.

[253] M. Teramoto, et al., Oleibacter marinus gen. nov., sp. nov., a bacterium that degrades petroleum aliphatic hydrocarbons in a tropical marine environment, Int. J. Syst. Evol. Microbiol. 61 (2011) 375-380.

[254] M. M. Yakimov, et al., Oleispira antarctica gen. nov., sp. nov., a novel hydrocarbonoclastic marine bacterium isolated from Antarctic coastal sea water, Int. J. Syst. Evol. Microbiol. 53 (2003) 779-785.

[255] M. M. Yakimov, et al., Thalassolituus oleivorans gen. nov., sp. nov., a novel marine bacterium that obligately utilizes hydrocarbons, Int. J. Syst. Evol. Microbiol. 54 (2004) 141-148.

[256] B. W. Bogan, et al., Alkanindiges illinoisensis gen. nov., sp. nov., an obligately hydrocarbonoclastic, aerobic squalane-degrading bacterium isolated from oilfield soils, Int. J. Syst. Evol. Microbiol. 53 (2003) 1389-1395.

[257] M. Magot, et al., Spirochaeta smaragdinae sp. nov., a new mesophilic strictly anaerobic spirochete from an oil field, FEMS Microbiol. Lett. 155 (1997) 185-191.

[258] G. N. Rees, et al., Anaerobaculum thermoterrenum gen. nov., sp. nov., a novel, thermophilic bacterium

which ferments citrate, Int. J. Syst. Evol. Microbiol. 47 (1997) 150-154.

[259] H. Dahle, N. -K. Birkeland, Thermovirgalienii gen. nov., sp. nov., a novel moderately thermophilic, anaerobic, amino-acid-degrading bacterium isolated from a North Sea oil well, Int. J. Syst. Evol. Microbiol. 56 (2006) 1539-1545.

[260] J. L. DiPippo, et al., Kosmotoga olearia gen. nov., sp. nov., a thermophilic, anaerobic heterotroph isolated from an oil production fluid, Int. J. Syst. Evol. Microbiol. 59 (2009) 2991-3000.

[261] Y. Feng, et al., Thermococcoides shengliensis gen. nov., sp. nov., a new member of the order Thermotogales isolated from oil-production fluid, Int. J. Syst. Evol. Microbiol. 60 (2010) 932-937.

[262] H. S. Jayasinghearachchi, B. Lal, Oceanotoga teriensis gen. nov., sp. nov., a thermophilic bacterium isolated from offshore oil-producing wells, Int. J. Syst. Evol. Microbiol. 61 (2011) 554-560.

[263] E. Miranda-Tello, et al., Petrotoga halophila sp. nov., a thermophilic, moderately halophilic, fermentative bacterium isolated from an offshore oil well in Congo, Int. J. Syst. Evol. Microbiol. 57 (2007) 40-44.

[264] E. Miranda-Tello, et al., Petrotoga mexicana sp. nov., a novel thermophilic, anaerobic and xylanolytic bacterium isolated from an oil-producing well in the Gulf of Mexico, Int. J. Syst. Evol. Microbiol. 54 (2004) 169-174.

[265] T. Lien, et al., Petrotoga mobilis sp. nov., from a North Sea oil-production well, Int. J. Syst. Evol. Microbiol. 48 (1998) 1007-1013.

[266] I. A. Purwasena, et al., Petrotoga japonica sp. nov., a thermophilic, fermentative bacterium isolated from Yabase Oilfield in Japan, Arch. Microbiol. 196 (2014) 313-321.

[267] Y. Takahata, et al., Thermotoga petrophila sp. nov. and Thermotoga naphthophila sp. nov., two hyperthermophilic bacteria from the Kubiki oil reservoir in Niigata, Japan, Int. J. Syst. Evol. Microbiol. 51 (2001) 1901-1909.

[268] V. Ekzertsev, S. Kuznetsov, Examination of microflora of oil fields of the Second Baku, Mikrobiologiya 23 (1954) 3-14.

[269] S. Kuznetsov, Examination of the possibility of contemporary methanogenesis in gas- and petroleum-bearing facies of the Saratov and Buguruslan province, Mikrobiologiya 19 (1950) 193-202.

[270] T. Nazina, E. Rozanova, Ecologic conditions for the spread of methane-forming bacteria in the petroleum strata of Apsheron, Mikrobiologiia 49 (1980) 123-129.

[271] S. Belyaev, M. Ivanov, Bacterial methanogenesis in underground waters, Ecol. Bull. (1983) 273-280.

[272] S. Belyaev, et al., Methanogenic bacteria from the Bondyuzhskoe oil field: general characterization and analysis of stable-carbon isotopic fractionation, Appl. Environ. Microbiol. 45 (1983) 691-697.

[273] M. Ivanov, et al., Microbiological formation of methane in the oil-field development, Geokhimiya 11 (1983) 1647-1654.

[274] M. Ivanov, et al., Development dynamic of microbiological processes after oxidation of oil field aquifers, Mikrobiologiia 54 (1985) 293-300.

[275] T. N. Nazina, et al., Microbial oil transformation processes accompanied by methane and hydrogen-sulfide formation, Geomicrobiol. J. 4 (1985) 103-130.

[276] T. N. Nazina, et al., Occurrence and geochemical activity of microorganisms in high-temperature, water-flooded oil fields of Kazakhstan and Western Siberia, Geomicrobiol. J. 13 (1995) 181-192.

[277] S. Belyaev, et al., Characteristics of rod-shaped methane-producing bacteria from an oil pool and description of methanobacterium-ivanoviisp-nov, Microbiology 55 (1986) 821-826.

[278] J. L. Sanz, Methanogens, in: M. Gargaud, R. Amils, J. C. Quintanilla, H. J. Cleaves, W. M. Irvine, D. L. Pinti, M. Viso (Eds.), Encyclopedia of Astrobiology, Springer, Berlin, Heidelberg, 2011, pp. 1037-1038.

[279] I. Davydova – Charakhch'yan, et al., Methanogenic rod – shaped bacteria from the oil fields of Tataria and western Siberia, Microbiologiya 61 (1992) 299 – 305.

[280] B. Ollivier, et al., Methanoplanus petrolearius sp. nov., a novel methanogenic bacterium from an oil producing well, FEMS Microbiol. Lett. 147 (1997) 51 – 56.

[281] C. Jeanthon, et al., Hyperthermophilic and methanogenic archaea in oil fields, in: B. Ollivier, M. Magot (Eds.), Petroleum Microbiology, ASM Press, Washington, DC, 2005, pp. 55 – 69.

[282] T. K. Ng, et al., Possible nonanthropogenic origin of two methanogenic isolates from oil producing wells in the sanmiguelito field, ventura county, California, Geomicrobiol. J. 7 (1989)185 – 192.

[283] V. Orphan, et al., Culture – dependent and culture – independent characterization of microbial assemblages associated with high – temperature petroleum reservoirs, Appl. Environ. Microbiol. 66(2000) 700 – 711.

[284] R. K. Nilsen, T. Torsvik, Methanococcus thermolithotrophicus isolated from North Sea oil field reservoir water, Appl. Environ. Microbiol. 62 (1996) 728 – 731.

[285] B. Ollivier, et al., Methanocalculus halotolerans gen. nov., sp. nov., isolated from an oil – producing well, Int. J. Syst. Evol. Microbiol. 48 (1998) 821 – 828.

[286] A. I. Slobodkin, et al., Dissimilatory reduction of Fe (Ⅲ) by thermophilic bacteria and archaea indeep subsurface petroleum reservoirs of Western Siberia, Curr. Microbiol. 39 (1999) 99 – 102.

[287] G. Ravot, Nouvelles approches microbiologiques de la thiosulfato – réductionen milieu pétrolier, in Aix – Marseille 1, Marseille, France, 1996.

[288] M. – L. Fardeau, et al., H_2 oxidation in the presence of thiosulfate, by a Thermoanaerobacter strain isolated from an oil – producing well, FEMS Microbiol. Lett. 113 (1993) 327 – 332.

[289] S. Ni, D. R. Boone, Isolation and characterization of a dimethyl sulfide – degrading methanogen, Methanolobus siciliae HI350, from an oil well, characterization of M. siciliae T4/MT, and emendation of M. siciliae, Int. J. Syst. Evol. Microbiol. 41 (1991) 410 – 416.

[290] A. Y. Obraztsova, et al., Properties of the coccoid methylotrophic methanogen, Methanococcoideseuhalobius sp. nov., Microbiology 56 (1987) 523 – 527.

[291] A. Obraztsova, et al., Biological properties of halophilic methanogen isolated from oil deposits, Dokl. Akad. Nauk SSSR 278 (1984) 227 – 230.

[292] S. N. Doerfert, et al., Methanolobus zinderi sp. nov., a methylotrophic methanogen isolated from adeep subsurface coal seam, Int. J. Syst. Evol. Microbiol. 59 (2009) 1064 – 1069.

[293] H. König, K. O. Stetter, Isolation and characterization of Methanolobus tindarius, sp. nov., a coccoidmethanogen growing only on methanol and methylamines, ZBL. Bakt. Mik. Hyg. I. C. 3 (1982)478 – 490.

[294] A. Obraztsova, et al., Biological properties of methanosarcina not utilizing carbonic – acid and hydrogen, Microbiology 56 (1987) 807 – 812.

[295] E. A. Bonch – Osmolovskaya, et al., Radioisotopic, culture – based, and oligonucleotide microchipanalyses of thermophilic microbial communities in a continental high – temperature petroleum reservoir, Appl. Environ. Microbiol. 69 (2003) 6143 – 6151.

[296] V. Orphan, et al., Geochemical influence on diversity and microbial processes in high temperature oil reservoirs, Geomicrobiol. J. 20 (2003) 295 – 311.

[297] K. Revesz, et al., Methane production and consumption monitored by stable H and C isotoperatios at a crude oil spill site, Bemidji, Minnesota, Appl. Geochem. 10 (1995) 505 – 516.

[298] M. A. Dojka, et al., Microbial diversity in a hydrocarbon – and chlorinated – solvent – contaminated aquifer undergoing intrinsic bioremediation, Appl. Environ. Microbiol. 64 (1998) 3869 – 3877.

[299] C. Bolliger, et al., Characterizing intrinsic bioremediation in a petroleum hydrocarbon contaminated aquifer by combined chemical, isotopic, and biological analyses, Bioremediat. J. 4(2000) 359 – 371.

[300] C. G. Struchtemeyer, et al., Evidence for aceticlastic methanogenesis in the presence of sulfate in a gas condensate-contaminated aquifer, Appl. Environ. Microbiol. 71 (2005) 5348-5353.

[301] J. W. Foster, J. L. Slonczewski, Microbiology: An Evolving Science, fourth ed., W. W. Norton & Company Incorporated, New York, NY, 2017.

[302] F. Gomez, Sulfate reducers, in: M. Gargaud, W. M. Irvine, R. Amils, H. J. Cleaves, D. L. Pinti, J. C. Quintanilla, D. Rouan, T. Spohn, S. Tirard, M. Viso (Eds.), Encyclopedia of Astrobiology, Springer, Berlin, Heidelberg, 2015, pp. 2409-2409.

[303] S. Al Zuhair, et al., Sulfate inhibition effect on sulfate reducing bacteria, J Biochem. Technol. 1 (2008) 39-44.

[304] W. Song, et al., The role of sulphate-reducing bacteria in oil recovery, Int. J. Curr. Microbiol. Appl. Sci. 7 (2014) 385-398.

[305] H. Cypionka, Oxygen respiration by Desulfovibrio species, Annu. Rev. Microbiol. 54 (2000) 827-848.

[306] W. Dilling, H. Cypionka, Aerobic respiration in sulfate-reducing bacteria, FEMS Microbiol. Lett. 71 (1990) 123-127.

[307] A. Dolla, et al., Oxygen defense in sulfate-reducing bacteria, J. Biotechnol. 126 (2006) 87-100.

[308] A. Dolla, et al., Biochemical, proteomic and genetic characterization of oxygen survival mechanisms in sulphate reducing bacteria of the genus Desulfovibrio, in: L. Barton, W. Hamilton (Eds.), Sulphate-Reducing Bacteria Environmental and Engineered Systems, Cambridge University Press, New York, NY, 2007, pp. 185-214.

[309] M. Santana, Presence and expression of terminal oxygen reductases in strictly anaerobic sulfate reducing bacteria isolated from salt-marsh sediments, Anaerobe 14 (2008) 145-156.

[310] L. L. Barton, G. D. Fauque, Chapter 2 Biochemistry, physiology and biotechnology of sulfate reducing bacteria, Advances in Applied Microbiology, Academic Press, 2009, pp. 4198.

[311] G. D. Fauque, Ecology of sulfate-reducing bacteria, in: L. L. Barton (Ed.), Sulfate-Reducing Bacteria, Springer, Bostan, Massachusetts, 1995, pp. 217-241.

[312] G. Fauque, B. Ollivier, Anaerobes: the sulfate-reducing bacteria as an example of metabolic diversity, in: A. Bull (Ed.), Microbial Diversity and Bioprospecting, ASM Press, Washington, D. C., 2004, pp. 169-176.

[313] G. Fauque, et al., Sulfate-reducing and sulfur-reducing bacteria, in: J. M. Shively, L. L. Barton (Eds.), Variations in Autotrophic Life, Academic Press, New York, NY, 1991, pp. 271-337.

[314] J. LeGall, G. Fauque, Dissimilatory reduction of sulfur compounds, Biol. Anaerobic Microorg. (1988) 587-639.

[315] G. Muyzer, A. J. Stams, The ecology and biotechnology of sulphate-reducing bacteria, Nat. Rev. Microbiol. 6 (2008) 441-454.

[316] R. Rabus, et al., Dissimilatory sulfate- and sulfur-reducing prokaryotes, in: E. Rosenberg, E. F. DeLong, S. Lory, E. Stackebrandt, F. Thompson (Eds.), The Prokaryotes, Springer, Berlin, Heidelberg, 2006, pp. 659-768.

[317] A. Sherry, et al., Anaerobic biodegradation of crude oil under sulphate-reducing conditions leads to only modest enrichment of recognized sulphate-reducing taxa, Int. Biodeterior. Biodegrad. 81 (2013) 105-113.

[318] M. Nemati, et al., Mechanistic study of microbial control of hydrogen sulfide production in oil reservoirs, Biotechnol. Bioeng. 74 (2001) 424-434.

[319] R. Rabus, et al., Dissimilatory sulfate- and sulfur-reducing prokaryotes, in: E. Rosenberg, E. F. DeLong, S. Lory, E. Stackebrandt, F. Thompson (Eds.), The Prokaryotes, Springer, Berlin, Heidelberg,

2013, pp. 309-404.

[320] E. D. Schulze, H. A. Mooney, Biodiversity and Ecosystem Function, Springer-Verlag, Berlin, Heidelberg, 1994.

[321] H. F. Castro, et al., Phylogeny of sulfate-reducing bacteria, FEMS Microbiol. Ecol. 31 (2000) 1-9.

[322] T. Itoh, et al., Thermocladium modestius gen. nov., sp. nov., a new genus of rod-shaped, extremely thermophilic crenarchaeote, Int. J. Syst. Evol. Microbiol. 48 (1998) 879-887.

[323] T. Itoh, et al., Caldivirga maquilingensis gen. nov., sp. nov., a new genus of rod-shaped crenarchaeote isolated from a hot spring in the Philippines, Int. J. Syst. Evol. Microbiol. 49 (1999) 1157-1163.

[324] K. Mori, et al., A novel lineage of sulfate-reducing microorganisms: Thermodesulfobiaceae fam. nov., Thermodesulfobium narugense, gen. nov., sp. nov., a new thermophilic isolate from a hot spring, Extremophiles 7 (2003) 283-290.

[325] B. Ollivier, et al., Sulphate-reducing bacteria from oil field environments and deep-sea hydrothermal vents, in: L. L. Barton, W. A. Hamilton (Eds.), Sulphate-Reducing Bacteria: Environmental and Engineered Systems, Cambridge University Press, Cambridge, England, 2007, pp. 305-328.

[326] J. Peretó, Fermentation, in: M. Gargaud, W. M. Irvine, R. Amils, H. J. Cleaves, D. L. Pinti, J. C. Quintanilla, D. Rouan, T. Spohn, S. Tirard, M. Viso (Eds.), Encyclopedia of Astrobiology, Springer, Berlin, Heidelberg, 2015, pp. 848-849.

[327] N.-K. Birkeland, Sulfate-reducing bacteria and archaea, in: B. Ollivier, M. Magot (Eds.), Petroleum Microbiology, ASM Press, ASM Press, 2005, pp. 35-54.

[328] J. Y. Leu, et al., The same species of sulphate-reducing Desulfomicrobium occur in different oil field environments in the North Sea, Lett. Appl. Microbiol. 29 (1999) 246-252.

[329] M. Magot, et al., Desulfovibrio longus sp. nov., a sulfate-reducing bacterium isolated from an oil producing well, Int. J. Syst. Evol. Microbiol. 42 (1992) 398-402.

[330] E. Miranda-Tello, et al., Desulfovibrio capillatus sp. nov., a novel sulfate-reducing bacterium isolated from an oil field separator located in the Gulf of Mexico, Anaerobe 9 (2003) 97-103.

[331] P. N. Dang, et al., Desulfovibrio vietnamensis sp. nov., a halophilic sulfate-reducing bacterium from Vietnamese oil fields, Anaerobe 2 (1996) 385-392.

[332] E. Rozanova, et al., Isolation of a new genus of sulfate-reducing bacteria and description of a new species of this genus, Desulfomicrobium apsheronum gen. nov., sp. nov, Microbiology(Mikrobiologiya) 57 (1988) 514-520.

[333] S. Myhr, T. Torsvik, Denitrovibrio acetiphilus, a novel genus and species of dissimilatory nitrate reducing bacterium isolated from an oil reservoir model column, Int. J. Syst. Evol. Microbiol. 50 (2000) 1611-1619.

[334] T. Nazina, et al., Occurrence of sulfate- and iron-reducing bacteria in stratal waters of the Romashkinskoe oil field, Microbiology 64 (1995) 203-208.

[335] M. E. Davey, et al., Isolation of three species of Geotoga and Petrotoga: two new genera, representing a new lineage in the bacterial line of descent distantly related to the "Thermotogales", Syst. Appl. Microbiol. 16 (1993) 191-200.

[336] S. Haridon, et al., Thermosiphogeolei sp. nov., a thermophilic bacterium isolated from a continental petroleum reservoir in Western Siberia, Int. J. Syst. Evol. Microbiol. 51 (2001) 1327-1334.

[337] S. L'Haridon, et al., Petrotoga olearia sp. nov. and Petrotogasibirica sp. nov., two thermophilic bacteria isolated from a continental petroleum reservoir in Western Siberia, Int. J. Syst. Evol. Microbiol. 52(2002) 1715-1722.

[338] I. A. Purwwasena, et al., Estimation of the Potential of an Oil-Viscosity-Reducing Bacteria, Petrotoga Iso-

lated from an Oil field for MEOR, in: International Petroleum Technology Conference, International Petroleum Technology Conference, Doha, Qatar, 2009.

[339] S. L'haridon, et al., Hot subterranean biosphere in a continental oil reservoir, Nature 377 (1995) 223 – 224.

[340] M. – L. Fardeau, et al., Isolation from oil reservoirs of novel thermophilic anaerobes phylogenetically related to Thermoanaerobacter subterraneus: reassignment of T. subterraneus, Thermoanaerobacter yonseiensis, Thermoanaerobacter tengcongensis and Carboxydibrachium pacificum to Caldanaerobacter subterraneus gen. nov., sp. nov., comb. nov. as four novel subspecies, Int. J. Syst. Evol. Microbiol. 54 (2004) 467 – 474.

[341] V. Bhupathiraju, et al., Haloanaerobium salsugo sp. nov., a moderately halophilic, anaerobic bacterium from a subterranean brine, Int. J. Syst. Evol. Microbiol. 44 (1994) 565 – 572.

[342] V. K. Bhupathiraju, et al., Haloanaerobium kushneri sp. nov., an obligately halophilic, anaerobic bacterium from an oil brine, Int. J. Syst. Evol. Microbiol. 49 (1999) 953 – 960.

[343] M. Magot, et al., Dethiosulfovibrio peptidovorans gen. nov., sp. nov., a new anaerobic, slightly halophilic, thiosulfate – reducing bacterium from corroding offshore oil wells, Int. J. Syst. Evol. Microbiol. 47 (1997) 818 – 824.

[344] I. Davydova – Charakhch'yan, et al., Acetogenic bacteria from oil fields of Tataria and wester Siberia, Microbiology – AIBS – C 61 (1992). 208 – 208.

[345] B. Ollivier, J. – L. Cayol, Fermentative, iron – reducing, and nitrate – reducing microorganisms, in: B. Ollivier, M. Magot (Eds.), Petroleum Microbiology, ASM Press, Washington, D. C., 2005, pp. 71 – 88.

[346] G. Jenneman, et al., Sulfide removal in reservoir brine by indigenous bacteria, SPE Prod. Facil. 14 (1999) 219 – 225.

[347] J. Larsen, et al., Prevention of Reservoir Souring in the Halfdan Field by Nitrate Injection, in: CORROSION 2004, NACE International, New Orleans, Louisiana, 2004.

[348] E. Sunde, et al., H_2S inhibition by nitrate injection on the Gullfaks field, in: CORROSION2004, NACE International, New Orleans, Louisiana, 2004.

[349] T. Thorstenson, et al., Biocide replacement by nitrate in sea water injection systems, in: CORROSION 2002, NACE International, Denver, Colorado, 2002.

[350] A. J. Telang, et al., Effect of nitrate injection on the microbial community in an oil field asmonitored by reverse sample genome probing, Appl. Environ. Microbiol. 63 (1997) 17851793.

[351] D. O. Hitzman, et al., Recent successes: MEOR using synergistic H_2S prevention and increased oil recovery systems, SPE/DOE Symposium on Improved Oil Recovery, Society of Petroleum Engineers, Tulsa, Oklahoma, 2004.

[352] M. McInerney, et al., Ch. F – 7 Microbial control of the production of sulfide, in: E. C. Donaldson(Ed.), Developments in Petroleum Science, Elsevier, Amsterdam, Netherlands, 1991, pp. 441 – 449.

[353] C. Hubert, et al., Corrosion risk associated with microbial souring control using nitrate or nitrite, Appl. Microbiol. Biotechnol. 68 (2005) 272 – 282.

[354] M. Nemati, et al., Control of biogenic H_2S production with nitrite and molybdate, J. Ind. Microbiol. Biotechnol. 26 (2001) 350 – 355.

[355] M. Nemati, et al., Impact of nitrate – mediated microbial control of souring in oil reservoirs on thee xtent of corrosion, Biotechnol. Prog. 17 (2001) 852 – 859.

[356] E. A. Greene, et al., Synergistic inhibition of microbial sulfide production by combinations of themetabolic inhibitor nitrite and biocides, Appl. Environ. Microbiol. 72 (2006) 7897 – 7901.

[357] A. Gittel, et al., Prokaryotic community structure and sulfate reducer activity in water from high temperature

oil reservoirs with and without nitrate treatment, Appl. Environ. Microbiol. 75 (2009) 7086 – 7096.

[358] K. Londry, J. Suflita, Use of nitrate to control sulfide generation by sulfate – reducing bacteria associated with oily waste, J. Ind. Microbiol. Biotechnol. 22 (1999) 582 – 589.

[359] J. J. Arensdorf, et al., Mitigation of reservoir souring by nitrate in a produced – water reinjection system in Alberta, SPE International Symposium on Oil field Chemistry, Society of Petroleum Engineers, The Woodlands, Texas, 2009.

[360] C. Kuijvenhoven, et al., 1 year experience with the injection of nitrate to control souring in Bonga Deepwater Development Offshore Nigeria, International Symposium on Oil field Chemistry, Society of Petroleum Engineers, Houston, Texas, 2007.

[361] M. J. Mcinerney, et al., Oil field microbiology, in: C. Hurst, R. Crawford, J. Garland, D. Lipson, A. Mills, L. Stetzenbach (Eds.), Manual of Environmental Microbiology, third ed., ASM Press, Washington, DC, 2007, pp. 898 – 911.

[362] I. Davidova, et al., The influence of nitrate on microbial processes in oil industry production waters, J. Ind. Microbiol. Biotechnol. 27 (2001) 80 – 86.

[363] D. Gevertz, et al., Isolation and characterization of strains CVO and FWKO B, two novel nitrate reducing, sulfide – oxidizing bacteria isolated from oil field brine, Appl. Environ. Microbiol. 66 (2000) 2491 – 2501.

[364] E. Miranda – Tello, et al., Garciella nitratireducens gen. nov., sp. nov., an anaerobic, thermophilic, nitrate – and thiosulfate – reducing bacterium isolated from an oil field separator in the Gulf of Mexico, Int. J. Syst. Evol. Microbiol. 53 (2003) 1509 – 1514.

[365] Y. Kodama, K. Watanabe, Isolation and characterization of a sulfur – oxidizing chemolithotroph growing on crude oil under anaerobic conditions, Appl. Environ. Microbiol. 69 (2003) 107112.

[366] G. Voordouw, et al., Characterization of 16S rRNA genes from oil field microbial communities indicates the presence of a variety of sulfate – reducing, fermentative, and sulfide – oxidizing bacteria, Appl. Environ. Microbiol. 62 (1996) 1623 – 1629.

[367] N. B. Huu, et al., Marinobacter aquaeolei sp. nov., a halophilic bacterium isolated from a Vietnamese oil – producing well, Int. J. Syst. Evol. Microbiol. 49 (1999) 367 – 375.

[368] C. Pickard, et al., Oil field and freshwater isolates of Shewanella putrefaciens have lipopolysaccharide polyacrylamide gel profiles characteristic of marine bacteria, Can. J. Microbiol. 39 (1993) 715 – 717.

[369] K. Semple, D. Westlake, Characterization of iron – reducing Alteromonas putrefaciens strains from oil field fluids, Can. J. Microbiol. 33 (1987) 366 – 371.

[370] R. Eckford, P. Fedorak, Chemical and microbiological changes in laboratory incubations of nitrate amendment "sour" produced waters from three western Canadian oil fields, J. Ind. Microbiol. Biotechnol. 29 (2002) 243 – 254.

[371] R. Eckford, P. Fedorak, Planktonic nitrate – reducing bacteria and sulfate – reducing bacteria in some western Canadian oil field waters, J. Ind. Microbiol. Biotechnol. 29 (2002) 83 – 92.

[372] I. Andreevskii, The influence of the microflora of the third stratum of the Yaregskoe oil field on the composition and properties of oil, Trudy Inst. Mikrobiol 9 (1961) 75 – 81.

[373] I. Andreevskii, Application of oil microbiology to the oil – extracting industry, Trudy Vses. Nauch. – Issled. Geol. – Razved. Inst 131 (1959) 403 – 413.

[374] S. Belyaev, et al., Activation of the geochemical activity of stratal microflora as the basis of a biotechnology for enhancement of oil recovery, Microbiology 67 (1998) 708 – 714.

[375] S. Belyaev, et al., Microbiological processes in the critical zone of injection wells in oil fields, Microbiology 51 (1982) 793 – 797.

[376] M. Ivanov, S. Belyaev, Microbial activity in water flooded oil fields and its possible regulation, in: E. C.

Donaldson, J. B. Clark (Eds.), Proceedings, 1982 International Conference on Microbial Enhancement of Oil Recovery, NTIS, Springfield, Virginia, 1982, pp. 48 – 57.

[377] M. Ivanov, et al., Additional oil production during field trials in Russia, in: E. T. Premuzic, A. Woodhead (Eds.), Developments in Petroleum Science, Elsevier, Amsterdam, Netherlands, 1993, pp. 373 – 381.

[378] T. Nazina, et al., Microbiological investigation of the stratal waters, Microbiology 68 (1999) 214 – 221.

[379] T. N. Nazina, et al., Microorganisms of the high – temperature Liaohe oil field, Resour. Environ. Biotechnol. 3 (2000) 149 – 160.

[380] T. N. Nazina, et al., Diversity and activity of microorganisms in the daqing oil, Resour. Environ. Biotechnol. 3 (2000) 161 – 172.

[381] E. Rozanova, et al., Microbiological processes in a high – temperature oil field, Microbiology 70 (2001) 102 – 110.

[382] E. Yulbarisov, Evaluation of the effectiveness of the biological method for enhancing oil recovery of a reservoir, Neftyanoe Khozyaistvo 11 (1976) 27 – 30.

[383] E. Yulbarisov, On the enhancement of oil recovery of flooded oil strata, Neftyanoe Khozyaistvo 3 (1981) 36 – 40.

[384] E. Yulbarisov, Microbiological method for EOR, Revue de l'Institut Francçais du Pétrole 45 (1990) 115 – 121.

[385] E. Yulbarisov, N. Zhdanova, On the microbial enhancement of oil recovery of flooded oil strata, Neftyanoekhozyaistvo 3 (1984) 28 – 32.

[386] E. Kulik, et al., Hexadecane oxidation in a porous system with the formation of fatty acids, Mikrobiologiya 54 (1985) 381 – 385.

[387] E. Kowalewski, et al., Microbial improved oil recovery—bacterial induced wettability and interfacial tension effects on oil production, J. Pet. Sci. Eng. 52 (2006) 275 – 286.

[388] J. Heider, et al., Anaerobic bacterial metabolism of hydrocarbons, FEMS Microbiol. Rev. 22 (1998) 459 – 473.

[389] C. M. Aitken, et al., Anaerobic hydrocarbon biodegradation in deep subsurface oil reservoirs, Nature 431 (2004) 291 – 294.

[390] K. G. Kropp, et al., Anaerobic oxidation of n – dodecane by an addition reaction in a sulfate reducing bacterial enrichment culture, Appl. Environ. Microbiol. 66 (2000) 53935398.

[391] R. S. Bryant, Potential uses of microorganisms in petroleum recovery technology, Proc. Oklahoma Acad. Sci. 67 (1987) 97 – 104.

[392] R. S. Bryant, R. P. Lindsey, World – wide applications of microbial technology for improving oil recovery, SPE/DOE Improved Oil Recovery Symposium, Society of Petroleum Engineers, Tulsa, Oklahoma, 1996.

[393] R. Illias, et al., Production of biosurfactant and biopolymer from Malaysian oil fields isolated microorganisms, SPE Asia Pacific Improved Oil Recovery Conference, Society of Petroleum Engineers, Kuala Lumpur, Malaysia, 1999.

[394] M. Tango, M. Islam, Potential of extremophiles for biotechnological and petroleum applications, Energy Sources 24 (2002) 543 – 559.

[395] T. Marsh, et al., Mechanisms of microbial oil recovery by Clostridium acetobutylicum and Bacillusstrain JF – 2, in: R. S. Bryant (Ed.), The Fifth International Conference on Microbial Enhanced Oil Recovery and Related Biotechnology for Solving Environmental Problems, BDM Oklahoma, Inc., Bartlesville, OK (United States), Dallas, Texas, 1995, pp. 593 – 610.

[396] S. Kianipey, E. Donaldson, Mechanisms of oil displacement by microorganisms, SPE Annual Technical Conference and Exhibition, Society of Petroleum Engineers, New Orleans, Louisiana, 1986.

[397] R. Tanner, et al., The potential for MEOR from carbonate reservoirs: literature review and recent research, in: E. T. Premuzic, A. Woodhead (Eds.), Developments in Petroleum Science, Elsevier, Amsterdam, Netherlands, 1993, pp. 391–396.

[398] D. Updegraff, G. B. Wren, The release of oil from petroleum-bearing materials by sulfate-reducing bacteria, Appl. Microbiol. 2 (1954) 309.

[399] D. Cooper, et al., Isolation and identification of biosurfactants produced during anaerobic growth of Clostridium pasteurianum, J. Ferment. Technol. 58 (1980) 83–86.

[400] V. Moses, Ch. I-3 MEOR in the field: why so little? in: E. C. Donaldson (Ed.), Developments in Petroleum Science, Elsevier, Amsterdam, Netherlands, 1991, pp. 21–28.

[401] R. E. Lappan, H. S. Fogler, Leuconostoc mesenteroides growth kinetics with application to bacterial profile modification, Biotechnol. Bioeng. 43 (1994) 865–873.

[402] G. Jenneman, et al., Bacterial profile modification with bulk dextran gels produced by the in-situ growth and metabolism of leuconostoc species, SPE/DOE Improved Oil Recovery Symposium, Society of Petroleum Engineers, Tulsa, Oklahoma, 2000.

[403] D. Davis, et al., The production of surfactin in batch culture by Bacillus subtilis ATCC 21332 isstrongly influenced by the conditions of nitrogen metabolism, Enzyme Microb. Technol. 25 (1999) 322–329.

[404] S. S. Cameotra, R. Makkar, Synthesis of biosurfactants in extreme conditions, Appl. Microbiol. Biotechnol. 50 (1998) 520–529.

[405] K. Gautam, V. Tyagi, Microbial surfactants: a review, J. Oleo. Sci. 55 (2006) 155–166.

[406] C. Yao, et al., Laboratory experiment, modeling and field application of indigenous microbial flooding, J. Pet. Sci. Eng. 90–91 (2012) 39–47.

[407] S. L. Bryant, T. P. Lockhart, Reservoir engineering analysis of microbial enhanced oil recovery, SPE Reservoir Eval. Eng. 5 (2002) 365–374.

[408] M. Wagner, et al., Development and application of a new biotechnology of the molasses in-situ method: detailed evaluation for selected wells in the Romashkino carbonate reservoir, in: R. S. Bryant (Ed.), The Fifth International Conference on Microbial Enhanced Oil Recovery and Related Biotechnology for Solving Environmental Problems, BDM Oklahoma, Inc., Dallas, Texas, 1995, pp. 153–173.

[409] R. Bryant, et al., Ch. F-4 Microbial enhanced waterflooding: a pilot study, in: E. C. Donaldson (Ed.), Developments in Petroleum Science, Elsevier, Amsterdam, Netherlands, 1991, pp. 399–419.

[410] L. Strappa, et al., A novel and successful MEOR pilot project in a strong water-drive reservoir Vizcacheras Field, Argentina, SPE/DOE Symposium on Improved Oil Recovery, Society of Petroleum Engineers, Tulsa, Oklahoma, 2004.

[411] C. H. Gao, A. Zekri, Applications of microbial-enhanced oil recovery technology in the pastdecade, Energy Sources, Part A 33 (2011) 972–989.

[412] M. McInerney, et al., Development of microorganisms with improved transport and biosurfactant activity for enhanced oil recovery, in University of Oklahoma, US, 2005.

[413] E. Grula, et al., Field trials in central Oklahoma using Clostridium strains for microbially enhanced oil recovery, Microbes Oil Recovery 1 (1985) 144–150.

[414] G. Petzet, B. Williams, Operators trim basic EOR research, Oil Gas J. 84 (1986) 41–45.

[415] A. R. Awan, et al., A survey of North Sea enhanced-oil-recovery projects initiated during the years 1975 to 2005, SPE Reservoir Eval. Eng. 11 (2008) 497–512.

[416] T. L. Kieft, et al., Drilling, coring, and sampling subsurface environments, in: C. Hurst, R. Crawford, J. Garland, D. Lipson, A. Mills, L. Stetzenbach (Eds.), Manual of Environmental Microbiology, third ed., ASM Press, Washington, DC, 2007, pp. 799–817.

[417] W. - D. Wang, MEOR studies and pilot tests in the Shengli oil field, in: C. - Z. Yan, Y. Li (Eds.), Tertiary Oil Recovery Symposium, Petroleum Industry Press, Beijing, China, 2005, pp. 123 - 128.

[418] N. Youssef, et al., In situ biosurfactant production by Bacillus strains injected into a limestone petroleum reservoir, Appl. Environ. Microbiol. 73 (2007) 1239 - 1247.

[419] A. K. Camper, et al., Effects of motility and adsorption rate coefficient on transport of bacteria through saturated porous media, Appl. Environ. Microbiol. 59 (1993) 3455 - 3462.

[420] A. B. Cunningham, et al., Effects of starvation on bacterial transport through porous media, Adv. Water Resour. 30 (2007) 1583 - 1592.

[421] D. E. Fontes, et al., Physical and chemical factors influencing transport of microorganisms through porous media, Appl. Environ. Microbiol. 57 (1991) 2473 - 2481.

[422] H. Lappin - Scott, et al., Nutrient resuscitation and growth of starved cells in sandstone cores: a novel approach to enhanced oil recovery, Appl. Environ. Microbiol. 54 (1988) 1373 - 1382.

[423] F. MacLeod, et al., Plugging of a model rock system by using starved bacteria, Appl. Environ. Microbiol. 54 (1988) 1365 - 1372.

[424] L. - K. Jang, et al., Selection of bacteria with favorable transport properties through porous rock for the application of microbial - enhanced oil recovery, Appl. Environ. Microbiol. 46 (1983) 1066 - 1072.

[425] J. Bae, et al., Microbial profile modification with spores, SPE Reservoir Eng. 11 (1996) 163 - 167.

[426] I. L. Gullapalli, et al., Laboratory design and field implementation of microbial profile modification process, SPE Reservoir Eval. Eng. 3 (2000) 42 - 49.

[427] N. H. Youssef, et al., Comparison of methods to detect biosurfactant production by diverse microorganisms, J. Microbiol. Methods 56 (2004) 339 - 347.

[428] R. Marchant, I. M. Banat, Microbial biosurfactants: challenges and opportunities for future exploitation, Trends Biotechnol. 30 (2012) 558 - 565.

[429] M. García - Junco, et al., Bioavailability of solid and non - aqueous phase liquid (NAPL) - dissolved-phenanthrene to the biosurfactant - producing bacterium Pseudomonas aeruginosa 19SJ, Environ. Microbiol. 3 (2001) 561 - 569.

[430] D. C. Herman, et al., Rhamnolipid (biosurfactant) effects on cell aggregation and biodegradation of residual hexadecane under saturated flow conditions, Appl. Environ. Microbiol. 63 (1997) 3622 - 3627.

[431] I. Ivshina, et al., Oil desorption from mineral and organic materials using biosurfactant complexes produced by Rhodococcus species, World J. Microbiol. Biotechnol. 14 (1998) 711 - 717.

[432] W. R. Jones, Biosurfactants, bioavailability and bioremediation, Stud. Env. Sci. 66 (1997) 379 - 391.

[433] R. Maier, G. Soberon - Chavez, Pseudomonas aeruginosa rhamnolipids: biosynthesis and potential applications, Appl. Microbiol. Biotechnol. 54 (2000) 625 - 633.

[434] A. C. Morán, et al., Enhancement of hydrocarbon waste biodegradation by addition of a biosurfactant from Bacillus subtilis O9, Biodegradation 11 (2000) 65 - 71.

[435] E. Z. Ron, E. Rosenberg, Natural roles of biosurfactants, Environ. Microbiol. 3 (2001) 229 - 236.

[436] S. Thangamani, G. S. Shreve, Effect of anionic biosurfactant on hexadecane partitioning in multiphase systems, Environ. Sci. Technol. 28 (1994) 1993 - 2000.

[437] A. Toren, et al., Solubilization of polyaromatic hydrocarbons by recombinant bioemulsifier AlnA, Appl. Microbiol. Biotechnol. 59 (2002) 580 - 584.

[438] Y. Zhang, R. M. Miller, Enhanced octadecane dispersion and biodegradation by a Pseudomonas rhamnolipid surfactant (biosurfactant), Appl. Environ. Microbiol. 58 (1992) 3276 - 3282.

[439] R. A. Al - Tahhan, et al., Rhamnolipid - induced removal of lipopolysaccharide from Pseudomonas aeruginosa: effect on cell surface properties and interaction with hydrophobic substrates, Appl. Environ. Microbiol. 66

(2000) 3262-3268.

[440] Science Learning Hub. (2012). Cleaning up the oil spill. Retrieved from www.sciencelearn.org.nz/resources/1140-cleaning-up-the-oil-spill.

[441] H. Sobrinho, et al., Biosurfactants: classification, properties and environmental applications, Recent Dev. Biotechnol. 11 (2013) 1-29.

[442] M. Nitschke, S. Costa, Biosurfactants in food industry, Trends Food Sci. Technol. 18 (2007) 252-259.

[443] E. J. Gudiña, et al., Isolation and study of microorganisms from oil samples for application inmicrobial enhanced oil recovery, Int. Biodeterior. Biodegradation. 68 (2012) 56-64.

[444] O. Pornsunthorntawee, et al., Isolation and comparison of biosurfactants produced by Bacillus subtilisPT2 and Pseudomonas aeruginosa SP4 for microbial surfactant-enhanced oil recovery, Biochem. Eng. J. 42 (2008) 172-179.

[445] P. C. Hiemenz, R. Rajagopalan, Principles of Colloid and Surface Chemistry, revised andexpanded, CRC press, New York, NY, 1997.

[446] G. Georgiou, et al., Surfaceactive compounds from microorganisms, Nat. Biotechnol. 10 (1992) 60-65.

[447] R. S. Makkar, K. J. Rockne, Comparison of synthetic surfactants and biosurfactants in enhancing biodegradation of polycyclic aromatic hydrocarbons, Environ. Toxicol. Chem. 22 (2003) 2280-2292.

[448] M. Morikawa, et al., A study on the structure function relationship of lipopeptide biosurfactants, Biochim. Biophys. Acta (BBA) - Mol. Cell Biol. Lipids 1488 (2000) 211-218.

[449] C. Schippers, et al., Microbial degradation of phenanthrene by addition of a sophorolipid mixture, J. Biotechnol. 83 (2000) 189-198.

[450] R. Makkar, S. S. Cameotra, Production of biosurfactant at mesophilic and thermophilic conditions by a strain of Bacillus subtilis, J. Ind. Microbiol. Biotechnol. 20 (1998) 48-52.

[451] P. Yan, et al., Oil recovery from refinery oily sludge using a rhamnolipid biosurfactant-producing Pseudomonas, Bioresour. Technol. 116 (2012) 24-28.

[452] T. Barkay, et al., Enhancement of solubilization and biodegradation of polyaromatic hydrocarbons by the bioemulsifieralasan, Appl. Environ. Microbiol. 65 (1999) 2697-2702.

[453] A. Etoumi, Microbial treatment of waxy crude oils for mitigation of wax precipitation, J. Pet. Sci. Eng. 55 (2007) 111-121.

[454] M. Rosenberg, et al., Adherence of Bacteria to Hydrocarbons, Penn Well Publications Company, Tulsa, Oklahoma, 1983.

[455] G. T. de Acevedo, M. J. McInerney, Emulsifying activity in thermophilic and extremely thermophilic microorganisms, J. Ind. Microbiol. 16 (1996) 1-7.

[456] L. Thimon, et al., Interactions of surfactin, a biosurfactant from Bacillus subtilis, with inorganiccations, Biotechnol. Lett. 14 (1992) 713-718.

[457] I. M. Banat, Biosurfactants production and possible uses in microbial enhanced oil recovery and oil pollution remediation: a review, Bioresour. Technol. 51 (1995) 1-12.

[458] P. Das, et al., Antimicrobial potential of a lipopeptide biosurfactant derived from a marine Bacilluscirculans, J. Appl. Microbiol. 104 (2008) 1675-1684.

[459] P. K. Mohan, et al., Biokinetics of biodegradation of surfactants under aerobic, anoxic and anaerobic conditions, Water Res. 40 (2006) 533-540.

[460] P. K. Mohan, et al., Biodegradability of surfactants under aerobic, anoxic, and anaerobic conditions, J. Environ. Eng. 132 (2006) 279-283.

[461] H. Amani, et al., Comparative study of biosurfactant producing bacteria in MEOR applications, J. Pet. Sci. Eng. 75 (2010) 209-214.

[462] S. Al‐Bahry, et al., Biosurfactant production by Bacillus subtilis B20 using date molasses and its possible application in enhanced oil recovery, Int. Biodeterior. Biodegrad. 81 (2013) 141-146.

[463] P. Darvishi, et al., Biosurfactant production under extreme environmental conditions by an efficient microbial consortium, ERCPPI‐2, Colloids Surf. B: Biointerfaces 84 (2011) 292-300.

[464] F. Freitas, et al., Emulsifying behaviour and rheological properties of the extracellular polysaccharide produced by Pseudomonas oleovorans grown on glycerol byproduct, Carbohydr. Polym. 78(2009) 549-556.

[465] M. Shavandi, et al., Emulsification potential of a newly isolated biosurfactant‐producing bacterium, Rhodococcus sp. strain TA6, Colloids Surf. B: Biointerfaces 82 (2011) 477-482.

[466] T. R. Neu, Significance of bacterial surface‐active compounds in interaction of bacteria with interfaces, Microbiol. Rev. 60 (1996) 151-166.

[467] I. M. Banat, et al., Microbial biosurfactants production, applications and future potential, Appl. Microbiol. Biotechnol. 87 (2010) 427-444.

[468] S. Vijayakumar, V. Saravanan, Biosurfactants-types, sources and applications, Res. J. Microbiol. 10 (2015) 181-192.

[469] P. K. Rahman, E. Gakpe, Production, characterisation and applications of biosurfactants‐review, Biotechnology 7 (2008) 360-370.

[470] K. Muthusamy, et al., Biosurfactants: properties, commercial production and application, Curr. Sci. 94 (2008) 736-747.

[471] M. Pacwa‐Płociniczak, et al., Environmental applications of biosurfactants: recent advances, Int. J. Mol. Sci. 12 (2011) 633-654.

[472] A. Toren, et al., The active component of the bioemulsifier alasan from Acinetobacter radioresistens KA53 is an OmpA‐like protein, J. Bacteriol. 184 (2002) 165-170.

[473] H. Chong, Q. Li, Microbial production of rhamnolipids: opportunities, challenges and strategies, Microb. Cell. Fact. 16 (2017) 137.

[474] A. P. Rooney, et al., Isolation and characterization of rhamnolipid‐producing bacterial strains from a biodiesel facility, FEMS Microbiol. Lett. 295 (2009) 82-87.

[475] M. Hošková, et al., Structural and physiochemical characterization of rhamnolipids produced by Acinetobacter calcoaceticus, Enterobacter asburiae and Pseudomonas aeruginosa in single strain and mixedcultures, J. Biotechnol. 193 (2015) 45-51.

[476] M. Hošková, et al., Characterization of rhamnolipids produced by non‐pathogenic Acinetobacter and Enterobacter bacteria, Bioresour. Technol. 130 (2013) 510-516.

[477] M. Healy, et al., Microbial production of biosurfactants, Resour., Conserv. Recycl. 18 (1996)41-57.

[478] M. Konishi, et al., Production of new types of sophorolipids by Candida batistae, J. Oleo. Sci. 57(2008) 359-369.

[479] J. Chen, et al., Production, structure elucidation and anticancer properties of sophorolipid from Wickerhamiell adomercqiae, Enzyme Microb. Technol. 39 (2006) 501-506.

[480] X. Song, Wickerhamiell adomercqiae Y2A for producing sophorose lipid and its uses, in Shandong university China, 2006.

[481] G. Soberón‐Chávez, Biosurfactants: From Genes to Applications, Springer‐Verlag, Berlin Heidelberg, 2010.

[482] N. P. Price, et al., Structural characterization of novel sophorolipid biosurfactants from a newly identified species of Candida yeast, Carbohydr. Res. 348 (2012) 33-41.

[483] C. P. Kurtzman, et al., Production of sophorolipid biosurfactants by multiple species of the Starmerella (Candida) bombicola yeast clade, FEMS Microbiol. Lett. 311 (2010) 140-146.

[484] A. Tulloch, et al., A new hydroxy fatty acid sophoroside from Candida bogoriensis, Can. J. Chem. 46 (1968) 345–348.

[485] A. E. Elshafie, et al., Sophorolipids production by Candida bombicola ATCC 22214 and its potential application in microbial enhanced oil recovery, Front. Microbiol. 6 (2015) 1–11.

[486] A. Hatha, et al., Microbial biosurfactants review, J. Mar. Atmos. Res. 3 (2007) 1–17.

[487] A. Marqués, et al., The physicochemical properties and chemical composition of trehalose lipids produced by Rhodococcus erythropolis 51T7, Chem. Phys. Lipids 158 (2009) 110–117.

[488] B. Tuleva, et al., Isolation and characterization of trehalose tetraester biosurfactants from a soil strain Micrococcus luteus BN56, Process Biochem. 44 (2009) 135–141.

[489] B. Tuleva, et al., Production and structural elucidation of trehalose tetraesters (biosurfactants) from a novel alkanothrophic Rhodococcus wratislaviensis strain, J. Appl. Microbiol. 104 (2008) 1703–1710.

[490] Y. Tokumoto, et al., Structural characterization and surface-active properties of a succinoyl trehalose lipid produced by Rhodococcus sp. SD-74, J. Oleo. Sci. 58 (2009) 97–102.

[491] Y. Uchida, et al., Extracellular accumulation of mono- and di-succinoyl trehalose lipids by a strain of Rhodococcus erythropolis grown on n-alkanes, Agric. Biol. Chem. 53 (1989) 757–763.

[492] F. Peng, et al., An oil-degrading bacterium: Rhodococcus erythropolis strain 3C-9 and its biosurfactants, J. Appl. Microbiol. 102 (2007) 1603–1611.

[493] S. Niescher, et al., Identification and structural characterisation of novel trehalose dinocardiomycolates from n-alkane-grown Rhodococcusopacus 1CP, Appl. Microbiol. Biotechnol. 70 (2006) 605–611.

[494] M. V. Singer, et al., Physical and chemical properties of a biosurfactant synthesized by Rhodococcus species H13-A, Can. J. Microbiol. 36 (1990) 746–750.

[495] M. V. Singer, W. Finnerty, Physiology of biosurfactant synthesis by Rhodococcus species H13-A, Can. J. Microbiol. 36 (1990) 741–745.

[496] J.-S. Kim, et al., Microbial glycolipid production under nitrogen limitation and resting cell conditions, J. Biotechnol. 13 (1990) 257–266.

[497] A. Kretschmer, F. Wagner, Characterization of biosynthetic intermediates of trehalose dicorynomycolates from Rhodococcus erythropolis grown on n-alkanes, Biochim. Biophys. Acta (BBA) - LipidsLipid Metab. 753 (1983) 306–313.

[498] A. Kretschmer, et al., Chemical and physical characterization of interfacial-active lipids from Rhodococcus erythropolis grown on n-alkanes, Appl. Environ. Microbiol. 44 (1982) 864–870.

[499] M. Yakimov, et al., Characterization of antarctic hydrocarbon-degrading bacteria capable of producing bioemulsifiers, New Microbiol. 22 (1999) 249–256.

[500] S. W. Esch, et al., A novel trisaccharide glycolipid biosurfactant containing trehalose bears esterlinked hexanoate, succinate, and acyloxyacyl moieties: NMR and MS characterization of the underivatized structure, Carbohydr. Res. 319 (1999) 112–123.

[501] D. Schulz, et al., Marine biosurfactants, I. Screening for biosurfactants among crude oil degrading marine microorganisms from the North Sea, Z. Naturforsch. C 46 (1991) 197–203.

[502] A. Passeri, et al., Marine biosurfactants, II. Production and characterization of an anionic trehalose tetraester from the marine bacterium Arthrobacter sp. EK 1, Z. Naturforsch. C 46 (1991) 204–209.

[503] A. Desai, et al., Emulsifier production by Pseudomonas fluorescens during the growth on hydrocarbons, Curr. Sci. 57 (1988) 500–501.

[504] A. K. Datta, K. Takayama, Isolation and purification of trehalose 6-mono- and 6,60-di-corynomycolates from Corynebacterium matruchotii. Structural characterization by 1H NMR, Carbohydr. Res. 245 (1993) 151–158.

[505] B. Mompon, et al., Isolation and structural determination of a "cord-factor" (trehalose 6, 60dimycolate) from Mycobacterium smegmatis, Chem. Phys. Lipids 21 (1978) 97-101.

[506] G. S. Besra, et al., Structural elucidation of a novel family of acyltrehaloses from Mycobacterium tuberculosis, Biochemistry 31 (1992) 9832-9837.

[507] N. Gautier, et al., Structure of mycoside F, a family of trehalose-containing glycolipids of Mycobacterium fortuitum, FEMS Microbiol. Lett. 98 (1992) 81-87.

[508] K. Poremba, et al., Marine biosurfactants, III. Toxicity testing with marine microorganisms and comparison with synthetic surfactants, Z. Naturforsch. C 46 (1991) 210-216.

[509] W.-R. Abraham, et al., Novel glycine containing glucolipids from the alkane using bacterium Alcanivorax borkumensis, Biochim. Biophys. Acta (BBA) - Lipids Lipid Metab. 1393 (1998) 57-62.

[510] S. Mehta, et al., Biomimetic amphiphiles: properties and potential use, in: R. Sen (Ed.), Biosurfactants. Advances in Experimental Medicine and Biology, Springer, New York, NY, 2010, pp. 102-120.

[511] N. Karanth, et al., Microbial production of biosurfactants and their importance, Curr. Sci. 77 (1999) 116-126.

[512] A. Toren, et al., Emulsifying activities of purified alasan proteins from Acinetobacter radioresistens KA53, Appl. Environ. Microbiol. 67 (2001) 1102-1106.

[513] S. Navon-Venezia, et al., Alasan, a new bioemulsifier from Acinetobacter radioresistens, Appl. Environ. Microbiol. 61 (1995) 32403244.

[514] E. Rosenberg, E. Z. Ron, Bioemulsans: microbial polymeric emulsifiers, Curr. Opin. Biotechnol. 8 (1997) 313-316.

[515] N. Kosaric, F. V. Sukan, Biosurfactants: Production and Utilization—Processes, Technologies, and Economics, CRC Press, Boca Raton, Florida, 2014.

[516] M. C. Cirigliano, G. M. Carman, Isolation of a bioemulsifier from Candida lipolytica, Appl. Environ. Microbiol. 48 (1984) 747-750.

[517] R. Vazquez-Duhalt, R. Quintero-Ramirez, Petroleum Biotechnology: Developments and Perspectives, Elsevier, Amsterdam, Netherlands, 2004.

[518] R. Diniz Rufino, et al., Characterization and properties of the biosurfactant produced by Candida lipolytica UCP 0988, Electron. J. Biotechnol. 17 (2014). 6-6.

[519] D. Husain, et al., The effect of temperature on eicosane substrate uptake modes by a marine bacterium Pseudomonas nautica strain 617: relationship with the biochemical content of cells and supernatants, World J. Microbiol. Biotechnol. 13 (1997) 587-590.

[520] S. S. Zinjarde, A. Pant, Emulsifier from a tropical marine yeast, Yarrowia lipolytica NCIM 3589, J. Basic Microbiol. 42 (2002) 67-73.

[521] O. Käppeli, et al., Chemical and structural alterations at the cell surface of Candida tropicalis, induced by hydrocarbon substrate, J. Bacteriol. 133 (1978) 952-958.

[522] R. Shepherd, et al., Novel bioemulsifiers from microorganisms for use in foods, J. Biotechnol. 40 (1995) 207-217.

[523] M. Singh, J. Desai, Hydrocarbon emulsification by Candida tropicalis and Debaryomyces polymorphus, Indian J. Exp. Biol. 27 (1989) 224-226.

[524] E. Rosenberg, E. Ron, High- and low-molecular-mass microbial surfactants, Appl. Microbiol. Biotechnol. 52 (1999) 154162.

[525] O. Käppeli, W. Finnerty, Partition of alkane by an extracellular vesicle derived from hexadecane grown Acinetobacter, J. Bacteriol. 140 (1979) 707-712.

[526] S.-C. Lin, et al., Continuous production of the lipopeptide biosurfactant of Bacillus licheniformis JF-2,

Appl. Microbiol. Biotechnol. 41 (1994) 281 – 285.

[527] M. Folmsbee, et al., Re – identification of the halotolerant, biosurfactant – producing Bacillus licheniformis strain JF – 2 as Bacillus mojavensis strain JF – 2, Syst. Appl. Microbiol. 29 (2006) 645 – 649.

[528] K. Arima, et al., Surfactin, a crystalline peptidelipid surfactant produced by Bacillus subtilis: Isolation, characterization and its inhibition of fibrin clot formation, Biochem. Biophys. Res. Commun. 31 (1968) 488 – 494.

[529] D. Cooper, et al., Enhanced production of surfactin from Bacillus subtilis by continuous product removal and metal cation additions, Appl. Environ. Microbiol. 42 (1981) 408 – 412.

[530] A. S. Nerurkar, Structural and molecular characteristics of lichenysin and its relationship with surface activity, in: R. Sen (Ed.), Biosurfactants. Advances in Experimental Medicine and Biology, Springer, New York, NY, 2010, pp. 304 – 315.

[531] M. J. McInerney, et al., Biosurfactant and Enhanced Oil Recovery, University of Oklahoma, US, 1985.

[532] M. M. Yakimov, et al., A putative lichenysin A synthetase operon in Bacillus licheniformis: initial characterization, Biochim. Biophys. Acta (BBA) – Gene Struct. Expression 1399 (1998) 141 – 153.

[533] C. Rubinovitz, et al., Emulsan production by Acinetobacter calcoaceticus in the presence of chloramphenicol, J. Bacteriol. 152 (1982) 126 – 132.

[534] R. Rautela, S. S. Cameotra, Role of biopolymers in industries: their prospective future applications, in: M. Fulekar, B. Pathak, R. Kale (Eds.), Environment and Sustainable Development, Springer, New Delhi, 2014, pp. 133 – 142.

[535] J. D. Desai, I. M. Banat, Microbial production of surfactants and their commercial potential, Microbiol. Mol. Biol. Rev. 61 (1997) 47 – 64.

[536] S. C. Lin, Biosurfactants: recent advances, J. Chem. Technol. Biotechnol. 66 (1996) 109 – 120.

[537] A. Franzetti, et al., Production and applications of trehalose lipid biosurfactants, Eur. J. Lipid Sci. Technol. 112 (2010) 617 – 627.

[538] J. M. Campos, et al., Microbial biosurfactants as additives for food industries, Biotechnol. Prog. 29(2013) 1097 – 1108.

[539] R. Makkar, S. Cameotra, An update on the use of unconventional substrates for biosurfactant production and their new applications, Appl. Microbiol. Biotechnol. 58 (2002) 428434.

[540] I. M. Banat, et al., Potential commercial applications of microbial surfactants, Appl. Microbiol. Biotechnol. 53 (2000) 495 – 508.

[541] I. Banat, Characterization of biosurfactants and their use in pollution removalstate of the art, Eng. Life Sci. 15 (1995) 251 – 267.

[542] A. A. Bodour, R. M. Maier, Biosurfactants: types, screening methods, and applications, in: G. Bitton (Ed.), Encyclopedia of Environmental Microbiology, Wiley, New York, NY, 2003, pp. 750 – 770.

[543] A. Y. Zekri, et al., Project of increasing oil recovery from UAE reservoirs using bacteria flooding, SPE Annual Technical Conference, Society of Petroleum Engineers, Houston, Texas, 1999.

[544] E. H. Sugihardjo, S. W. Pratomo, Microbial core flooding experiments using indigenous microbes, SPE Asia Pacific Improved Oil Recovery Conference, Society of Petroleum Engineers, KualaLumpur, Malaysia, 1999.

[545] M. M. Yakimov, et al., The potential of Bacillus licheniformis strains for in situ enhanced oil recovery, J. Pet. Sci. Eng. 18 (1997) 147 – 160.

[546] H. Yonebayashi, et al., Fundamental studies on MEOR with anaerobes. Flooding experiments using sandpack for estimation of capabilities of microbes, Sekiyu GijutsuKyokaishi 62 (1997) 195 – 202.

[547] E. Rosenberg, et al., Emulsifier of Arthrobacter RAG – 1: specificity of hydrocarbon substrate, Appl. Environ. Microbiol. 37 (1979) 409 – 413.

[548] E. Rosenberg, et al., Emulsifier of Arthrobacter RAG – 1: isolation and emulsifying properties, Appl. Environ. Microbiol. 37 (1979) 402 – 408.

[549] F. Martínez – Checa, et al., Characteristics of bioemulsifier V2 – 7 synthesized in culture media added of hydrocarbons: chemical composition, emulsifying activity and rheological properties, Bioresour. Technol. 98 (2007) 3130 – 3135.

[550] Q. Wang, et al., Engineering bacteria for production of rhamnolipid as an agent for enhanced oil recovery, Biotechnol. Bioeng. 98 (2007) 842 – 853.

[551] E. Acosta, et al., Linker – modified microemulsions for a variety of oils and surfactants, J. Surfactants Deterg. 6 (2003) 353 – 363.

[552] D. C. Herman, et al., Formation and removal of hydrocarbon residual in porous media: effects of attached bacteria and biosurfactants, Environ. Sci. Technol. 31 (1997) 1290 – 1294.

[553] A. Abu – Ruwaida, et al., Isolation of biosurfactant – producing bacteria, product characterization, and evaluation, Eng. Life Sci. 11 (1991) 315 – 324.

[554] W. Hua, C. – h Liang, Effect of sulfate reduced bacterium on corrosion behavior of 10CrMoAlsteel, J. Iron Steel Res., Int. 14 (2007) 74 – 78.

[555] R. Sen, T. Swaminathan, Characterization of concentration and purification parameters and operating conditions for the small – scale recovery of surfactin, Process Biochem. 40 (2005) 2953 – 2958.

[556] I. M. Banat, The isolation of a thermophilic biosurfactant producing Bacillus sp, Biotechnol. Lett. 15 (1993) 591 – 594.

[557] R. S. Makkar, S. S. Cameotra, Utilization of molasses for biosurfactant production by two Bacillus strains at thermophilic conditions, J. Am. Oil Chem. Soc. 74 (1997) 887 – 889.

[558] S. Joshi, et al., Biosurfactant production using molasses and whey under thermophilic conditions, Bioresour. Technol. 99 (2008) 195 – 199.

[559] M. Sayyouh, Microbial enhanced oil recovery: research studies in the Arabic area during the lastten years, SPE/DOE Improved Oil Recovery Symposium, Society of Petroleum Engineers, Tulsa, Oklahoma, 2002.

[560] N. Abtahi, et al., Biosurfactant production in MEOR for improvement of Iran's oil reservoirs' production experimental approach, SPE International Improved Oil Recovery Conference in Asia Pacific, Society of Petroleum Engineers, Kuala Lumpur, Malaysia, 2003.

[561] Q. Li, et al., Application of microbial enhanced oil recovery technique to Daqing Oil field, Biochem. Eng. J. 11 (2002) 197 – 199.

[562] B. Lal, et al., Process for enhanced recovery of crude oil from oil wells using novel microbial consortium, in Energy and Resources Institute Institute of Reservoir Studies US, 2009.

[563] S. Maudgalya, et al., Development of bio – surfactant based microbial enhanced oil recovery procedure, SPE/DOE Symposium on Improved Oil Recovery, Society of Petroleum Engineers, Tulsa, Oklahoma, 2004.

[564] S. Maudgalya, et al., Tertiary oil recovery with microbial biosurfactant treatment of low permeability Berea sandstone cores, SPE Production Operations Symposium, Society of Petroleum Engineers, Oklahoma City, Oklahoma, 2005.

[565] J. P. Adkins, et al., Microbially enhanced oil recovery from unconsolidated limestone cores, Geomicrobiol. J. 10 (1992) 77 – 86.

[566] J. P. Adkins, et al., Microbial composition of carbonate petroleum reservoir fluids, Geomicrobiol. J. 10 (1992) 87 – 97.

[567] Y. I. Chang, Preliminary studies assessing sodium pyrophosphate effects on microbially mediated oil recovery, Ann. N. Y. Acad. Sci. 506 (1987) 296 – 307.

[568] K. Das, A. K. Mukherjee, Comparison of lipopeptide biosurfactants production by Bacillus subtilis strains in

submerged and solid state fermentation systems using a cheap carbon source: some industrial applications of biosurfactants, Process Biochem. 42 (2007) 1191 – 1199.

[569] S. Joshi, et al., Production of biosurfactant and antifungal compound by fermented food isolate Bacillus subtilis 20B, Bioresour. Technol. 99 (2008) 4603 – 4608.

[570] S. J. Johnson, et al., Using biosurfactants produced from agriculture process waste streams to improve oil recovery in fractured carbonate reservoirs, International Symposium on Oil field Chemistry, Society of Petroleum Engineers, Houston, Texas, 2007.

[571] A. Sheehy, Recovery of oil from oil reservoirs, in B W N Live – Oil Pty Ltd, US, 1992.

[572] G. Okpokwasili, A. Ibiene, Enhancement of recovery of residual oil using a biosurfactant slug, Afr. J. Biotechnol. 5 (2006) 453 – 456.

[573] K. Das, A. K. Mukherjee, Characterization of biochemical properties and biological activities of biosurfactants produced by Pseudomonas aeruginosa mucoid and non – mucoid strains isolated from hydrocarbon – contaminated soil samples, Appl. Microbiol. Biotechnol. 69 (2005) 192199.

[574] N. Bordoloi, B. Konwar, Microbial surfactant – enhanced mineral oil recovery under laboratory conditions, Colloids and surfaces B: Biointerfaces 63 (2008) 73 – 82.

[575] R. Thavasi, et al., Effect of biosurfactant and fertilizer on biodegradation of crude oil by marine isolates of Bacillus megaterium, Corynebacterium kutscheri and Pseudomonas aeruginosa, Bioresour. Technol. 102 (2011) 772 – 778.

[576] E. J. Gudiña, et al., Biosurfactant – producing and oil – degrading Bacillus subtilis strains enhance oil recovery in laboratory sand – pack columns, J. Hazard. Mater. 261 (2013) 106 – 113.

[577] T. B. Lotfabad, et al., An efficient biosurfactant – producing bacterium Pseudomonas aeruginosa MR01, isolated from oil excavation areas in south of Iran, Colloids Surf. B: Biointerfaces 69 (2009) 183 – 193.

[578] A. Najafi, et al., Interactive optimization of biosurfactant production by Paenibacillus alvei ARN63 isolated from an Iranian oil well, Colloids Surf. B: Biointerfaces 82 (2011) 33 – 39.

[579] W. Zhang, et al., An experimental study on the bio – surfactant – assisted remediation of crude oil and salt contaminated soils, J. Environ. Sci. Health, Part A 46 (2011) 306 – 313.

[580] Q. Liu, et al., Production of surfactin isoforms by Bacillus subtilis BS – 37 and its applicability to enhanced oil recovery under laboratory conditions, Biochem. Eng. J. 93 (2015) 31 – 37.

[581] V. Pruthi, S. S. Cameotra, Production of a biosurfactant exhibiting excellent emulsification and surface active properties by Serratia marcescens, World J. Microbiol. Biotechnol. 13 (1997) 133 – 135.

[582] V. Pruthi, S. S. Cameotra, Production and properties of a biosurfactant synthesized by Arthrobacter protophormiae—an antarctic strain, World J. Microbiol. Biotechnol. 13 (1997) 137 – 139.

[583] R. Makkar, S. S. Cameotra, Biosurfactant production by a thermophilic Bacillus subtilis strain, J. Ind. Microbiol. Biotechnol. 18 (1997) 37 – 42.

[584] G. Jenneman, et al., A halotolerant, biosurfactant producing Bacillus species potentially useful for enhanced oil recovery, Dev. Ind. Microbiol. 24 (1983) 485 – 492.

[585] D. L. Gutnick, et al., Bioemulsifier production by Acinetobacter calcoaceticus strains, in Emulsan Biotechnologies Inc, US, 1989.

[586] A. Sheehy, Recovery of oil from oil reservoirs, in B W N Live – Oil Pty Ltd, US, 1990.

[587] C. N. Mulligan, T. Y. Chow, Enhanced production of biosurfactant through the use of a mutated B. subtilis strain, in National Research Council of Canada, US, 1991.

[588] J. B. Clark, G. E. Jenneman, Nutrient injection method for subterranean microbial processes, in Conoco Phillips Co, US, 1992.

[589] P. Carrera, et al., Method of producing surfactin with the use of mutant of Bacillus subtilis, in Eni Tecnolo-

[590] T. Imanaka, S. Sakurai, Biosurfactant cyclopeptide compound produced by culturing a specific Arthrobacter microorganism, in Nikko Bio Technica Co Ltd, US, 1994.

[591] E. Rosenberg, E. Z. Ron, Bioemulsifiers, in Ramot at Tel Aviv University Ltd US, 1998.

[592] W. P. C. Duyvesteyn, et al., Extraction of bitumen from bitumen froth and biotreatment of bitumen froth tailings generated from tar sands, in BHP Minerals International Inc, US, 1999.

[593] C. A. Rocha, et al., Production of oily emulsions mediated by a microbial tenso-active agent, in Universidad Simon Bolivar, US, 1999.

[594] W. P. C. Duyvesteyn, et al., Biochemical treatment of bitumen froth tailings, in BHP Minerals International Inc, US, 2000.

[595] G. Prosperi, et al., Lipopolysaccharide biosurfactant, in EniTecnologieSpA US, 2000.

[596] C. A. Rocha, et al., Production of oily emulsions mediated by a microbial tenso-active agent, in Universidad Simon Bolivar, US, 2000.

[597] D. R. Converse, et al., Process for stimulating microbial activity in a hydrocarbon-bearing, subterranean formation, in ExxonMobil Upstream Research Co US, 2003.

[598] J. B. Crews, Bacteria-based and enzyme-based mechanisms and products for viscosity reduction breaking of viscoelastic fluids, in Baker Hughes Inc, US, 2006.

[599] R. L. Brigmon, C. J. Berry, Biological enhancement of hydrocarbon extraction, in Savannah River Nuclear Solutions LLC US, 2009.

[600] R. D. Fallon, Methods for improved hydrocarbon and water compatibility, in E I du Pont deNemours and Co US, 2011.

[601] F. D. Busche, et al., System and method for preparing near-surface heavy oil for extraction using microbial degradation, in System and method for preparing near-surface heavy oil for extraction using microbial degradation, US, 2011.

[602] S. J. Keeler, et al., Identification, characterization, and application of Pseudomonas stutzeri (LH4:15), useful in microbially enhanced oil release, in, E I du Pont de Nemours and Co, US, 2013.

[603] M. R. Pavia, et al., Systems and methods of microbial enhanced oil recovery, in New Aero Technology LLC, US, 2014.

[604] E. R. Hendrickson, et al., Altering the interface of hydrocarbon-coated surfaces, in E I du Pont deNemours and Co US, 2016.

[605] W. J. Kohr, et al., Alkaline microbial enhanced oil recovery, in Geo Fossil Fuels LLC, US, 2016.

[606] G. Bognolo, Biosurfactants as emulsifying agents for hydrocarbons, Colloids Surf. A: Physicochem. Eng. Aspects 152 (1999) 41-52.

[607] H. Bach, D. Gutnick, Potential applications of bioemulsifiers in the oil industry, Stud. Surf. Sci. Catal. 151 (2004) 233-281.

[608] A. K. Mukherjee, K. Das, Microbial surfactants and their potential applications: an overview, in: R. Sen (Ed.), Biosurfactants. Advances in Experimental Medicine and Biology, Springer, New York, NY, 2010, pp. 54-64.

[609] A. Perfumo, et al., Rhamnolipid production by a novel thermophilic hydrocarbon-degrading Pseudomonas aeruginosa AP02-1, Appl. Microbiol. Biotechnol. 72 (2006) 132-138.

[610] A. Singh, et al., Surfactants in microbiology and biotechnology: Part 2. Application aspects, Biotechnol. Adv. 25 (2007) 99-121.

[611] K. Urum, et al., Optimum conditions for washing of crude oil-contaminated soil with biosurfactant solutions, Process Saf. Environ. Protect. 81 (2003) 203-209.

[612] M. S. Kuyukina, et al. , Effect of biosurfactants on crude oil desorption and mobilization in a soil system, Environ. Int. 31 (2005) 155 – 161.

[613] A. Wentzel, et al. , Bacterial metabolism of long – chain n – alkanes, Appl. Microbiol. Biotechnol. 76 (2007) 1209 – 1221.

[614] A. Poli, et al. , Synthesis, production, and biotechnological applications of exopolysaccharides and polyhydroxyalkanoates by archaea, Archaea 2011 (2011) 1 – 13.

[615] F. Brown, Microbes: The practical and environmental safe solution to production problems, enhanced production, and enhanced oil recovery, Permian Basin Oil and Gas Recovery Conference, Society of Petroleum Engineers, Midland, Texas, 1992.

[616] C. Whitfield, Bacterial extracellular polysaccharides, Can. J. Microbiol. 34 (1988) 415 – 420.

[617] D. – S. Kim, H. S. Fogler, The effects of exopolymers on cell morphology and culturability of Leuconostocmesenteroides during starvation, Appl. Microbiol. Biotechnol. 52 (1999) 839844.

[618] S. E. Fratesi, Distribution and morphology of bacteria and their byproducts in microbial enhanced oil recovery operations, in Mississippi State University, Oktibbeha County, Mississippi, 2002.

[619] P. A. Sandford, Exocellular, microbial polysaccharides, Adv. Carbohydr. Chem. Biochem. 36 (1979) 265 – 313.

[620] C. S. Buller, S. Vossoughi, Subterranean permeability modification by using microbial polysaccharide polymers, in Kansas, A State Educational Institution of Kansas, University of University of Kansas, US, 1990.

[621] J. A. Ramsay, et al. , Effects of oil reservoir conditions on the production of water – insoluble Levan by Bacillus licheniformis, Geomicrobiol. J. 7 (1989) 155 – 165.

[622] D. H. Cho, et al. , Synthesis and characterization of a novel extracellular polysaccharide by Rhodotorula glutinis, Appl. Biochem. Biotechnol. 95 (2001) 183 – 193.

[623] M. Salome, Mutant strain of Xanthomonas campestris, process of obtaining xanthan, and non – viscous xanthan, in Google Patents, US, 1996.

[624] T. J. Pollock, L. Thorne, Xanthomonas campestris strain for production of xanthan gum, in Shin – EtsuBio Inc, US, 1994.

[625] A. Lachke, Xanthan—a versatile gum, Resonance 9 (2004) 25 – 33.

[626] T. Nazina, et al. , Production of oil – releasing compounds by microorganisms from the Daqing oil field, China, Microbiology 72 (2003) 173 – 178.

[627] M. J. McInerney, et al. , Situ microbial plugging process for subterranean formations, in Board of Regents for University of OK, A Legal Entity of State of OK University of Oklahoma, US, 1985.

[628] M. J. McInerney, et al. , Use of indigenous or injected microorganisms for enhanced oil recovery, in: C. Bell, M. Brylinsky, P. Johnson – Green (Eds.) Proceedings of the 8th International Symposium on Microbial Ecology, Atlantic Canada Society for Microbial Ecology, Halifax, NovaScotia, 1999.

[629] G. E. Jenneman, et al. , Experimental studies of in – situ microbial enhanced oil recovery, Soc. Pet. Eng. J. 24 (1984) 33 – 37.

[630] M. K. Dabbous, Displacement of polymers in waterflooded porous media and its effects on a subsequent micellar flood, Soc. Pet. Eng. J. 17 (1977) 358 – 368.

[631] M. K. Dabbous, L. E. Elkins, Preinjection of polymers to increase reservoir flooding efficiency, SPE Improved Oil Recovery Symposium, Society of Petroleum Engineers, Tulsa, Oklahoma, 1976.

[632] T. Harrah, et al. , Microbial exopolysaccharides, in: E. Rosenberg, E. F. DeLong, S. Lory, E. Stackebrandt, F. Thompson (Eds.), The Prokaryotes, Springer, Berlin, Heidelberg, 2006, pp. 766 – 776.

[633] S. P. Trushenski, et al. , Micellar flooding – fluid propagation, interaction, and mobility, Soc. Pet. Eng. J. 14 (1974) 633 – 645.

[634] S. Cao, et al., Engineering behavior and characteristics of water – soluble polymers: implication on soil remediation and enhanced oil recovery, Sustainability 8 (2016) 205.

[635] H. Y. Jang, et al., Enhanced oil recovery performance and viscosity characteristics of polysaccharidex anthan gum solution, J. Ind. Eng. Chem. 21 (2015) 741 – 745.

[636] L. R. Brown, Method for increasing oil recovery, in BP Corporation North America Inc, US, 1984.

[637] P. Vandevivere, P. Baveye, Effect of bacterial extracellular polymers on the saturated hydraulic conductivityof sand columns, Appl. Environ. Microbiol. 58 (1992) 1690 – 1698.

[638] R. Mitchell, Z. Nevo, Effect of bacterial polysaccharide accumulation on infiltration of water through sand, Appl. Microbiol. 12 (1964) 219 – 223.

[639] R. A. Raiders, et al., Microbial selective plugging and enhanced oil recovery, J. Ind. Microbiol. Biotechnol. 4 (1989) 215 – 229.

[640] A. Hove, et al., Visualization of xanthan flood behavior in core samples by means of X – ray tomography, SPE Reservoir Eng. 5 (1990) 475 – 480.

[641] G. Holzwarth, Xanthan and scleroglucan: structure and use in enhanced oil recovery, Dev. Ind. Microbiol. 26 (1984) 271 – 280.

[642] J. F. Kennedy, I. Bradshaw, Production, properties and applications of xanthan, Prog. Ind. Microbiol. 19 (1984) 319 – 371.

[643] W. Cannella, et al., Prediction of xanthan rheology in porous media, SPE annual Technical Conference and Exhibition, Society of Petroleum Engineers, Houston, Texas, 1988.

[644] D. G. Allison, I. W. Sutherland, The role of exopolysaccharides in adhesion of freshwater bacteria, Microbiology 133 (1987) 1319 – 1327.

[645] P. Vandevivere, P. Baveye, Saturated hydraulic conductivity reduction caused by aerobic bacteria in sand columns, Soil Sci. Soc. Am. J. 56 (1992) 1 – 13.

[646] P. Kalish, et al., The effect of bacteria on sandstone permeability, J. Pet. Technol. 16 (1964) 805 – 814.

[647] T. J. Pollock, et al., Production of non – native bacterial exopolysaccharide in a recombinant bacterial host, in Shin – Etsu Chemical Co Ltd Shin – Etsu Bio Inc US, 2000.

[648] S. Bailey, et al., Design of a novel alkaliphilic bacterial system for triggering biopolymer gels, J. Ind. Microbiol. Biotechnol. 24 (2000) 389 – 395.

[649] Y. Sun, et al., Preparation and characterization of novel curdlan/chitosan blending membranes for antibacterial applications, Carbohydr. Polym. 84 (2011) 952 – 959.

[650] T. Harada, et al., Curdlan: a bacterial gel – forming β – 1, 3 – glucan, Arch. Biochem. Biophys. 124 (1968) 292 – 298.

[651] R. Khachatoorian, et al., Biopolymer plugging effect: laboratory – pressurized pumping flow studies, J. Pet. Sci. Eng. 38 (2003) 13 – 21.

[652] S. Rosalam, R. England, Review of xanthan gum production from unmodified starches by Xanthomonas comprestrissp, Enzyme Microb. Technol. 39 (2006) 197 – 207.

[653] A. Palaniraj, V. Jayaraman, Production, recovery and applications of xanthan gum by Xanthomonas campestris, J. Food Eng. 106 (2011) 1 – 12.

[654] H. Funahashi, et al., Effect of glucose concentrations on xanthan gum production by Xanthomonas campestris, J. Ferment. Technol. 65 (1987) 603 – 606.

[655] I. Rottava, et al., Xanthan gum production and rheological behavior using different strains of Xanthomonas sp, Carbohydr. Polym. 77 (2009) 65 – 71.

[656] H. Zhang, et al., Component identification of electron transport chains in curdlan – producing Agrobacterium sp. ATCC 31749 and its genome – specific prediction using comparative genomeand phylogenetic trees analy-

sis, J. Ind. Microbiol. Biotechnol. 38 (2011) 667-677.

[657] A. M. Ruffing, et al., Genome sequence of the curdlan-producing Agrobacterium sp. strain ATCC31749, J. Bacteriol. 193 (2011) 4294-4295.

[658] M. H. El-Sayed, et al., Optimization, purification and physicochemical characterization of curdlan produced by Paenibacillus sp. strain NBR-10, Biosci. Biotechnol. Res. Asia 13 (2016) 901-909.

[659] M. Yang, et al., Production and optimization of curdlan produced by Pseudomonas sp. QL212, Int. J. Biol. Macromol. 89 (2016) 25-34.

[660] I. Lee, et al., Production of curdlan using sucrose or sugar cane molasses by two-step fed-batch cultivation of Agrobacterium species, J. Ind. Microbiol. Biotechnol. 18 (1997) 255-259.

[661] J.-h Lee, I. Y. Lee, Optimization of uracil addition for curdlan (β-1-3-glucan) production by Agrobacterium sp, Biotechnol. Lett. 23 (2001) 1131-1134.

[662] K. R. Phillips, et al., Production of curdlan-type polysaccharide by Alcaligenes faecalis in batch and continuous culture, Can. J. Microbiol. 29 (1983) 1331-1338.

[663] M. Kim, et al., Residual phosphate concentration under nitrogen-limiting conditions regulates curdlan production in Agrobacterium species, J. Ind. Microbiol. Biotechnol. 25 (2000) 180183.

[664] S. A. van Hijum, et al., Purification of a novel fructosyltransferase from Lactobacillus reuteri strain121 and characterization of the levan produced, FEMS Microbiol. Lett. 205 (2001) 323-328.

[665] K. H. Kim, et al., Cosmeceutical properties of levan produced by Zymomonas mobilis, J. Cosmet. Sci. 56 (2005) 395-406.

[666] E. Newbrun, S. Baker, Physico-chemical characteristics of the levan produced by Streptococcus salivarius, Carbohydr. Res. 6 (1968) 165-170.

[667] P. J. Simms, et al., The structural analysis of a levan produced by Streptococcus salivarius SS2, Carbohydr. Res. 208 (1990) 193-198.

[668] I. Kojima, et al., Characterization of levan produced by Serratia sp, J. Ferment. Bioeng. 75 (1993) 9-12.

[669] L. Shih, Y.-T. Yu, Simultaneous and selective production of levan and poly(γ-glutamic acid) by Bacillus subtilis, Biotechnol. Lett. 27 (2005) 103-106.

[670] D. Wang, et al., The mechanism of improved pullulan production by nitrogen limitation in batch culture of Aureobasidium pullulans, Carbohydr. Polym. 127 (2015) 325-331.

[671] R. Taguchi, et al., Structural uniformity of pullulan produced by several strains of Pullularia pullulans, Agric. Biol. Chem. 37 (1973) 1583-1588.

[672] A. Lazaridou, et al., Characterization of pullulan produced from beet molasses by Aureobasidium pullulans in a stirred tank reactor under varying agitation, Enzyme Microb. Technol. 31 (2002) 122-132.

[673] R. K. Purama, et al., Structural analysis and properties of dextran produced by Leuconostoc mesenteroides NRRL B-640, Carbohydr. Polym. 76 (2009) 30-35.

[674] W. J. Lewick, et al., Determination of the structure of a broth dextran produced by a cariogenic streptococcus, Carbohydr. Res. 17 (1971) 175-182.

[675] S. Patel, et al., Structural analysis and biomedical applications of dextran produced by a new isolate Pediococcus pentosaceus screened from biodiversity hot spot Assam, Bioresour. Technol. 101 (2010) 6852-6855.

[676] A. Aman, et al., Characterization and potential applications of high molecular weight dextran produced by Leuconostoc mesenteroides AA1, Carbohydr. Polym. 87 (2012) 910-915.

[677] R. Z. Ahmed, et al., Characterization of high molecular weight dextran produced by Weissella cibaria CMG-DEX3, Carbohydr. Polym. 90 (2012) 441-446.

[678] J. Farina, et al., High scleroglucan production by Sclerotium rolfsii: influence of medium composition, Biotechnol. Lett. 20 (1998) 825-831.

[679] J. Farina, et al., Isolation and physicochemical characterization of soluble scleroglucan from Sclerotium rolfsii. Rheological properties, molecular weight and conformational characteristics, Carbohydr. Polym. 44 (2001) 41–50.

[680] S. A. Survase, et al., Production of scleroglucan from Sclerotium rolfsii MTCC 2156, Bioresour. Technol. 97 (2006) 989–993.

[681] G.-Q. Chen, W. J. Page, Production of poly-b-hydroxybutyrate by Azotobacter vinelandii in a two stage fermentation process, Biotechnol. Techn. 11 (1997) 347–350.

[682] M. Yilmaz, et al., Determination of poly-β-hydroxybutyrate (PHB) production by some Bacillusspp, World J. Microbiol. Biotechnol. 21 (2005) 565–566.

[683] Y. Ogawa, et al., Efficient production of γ-polyglutamic acid by Bacillus subtilis (natto) in jar fermenters, Biosci. Biotechnol. Biochem. 61 (1997) 1684–1687.

[684] M. Kambourova, et al., Regulation of polyglutamic acid synthesis by glutamate in Bacillus licheniformis and Bacillus subtilis, Appl. Environ. Microbiol. 67 (2001) 1004–1007.

[685] E. Udegbunam, et al., Assessing the effects of microbial metabolism and metabolites on reservoir pore structure, SPE Annual Technical Conference and Exhibition, Society of Petroleum Engineers, Dallas, Texas, 1991.

[686] J. Coleman, et al., Enhanced Oil Recovery, in, Archaeus Technology Group Ltd 1992.

[687] R. S. Bryant, et al., Microbial-enhanced waterflooding: mink unit project, SPE Reservoir Eng. 5 (1990) 9–13.

[688] N. K. Harner, et al., Microbial processes in the Athabasca oil sands and their potential applications in microbial enhanced oil recovery, J. Ind. Microbiol. Biotechnol. 38 (2011) 1761–1775.

[689] V. Groudeva, et al., Enhanced oil recovery by stimulating the activity of the indigenous microflora of oil reservoirs, Biohydrometall. Technol. 2 (1993) 349–356.

[690] E. Rozanova, T. Nazina, Hydrocarbon oxidizing bacteria and their activity in oil pools, Microbiology 51 (1982) 287–293.

[691] J. W. Pelger, Ch. F-8 Microbial enhanced oil recovery treatments and wellbore stimulation using microorganisms to control paraffin, emulsion, corrosion, and scale formation, Dev. Pet. Sci. 31 (1991) 451–466.

[692] L. Pinilla, et al., Bioethanol production in batch mode by a native strain of Zymomonas mobilis, World J. Microbiol. Biotechnol. 27 (2011) 2521–2528.

[693] R. S. Bryant, T. E. Burchfield, Review of microbial technology for improving oil recovery, SPE Reservoir Eng. 4 (1989) 151–154.

[694] R. S. Tanner, et al., Microbially enhanced oil recovery from carbonate reservoirs, Geomicrobiol. J. 9 (1991) 169–195.

[695] A. Kantzas, et al., A novel method of sand consolidation through bacteriogenic mineral plugging, in: Annual Technical Meeting, Petroleum Society of Canada, Calgary, Alberta, 1992.

[696] F. Ferris, et al., Bacteriogenic mineral plugging, in: Technical Meeting/Petroleum Conference of The South Saskatchewan Section, Petroleum Society of Canada, Regina, Saskatchewan, 1992.

[697] T. Jack, et al., The potential for use of microbes in the production of heavy oil, in: E. C. Donaldson, J. B. Clark (Eds.) Proceedings of the International Conference on Microbial Enhancement of Oil Recovery, SPE/DOE, Afton, Oklahoma, 1983, pp. 88–93.

[698] E. Grula, et al., Isolation and screening of clostridia for possible use in microbially enhanced oil recovery, in: E. C. Donaldson, J. B. Clark (Eds.), International Conference on Microbial Enhancement of Oil Recovery, NTIS, Springfield, Virginia, 1982, pp. 43–47.

[699] S. Desouky, et al., Modelling and laboratory investigation of microbial enhanced oil recovery, J. Pet. Sci.

Eng. 15 (1996) 309-320.

[700] J. Chisholm, et al., Microbial enhanced oil recovery: interfacial tension and gas-induced relative permeability effects, SPE Annual Technical Conference and Exhibition, Society of Petroleum Engineers, New Orleans, Louisiana, 1990.

[701] F. Chapelle, et al., Alteration of aquifer geochemistry by microorganisms, in: C. Hurst, G. Knudsen, M. Mclnerney, L. Stetzenbach, M. Walter (Eds.), Manual of Environmental Microbiology, ASM press, Washington, DC, 1997, pp. 558-564.

[702] R. Knapp, et al., Design and implementation of a microbially enhanced oil recovery field pilot, Payne County, Oklahoma, SPE Annual Technical Conference and Exhibition, Society of Petroleum Engineers, Washington, DC, 1992.

[703] D. Jones, et al., Crude-oil biodegradation via methanogenesis in subsurface petroleum reservoirs, Nature 451 (2008) 176-180.

[704] R. P. Gunsalus, et al., Preparation of coenzyme M analogs and their activity in the methyl coenzyme M reductase system of Methanobacterium thermoautotrophicum, Biochemistry 17 (1978) 2374-2377.

[705] Carbon dioxide emissions from the generation of electric power in the United States, in U. S. Department of Energy, U. S. Environmental Protection Agency, Washington, D. C., 2000.

[706] P. B. Crawford, Possible reservoir damage from microbial enhanced oil recovery, in: E. C. Donaldson, J. B. Clark (Eds.), Proceedings of the 1982 International Conference on Microbial Enhancement of Oil Recovery, Afton, Oklahoma, 1982, pp. 76-79.

[707] P. B. Crawford, Water technology: continual changes observed in bacterial stratification rectification, Prod. Mon. 26 (1962) 12-13.

[708] J. E. Paulsen, et al., Biofilm morphology in porous media, a study with microscopic and image techniques, Water Sci. Technol. 36 (1997) 1-9.

[709] F. Cusack, et al., Advances in microbiology to enhance oil recovery, Appl. Biochem. Biotechnol. 24 (1990) 885-898.

[710] T. R. Jack, E. Diblasio, Selective plugging for heavy oil recovery, in: J. E. Zajic, E. C. Donaldson(Eds.), Microbial Enhanced Oil Recovery, Bioresearch Publications, El Paso, Texas, 1985.

[711] R. Raiders, et al., Selectivity and depth of microbial plugging in Berea sandstone cores, J. Ind. Microbiol. 1 (1986) 195-203.

[712] H. A. Khan, et al., Mechanistic models of microbe growth in heterogeneous porous media, SPE Symposium on Improved Oil Recovery, Society of Petroleum Engineers, Tulsa, Oklahoma, 2008.

[713] R. Knapp, et al., Mechanisms of microbial enhanced oil recovery in high salinity core environments, AIChESymp. Ser. 87 (1991) 134-140.

[714] M. E. Davey, et al., Microbial selective plugging of sandstone through stimulation of indigenous bacteria in a hypersaline oil reservoir, Geomicrobiol. J. 15 (1998) 335-352.

[715] M. Karimi, et al., Investigating wettability alteration during MEOR process, a micro/macro scale analysis, Colloids Surf. B: Biointerfaces 95 (2012) 129-136.

[716] B. Carpentier, O. Cerf, Biofilms and their consequences, with particular reference to hygiene in the food industry, J. Appl. Microbiol. 75 (1993) 499-511.

[717] J. W. Costerton, et al., Bacterial biofilms: a common cause of persistent infections, Science 284 (1999) 1318-1322.

[718] G. Wolf, et al., Optical and spectroscopic methods for biofilm examination and monitoring, Rev. Environ. Sci. Biotechnol. 1 (2002) 227-251.

[719] T. L. Stewart, H. Scott Fogler, Pore-scale investigation of biomass plug development and propagationin por-

[720] H. Torbati, et al., Effect of microbial growth on pore entrance size distribution in sandstone cores, J. Ind. Microbiol. Biotechnol. 1 (1986) 227-234.

[721] G. G. Geesey, et al., Evaluation of slime-producing bacteria in oil field core flood experiments, Appl. Environ. Microbiol. 53 (1987) 278-283.

[722] R. Lappan, H. S. Fogler, Effect of bacterial polysaccharide production on formation damage, SPEProd. Eng. 7 (1992) 167-171.

[723] E. Robertson, The use of bacteria to reduce water influx in producing oil wells, SPE Prod. Facil. 13 (1998) 128-132.

[724] J. C. Shaw, et al., Bacterial fouling in a model core system, Appl. Environ. Microbiol. 49 (1985) 693-701.

[725] N. Ross, et al., Clogging of a limestone fracture by stimulating groundwater microbes, Water Res. 35 (2001) 2029-2037.

[726] R. E. Lappan, H. S. Fogler, Reduction of porous media permeability from in situ Leuconostoc mesenteroides growth and dextran production, Biotechnol. Bioeng. 50 (1996) 6-15.

[727] B. F. Wolf, H. S. Fogler, Alteration of the growth rate and lag time of Leuconostoc mesenteroides NRRL-B523, Biotechnol. Bioeng. 72 (2001) 603-610.

[728] R. S. Silver, et al., Bacteria and its use in a microbial profile modification process, in Chevron Research and Technology Co US, 1989.

[729] T. Jack, G. Stehmeier, Selective plugging in watered out oil reservoirs, in: T. E. Burchfield, R. S. Bryant (Eds.), Proceedings of the Symposium on the Application of Microorganisms to Petroleum Technology, National Technical Information Service, Bartlesville, Oklahoma, 1987, pp. VII 1-VII 14.

[730] J. Costerton, H. Lappin-Scott, Behavior of bacteria in biofilms, ASM News 55 (1989) 650-654.

[731] E. J. Polson, et al., An environmental-scanning-electron-microscope investigation into the effect of biofilm on the wettability of quartz, SPE J. 15 (2010) 223-227.

[732] P. Sharma, K. H. Rao, Analysis of different approaches for evaluation of surface energy of microbial cells by contact angle goniometry, Adv. Colloid. Interface. Sci. 98 (2002) 341-463.

[733] R. M. Donlan, J. W. Costerton, Biofilms: survival mechanisms of clinically relevant microorganisms, Clin. Microbiol. Rev. 15 (2002) 167-193.

[734] W. M. Dunne, Bacterial adhesion: seen any good biofilms lately? Clin. Microbiol. Rev. 15 (2002) 155-166.

[735] K. Lewis, Persister cells and the riddle of biofilm survival, Biochemistry (Moscow) 70 (2005) 267-274.

[736] L. Brown, 20 The use of microorganisms to enhance oil recovery, in: J. Sheng (Ed.), Enhanced Oil Recovery Field Case Studies, Gulf Professional Publishing, Boston, Massachusetts, 2013, pp. 552-571.

[737] M. Rauf, et al., Enhanced oil recovery through microbial treatment, J. Trace Microprobe Techn. 21 (2003) 533-541.

[738] R. Rabus, Biodegradation of hydrocarbons under anoxic conditions, in: B. Ollivier, M. Magot(Eds.), Petroleum Microbiology, ASM Press, Washington, D. C., 2005, pp. 277-300.

[739] O. Rahn, Ein Paraffin zersetzender Schimmelpilz, Zentralbl. Bakt., Parasit. Infektionskr., Abteilung II 16 (1906) 382-384.

[740] N. Söhngen, Überbakterien, welchemethanalskohlenstoffnahrung und energiequellegebrauchen, Zentralbl. Bakt., Parasit. Infektionskr. 15 (1906) 513-517.

[741] H. Kaserer, Über die Oxydation des Wasserstoffes und des Methansdurch Mikroorganismen, Zentralbl. Bakt., Parasit. Infektionskr., Abteilung II (1905) 573-576.

[742] N. Söhngen, Benzin, petroleum, paraffinö l und paraffin alskohlenstoff – und energiequelle für mikroben, Zentralbl. Bakt., Parasit. Infektionskr. 37 (1913) 595 – 609.

[743] J. B. van Beilen, B. Witholt, Diversity, function, and biocatalytic applications of alkane oxygenases, in: B. Ollivier, M. Magot (Eds.), Petroleum Microbiology, ASM Press, Washington, D. C., 2005, pp. 259 – 276.

[744] B. B. Skaare, et al., Alteration of crude oils from the Troll area by biodegradation: analysis of oil and water samples, Org. Geochem. 38 (2007) 1865 – 1883.

[745] D. Denney, Paraffin treatments: Hot oil/hot water vs. crystal modifiers, J. Pet. Technol. 53 (2001) 56 – 57.

[746] W. Ford, et al., Dispersant solves paraffin problems, Am. Oil Gas Rep. 43 (2000) 91 – 94.

[747] M. Sanjay, et al., Paraffin problems in crude oil production and transportation: a review, SPE Prod. Facil. 10 (1995) 50 – 54.

[748] I. Lazar, et al., The use of naturally occurring selectively isolated bacteria for inhibiting paraffin deposition, J. Pet. Sci. Eng. 22 (1999) 161 – 169.

[749] F. G. Bosch, et al., Evaluation of downhole electric impedance heating systems for paraffin controlin oil wells, IEEE Trans. Ind. Appl. 28 (1992) 190 – 195.

[750] D. Shock, et al., Studies of the mechanism of paraffin deposition and its control, J. Pet. Technol. 7 (1955) 23 – 28.

[751] J. W. McManus, et al., Method and apparatus for removing oil well paraffin, in McManus James WBackus James US, 1985.

[752] M. Santamaria, R. George, Controlling paraffin – deposition – related problems by the use of bacteria treatments, SPE Annual Technical Conference and Exhibition, Society of Petroleum Engineers, Dallas, Texas, 1991.

[753] L. Streeb, F. Brown, MEOR – Altamont/Bluebell field project, SPE Rocky Mountain Regional Meeting, Society of Petroleum Engineers, Casper, Wyoming, 1992.

[754] K. R. Ferguson, et al., Microbial pilot test for the control of paraffin and asphaltenes at Prudhoe Bay, SPE Annual Technical Conference and Exhibition, Society of Petroleum Engineers, Denver, Colorado, 1996.

[755] A. M. Spormann, F. Widdel, Metabolism of alkylbenzenes, alkanes, and other hydrocarbons in anaerobic bacteria, Biodegradation 11 (2000) 85 – 105.

[756] A. Sadeghazad, N. Ghaemi, Microbial prevention of wax precipitation in crude oil by biodegradation mechanism, SPE Asia Pacific Oil and Gas Conference and Exhibition, Society of Petroleum Engineers, Jakarta, Indonesia, 2003.

[757] H. K. Kotlar, et al., Wax control by biocatalytic degradation in high – paraffinic crude oils, International Symposium on Oil field Chemistry, Society of Petroleum Engineers, Houston, Texas, 2007.

[758] L. Giangiacomo, Paraffin Control Project, in: Rocky Mountain Oil field Testing Center Project Test Reports, US Department of Energy, Virginia, 1997.

[759] T. L. Smith, G. Trebbau, MEOR treatments boost heavy oil recovery in Venezuela, Pet. Eng. Int. 71 (1998) 45 – 50.

[760] M. A. Maure, et al., Biotechnology applications to EOR in Talara offshore oil fields, Northwest Peru, SPE Latin American and Caribbean Petroleum Engineering Conference, Society of Petroleum Engineers, Rio de Janeiro, Brazil, 2005.

[761] F. Brown, et al., Microbial – induced controllable cracking of normal and branched alkanes in oils, in Microbes Inc, US, 2005.

[762] W. Guo, et al., Microbe – enhanced oil recovery technology obtains huge success in low permeability reser-

voirs in Daqing oil field, SPE Eastern Regional Meeting, Society of Petroleum Engineers, Canton, Ohio, 2006.

[763] G. Trebbau, et al., Microbial stimulation of lake maracaibo oil wells, SPE Annual Technical Conference, Society of Petroleum Engineers, Houston, Texas, 1999.

[764] C. J. Partidas, et al., Microbes aid heavy oil recovery in Venezuela, Oil Gas J. 96 (1998) 62 – 64.

[765] Z. He, et al., A pilot test using microbial paraffin – removal technology in Liaohe oil field, Pet. Sci. Technol. 21 (2003) 201 – 210.

[766] D. Deng, et al., Systematic extensive laboratory studies of microbial EOR mechanisms and microbial EOR application results in Changqing Oil field, SPE Asia Pacific Oil and Gas Conference and Exhibition, Society of Petroleum Engineers, Jakarta, Indonesia, 1999.

[767] A. Soudmand – asli, et al., The in situ microbial enhanced oil recovery in fractured porous media, J. Pet. Sci. Eng. 58 (2007) 161 – 172.

[768] K. Ohno, et al., Implementation and performance of a microbial enhanced oil recovery field pilot in Fuyu oilfield, China, SPE Asia Pacific Oil and Gas Conference and Exhibition, Society of Petroleum Engineers, Jakarta, Indonesia, 1999.

[769] I. A. Purwasena, et al., Estimation of the potential of an oil – viscosity – reducing Bacterium Petrotogasp. isolated from an oil field for MEOR, International Petroleum Technology Conference, Society of Petroleum Engineers, Doha, Qatar, 2009.

[770] A. Y. Halim, et al., Microbial enhanced oil recovery: an investigation of bacteria ability to live and alter crude oil physical characteristics in high pressure condition, Asia Pacific Oil and Gas Conference & Exhibition, Society of Petroleum Engineers, Jakarta, Indonesia, 2009.

[771] Z. Kang, et al., Hydrophobic bacteria at the hexadecane water interface: examination of micrometre – scale interfacial properties, Colloids Surf. B: Biointerfaces 67 (2008) 5966.

[772] R. Illias, et al., Isolation and characterization of thermophilic microorganisms from Malaysian oil fields, SPE Annual Technical Conference, Society of Petroleum Engineers, Houston, Texas, 1999.

[773] X. – C. Li, et al., Research and application results of microbial technologies in the Fuyu field, Jielin, in: C. – Z. Yan, Y. Li (Eds.), Tertiary Oil Recovery Symposium, Petroleum Industry Press, Beijing, China, 2005, pp. 279 – 286.

[774] L. Yu, Microbial technologies to enhance oil recovery, in: P. – P. Shen (Ed.), Technical Advances in Enhanced Oil Recovery, Petroleum Industry Press, Beijing, China, 2006, pp. 276 – 312.

[775] C. Zheng, et al., Investigation of a hydrocarbon – degrading strain, Rhodococcus ruber Z25, for the potential of microbial enhanced oil recovery, J. Pet. Sci. Eng. 81 (2012) 49 – 56.

[776] B. Thompson, T. Jack, Method of enhancing oil recovery by use of exopolymer producing microorganisms, in Nova Husky Research Corp Ltd US, 1984.

[777] G. E. Jenneman, Chapter 3 The potential for in – situ microbial applications, in: E. C. Donaldson, G. V. Chilingarian, T. F. Yen (Eds.), Developments in Petroleum Science, Elsevier, Amsterdam, Netherlands, 1989, pp. 37 – 74.

[778] Y. Sugai, et al., Simulation studies on the mechanisms and performances of MEOR using a polymer producing microorganism Clostridium sp. TU – 15A, Asia Pacific Oil and Gas Conference and Exhibition, Society of Petroleum Engineers, Jakarta, Indonesia, 2007.

[779] K. Nagase, et al., Improvement of sweep efficiency by microbial EOR process in Fuyu oilfield, China, SPE Asia Pacific Oil and Gas Conference and Exhibition, Society of Petroleum Engineers, Jakarta, Indonesia, 2001.

[780] G. Jenneman, et al., Application of a microbial selective – plugging process at the North Burbank Unit:

prepilot tests, SPE Prod. Facil. 11 (1996) 11 – 17.

[781] H. Suthar, et al., Selective plugging strategy – based microbial – enhanced oil recovery using Bacillus licheniformis TT33, J. Microbiol. Biotechnol. 19 (2009) 1230 – 1237.

[782] J. Vilcáez, et al., Reactive transport modeling of induced selective plugging by Leuconostoc mesenteroides in carbonate formations, Geomicrobiol. J. 30 (2013) 813 – 828.

[783] J. Fink, Petroleum Engineer's Guide to Oil Field Chemicals and Fluids, Gulf Professional Publishing, Waltham, Massachusetts, 2011.

[784] E. Drobner, et al., Pyrite formation linked with hydrogen evolution under anaerobic conditions, Nature 346 (1990) 742 – 744.

[785] I. Spark, et al., The effects of indigenous and introduced microbes on deeply buried hydrocarbon reservoirs, North Sea, Clay. Miner. 35 (2000) 5 – 12.

[786] S. Stocks – Fischer, et al., Microbiological precipitation of $CaCO_3$, Soil Biol. Biochem. 31 (1999) 1563 – 1571.

[787] C. Dupraz, et al., Processes of carbonate precipitation in modern microbial mats, Earth – Sci. Rev. 96 (2009) 141 – 162.

[788] C. Glunk, et al., Microbially mediated carbonate precipitation in a hypersaline lake, Big Pond (Eleuthera, Bahamas), Sedimentology 58 (2011) 720 – 736.

[789] T. Bosak, D. K. Newman, Microbial nucleation of calcium carbonate in the Precambrian, Geology 31 (2003) 577 – 580.

[790] W. G. Anderson, Wettability literature survey – part 1: rock/oil/brine interactions and the effects of core handling on wettability, J. Pet. Technol. 38 (1986) 1125 – 1144.

[791] N. R. Morrow, Wettability and its effect on oil recovery, J. Pet. Technol. 42 (1990) 1476 – 1484.

[792] G. Wanger, et al., Structural and chemical characterization of a natural fracture surface from 2.8 kilometers below land surface: biofilms in the deep subsurface, Geomicrobiol. J. 23 (2006) 443 – 452.

[793] M. Salehi, et al., Mechanistic study of wettability alteration using surfactants with applications in naturally fractured reservoirs, Langmuir 24 (2008) 14099 – 14107.

[794] Z. Kang, et al., Mechanical properties of hexadecane – water interfaces with adsorbed hydrophobic bacteria, Colloids Surf. B: Biointerfaces 62 (2008) 273 – 279.

[795] N. R. Morrow, et al., Prospects of improved oil recovery related to wettability and brine composition, J. Pet. Sci. Eng. 20 (1998) 267 – 276.

[796] D. L. Zhang, et al., Wettability alteration and spontaneous imbibition in oil – wet carbonate formations, J. Pet. Sci. Eng. 52 (2006) 213 – 226.

[797] L. Yu, et al., Analysis of the wettability alteration process during seawater imbibition into preferentially oil – wet chalk cores, SPE Symposium on Improved Oil Recovery, Society of Petroleum Engineers, Tulsa, Oklahoma, 2008.

[798] V. Walter, et al., Screening concepts for the isolation of biosurfactant producing microorganisms, in: R. Sen (Ed.), Biosurfactants. Advances in Experimental Medicine and Biology, Springer, NewYork, NY, 2010, pp. 1 – 13.

[799] R. Moore, et al., A guide to high pressure air injection (HPAI) based oil recovery, SPE/DOE Improved Oil Recovery Symposium, Society of Petroleum Engineers, Tulsa, Oklahoma, 2002.

[800] J. Portwood, A commercial microbial enhanced oil recovery technology: evaluation of 322 projects, SPE Production Operations Symposium, Society of Petroleum Engineers, Oklahoma City, Oklahoma, 1995.

[801] C. Oppenheimer, F. Hiebert, Microbiological techniques for paraffin reduction in producing oil wells, in Alpha Environmental Corporation, Austin, Texas, 1989, pp. 1 – 67.

[802] J. Portwood, A commercial microbial enhanced oil recovery process: statistical evaluation of amulti-project database, in: R. S. Bryant (Ed.), The Fifth International Conference on Microbial Enhanced Oil Recovery and Related Biotechnology for Solving Environmental Problems, BDMOklahoma, Inc., Bartlesville, OK (United States), Dallas, Texas, 1995, pp. 51-76.

[803] A. J. Sheehy, Field studies of microbial EOR, SPE/DOE Enhanced Oil Recovery Symposium, Society of Petroleum Engineers, Tulsa, Oklahoma, 1990.

[804] F. Bernard, et al., Indigenous microorganisms in connate water of many oil fields: a new tool in exploration and production techniques, SPE Annual Technical Conference and Exhibition, Society of Petroleum Engineers, Washington, D. C., 1992.

[805] V. K. Bhupathiraju, et al., Pretest studies for a microbially enhanced oil recovery field pilot in ahypersaline oil reservoir, Geomicrobiol. J. 11 (1993) 19-34.

[806] M. Javaheri, et al., Anaerobic production of a biosurfactant by Bacillus licheniformis JF-2, Appl. Environ. Microbiol. 50 (1985) 698-700.

[807] D. W. Hilchie, Applied Openhole Log Interpretation (for Geologists and Engineers), Douglas W. Hilchie, Inc., Golden, Colorado, 1978.

[808] J. Vermooten, et al., Quality control, correction and analysis of temperature borehole data in offshore Netherlands, Report A: Quality Control and Correction of Temperature Borehole Data; Part B: Analysis and Interpretation of Corrected Temperatures From Wells in Offshore NETHERLANDS 'Influence of Zechstein Salt Diapirs and Pillows on the Geothermal Gradient', Netherlands Institute of Applied Geoscience TNO, Utrecht, Netherlands, 2004, pp. 1-75.

[809] R. Hao, et al., Effect on crude oil by thermophilic bacterium, J. Pet. Sci. Eng. 43 (2004) 247-258.

[810] H. Ghojavand, et al., Enhanced oil recovery from low permeability dolomite cores using biosurfactant produced by a Bacillus mojavensis (PTCC 1696) isolated from Masjed-I Soleyman field, J. Pet. Sci. Eng. 81 (2012) 24-30.

[811] F. Zhang, et al., Impact of an indigenous microbial enhanced oil recovery field trial on microbial community structure in a high pour-point oil reservoir, Appl. Microbiol. Biotechnol. 95 (2012) 811-821.

[812] R. Amelunxen, A. Murdock, Microbial life at high temperatures: mechanisms and molecularaspects, in: D. J. Kushner (Ed.), Microbial Life in Extreme Environments, Academic Press, London, England, 1978, pp. 217-278.

[813] M. Tansey, T. Brock, Microbial life at high temperatures: ecological aspects, in: D. J. Kushner (Ed.), Microbial life in extreme environments, Academic Press, London, England, 1978, pp. 159-216.

[814] T. D. Brock, Thermophilic Microorganisms and Life at High Temperatures, Springer, New York, NY, 1978.

[815] K. Stetter, et al., Hyperthermophilic archaea are thriving in deep North Sea and Alaskan oil reservoirs, Nature 365 (1993) 743-745.

[816] J. W. Amyx, et al., Petroleum Reservoir Engineering: Physical Properties, McGraw-Hill College, New York, NY, 1960.

[817] F. Abe, et al., Pressure-regulated metabolism in microorganisms, Trends Microbiol. 7 (1999) 447-453.

[818] D. Bartlett, Pressure effects on in vivo microbial processes, Biochim. Biophys. Acta (BBA) - Protein Struct. Mol. Enzymol. 1595 (2002) 367-381.

[819] F. Abe, Piezophysiology of yeast: occurrence and significance, Cell. Mol. Biol. (Noisy-le-Grand, France) 50 (2004) 437-445.

[820] J. Schwarz, et al., Deep-sea bacteria: growth and utilization of n-hexadecane at in situ temperature and pressure, Can. J. Microbiol. 21 (1975) 682-687.

[821] F. Abe, Exploration of the effects of high hydrostatic pressure on microbial growth, physiology and survival:

perspectives from piezophysiology, Biosci. Biotechnol. Biochem. 71 (2007) 2347–2357.

[822] R. E. Marquis, High pressure microbiology, in: P. B. Bennett, R. E. Marquis (Eds.), Basic and Applied High Pressure Biology, University of Rochester Press, Rochester, New York, 1994, pp. 1–14.

[823] R. E. Marquis, Microbial barobiology, Bioscience 32 (1982) 267–271.

[824] I. Fatt, D. Davis, Reduction in permeability with overburden pressure, J. Pet. Technol. 4 (1952). 16–16.

[825] R. Marquis, P. Matsumura, Microbial life under pressure, in: D. J. Kushner (Ed.), Microbial Life in Extreme Environments, Academic Press, London, England, 1978, pp. 105–158.

[826] J. Landau, D. Pope, Recent advances in the area of barotolerant protein synthesis in bacteria and implications concerning barotolerant and barophilic growth, Adv. Aquat. Microbiol. 2 (1980) 49–76.

[827] L. J. Albright, J. F. Henigman, Seawater saltshydrostatic pressure effects upon cell division of several bacteria, Can. J. Microbiol. 17 (1971) 1246–1248.

[828] R. E. Marquis, C. E. ZoBell, Magnesium and calcium ions enhance barotolerance of streptococci, Arch. Microbiol. 79 (1971) 80–92.

[829] N. J. Hyne, Nontechnical Guide to Petroleum Geology, Exploration, Drilling, and Production, third ed., PennWell Books, Tulsa, Oklahoma, 2012.

[830] R. Paterek, P. Smith, Isolation of a halophilic methanogenic bacterium from the sediments of Great Salt Lake and a San Francisco Bay saltern, Abstracts of the 83rd Annual Meeting of the American Society for Microbiology, ASM Press, New Orleans, Louisiana, 1983.

[831] I. Yu, R. Hungate, Isolation and characterization of an obligately halophilic methanogenic bacterium, Annual Meeting of the American Society for Microbiology, Abstract 1, 1 (1983) p. 139.

[832] F. Rodriguez-Valera, et al., Behaviour of mixed populations of halophilic bacteria in continuous cultures, Can. J. Microbiol. 26 (1980) 1259–1263.

[833] K. Fujiwara, et al., Biotechnological approach for development of microbial enhanced oil recovery technique, Stud. Surf. Sci. Catal. 151 (2004) 405–445.

[834] J. K. Otton, T. Mercier, Produced water brine and stream salinity, in: Science for changing world, US Geological Survey, 2012.

[835] S. O. Stanley, R. Y. Morita, Salinity effect on the maximal growth temperature of some bacteria isolated from marine environments, J. Bacteriol. 95 (1968) 169–173.

[836] A. Z. Bilsky, J. B. Armstrong, Osmotic reversal of temperature sensitivity in Escherichia coli, J. Bacteriol. 113 (1973) 76–81.

[837] T. Novitsky, D. Kushner, Influence of temperature and salt concentration on the growth of a facultatively halophilic "Micrococcus" sp, Can. J. Microbiol. 21 (1975) 107–110.

[838] D. Keradjopoulos, A. Holldorf, Thermophilic character of enzymes from extreme halophilic bacteria, FEMS Microbiol. Lett. 1 (1977) 179–182.

[839] T. D. Brock, Microbial growth under extreme conditions, Symposium of the Society for General Microbiology, vol. 19, 1969, pp. 15–41.

[840] T. D. Brock, et al., Sulfolobus: a new genus of sulfur-oxidizing bacteria living at low pH and high temperature, Arch. Microbiol. 84 (1972) 54–68.

[841] M. Nourani, et al., Laboratory studies of MEOR in the micromodel as a fractured system, Eastern Regional Meeting, Society of Petroleum Engineers, Lexington, Kentucky, 2007.

[842] G. Jenneman, J. Clark, The effect of in-situ pore pressure on MEOR processes, SPE/DOE Enhanced Oil Recovery Symposium, Society of Petroleum Engineers, Tulsa, Oklahoma, 1992.

[843] L. Jang, et al., An investigation transport of bacteria through porous media, in: E. C. Donaldson, J. B. Clark (Eds.), International Conference on Microbial Enhancement of Oil Recovery, NTIS, Spring field, Vir-

ginia, 1982, pp. 60 – 70.

[844] G. E. Jenneman, et al., Transport phenomena and plugging in Berea sandstone using microorganisms, in: E. C. Donaldson, J. B. Clark (Eds.), International Conference on Microbial Enhancement Oil Recovery, NTIS, Springfield, Virginia, 1982, pp. 71 – 75.

[845] R. Hart, et al., The plugging effect of bacteria in sandstone systems, Can. Min. Metall. Bull. 53(1960) 495 – 501.

[846] O. O'Bryan, T. Ling, The effect of the bacteria Vibrio desulfuricans on the permeability of limestone cores, Texas J. Sci. 1 (1949) 117 – 128.

[847] J. B. Davis, D. M. Updegraff, Microbiology in the petroleum industry, Bacteriol. Rev. 18 (1954)215.

[848] D. O. Hitzman, Microbiological secondary recovery, in Conoco Phillips Co US, 1962.

[849] T. Jack, et al., Ch. F – 6 Microbial selective plugging to control water channeling, in: E. C. Donaldson (Ed.), Developments in Petroleum Science, Elsevier, Amsterdam, Netherlands, 1991, pp. 433 – 440.

[850] J. Fredrickson, et al., Pore – size constraints on the activity and survival of subsurface bacteria in alate cretaceous shale – sandstone sequence, northwestern New Mexico, Geomicrobiol. J. 14 (1997)183 – 202.

[851] W. E. Stiles, Use of permeability distribution in water flood calculations, J. Pet. Technol. 1 (1949)9 – 13.

[852] L. R. Krumholz, Microbial communities in the deep subsurface, Hydrogeol. J. 8 (2000) 4 – 10.

[853] D. Zvyagintsev, Development of micro – organisms in fine capillaries and films, Mikrobiologiya 39 (1970) 161 – 165.

[854] D. Zvyagintsev, A. Pitryuk, Growth of microorganisms in capillaries of various sizes under continuous – flow and static conditions, Microbiology 42 (1973) 60 – 64.

[855] A. Nazarenko, et al., Development of methane – oxidizing bacteria in glass capillary tubes, Mikrobiologiia 43 (1974) 146 – 151.

[856] J. Pautz, R. Thomas, Applications of EOR technology in field projects – 1990 update (NIPER – 513), in IIT Research Institute, National Institute Petroleum Energy Research, Bartlesville, Oklahoma, 1991.

[857] A. Sarkar, et al., Ch. R – 21 Compositional numerical simulation of MEOR processes, Dev. Pet. Sci. 31 (1991) 331 – 343.

[858] I. J. Kugelman, K. K. Chin, Toxicity, synergism, and antagonism in anaerobic waste treatment processes, in: F. G. Pohland (Ed.), Anaerobic Biological Treatment Processes, ACS Publications, Washington, DC, 1971, pp. 55 – 90.

[859] B. Bubela, Combined effects of temperature and other environmental stresses on microbiologically enhanced oil recovery, in: E. C. Donaldson, J. B. Clark (Eds.), International Conference on Microbial Enhancement of Oil Recovery, NTIS, Springfield, Virginia, 1982, pp. 118 – 123.

[860] D. O. Hitzman, Enhanced oil recovery using microorganisms, in Conoco Phillips Co US, 1984.

[861] S. Daniels, The adsorption of microorganisms onto solid surfaces: a review, Dev. Ind. Microbiol. Ser. 13 (1972) 211 – 253.

[862] C. M. Callbeck, et al., Acetate production from oil under sulfate – reducing conditions in bioreactors injected with sulfate and nitrate, Appl. Environ. Microbiol. 79 (2013) 5059 – 5068.

[863] I. Vance, D. R. Thrasher, Reservoir souring: mechanisms and prevention, in: B. Ollivier, M. Magot (Eds.), Petroleum Microbiology, ASM Press, Washington, D. C., 2005, pp. 123 – 142.

[864] C. I. Chen, et al., Kinetic investigation of microbial souring in porous media using microbial consortia from oil reservoirs, Biotechnol. Bioeng. 44 (1994) 263 – 269.

[865] S. Myhr, et al., Inhibition of microbial H_2S production in an oil reservoir model column by nitrate injection, Appl. Microbiol. Biotechnol. 58 (2002) 400 – 408.

[866] B. Ollivier, D. Alazard, The oil reservoir ecosystem, in: K. N. Timmis (Ed.), Handbook of Hydrocarbon

and Lipid Microbiology, Springer, Berlin, Heidelberg, 2010, pp. 2259 – 2269.

[867] I. B. Beech, J. Sunner, Sulphate – reducing bacteria and their role in corrosion of ferrous materials, in: L. L. Barton, W. A. Hamilton (Eds.), Sulphate – Reducing Bacteria: Environmental and Engineered Systems, Cambridge University Press, Cambridge, England, 2007, pp. 459 – 482.

[868] H. – C. Flemming, Biofouling and microbiologically influenced corrosion (MIC) – an economical and technical overview, in: E. Heitz, W. Sand, H. – C. Flemming (Eds.), Microbial Deterioration of Materials, Springer, Berlin, Heidelberg, 1996, pp. 5 – 14.

[869] R. Cord – Ruwisch, Microbially influenced corrosion of steel, in: D. Lovley (Ed.), Environmental Microbe – Metal Interactions, ASM Press, Washington, D. C., 2000, pp. 159 – 173.

[870] W. Hamilton, Microbially influenced corrosion as a model system for the study of metal microbe interactions: a unifying electron transfer hypothesis, Biofouling 19 (2003) 65 – 76.

[871] F. Lopes, et al., Interaction of Desulfovibrio desulfuricans biofilms with stainless steel surface and its impact on bacterial metabolism, J. Appl. Microbiol. 101 (2006) 1087 – 1095.

[872] C. S. Cheung, I. B. Beech, The use of biocides to control sulphate – reducing bacteria in biofilms on mild steel surfaces, Biofouling 9 (1996) 231 – 249.

[873] E. D. Burger, Method for inhibiting microbially influenced corrosion, in Arkion Life Sciences US, 1998.

[874] B. V. Kjellerup, et al., Monitoring of microbial souring in chemically treated, produced – water biofilm systems using molecular techniques, J. Ind. Microbiol. Biotechnol. 32 (2005) 163170.

[875] J. Wen, et al., A green biocide enhancer for the treatment of sulfate – reducing bacteria (SRB) biofilms on carbon steel surfaces using glutaraldehyde, Int. Biodeterior. Biodegradation. 63 (2009)1102 – 1106.

[876] G. T. Sperl, et al., Use of natural microflora, electron acceptors and energy sources for enhanced oil recovery, in: E. T. Premuzic, A. Woodhead (Eds.), Developments in Petroleum Science, Elsevier, Amsterdam, Netherlands, 1993, pp. 17 – 25.

[877] H. Alkan, et al., An integrated German MEOR project, update: risk management and huff 'n puff design, SPE Improved Oil Recovery Conference, Society of Petroleum Engineers, Tulsa, Oklahoma, 2016.

[878] C. Hubert, et al., Containment of biogenic sulfide production in continuous up – flow packed – bed bioreactors with nitrate or nitrite, Biotechnol. Prog. 19 (2003) 338 – 345.

[879] G. Voordouw, et al., Is souring and corrosion by sulfate – reducing bacteria in oil fields reduced more efficiently by nitrate or by nitrite? in: Corrosion 2004, NACE International, New Orleans, Louisiana, 2004.

[880] G. E. Jenneman, et al., Effect of nitrate on biogenic sulfide production, Appl. Environ. Microbiol. 51 (1986) 1205 – 1211.

[881] A. D. Montgomery, et al., Microbial control of the production of hydrogen sulfide by sulfate reducing bacteria, Biotechnol. Bioeng. 35 (1990) 533 – 539.

[882] M. Reinsel, et al., Control of microbial souring by nitrate, nitrite or glutaraldehyde injection in a sandstone column, J. Ind. Microbiol. 17 (1996) 128 – 136.

[883] M. J. McInerney, et al., Microbial control of hydrogen sulfide production in a porous medium, Appl. Biochem. Biotechnol. 57 (1996) 933 – 944.

[884] M. J. McInerney, et al., Evaluation of a microbial method to reduce hydrogen sulfide levels in a porous rock biofilm, J. Ind. Microbiol. 11 (1992) 53 – 58.

[885] C. Hubert, G. Voordouw, Oil field souring control by nitrate – reducing Sulfurospirillum spp. That outcompete sulfate – reducing bacteria for organic electron donors, Appl. Environ. Microbiol. 73 (2007) 2644 – 2652.

[886] C. R. Hubert, Control of hydrogen sulfide production in oil fields by managing microbial communities through nitrate or nitrite addition, in University of Calgary, Calgary, Alberta, 2004.

[887] A. Gittel, Problems caused by microbes and treatment strategies monitoring and preventing reservoir souring using molecular microbiological methods (MMM), in: C. Whitby, T. Skovhus (Eds.), Applied Microbiology and Molecular Biology in Oil field Systems, Springer, Dordrecht, Netherlands, 2010, pp. 103 – 107.

[888] R. Knapp, et al., Microbial field pilot study. Final report, in The University of Oklahoma, Norman, Oklahoma, 1993.

[889] R. Bryant, et al., Microbial enhanced waterflooding field tests, SPE/DOE Improved Oil Recovery Symposium, Society of Petroleum Engineers, Tulsa, Oklahoma, 1994.

[890] S. Davidson, H. Russell, A MEOR pilot test in the Loco field, in: T. E. Burchfield, R. S. Bryant (Eds.), Proceedings of the Symposium on the Application of Microorganisms to Petroleum Technology, National Technical Information Service, Bartlesville, Oklahoma, 1987, pp. VII 1 – VII 12.

[891] I. Lazar, Microbial enhancement of oil recovery in Romania, in: E. C. Donaldson, J. B. Clark (Eds.), International Conference on Microbial Enhancement of Oil Recovery, NTIS, Spring field, Virginia, 1982, pp. 140 – 148.

[892] A. A. Matz, et al., Commercial (pilot) test of microbial enhanced oil recovery methods, SPE/DOE Enhanced Oil Recovery Symposium, Society of Petroleum Engineers, Tulsa, Oklahoma, 1992.

[893] M. Arinbasarov, et al., Chemical and biological monitoring of MIOR on the pilot area of Vyngapour oil field, West Sibera, Russia, in: R. S. Bryant (Ed.), The Fifth International Conference on Microbial Enhanced Oil Recovery and Related Biotechnology for Solving Environmental Problems, BDM Oklahoma, Inc., Dallas, Texas, 1995, pp. 365 – 374.

[894] A. Maure, et al., Waterflooding optimization using biotechnology: 2 – year field test, La Ventana Field, Argentina, SPE Latin American and Caribbean Petroleum Engineering Conference, Society of Petroleum Engineers, Buenos Aires, Argentina, 2001.

[895] F. L. Dietrich, et al., Microbial EOR technology advancement: case studies of successful projects, SPE Annual Technical Conference and Exhibition, Society of Petroleum Engineers, Denver, Colorado, 1996.

[896] K. Nagase, et al., A successful field test of microbial EOR process in Fuyu Oil field, China, SPE/DOE Improved Oil Recovery Symposium, Society of Petroleum Engineers, Tulsa, Oklahoma, 2002.

[897] Y. Zhang, et al., Microbial EOR laboratory studies and application results in Daqing oil field, SPE Asia Pacific Oil and Gas Conference and Exhibition, Society of Petroleum Engineers, Jakarta, Indonesia, 1999.

[898] C. Y. Zhang, J. C. Zhang, A pilot test of EOR by in – situ microorganism fermentation in the Daqing oil field, in: E. T. Premuzic, A. Woodhead (Eds.), Developments in Petroleum Science, Elsevier, Amsterdam, Netherlands, 1993, pp. 231 – 244.

[899] A. Yusuf, S. Kadarwati, Field test of the indigenous microbes for oil recovery, Ledok Field, Central Java, SPE Asia Pacific Improved Oil Recovery Conference, Society of Petroleum Engineers, Kuala Lumpur, Malaysia, 1999.

[900] H. Oppenheimer, K. Heibert, Microbial enhanced oil production field tests in Texas, in: T. E. Burchfield, R. S. Bryant (Eds.), Proceedings of the Symposium on the Application of Microorganisms to Petroleum Technology, National Technical Information Service, Bartlesville, Oklahoma, 1987, pp. XII 1 – XII 15.

[901] V. Moses, et al., Microbial hydraulic acid fracturing, in: E. T. Premuzic, A. Woodhead (Eds.), Developments in Petroleum Science, Elsevier, Amsterdam, Netherlands, 1993, pp. 207 – 229.

[902] J. Buciak, et al., Enhanced oil recovery by means of microorganisms: pilot test, SPE Adv. Technol. Ser. 4 (1996) 144 – 149.

[903] J. Portwood, F. Hiebert, Mixed culture microbial enhanced waterflood: tertiary MEOR case study, SPE Annual Technical Conference and Exhibition, Society of Petroleum Engineers, Washington, D. C., 1992.

[904] M. Abd Karim, et al., Microbial enhanced oil recovery (MEOR) technology in Bokor Field, Sarawak, SPE

Asia Pacific Improved Oil Recovery Conference, Society of Petroleum Engineers, Kuala Lumpur, Malaysia, 2001.

[905] M. Maure, et al., Microbial enhanced oil recovery pilot test in Piedras Coloradas field, Argentina, Latin American and Caribbean Petroleum Engineering Conference, Society of Petroleum Engineers, Caracas, Venezuela, 1999.

[906] R. Reksidler, et al., A microbial enhanced oil recovery field pilot in a Brazilian Onshore Oil field, SPE Improved Oil Recovery Symposium, Society of Petroleum Engineers, Tulsa, Oklahoma, 2010.

[907] F. Cusack, et al., The use of ultramicro bacteria for selective plugging in oil recovery by waterflooding, International Meeting on Petroleum Engineering, Society of Petroleum Engineers, Beijing, China, 1992.

[908] T. Jack, MORE to MEOR: an overview of microbially enhanced oil recovery, in: E. T. Premuzic, A. Woodhead (Eds.), Developments in Petroleum Science, Elsevier, Amsterdam, Netherlands, 1993, pp. 7 – 16.

[909] T. R. Jack, Microbial enhancement of oil recovery, Curr. Opin. Biotechnol. 2 (1991) 444449.

[910] L. G. Stehmeier, T. R. Jack, B. A. Blakely, J. M. Campbell Test of a microbial plugging system at standard hill, Saskatchewan to inhibit oil field water encroachment, in: Proceedings of the International Symposium on Biohydrometaliurgy, Canmet, EMR, Jackson Hole, Wyoming, 1990.

[911] K. Town, et al., MEOR success in southern Saskatchewan, SPE Reservoir Eval. Eng. 13 (2010) 773 – 781.

[912] P. Gao, et al., Microbial diversity and abundance in the Xinjiang Luliang long – term water – flooding petroleum reservoir, Microbiologyopen 4 (2015) 332 – 342.

[913] F. Zhang, et al., Microbial diversity in long – term water – flooded oil reservoirs with different in situ temperatures in China, Sci. Rep. 2 (2012) 1 – 10.

[914] Z. Hou, et al., The application of hydrocarbon – degrading bacteria in Daqing's low permeability, high paraffin content oilfields, SPE Symposium on Improved Oil Recovery, Society of Petroleum Engineers, Tulsa, Oklahoma, 2008.

[915] L. Jinfeng, et al., The field pilot of microbial enhanced oil recovery in a high temperature petroleum reservoir, J. Pet. Sci. Eng. 48 (2005) 265 – 271.

[916] H. Zhao, et al., Field pilots of microbial flooding in high – temperature and high – salt reservoirs, SPE Annual Technical Conference and Exhibition, Society of Petroleum Engineers, Dallas, Texas, 2005.

[917] T. Nazina, et al., Microbiological investigations of high – temperature horizons of the Kongdian petroleum reservoir in connection with field trial of a biotechnology for enhancement of oil recovery, Microbiology 76 (2007) 287 – 296.

[918] T. Nazina, et al., Microbiological and production characteristics of the high – temperature Kongdian petroleum reservoir revealed during field trial of biotechnology for the enhancement of oil recovery, Microbiology 76 (2007) 297 – 309.

[919] J. Le, et al., A field test of activation indigenous microorganism for microbial enhanced oil recovery in reservoir after polymer flood, Acta Pet. Sin. 35 (2014) 99 – 106.

[920] W. Guo, et al., Study on Pilot test of microbial profile modification after polymer flooding in Daqing Oil field, Acta Pet. Sin. 17 (2006) 86 – 90.

[921] S. Sun, Field practice and analysis of MEOR in Shengli oil field, J. Oil Gas Technol. 36 (2014) 149 – 152.

[922] Q. – x Feng, et al., Pilot test of indigenous microorganism flooding in Kongdian Oil field, Pet. Explor. Dev. 32 (2005) 125.

[923] Y. – F. Long, et al., The research on bio – chemical combination drive and its application in Y9 reservoir in block ZJ2 of Jing'an oil field, J. Oil. Gas Technol. 35 (2013) 142 – 145.

[924] W. – k Guo, et al., The recovery mechanism and application of Brevibacillus brevis and Bacillus cereus in

extra - low permeability reservoir of Daqing, Pet. Explor. Dev. 34 (2007) 73.

[925] Z. Y. Yang, et al., Study on authigenous microorganism community distribution and oil recovery mechanism in daqing oil field, Acta Pet. Sin. 27 (2006) 95 - 100.

[926] X. - L. Wang, et al., Microbial flooding in Guan 69 Block, Dagang Oilfield, Pet. Explor. Dev. 32(2005) 107 - 109.

[927] H. Guo, et al., Progress of microbial enhanced oil recovery in China, SPE Asia Pacific Enhanced Oil Recovery Conference, Society of Petroleum Engineers, Kuala Lumpur, Malaysia, 2015.

[928] D. M. Updegraff, Early research on microbial enhanced oil recovery, Dev. Ind. Microbiol. 31(1990) 135 - 142.

[929] e. a. M. Wagner, Microbially improved oil recovery from carbonate, Biohydrometall. Technol. 2 (1993) 695 - 710.

[930] B. Sabut, et al., Further evaluation of microbial treatment technology for improved oil production in Bokor Field, Sarawak, SPE International Improved Oil Recovery Conference in Asia Pacific, Society of Petroleum Engineers, Kuala Lumpur, Malaysia, 2003.

[931] Z. Ibrahim, et al., Simulation analysis of microbial well treatment of Bokor field, Malaysia, SPE Asia Pacific Oil and Gas Conference and Exhibition, Society of Petroleum Engineers, Perth, Australia, 2004.

[932] S. Bailey, et al., Microbial enhanced oil recovery: diverse successful applications of biotechnology in the oil field, SPE Asia Pacific Improved Oil Recovery Conference, Society of Petroleum Engineers, Kuala Lumpur, Malaysia, 2001.

[933] S. Rassenfoss, From bacteria to barrels: microbiology having an impact on oil fields, J. Pet. Technol. 63 (2011) 32 - 38.

[934] I. Lazar, et al., Characteristics of bacterial inoculum applied on oil reservoir in field experiments, in: Proceedings of the 6th Industrial Microbiology and Biotechnology, Iasi, Romania, 1987, pp. 801 - 806.

[935] E. C. Donaldson, et al., Enhanced Oil Recovery, I: Fundamentals and Analyses, Elsevier, Amsterdam, Netherlands, 1985.

[936] I. Lazar, et al., Procedeu de injectare a sondelor in vedereacresteriirecuperariititeiului din zacaminte, Brevet de Inventie 98 (1989) 528 - 530.

[937] I. Lazar, et al., Characteristics to the bacterial inoculum used in some recent MEOR field trials in Romania, in: Proceedings of the MEOR International Conference, Norman, Oklahoma, 1990.

[938] E. M. Yulbarisov, Microbiological method for EOR, in: Proceedings of the Filth European Symposium on Improved Oil Recovery, Budapest. Hungary, 1989, pp. 695 - 704.

[939] V. Murygina, et al., Oil field experiments of microbial improved oil recovery in Vyngapour, West Siberia, Russia, in: R. S. Bryant (Ed.), The Fifth International Conference on Microbial Enhanced Oil Recovery and Related Biotechnology for Solving Environmental Problems, BDM Oklahoma, Inc., Dallas, Texas, 1995, pp. 87 - 94.

[940] E. Yulbarisov, Results from analysis of petroleum gas on introduction of biochemical processes in the oil formation, GazovcDelo 4 (1972) 26 - 29.

[941] L. Sim, et al., Production and characterisation of a biosurfactant isolated from Pseudomonas aeruginosa UW - 1, J. Ind. Microbiol. Biotechnol. 19 (1997) 232 - 238.

[942] J. Von Heningen, et al., Process for the recovery of petroleum from rocks, in: Netherlands Patent, Elsevier, Netherlands 1958.

[943] U. Maharaj, et al., The application of microbial enhanced oil recovery to Trinidadian Oil Wells, in: E. T. Premuzic, A. Woodhead (Eds.), Developments in Petroleum Science, Elsevier, Amsterdam, Netherlands, 1993, pp. 245 - 263.

[944] E. Zajic, Scale up of microbes for single well injection, in: J. King, D. Stevens (Eds.), Proceedings of the First International MEOR Workshop, U. S. Department of Energy, Bartlesville, Oklahoma,1987, pp. 241 – 246.

[945] A. Johnson, Microbial oil release technique for enhanced oil recovery, in: Proceedings of the Conference on Microbiological Processes Useful in Enhanced Oil Recovery, San Diego,California, 1979, pp. 30 – 34.

[946] R. Harris, I. McKay, New applications for enzymes in oil and gas production, European Petroleum Conference, Society of Petroleum Engineers, The Hague, Netherlands, 1998,pp. 20 – 22.

[947] R. A. Copeland, Enzymes: a Practical Introduction to Structure, Mechanism, and Data Analysis,second ed., Wiley – VCH, New York, NY, 2000.

[948] J. M. Reiner, Behavior of enzyme systems, Q. Rev. Biol. 45 (1969) 66 – 67.

[949] G. F. Bickerstaff, Enzymes in Industry and Medicine, Edward Arnold, London, England, 1987.

[950] S. Sun, et al., Exopolysaccharide production by a genetically engineered Enterobacter cloacae strain for microbial enhanced oil recovery, Bioresour. Technol. 102 (2011) 6153 – 6158.

[951] Q. – x Feng, et al., EOR pilot tests with modified enzyme in China, EUROPEC/EAGE Conference and Exhibition, Society of Petroleum Engineers, London, U. K., 2007.

[952] H. Nasiri, et al., Use of enzymes to improve waterflood performance, in: International Symposium of the Society of Core Analysis, Noordwijk, Netherlands, 2009, pp. 27 – 30.

[953] L. Daoshan, et al., Research on pilot test of biologic – enzyme enhanced oil recovery in Gangxi oil reservoir of Dagang Oil field, Pet. Geol. Recovery Effic. 4 (2009) 023.

[954] N. Kohler, et al., Injectivity improvement of xanthan gums by enzymes: process design and performance evaluation, J. Pet. Technol. 39 (1987) 835 – 843.

[955] M. Nemati, G. Voordouw, Modification of porous media permeability, using calcium carbonate produced enzymatically in situ, Enzyme Microb. Technol. 33 (2003) 635 – 642.

[956] J. Larsen, et al., Plugging of fractures in chalk reservoirs by enzyme – induced calcium carbonate precipitation, SPE Prod. Oper. 23 (2008) 478 – 483.

[957] A. Khusainova, Enhanced oil recovery with application of enzymes, in: Department of Chemical and Biochemical Engineering, Technical University of Denmark, Kongens Lyngby, Denmark,2016.

[958] H. F. Phillips, I. A. Breger, Isolation and identification of an ester from a crude oil, Geochim. Cosmochim. Acta 15 (1958) 51 – 56.

[959] V. Kam'yanov, et al., Asphaltenes of Dzhafarly crude oil, Pet. Chem. USSR 30 (1990) 1 – 8.

[960] T. E. Suhy, R. P. Harris, Application of polymer specific enzymes to clean up drill – in fluids, SPE Eastern Regional Meeting, Society of Petroleum Engineers, Pittsburgh, Pennsylvania, 1998.

[961] J. E. Hanssen, et al., New enzyme process for downhole cleanup of reservoir drilling fluid filtercake,SPE International Symposium on Oil field Chemistry, Society of Petroleum Engineers,Houston, Texas, 1999, pp. 79 – 91.

[962] E. Battistel, et al., Enzyme breakers for chemically modified starches, SPE European Formation Damage Conference, Society of Petroleum Engineers, Sheveningen, Netherlands, 2005.

[963] M. A. A. Siddiqui, H. A. Nasr – El – Din, Evaluation of special enzymes as a means to remove formation damage induced by drill – in fluids in horizontal gas wells in tight reservoirs, SPE Prod. Facil. 20 (2005) 177 – 184.

[964] M. Samuel, et al., A novel alpha – amylase enzyme stabilizer for applications at high temperatures,SPE Prod. Oper. 25 (2010) 398408.

[965] W. K. Ott, et al., EEOR success in Mann field, Myanmar, SPE Enhanced Oil Recovery Conference, Society of Petroleum Engineers, Kuala Lumpur, Malaysia, 2011.

[966] Y. Dong, et al., Engineering of LadA for enhanced hexadecane oxidation using random – and site directed-mutagenesis, Appl. Microbiol. Biotechnol. 94 (2012) 1019 – 1029.

[967] J. Zhao, et al., Genome shuffling of Bacillus amyloliquefaciens for improving antimicrobial lipopeptide production and an analysis of relative gene expression using FQ RT – PCR, J. Ind. Microbiol. Biotechnol. 39 (2012) 889 – 896.

[968] R. W. Old, S. B. Primrose, Principles of Gene Manipulation: An Introduction to Genetic Engineering, University of California Press, 1981.